**Funktionen**

| | |
|---|---|
| $f$ | Funktion |
| $f(x)$ | Funktionswert von $f$ an der Stelle $x$ |
| $x \mapsto f(x)$ | Zuordnungsvorschrift der Funktion $f$ |
| $\mathrm{D}_f$ | Definitionsbereich der Funktion $f$ |
| $\mathrm{W}_f$ | Wertebereich der Funktion $f$ |
| $\overline{f}$ | Umkehrfunktion zu $f$ |
| $f'$ | erste Ableitung von $f$ |
| $f''\left[f''',\ f^{(4)},\ \ldots\right]$ | zweite [dritte, vierte, ...] Ableitung von $f$ |
| $\int\limits_a^b f(x)\,dx$ | bestimmtes Integral der Funktion $f$ in $[a;\ b]$ |
| $\int f(x)\,dx$ | unbestimmtes Integral der Funktion $f$ |
| $x \mapsto \operatorname{sgn} x$ | Signumfunktion |
| $x \mapsto \lvert x \rvert$ | Betragsfunktion |
| $x \mapsto [x]$<br>$x \mapsto \mathrm{INT}\, x$ | Gaußsche Klammerfunktion |
| $x \mapsto \sin x$ | Sinusfunktion |
| $x \mapsto \cos x$ | Kosinusfunktion |
| $x \mapsto \tan x$ | Tangensfunktion |
| $x \mapsto \cot x$ | Kotangensfunktion |
| $x \mapsto e^x$ | Exponentialfunktion |
| $x \mapsto \log_b x$ | Logarithmusfunktion zur Basis $b$ |
| $x \mapsto \lg x$ | Logarithmusfunktion zur Basis 10 (dekadischer Logarithmus) |
| $x \mapsto \ln x$ | Logarithmusfunktion zur Basis $e$ (natürlicher Logarithmus) |
| $(a_n)$ | Folge mit den Gliedern $a_1,\ a_2,\ a_3,\ \ldots$ |
| $\sum\limits_{k=1}^{n} a_k$ | Summe der $a_k$ über alle $k$ von 1 bis $n$ |
| $\lim\limits_{n \to \infty} a_n$ | Grenzwert der Folge $(a_n)$ |
| $\lim\limits_{x \to x_0} f(x)$ | Grenzwert von $f$ an der Stelle $x_0$ |
| $\lim\limits_{x \to x_0 - 0} f(x)$ | linksseitiger Grenzwert von $f$ an der Stelle $x_0$ |
| $\lim\limits_{x \to x_0 + 0} f(x)$ | rechtsseitiger Grenzwert von $f$ an der Stelle $x_0$ |

# Inhaltsverzeichnis

# Analysis – Gegenstand und Aufgabe

Die (reelle) **Analysis** ist ein Teilgebiet der Mathematik, in dem Funktionen untersucht werden, deren Definitions- und Wertebereich Teilmengen der Menge der reellen Zahlen sind.
Funktionen sind geeignet, um Zusammenhänge in Natur, Technik und Gesellschaft zu beschreiben.

**Beispiel**
Beim Tachometer ist der Zeigerausschlag ein Maß für die Geschwindigkeit; es besteht ein Zusammenhang zwischen der Anzahl der Umdrehungen eines Rades pro Zeiteinheit und dem Zeigerausschlag. Um ein Tachometer zu eichen, muß man die Zuordnung Geschwindigkeit $\mapsto$ Zeigerausschlag (Winkel) kennen.

**Beispiel**
Nebenstehend ist die Strom-Spannungs-Charakteristik einer Tunneldiode dargestellt. Für bestimmte Spannungen hat die Stromstärke einen Hoch- bzw. Tiefpunkt. In bestimmten Spannungsbereichen steigt bzw. fällt die Stromstärke.
Die Kenntnis solcher Stellen bzw. Bereiche ist für die Herstellung von Tunneldioden notwendig.

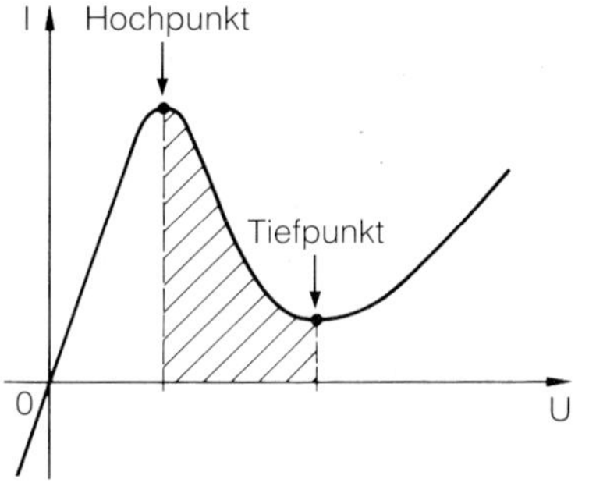


Die Beispiele zeigen, daß das Untersuchen von Funktionen nützlich sein kann. Dabei haben Eigenschaften von Funktionen wie Monotonie, Existenz größter bzw. kleinster Funktionswerte eine besondere Bedeutung.
In der Analysis werden solche und weitere Funktionseigenschaften quantitativ charakterisiert, d. h. mit Hilfe von Gleichungen und Ungleichungen definiert. Dadurch ist man in der Lage, die Eigenschaften unabhängig von anschaulichen Betrachtungen am Graphen rechnerisch aus der Funktionsgleichung zu ermitteln. Man sagt auch: Funktionen werden **analytisch** untersucht.
Dabei werden u. a. solche Begriffe, Sätze und Verfahren der Analysis behandelt, mit denen man die Koordinaten von Hoch- und Tiefpunkten berechnen kann.
In der Strom-Spannungs-Charakteristik ist ein Flächenstück durch Schraffur hervorgehoben; es gibt hier die elektrische Leistung an. Die Berechnung des Flächeninhalts von solch krummlinig begrenzten Figuren ist ebenfalls ein Problem, das in der Analysis behandelt wird.

Zur Lösung solcher Problemstellungen dient die **Differential- und Integralrechnung**, in die das Lehrbuch einführt.
Begriffe und Methoden der Differential- und Integralrechnung stellen wichtige Grundlagen für weitere Teilgebiete der Mathematik bereit. Darüber hinaus benötigt man sie in zahlreichen anderen Bereichen wie Technik, Natur- und Wirtschaftswissenschaften.
Die Differential- und Integralrechnung wird zusammenfassend auch als **Infinitesimalrechnung**[1] bezeichnet.
Die Infinitesimalrechnung ist aber nicht nur wegen der Anwendungen nützlich. Die Beschäftigung mit ihr vermittelt zugleich Einsichten, wie man von anschaulichen Vorstellungen von »unendlich klein« oder »unendlich groß« oder »beliebig annähern« zu mathematisch exakten Begriffen kommt.

1 infinitus (lat.) – unendlich

# A Funktionen und Zahlenfolgen

Der Begriff »Funktion« zählt heute zu den wichtigsten Begriffen in der Mathematik. Er wurde geschaffen, um *Veränderungen* quantitativ zu beschreiben.

Die Anfänge der Entwicklung des Funktionsbegriffs liegen im wesentlichen im 17. Jahrhundert. LEIBNIZ (1646–1716) verwendete 1692 erstmals das Wort *Funktion*, um Kurvenlängen, die von einem beweglichen Punkt abhängen, zu bezeichnen. Wichtige Etappen der Entwicklung des Begriffs Funktion sind mit den Mathematikern EULER (1707–1783) und DIRICHLET (1805–1859) verbunden.

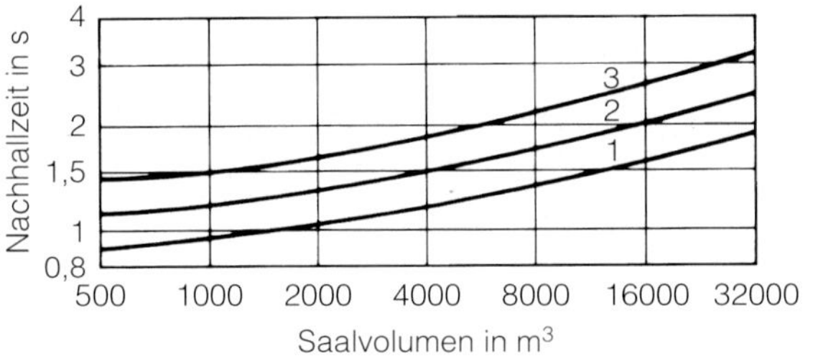


Abb. 1

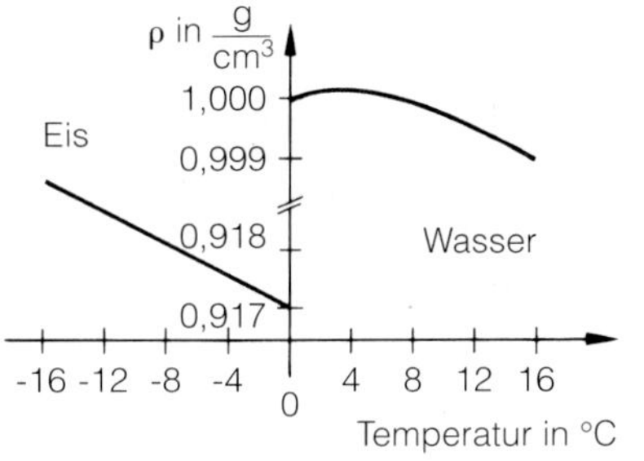


Abb. 2

Manche funktionale Zusammenhänge sind gut überschaubar und können mit elementaren Funktionen beschrieben werden (s. Abb. 1).
Bei anderen Anwendungen können Funktionen aber auch ein recht eigenwilliges Verhalten aufweisen; die Dichte des Wassers hat z. B. am Gefrierpunkt einen sogenannten Dichtesprung (s. Abb. 2).
Funktionen gibt es in großer Vielfalt. Dies u. a. auch deshalb, weil durch Verknüpfen von Funktionen neue, zusammengesetzte Funktionen gebildet werden können (s. Abb. 3).

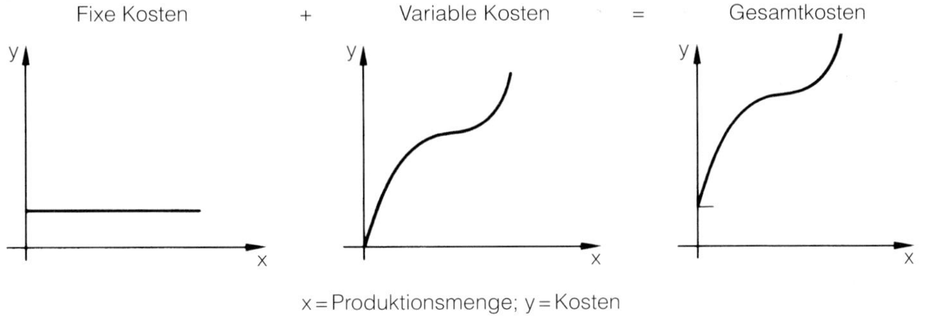


Abb. 3

In diesem Kapitel werden Eigenschaften von Funktionen sowie die Verknüpfung von Funktionen zu neuen Funktionen betrachtet.
Das Ermitteln der Nullstellen von Funktionen bildet einen besonderen Schwerpunkt.
Des weiteren betrachten wir Zahlenfolgen, die eine spezielle Art von Funktionen sind.

# A 1 Funktionen

## A 1.1 Eigenschaften reeller Funktionen

### Reelle Funktionen

Zuordnungen begegnen uns recht häufig im Alltag, auf der Post zum Beispiel in Form einer Gebührenordnung:

Gebühren für Briefsendungen (Stand: 1. 7. 1992)

| | | | |
|---|---|---|---|
| Standardbrief | bis 20 g | ....... | 1,00 DM |
| Briefe | bis 50 g | ....... | 1,70 DM |
| | über 50 g bis 100 g | ....... | 2,40 DM |
| | über 100 g bis 250 g | ....... | 3,20 DM |
| | über 250 g bis 500 g | ....... | 4,00 DM |
| | über 500 g bis 1000 g | ....... | 4,80 DM |

Ist diese Zuordnung »Briefmasse $\mapsto$ Beförderungsgebühren« eine Funktion?
Um diese Frage zu beantworten, stützen wir uns auf die in früheren Klassenstufen behandelte Definition des Begriffs »Funktion«.

Funktion

**Definition 1**
Unter einer Funktion $f$ versteht man eine eindeutige Zuordnung.
Dabei wird jedem Element $x$ einer Menge $D_f$ genau ein Element $y$ zugeordnet.
$D_f$: **Definitionsbereich** (oder Definitionsmenge) der Funktion $f$
$W_f$: **Wertebereich** (oder Wertemenge) der Funktion $f$
$W_f$ umfaßt alle den $x$-Werten zugeordneten $y$-Werte
Kurz: $f: x \mapsto y$

**Beispiel 1**

$f: x \mapsto x^2 - 3$ mit $x \in \mathbb{R}$

Diese Zuordnung $f$ ist nach Definition 1 eine Funktion.

$D_f = \mathbb{R}$ ; $W_f = \{ y ; y \in \mathbb{R}$ und $y \geqq -3\}$

**Darstellungsformen von Funktionen:**

Funktionsgleichung

– *Funktionsgleichung:* $y = x^2 - 3$ oder $f(x) = x^2 - 3$ $(x \in \mathbb{R})$

Wird im folgenden der Definitionsbereich zu einer Funktionsgleichung nicht explizit angegeben, so ist der größtmögliche gemeint, welchen der Funktionsterm zuläßt.

**Wertetabelle**

– *Menge geordneter Paare* $(x; y)$, zumeist in Form einer *Wertetabelle* angegeben

| $x$ | $-2$ | $-1$ | $-0{,}5$ | $0$ | $\frac{3}{4}$ | $1$ | $\sqrt{2}$ | $3$ |
|---|---|---|---|---|---|---|---|---|
| $y$ | $1$ | $-2$ | $-2{,}75$ | $-3$ | $-\frac{35}{16}$ | $-2$ | $-1$ | $6$ |

**Graph**

– *Graphische Darstellung* im Koordinatensystem: Der Graph (oder auch das Schaubild) dieser Funktion ist eine Parabel (s. Abb. 4).

(Wertetabelle und graphische Darstellung beschreiben die Funktion $f$ unvollständig.)

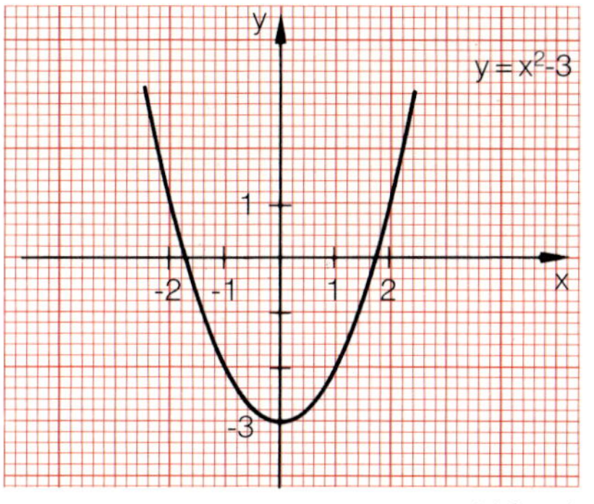


Abb. 4

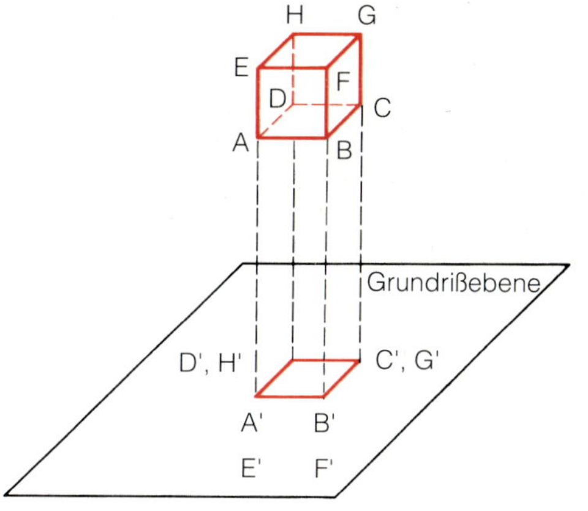


Abb. 5

①

Sind folgende Zuordnungen Funktionen?

a) *Jeder Schüler und jede Schülerin einer Klasse erhält am Jahresende auf dem Zeugnis eine Zensur im Fach Deutsch.* Ein Beispiel für diese Zuordnung gibt das nebenstehende Pfeildiagramm an.

b) Zuordnung *Originalpunkte* $\mapsto$ *Bildpunkte* bei senkrechter Eintafelprojektion (s. Abb. 5).

c) Zuordnung *Bildpunkte* $\mapsto$ *Originalpunkte* bei senkrechter Eintafelprojektion (s. Abb. 5).

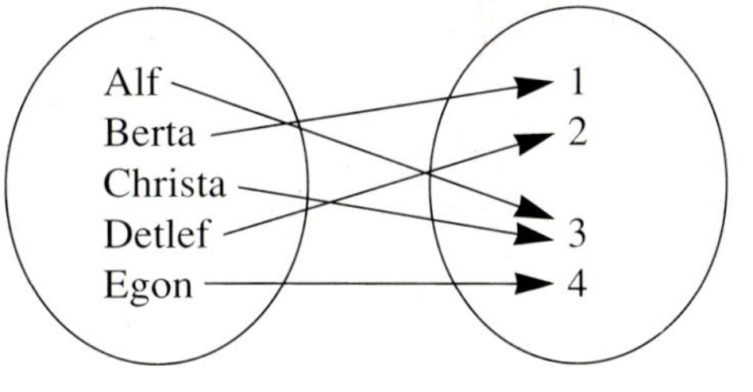


In der Definition 1 ist über die Art der Mengen $D_f$ und $W_f$ nichts ausgesagt.

**reelle Funktion**

In der Analysis werden nur Funktionen betrachtet, deren Definitionsbereich und Wertebereich Mengen reeller Zahlen sind. Man spricht dann von **reellen oder reellwertigen Funktionen** (sogenannten Zahl-Zahl-Funktionen).

Die Elemente des Definitionsbereiches nennt man **Argumente** und die Elemente des Wertebereiches **Funktionswerte**.

**Beispiel 2**

Die eingangs beschriebene Zuordnung *Briefmasse* $\mapsto$ *Beförderungsgebühren* ist eine Funktion mit dem Definitionsbereich 0 g < m ≦ 1000 g und dem Wertebereich {1 DM; 1,70 DM; 2,40 DM; 3,20 DM; 4,00 DM; 4,80 DM}.
Die Elemente des Definitions- bzw. Wertebereiches sind Größen. Betrachtet man nur die Zahlenwerte, dann liegt auch in diesem Fall eine reelle Funktion vor.
Die Zuordnungsvorschrift der Funktion *f* kann man auch so darstellen:

$$f: m \mapsto \begin{cases} 1{,}00\text{ DM für } 0\text{ g} < m \leqq 20\text{ g} \\ 1{,}70\text{ DM für } 20\text{ g} < m \leqq 50\text{ g} \\ 2{,}40\text{ DM für } 50\text{ g} < m \leqq 100\text{ g} \\ 3{,}20\text{ DM für } 100\text{ g} < m \leqq 250\text{ g} \\ 4{,}00\text{ DM für } 250\text{ g} < m \leqq 500\text{ g} \\ 4{,}80\text{ DM für } 500\text{ g} < m \leqq 1000\text{ g} \end{cases}$$

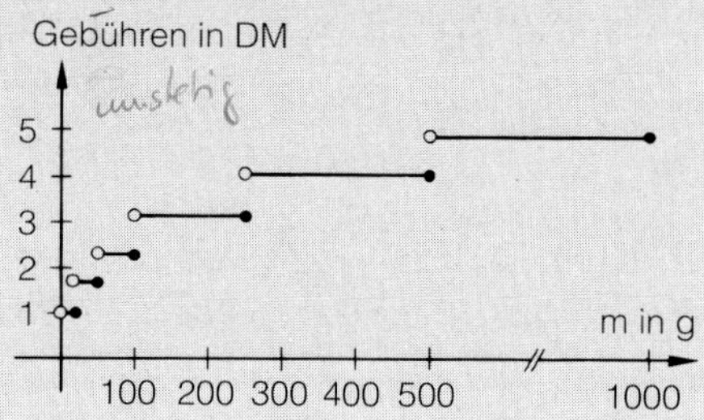


Abb. 6

Zur graphischen Darstellung von Funktionen in diesem Buch:
Kleine Kreise kennzeichnen Punkte, die nicht zum Graphen gehören; »ausgemalte« Kreise eines Kurvenstückes kennzeichnen zum Graphen gehörende Punkte. Wenn eine Kurve in der Zeichnung ohne solche Markierungen endet, so wird damit angedeutet, daß der Graph nur ausschnittsweise dargestellt ist.

**abschnittsweise definierte Funktion**

Reelle Funktionen werden zumeist mit Hilfe einer Funktionsgleichung angegeben. Sie können – wie das Beispiel 2 zeigt – auch *abschnittsweise* definiert werden.

②

Zeichnen Sie die Graphen der folgenden Funktionen.

$$f_1: x \mapsto \begin{cases} x & \text{für } -3 \leqq x \leqq 0 \\ -x^2 & \text{für } 0 < x \leqq 2 \end{cases}$$

$$f_2: x \mapsto \begin{cases} \frac{1}{2}x - 1 & \text{für } x < 1 \\ \frac{1}{2}x + 1 & \text{für } 1 \leqq x < 2 \\ \sin x & \text{für } x > 2 \end{cases}$$

*Aufgaben 1–6*

# Reelle Zahlen – Baumaterial für die reellen Funktionen

③
Welche Gleichungen sind falsche Aussagen?

| | | |
|---|---|---|
| a) $\frac{2}{3} = 0{,}666$ | b) $1{,}1666667 = \frac{7}{6}$ | c) $\sqrt{2} = 1{,}4142136$ |
| d) $3{,}14 = \pi$ | e) $\frac{2}{3} - \frac{1}{6} = 0{,}5$ | f) $-\sqrt{36} = -6{,}0$ |
| g) $3{,}1 = \sqrt{9{,}61}$ | h) $3{,}\bar{1} = \sqrt{9{,}67901231}$ | i) $\frac{1}{2}\sqrt{2} = 0{,}7071\ldots$ |

Die Menge der **reellen Zahlen** besteht aus der Menge der rationalen Zahlen und der Menge der irrationalen Zahlen.

**rationale Zahlen**

**Rationale Zahlen** sind stets als Brüche der Form $\frac{p}{q}$ mit $p, q \in \mathbb{Z}$ und $q > 0$ darstellbar. Man kann sie auch als endliche oder als unendliche, periodische Dezimalbrüche schreiben.

**irrationale Zahlen**

**Irrationale Zahlen** lassen sich *nicht* als Brüche der Form $\frac{p}{q}$ und damit nicht als endliche oder periodische Dezimalbrüche darstellen. Von irrationalen Zahlen kann man beliebig viele ihrer Dezimalstellen durch Einschachteln mit rationalen Näherungswerten ermitteln. Zum Beispiel gilt für $\sqrt{3}$:

$$1 < \sqrt{3} < 2 \quad , \text{ weil } 1^2 = 1 < 3 < 2^2 = 4$$
$$1{,}7 < \sqrt{3} < 1{,}8 \quad , \text{ weil } 1{,}7^2 = 2{,}89 < 3 < 1{,}8^2 = 3{,}24$$
$$1{,}73 < \sqrt{3} < 1{,}74 \quad , \text{ weil } 1{,}73^2 = 2{,}9929 < 3 < 1{,}74^2 = 3{,}0276$$

usw.

Jeder rationalen Zahl kann auf der Zahlengeraden genau ein Punkt zugeordnet werden. Es gibt aber unendlich viele Punkte auf der Zahlengeraden, zu denen keine rationale Zahl gehört.

④
Weisen Sie nach.
a) Die Zahl 2,828427125 ist keine Lösung der Gleichung $x^2 = 8$.
b) Es gibt keine rationale Zahl $x$, die Lösung der Gleichung $x^2 = 8$ ist, d. h. $\sqrt{8}$ ist keine rationale Zahl.

Die Menge der reellen Zahlen, die die Menge der rationalen und die Menge der irrationalen Zahlen umfaßt, erlaubt es, jedem Punkt der Zahlengeraden genau eine Zahl zuzuordnen.

Wir betrachten die reelle Funktion

$$d: x \mapsto \begin{cases} 1 & \text{falls } x \text{ eine rationale Zahl ist} \\ 2 & \text{falls } x \text{ eine irrationale Zahl ist} \end{cases}$$

**Dirichlet-Funktion**

Eine solche Funktion wurde vom deutschen Mathematiker P. G. L. DIRICHLET (1805–1859) angegeben.

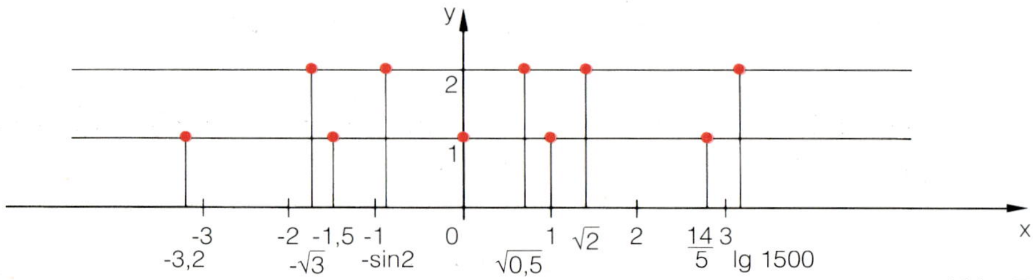


Abb. 7

Die Funktion d kann man graphisch nicht darstellen. Eine gewisse Vorstellung von d liefert die Abbildung 7 nur in Verbindung mit der Einsicht, daß die Menge der rationalen Zahlen zwar überall dicht ist, trotzdem aber nicht alle Punkte der Zahlengeraden erfaßt. Es bleiben Lücken. Entsprechendes gilt für die Menge der irrationalen Zahlen.

*Aufgaben 7–12*

## Intervalle und Umgebungen

Der Definitionsbereich von abschnittsweise definierten reellen Funktionen besteht aus **Intervallen** reeller Zahlen.

**abgeschlossenes Intervall**

**offenes Intervall**

| Menge | Name | Symbol | Darstellung auf einer Zahlengeraden |
|---|---|---|---|
| $\{x;\, x \in \mathbb{R} \text{ und } a \leqq x \leqq b\}$ | abgeschlossenes Intervall | [a; b] |  |
| $\{x;\, x \in \mathbb{R} \text{ und } a < x < b\}$ | offenes Intervall | ]a; b[ |  |
| $\{x;\, x \in \mathbb{R} \text{ und } a \leqq x < b\}$ | halboffenes Intervall | [a; b[ | 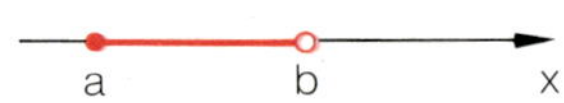 |

Die abgeschlossenen und offenen Intervalle sind stets nach oben bzw. unten **beschränkt**, d. h. es gibt reelle Zahlen, die größer bzw. kleiner als alle Elemente des betreffenden Intervalls sind.
Für $x \geqq a$ schreibt man gelegentlich auch $[a;\, \infty[$,
für $x < a$ dann entsprechend $]-\infty;\, a[$.
Solche Intervalle nennt man **uneigentliche** Intervalle, denn »∞« ist keine Zahl. Uneigentliche Intervalle sind **unbeschränkt**.

Intervalle werden gelegentlich auch mit großen Buchstaben, z. B. I, bezeichnet.
Der Graph der Funktion *f* aus Beispiel 2 zeigt an einigen Stellen, z. B. bei 20 oder 50, ein besonderes Verhalten (»Sprung«). Zur Beschreibung solcher und weiterer Eigenschaften von Funktionen verwendet man **Umgebungen einer Zahl**.

ε-Umgebung

Offene Intervalle der Form $]a - \varepsilon; a + \varepsilon[$, wobei ε eine beliebige positive reelle Zahl ist, nennt man eine **ε-Umgebung von a.**

Auf der Zahlengeraden wird eine ε-Umgebung von *a* durch die Schnittpunkte eines Kreises um *a* mit dem Radius ε festgelegt.

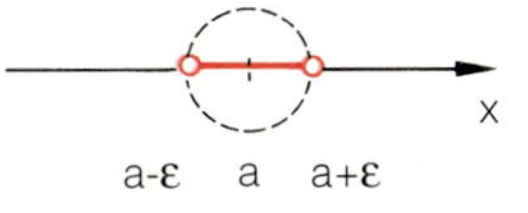


**Beispiele**

| a | ε | $]a - \varepsilon; a + \varepsilon[$ | $a - \varepsilon < x < a + \varepsilon$ |
|---|---|---|---|
| 3 | 1 | $]2; 4[$ | $2 < x < 4$ |
| 3 | 0,1 | $]2{,}9; 3{,}1[$ | $2{,}9 < x < 3{,}1$ |
| $-1{,}5$ | 0,01 | $]-1{,}51; -1{,}49[$ | $-1{,}51 < x < -1{,}49$ |

*Aufgaben 13–18*

## Eigenschaften reeller Funktionen

Die Abbildung 8 zeigt den Kraftstoffverbrauch eines Autos in Abhängigkeit von der Geschwindigkeit in verschiedenen Gängen.

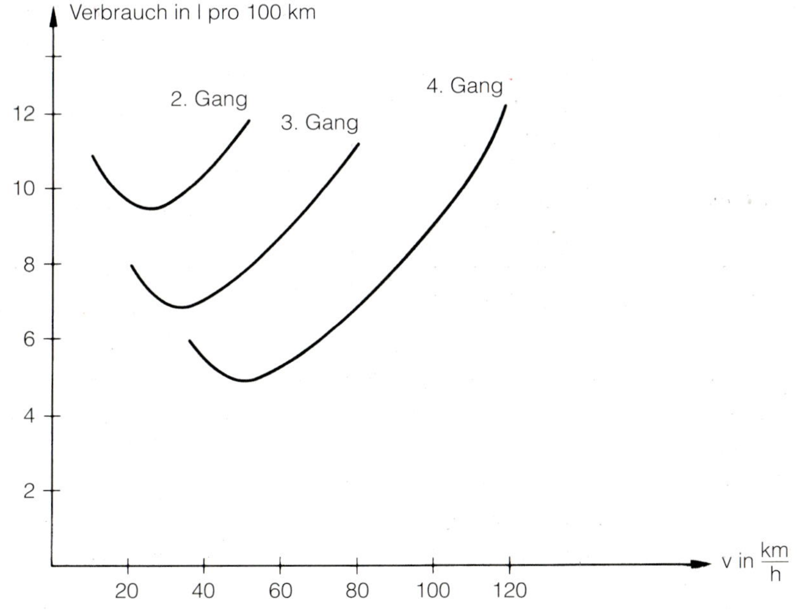


Abb. 8

⑤
Interpretieren Sie die Graphen in Abbildung 8.

Bei der Interpretation von Funktionsgraphen spielen Eigenschaften wie Monotonie, Symmetrie, Existenz von Nullstellen sowie von Hoch- und Tiefpunkten eine große Rolle. Aus graphischen Darstellungen von Funktionen sind solche Funktionseigenschaften oft gut zu erkennen. Die anschaulichen Vorstellungen reichen aber sowohl zum vollständigen Erkennen von Funktionseigenschaften (graphische Darstellungen zeigen ja stets nur einen Ausschnitt von Graphen) als auch zum Beweis von Funktionseigenschaften nicht aus.
Dazu benötigt man Definitionen für diese Eigenschaften, die sich nicht auf eine graphische Darstellung der Funktionen stützen.
Die folgende Zusammenstellung von Funktionseigenschaften bezieht sich auf Funktionen[1] $f$ mit $x \mapsto f(x)$ und $x \in D_f \subseteqq \mathbb{R}$.

**1) Schnittpunkt des Graphen mit der x-Achse: $S_x(x_0; 0)$**

Nullstelle

Ein Element $x_0$ des Definitionsbereiches von $f$ heißt **Nullstelle**, wenn $f(x_0) = 0$ ist. (Beachte: »Nullstelle« und »Schnittpunkt des Graphen mit der $x$-Achse« sind zwei verschiedene Begriffe!)

**2) Schnittpunkt des Graphen mit der $y$-Achse: $S_y(0; y_s)$**

Der Funktionswert $y_s = f(0)$ hat keinen speziellen Namen.

⑥
Wieso kann ein Funktionsgraph die $x$-Achse mehrfach schneiden, die $y$-Achse aber höchstens einmal?

**3) Monotonie**

Eine Funktion $f$ ist monoton wachsend (fallend), wenn mit zunehmenden Argumenten die Funktionswerte zunehmen (abnehmen).

streng monoton

**Definition 2**
Eine Funktion $f$: $x \mapsto f(x)$ heißt in einem Intervall I ($I \subseteqq D_f$)
**streng monoton wachsend** | **streng monoton fallend**
wenn für alle $x_1, x_2 \in I$ gilt:
wenn $x_1 < x_2$, so $f(x_1) < f(x_2)$; | wenn $x_1 < x_2$, so $f(x_1) > f(x_2)$.

Wenn man $f(x_1) \leqq f(x_2)$ bzw. $f(x_1) \geqq f(x_2)$ zuläßt, dann spricht man nur von monoton wachsend bzw. monoton fallend.

1 Wenn im folgenden von »Funktionen« gesprochen wird, dann sind – wenn nichts anderes aus dem Zusammenhang hervorgeht – stets *reelle* Funktionen gemeint.

**Beispiele**

a) Die Funktion $f\colon x \mapsto x^2-2$ ist
   - in $]-\infty; 0]$ streng monoton fallend;
   - in $[0; \infty[$ streng monoton wachsend;
   - in $I\!R$ nicht monoton.

b) Die »Briefgebührenfunktion« (s. Abb. 6) ist monoton wachsend, aber nicht streng monoton wachsend.

### 4) Hoch- und Tiefpunkt

⑦

a) Welche Punkte der in Abbildung 9 graphisch dargestellten Funktion würden Sie Hoch- bzw. Tiefpunkt nennen? Warum?

b) Beurteilen Sie folgende Definitionsversuche.
   1) $f$ hat an einer Stelle $x_H$ einen Hochpunkt, wenn für alle $x \in D_f$ (mit Ausnahme von $x_H$) $f(x) < f(x_H)$ gilt.
   2) $f$ hat an einer Stelle $x_H$ einen Hochpunkt, wenn $f(x_H)$ der größte Funktionswert in einer Umgebung von $x_H$ ist.

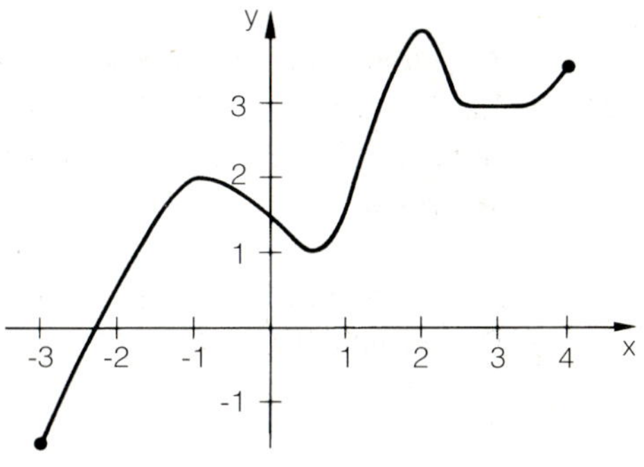


Abb. 9

**Definition 3**

Gegeben ist eine Funktion $f$ mit dem Definitionsbereich $D_f$.

Ein Punkt $H(x_H; f(x_H))$ heißt **Hochpunkt** des Graphen von $f$, wenn es eine ε-Umgebung von $x_H$ gibt, in der für alle $x$ (außer $x_H$ selbst)

$$f(x) < f(x_H) \text{ gilt.}$$

Ein Punkt $T(x_T; f(x_T))$ heißt **Tiefpunkt** des Graphen von $f$, wenn es eine ε-Umgebung von $x_T$ gibt, in der für alle $x$ (außer $x_T$ selbst)

$$f(x) > f(x_T) \text{ gilt.}$$

**relative Extrempunkte**

Hoch- bzw. Tiefpunkte bezeichnet man als **relative** Extrempunkte oder auch als **lokale** Extrempunkte.

Die $x$-Koordinate eines Extrempunktes wird als Extrem**stelle** und die zugehörige $y$-Koordinate als **Extremum** bezeichnet:

Extrempunkt (Extremstelle; Extremum).

Ein Extremum kann ein Maximum oder ein Minimum sein.

**absolute Extrempunkte**

Eine Funktion kann auch **absolute** oder **globale** Extrema besitzen. Das ist jeweils der größte bzw. kleinste Funktionswert in einem vorgegebenen Intervall.

**Beispiel 3**

Die Abbildung 10 zeigt den Graphen einer Funktion $g$ in [a; b]. Nach Definition 3 hat $g$ folgende **relative Extrempunkte:**

Hochpunkte: $H_1$ $(x_2; g(x_2))$; $H_2$ $(x_4; g(x_4))$; $H_3$ $(x_7; g(x_7))$
Tiefpunkte: $T_1$ $(x_1; g(x_1))$; $T_2$ $(x_3; g(x_3))$

Das relative Maximum an der Stelle $x_4$ ist zugleich das absolute Maximum von $g$ im Intervall [a; b]. Das absolute Minimum ist $f(b)$.

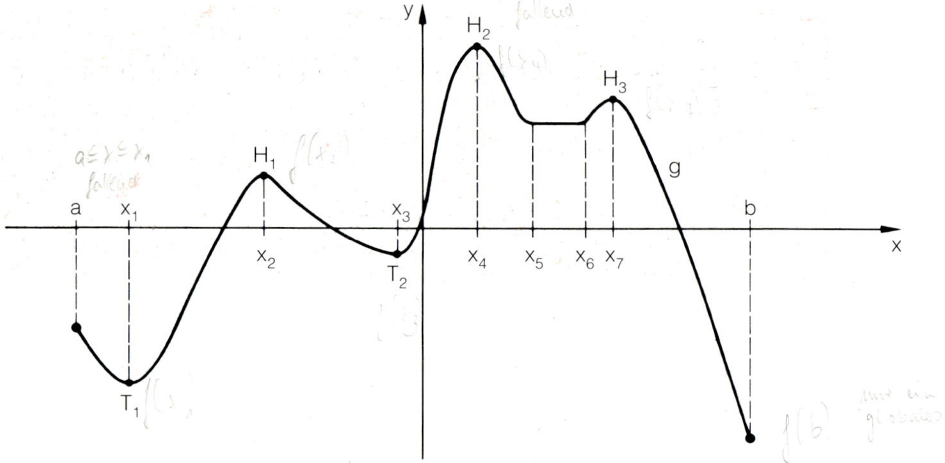

Abb. 10

⑧
a) Geben Sie die Monotonieintervalle von g aus Abbildung 10 an.
b) Welche Zusammenhänge bestehen zwischen Monotonie und Extrempunkten?

## 5) Gerade und ungerade Funktionen (Symmetrieeigenschaften)

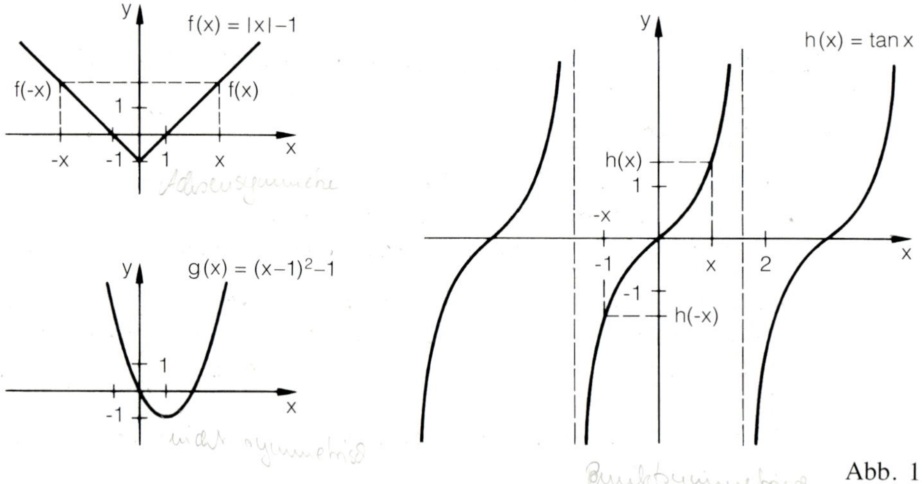

Abb. 11

⑨
Was kann man über das Symmetrieverhalten der Graphen von $f$, $g$ und $h$ (s. Abb. 11) aussagen?

**Achsensymmetrie**

Eine Funktion, deren Graph symmetrisch zur $y$-Achse ist, heißt **gerade** Funktion. Bei einer geraden Funktion gehört zu den Argumenten $x$ und $-x$ der gleiche Funktionswert.

**Punktsymmetrie**

Eine Funktion, deren Graph punktsymmetrisch zum Koordinatenursprung ist, heißt **ungerade** Funktion. Bei einer ungeraden Funktion unterscheiden sich die Funktionswerte an den Stellen $x$ und $-x$ nur durch das Vorzeichen.

**Definition 4**

Eine Funktion $f\colon x \mapsto f(x)$ mit symmetrisch zum Ursprung liegendem Definitionsbereich $D_f$ heißt

**gerade**, wenn für alle $x \in D_f$ gilt $f(-x) = f(x)$

**ungerade**, wenn für alle $x \in D_f$ gilt $f(-x) = -f(x)$

**Beispiel 4**

a) $f$ mit $f(x) = \frac{1}{x^2}$ ist eine gerade Funktion, denn

$f(-x) = \frac{1}{(-x)^2} = \frac{1}{x^2} = f(x)$ für alle $x \in \mathbb{R}$, $x \neq 0$ *und* $D_f$ symmetrisch zum Ursprung.

b) $g$ mit $g(x) = x^3 - x$ ist eine ungerade Funktion, denn

$g(-x) = (-x)^3 - (-x) = -x^3 + x = -g(x)$ für alle $x \in \mathbb{R}$ *und* $D_f$ symmetrisch zum Ursprung.

⑩
Geben Sie weitere Beispiele für gerade und ungerade Funktionen an.

### 6) Beschränktheit

**obere Schranke**

**untere Schranke**

Für die Funktion $f$ in Abbildung 12 (a) gilt für alle $x \in D_f$:
$f(x) = \cos x < 2$. Man sagt: 2 ist eine **obere Schranke** von $f$.
$-2 < f(x) = \cos x$. Man sagt: $-2$ ist eine **untere Schranke** von $f$.

Die Funktion $f$ ist nach oben und nach unten **beschränkt.**
Die Funktion in Abbildung 12 (b) nimmt beliebig große und beliebig kleine Funktionswerte an; es gibt keine obere und keine untere Schranke. Diese Funktion ist **unbeschränkt**.
Es gibt Funktionen, die eine obere Schranke, aber keine untere Schranke haben und umgekehrt (s. Abb. 12 (c) und (d)).

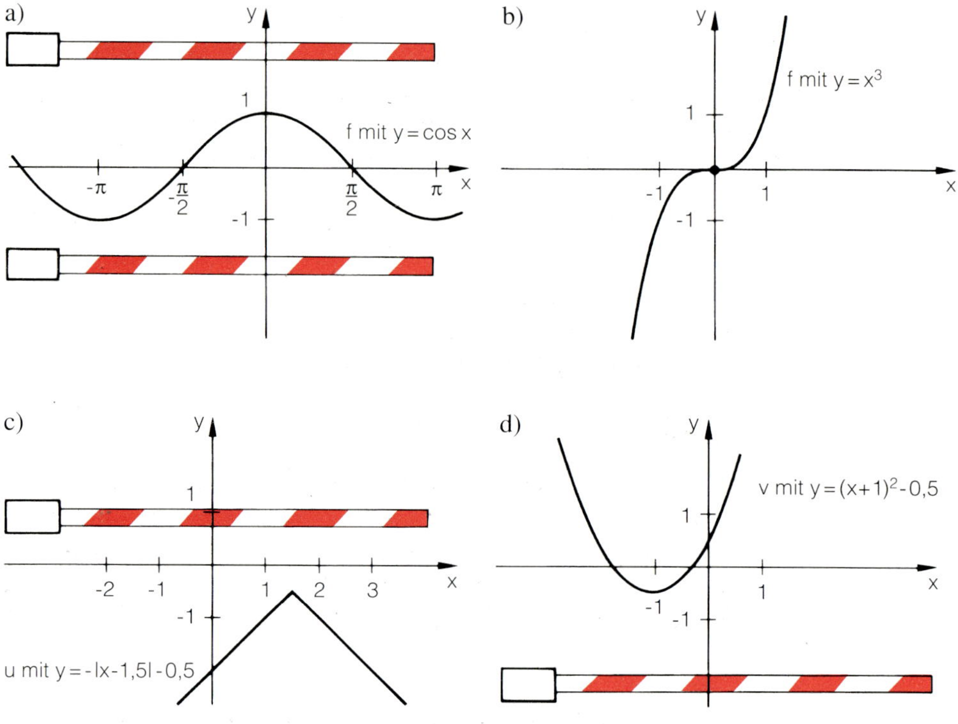


Abb. 12

**Definition 5**

Eine Funktion $f\colon x \mapsto f(x)$ heißt

**nach oben beschränkt**, wenn es eine Zahl $S_o \in \mathbb{R}$ gibt, | **nach unten beschränkt**, wenn es eine Zahl $S_u \in \mathbb{R}$ gibt,

so daß für alle $x \in D_f$ gilt

$f(x) \leqq S_o$ | $f(x) \geqq S_u$

$S_o$ heißt obere Schranke, $S_u$ untere Schranke von $f$.

Eine Funktion heißt **beschränkt**, wenn sie eine obere *und* eine untere Schranke hat.

**Supremum**

**Infimum**

Wenn es *eine* obere (untere) Schranke gibt, so gibt es unendlich viele obere (untere) Schranken. Sofern es unter diesen eine kleinste obere Schranke gibt, wird diese *obere Grenze* (oder auch *Supremum*) genannt; gibt es eine größte untere Schranke, so nennt man sie *untere Grenze* (oder auch *Infimum*). Die Kosinusfunktion hat z. B. die Zahl 1 als kleinste obere Schranke und die Zahl $-1$ als größte untere Schranke. In der Menge der reellen Zahlen haben nach oben bzw. unten beschränkte Funktionen stets eine obere bzw. untere Grenze.

Aus dem Graphen einer Funktion kann man ihre Eigenschaften erkennen. Umgekehrt kann man aus der Kenntnis von Funktionseigenschaften den Verlauf des Graphen der Funktion annähernd bestimmen.

**Beispiel 5**

Von einer Funktion $f$ mit $D_f = I\!R$ sind folgende Eigenschaften bekannt:
- $f$ hat genau drei Nullstellen $-2$; $0$; $2$.
- $f$ hat genau zwei relative Extrempunkte:

$$T(-\frac{2}{3}\sqrt{3}; -\frac{16}{9}\sqrt{3}) \text{ und } H(\frac{2}{3}\sqrt{3}; \frac{16}{9}\sqrt{3})$$

- $f$ ist streng monoton fallend in $]-\infty; -\frac{2}{3}\sqrt{3}]$ und $[\frac{2}{3}\sqrt{3}; \infty[$

  und monoton wachsend in $[-\frac{2}{3}\sqrt{3}; \frac{2}{3}\sqrt{3}]$

- $f$ ist eine ungerade und unbeschränkte Funktion.

Es soll der Graph der Funktion annähernd bestimmt werden. Dazu überträgt man – soweit möglich – die gegebenen Eigenschaften in ein Koordinatensystem (s. Abb. 13a). Insbesondere aus den Schnittpunkten mit den Koordinatenachsen und den relativen Extrempunkten kann man unter Berücksichtigung der Eigenschaften »unbeschränkt« und »ungerade« auf den Verlauf des Graphen schließen und ihn grob skizzieren (s. Abb. 13b).

Allein aus der Kenntnis dieser Funktionseigenschaften kann man jedoch nicht eindeutig die Funktion bestimmen; siehe gestrichelte Kurve in Abbildung 13(b).

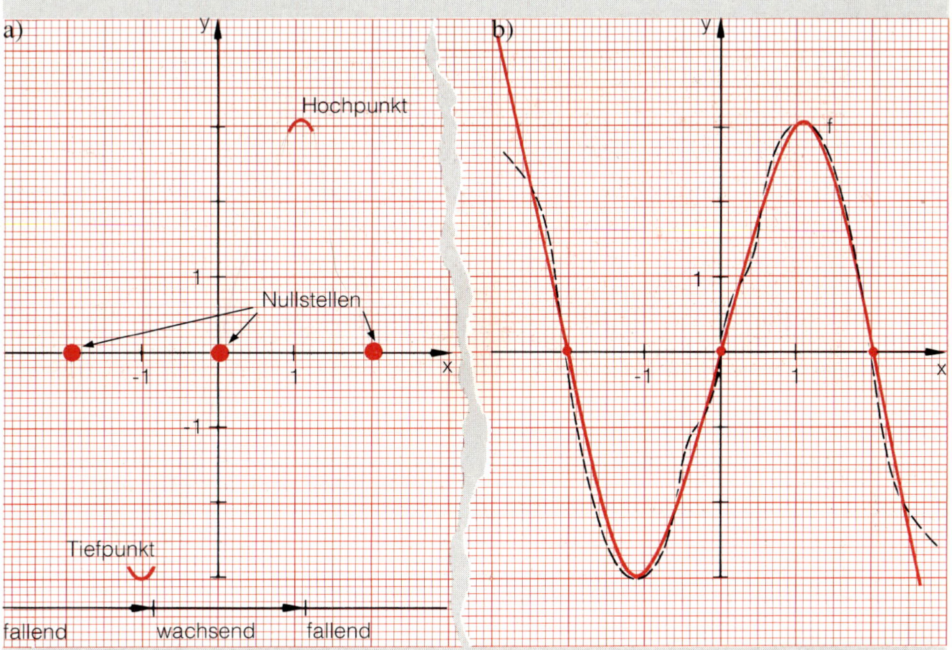


Abb. 13

*Aufgaben 19–31 und 36–43*

## Graphische Darstellung von Funktionen mit einem Computer

Zur graphischen Darstellung von Funktionen werden vielfach Computer (mit entsprechender Software) oder auch graphikfähige Taschenrechner verwendet. Nach Eingabe einer Funktionsgleichung und eines Darstellungsbereiches erscheint auf dem Bildschirm der zugehörige Graph. Die Abbildungen zeigen Computerbilder der Funktion $f$ mit $y = x^2 - 6x + 2{,}5$ im Darstellungsbereich $-10 \leqq x \leqq 10$ und $-10 \leqq y \leqq 10$.

**Graphikfähiger TR**

(a)

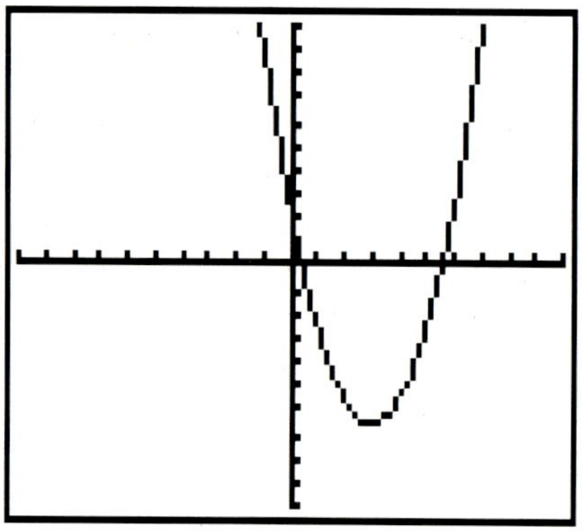

**Computerbild**

(b)

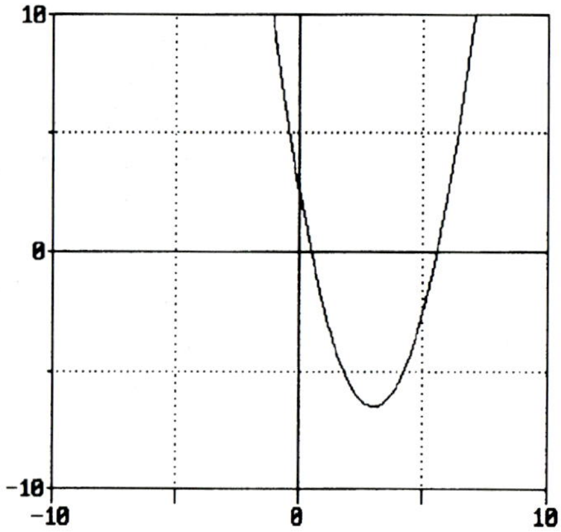


Abb. 14

Die Kurve ist um so »glatter«, je mehr Punkte der Rechner berücksichtigt. Der Grad der Auflösung ist ein Gütemerkmal für die Hard- und Software. So weit man die Auflösung bei Computerprogrammen aber auch treiben kann, stets kann ein Rechner nur **endlich** viele Punkte berücksichtigen.

**diskret endlich**

Der Definitionsbereich und der Wertebereich der mit Computern dargestellten Funktionen besteht immer nur aus **diskreten** und **endlich** vielen Elementen.

Dies kann beim graphischen Darstellen von Funktionen zu Schwierigkeiten führen.

(11)

Gegeben ist die Funktion $f$ mit $x \mapsto \sin \frac{1}{x}$.

a) Stellen Sie diese Funktion mit Hilfe einer Wertetabelle im Intervall $[-5; 5]$ graphisch dar.

b) Geben Sie eventuelle Hoch- und Tiefpunkte von $f$ an.

c) Vergleichen Sie den von Ihnen erhaltenen Graphen mit denen von Mitschülern und mit einer Computerdarstellung dieser Funktion.

Das »Verhalten« der Funktion f aus Auftrag (11) in einer Umgebung von 0 kann man zwar durch eine immer »feinere« Darstellung vermuten; ob es wirklich so ist, kann man aber auch aus einer Computerdarstellung nicht erkennen.

Von diskreten Elementen des Definitions- und Wertebereichs kann man nicht mit Sicherheit auf das »kontinuierliche« Verhalten von Funktionen schließen.

Eine andere Schwierigkeit bei der Erzeugung von Funktionsgraphen nach der »Wertetabellenmethode« (unabhängig davon, ob manuell oder mit Computern bzw. Taschenrechnern hergestellt) besteht darin, daß der Graph stets in einem bestimmten Ausschnitt ermittelt wird, den der Nutzer festlegen kann. Rechner bieten zunächst meist einen Standardbereich $-10 \leqq x \leqq 10$ und $-10 \leqq y \leqq 10$ an.
Den Einfluß des gewählten Ausschnittes auf die Form des Graphen verdeutlicht Abbildung 15 am Beispiel der Funktion $f\colon x \mapsto (x-200)^2$. Innerhalb des Standardausschnittes würde kein einziger Kurvenpunkt erscheinen. Erst bei anderer Ausschnittswahl wird ein Kurvenstück sichtbar, das schon etwas an eine Parabel erinnert. Die quadratische Funktion $f$ hat genau einen Tiefpunkt, den Scheitelpunkt S (200; 0). Deshalb ist sie in $]-\infty; 200]$ streng monoton fallend und in $[200; \infty[$ streng monoton wachsend. Daher kann es keine weiteren »jähen Wendungen« des Graphen mehr geben.

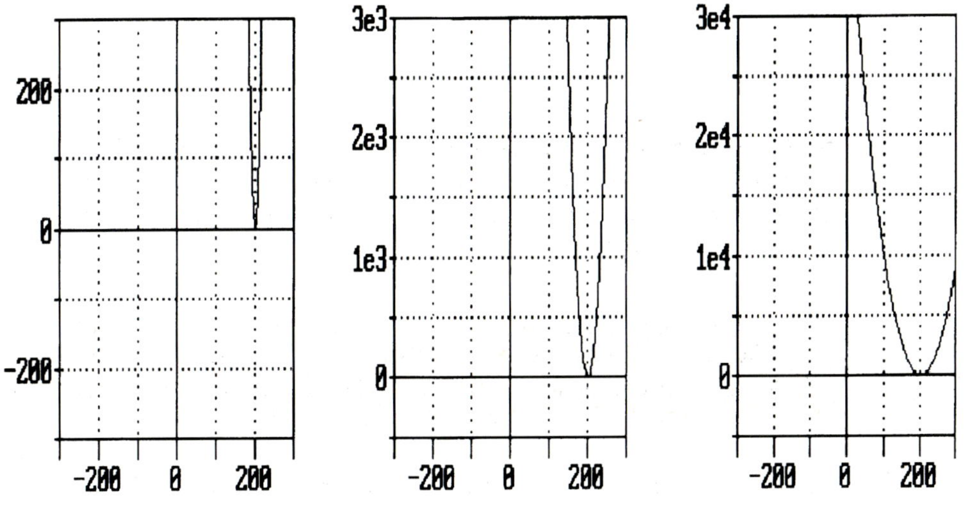


Abb. 15

Letztlich führt also das *Wissen über Eigenschaften* quadratischer Funktionen zu einer »angemessenen« Darstellung.

*Aufgaben 32–35*

## A 1.2 Operationen mit Funktionen

Für das Volumen einer Kugel gilt: $V(r) = \frac{4}{3}\pi r^3$. Die Potenzfunktion $y = x^3$ ist hier mit dem Faktor $\frac{4}{3}\pi$, also mit einer konstanten Funktion »verknüpft«.
Funktionen können auch additiv miteinander verknüpft werden, wie z. B. bei der Kostenfunktion (s. Abb. 3, S. 7). Auch beim Erzeugen einer modulierten Welle werden Funktionen miteinander verknüpft (s. Abb. 16).
Beim »Verknüpfen« von Funktionen entstehen neue Funktionen, deren Graphen aus den gegebenen Funktionen erzeugt werden können.

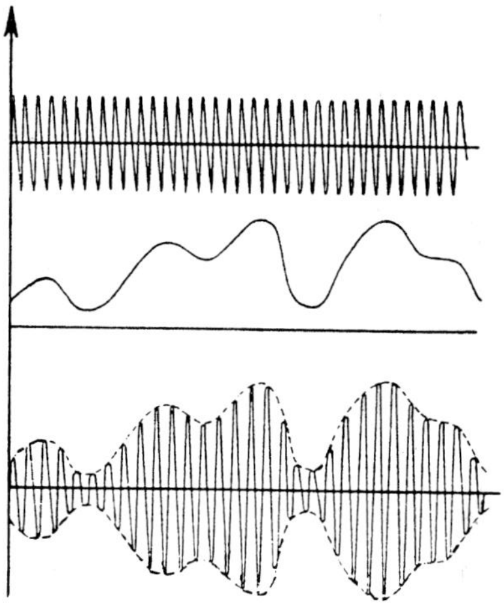

Abb. 16

### Verschieben – Strecken – Spiegeln

⑫

a) Zeichnen Sie den Graphen von $f_1$ mit $y = x^3$.
Verschieben Sie den Graphen von $f_1$ um 3 Einheiten »nach oben« (also in positive $y$-Richtung).
Welche Funktionsgleichung gehört zum verschobenen Graphen?

b) Zeichnen Sie den Graphen von $f_2$ mit $y = x^{-2}$.
Verschieben Sie den Graphen von $f_2$ um 2 Einheiten »nach unten« (also in negative $y$-Richtung).
Welche Funktionsgleichung gehört zum verschobenen Graphen?

⑬

a) Zeichnen Sie den Graphen von $f_1$ mit $y = x^3$.
Verschieben Sie den Graphen von $f_1$ um 2 Einheiten nach rechts (also in positive $x$-Richtung).
Welche Funktionsgleichung gehört zum verschobenen Graphen?

b) Zeichnen Sie den Graphen von $f_2$ mit $y = x^{-2}$.
Verschieben Sie den Graphen von $f_2$ um 2 Einheiten nach links (also in negative $x$-Richtung).
Welche Funktionsgleichung gehört zum verschobenen Graphen?

⑭

Zeichnen Sie die Funktion $f_1$ mit $y = x^2$.
Zeichnen Sie in das gleiche Koordinatensystem die Graphen von $f_2$ mit $y = 3x^2$; $f_3$ mit $y = 0{,}5x^2$ und $f_4$ mit $y = -x^2$.

| Abbildung des Graphen von $f$ mit $y = f(x)$ | Graphen (Bsp.: $y = x^2$) | Funktionsgleichungen von $g$ |
|---|---|---|
| **Verschiebung in y-Richtung** um $e$ Einheiten<br>Wenn $e > 0$, so Verschiebung nach oben<br>Wenn $e < 0$, so Verschiebung nach unten | 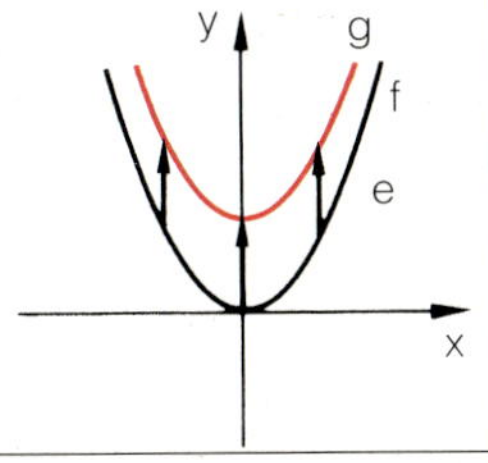 | $g(x) = f(x) + e$<br>Bsp.:<br>$g(x) = x^2 + e$ |
| **Verschiebung in x-Richtung** um $d$ Einheiten<br>Wenn $d > 0$, so Verschiebung nach rechts<br>Wenn $d < 0$, so Verschiebung nach links | 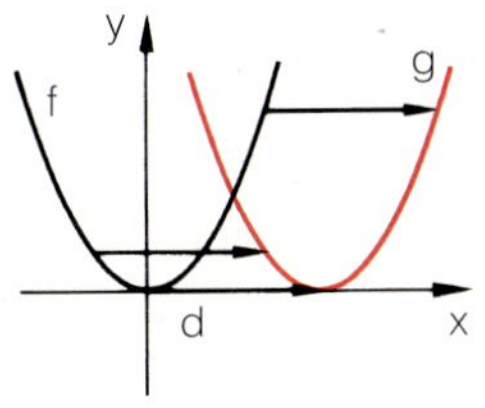 | $g(x) = f(x - d)$<br>Bsp.:<br>$g(x) = (x - d)^2$ |
| **Strecken** mit dem Faktor $a$ ($a > 0$) in $y$-Richtung | 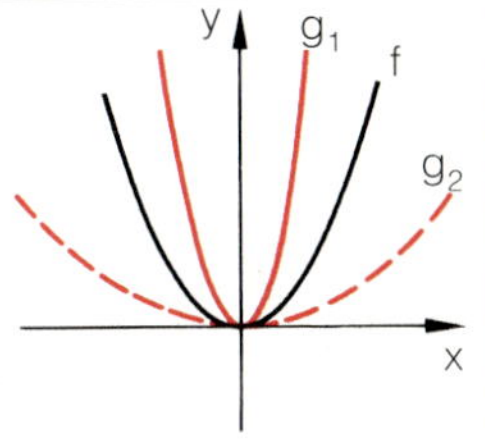 | $g(x) = a\,f(x)$<br>Bsp.: $g(x) = ax^2$ |
| **Spiegeln** an der $x$-Achse | 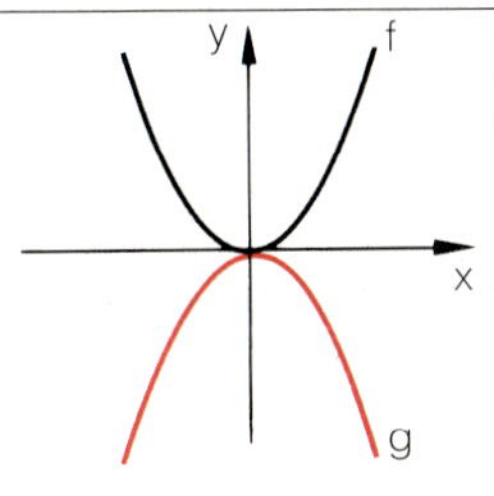 | $g(x) = -f(x)$<br>Bsp.: $g(x) = -x^2$ |

*Aufgaben 44–47*

## Funktionen verknüpfen

f + g = ?

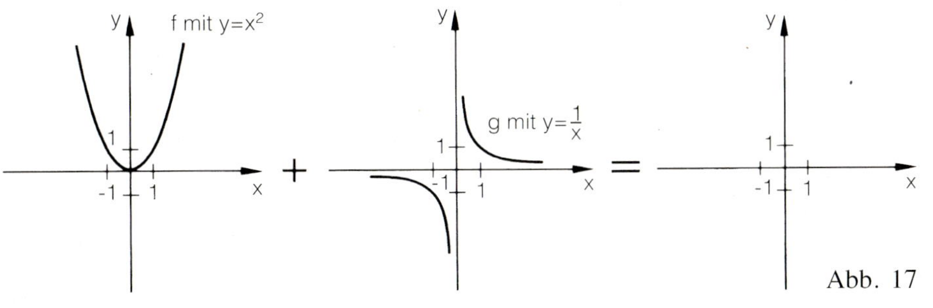


Abb. 17

**Verknüpfen von Funktionen**

Funktionen $f$ und $g$ kann man miteinander zu neuen Funktionen verknüpfen, indem man ihre Funktionsterme addiert, subtrahiert, multipliziert oder dividiert:

$f(x) + g(x)$; $f(x) - g(x)$; $f(x) \cdot g(x)$; $\frac{f(x)}{g(x)}$ (dabei $g(x) \neq 0$).[1]

⑮

Ermitteln Sie den Graphen der Funktion $s$ mit $s(x) = f(x) + g(x)$ für die in der Abbildung 17 angegebenen Funktionen mit Hilfe folgender Wertetabelle:

| $x$ | −3 | −2 | −1,5 | −1 | −0,5 | −0,1 | 0 | … | 3 |
|---|---|---|---|---|---|---|---|---|---|
| $f(x)$ | | | | | | | | | |
| $g(x)$ | | | | | | | | | |
| $s(x)$ | | | | | | | | | |

Die Bearbeitung des Auftrages ⑮ verdeutlicht:

- Die Funktionsgleichung der Summenfunktion $s$ ist $s(x) = x^2 + \frac{1}{x}$.
- Der Definitionsbereich der Summenfunktion ist gleich der Durchschnittsmenge der Definitionsbereiche der Funktionen $f$ und $g$.
- Der Graph der neuen Funktion hat in diesem Fall ein deutlich anderes Aussehen als die Graphen der gegebenen Summandenfunktionen.

⑯

Gegeben sind die Funktionen $f$ und $g$ aus Abbildung 17.

a) Skizzieren Sie den Graphen von $d$ mit $d(x) = f(x) - g(x)$.

b) Skizzieren Sie den Graphen von $p$ mit $p(x) = f(x) \cdot g(x)$.

c) Skizzieren Sie den Graphen von q mit $q(x) = \frac{f(x)}{g(x)}$.

Beim Quotienten zweier Funktionen muß man zusätzlich beachten, daß die Nullstellen der Nennerfunktion nicht zum Definitionsbereich der Funktion $\frac{f}{g}$ gehören.
Zum Beispiel gehört 0 nicht zum Definitionsbereich von q (s. Auftrag ⑯ c), obwohl der umgeformte Term von $\frac{x^2}{\frac{1}{x}}$ den Term $x^3$ ergibt.

*Aufgaben 48–51*

1 Gelegentlich findet man die Schreibweise $f + g$ bzw. $(f + g)(x) = f(x) + g(x)$. In »$f + g$« wird »+« als Symbol für die *Verknüpfung von Funktionen* verwendet. Diese Verknüpfung wird durch $f(x) + g(x)$ erklärt; hierin wird das Zeichen »+« in der üblichen Bedeutung »Addieren von Zahlen« verwendet.
Analoges gilt für $f - g$; $f \cdot g$; $\frac{f}{g}$.

# Funktionen verketten

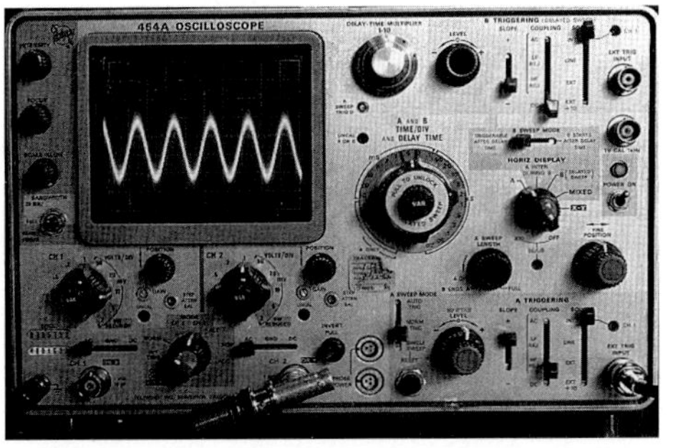


Beim Wechselstrom hängt die momentane Stromstärke von der Zeit $t$ ab. Es gilt:

$I(t) = I_0 \sin(2\pi f \cdot t + \alpha)$

($I_0$ – Maximalwert der Stromstärke;
$f$ – Frequenz des Wechselstromes, in normalen Ortsnetzen 50 Hz;
$\alpha$ – Phasenverschiebung)

Die Funktion $t \mapsto I(t)$ ist aus einer linearen Funktion und der Sinusfunktion zusammengesetzt. Derart zusammengesetzte Funktionen treten häufig auf.
Wir betrachten als Beispiel die Funktion $f$ mit $f(x) = \sin(2x - 1)$. Für $f$ stellen wir eine Wertetabelle in zwei Schritten auf:

| x | $-1$ | $-0{,}5$ | $0$ | $0{,}5$ | $1$ | $\frac{\pi}{2}$ |
|---|---|---|---|---|---|---|
| $2x-1$ | $-3$ | $-2$ | $-1$ | $0$ | $1$ | $\pi-1$ |
| $\sin(2x-1)$ | $-0{,}1411$ | $-0{,}9093$ | $-0{,}8415$ | $0$ | $0{,}8415$ | $0{,}8415$ |

Die Funktion $f$ entsteht durch das »Nacheinanderausführen« zweier Zuordnungen:

$v$: $x \mapsto v(x)$ mit $v(x) = 2x-1$
$u$: $v \mapsto u(v)$ mit $u(v) = \sin v$

$$x \overset{v}{\mapsto} 2x-1 \overset{u}{\mapsto} \sin(2x-1)$$
$$\underbrace{x \longrightarrow \sin(2x-1)}_{f}$$

**äußere Funktion**
**innere Funktion**

Die Funktion $f$ mit $f(x) = u(v(x))$ ist eine **Verkettung** der Funktion $u$ mit $v$. Die Funktion $u$ nennt man **äußere** Funktion, die Funktion $v$ **innere** Funktion.
Bei der Festlegung des Definitionsbereiches einer verketteten Funktion muß man beachten, daß die äußere Funktion auch für die Funktionswerte der inneren Funktion definiert ist.

**Beispiel 6**

*Gegeben ist die verkettete Funktion $f$ mit $f(x) = \sqrt{1-x^2}$. Es sind die innere und die äußere Funktion sowie der Definitions- und der Wertebereich von $f$ anzugeben.*

**Lösung:**
Innere Funktion $v$ mit $v(x) = 1 - x^2$
Äußere Funktion $u$ mit $u(v) = \sqrt{v}$
$f$ ist definiert für $1-x^2 \geqq 0$, d. h. $|x| \leqq 1$
$D_f = \{x;\, x \in \mathbb{R} \text{ und } -1 \leqq x \leqq 1\}$; $W_f = \{y;\, y \in \mathbb{R} \text{ und } 0 \leqq y \leqq 1\}$

⑰
Gegeben sind die Funktionen $g\colon x \mapsto 1 - 2x$ und $h\colon x \mapsto x^3$ $(x \in I\!R)$.
Verketten Sie die beiden Funktionen für die Fälle

a) $g$ ist äußere Funktion und $h$ ist innere Funktion,

b) $g$ ist innere Funktion und $h$ ist äußere Funktion.

Ist die Verkettung kommutativ?

*Aufgaben 52–56*

## Rationale Funktionen

Unser »Funktionsvorrat« hat sich durch das Verknüpfen und Verketten von Funktionen erheblich vergrößert.

⑱
Analysieren Sie die folgenden durch ihre Funktionsgleichungen gegebenen Funktionen. Sie wurden in zwei Gruppen eingeteilt. Nach welchem Merkmal wurde sortiert?

**Gruppe A:**

$y = x^2$; $y = \sqrt{3}$; $y = \frac{1}{x^4}$; $y = 2x + 13{,}11$; $y = -\frac{2}{3}x^3$

$y = 2x^3 - 3x^2 + 1$; $y = x^2 - \frac{1}{x}$; $y = \frac{8x}{x^3 - 2x^2 + 1}$; $y = \pi x - 1$

**Gruppe B:**

$y = 2 \sin x$; $y = \sqrt{x}$; $y = \frac{\sin x}{\cos x}$

$y = x^{-\frac{4}{3}}$; $y = 3^x$; $y = -\frac{2}{3}\cos\left(2x - \frac{\pi}{3}\right)$

$y = x \sin x - 1{,}25$; $y = \log_3 x$; $y = [2x] + x^2$

**rationale und nichtrationale Funktionen**

In der Gruppe A sind Beispiele für **rationale** Funktionen angegeben. Die Funktionen in der Gruppe B werden nichtrational genannt. Die Bezeichnung »rational« kommt daher, daß nur rationale Rechenoperationen (das sind die Grundrechenoperationen) bei der Verknüpfung der Funktionsvariablen (im Auftrag ⑱ wurde hierfür der Einfachheit halber immer $x$ gewählt) verwendet wurden.
Die rationalen Funktionen unterteilt man noch in ganzrationale und gebrochen rationale Funktionen.

ganz-
rationale
Funktion

Polynom

**Definition 6**
Eine Funktion $f$, die durch eine Gleichung der Form

$f(x) = a_n x^n + a_{n-1} x^{n-1} + \ldots + a_2 x^2 + a_1 x + a_0$ $(a_i \in I\!R,\ a_n \neq 0;\ i,n \in I\!N)$

dargestellt werden kann, heißt **ganzrationale Funktion n-ten Grades**.

Die Zahlen $a_0, a_1, a_2, \ldots, a_n$ sind die Koeffizienten.

Den Funktionsterm $a_n x^n + a_{n-1} x^{n-1} + \ldots + a_2 x^2 + a_1 x + a_0$ nennt man **Polynom n-ten Grades.**

**Beispiel 7**

a) Die quadratische Funktion $f$ mit $x \mapsto x^2 + px + q$ ist eine ganzrationale Funktion 2. Grades.

b) Die Funktion $g$ mit $x \mapsto -2{,}1x^6 + \sqrt{2}\,x^5 - \frac{2}{3}x^3 + \pi$ ist ganzrational vom Grad 6. Sie hat folgende Koeffizienten:

$a_6 = -2{,}1;\quad a_5 = \sqrt{2};\quad a_4 = 0;\quad a_3 = -\frac{2}{3};\quad a_2 = 0;\quad a_1 = 0;\quad a_0 = \pi.$

c) Die Potenzfunktionen $x \mapsto x^n$ mit natürlichem Exponenten $n$ sind ganzrationale Funktionen $n$-ten Grades.

gebrochen
rationale
Funktion

**Definition 7**
Rationale Funktionen, die nicht ganzrational sind, heißen **gebrochen rational.** Sie lassen sich als Quotient zweier ganzrationaler Funktionen $u$: $x \mapsto u(x)$ und $v$: $x \mapsto v(x)$ darstellen:

$f(x) = \frac{u(x)}{v(x)}$ mit $v(x) \neq 0$ für alle $x \in D_f$.

**Beispiel 8**

a) $f$ mit $f(x) = \frac{x^2 + \pi x - \sqrt{2}}{x + 2}$ ist eine gebrochen rationale Funktion mit der Funktion $u$: $x \mapsto x^2 + \pi x - \sqrt{2}$ und der Funktion $v$: $x \mapsto x + 2$.

Die Funktion ist für alle $x \neq -2$ definiert.

b) Die Funktion $f$ mit $f(x) = \frac{2}{x^2}$ ist eine gebrochen rationale Funktion mit der konstanten Funktion $u(x) = 2$ im Zähler und der ganzrationalen Funktion zweiten Grades $v(x) = x^2$ im Nenner.

Jede rationale Funktion setzt sich aus Potenzfunktionen mit natürlichem Exponenten und konstanten Funktionen zusammen, die durch Addition, Subtraktion, Multiplikation oder Division miteinander verknüpft sind.

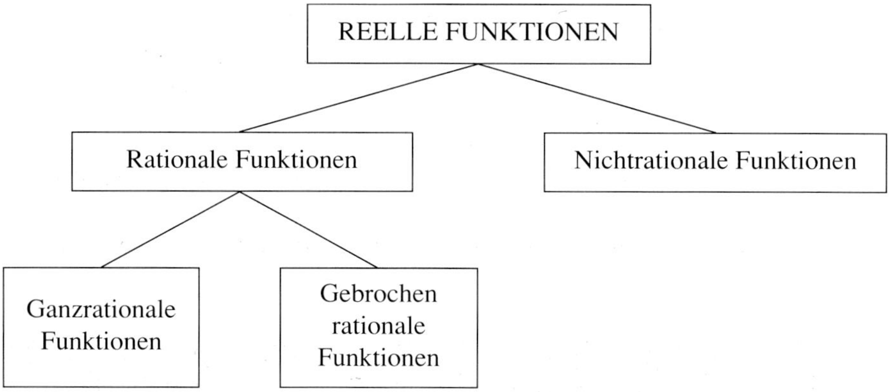


*Aufgaben 57–59*

## A 1.3 Umkehrfunktionen

Beim freien Fall (im Vakuum) gilt:

$s = \frac{g}{2} t^2$

s: Fallweg
t: Fallzeit

Durch diese Gleichung wird jeder Zeit t ein bestimmter Fallweg s zugeordnet:

Fallzeit $\mapsto$ Fallweg

Wir kehren die Zuordnung um:

Fallweg $\mapsto$ Fallzeit

Welche Zusammenhänge bestehen zwischen Zuordnung und »Umkehrzuordnung«?

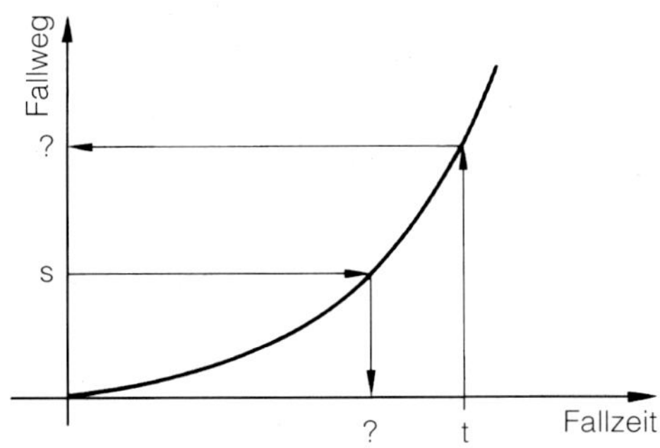


Abb. 18

⑲

**Umkehrzuordnungen**

Gegeben sind folgende Zuordnungen:

1) a $\mapsto$ b

| a | 1 | 2 | 3 | 4 | 5 |
|---|---|---|---|---|---|
| b | 1,5 | 3 | 4,5 | 6 | 7,5 |

2) $x \mapsto y$, als Menge dargestellt $\{(-2; 4), (-1; 1), (0; 0), (1; 1), (2; 4)\}$

3)

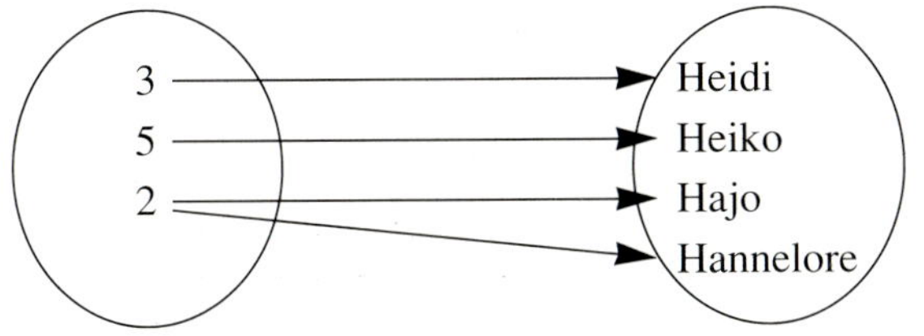


a) Geben Sie die Umkehrzuordnungen an.
b) Welche der Zuordnungen und welche der Umkehrzuordnungen sind eindeutig?

Die Umkehrung einer eindeutigen Zuordnung ist nicht notwendig wieder eine eindeutige Zuordnung.

**Umkehrfunktion**

**Definition 8**
Gegeben sei eine Funktion $f$: $x \mapsto y$ mit dem Definitionsbereich $D_f$ und dem Wertebereich $W_f$.

Ist die umgekehrte Zuordnung $\bar{f}$: $y \mapsto x$ mit $y \in D_{\bar{f}}$ (wobei $D_{\bar{f}} = W_f$) und $x \in W_{\bar{f}}$ (wobei $W_{\bar{f}} = D_f$) eindeutig, so heißt $\bar{f}$ **Umkehrfunktion** der Funktion $f$.

Funktionen, die eine Umkehrfunktion haben, werden **umkehrbar** genannt.

**Beispiel 9**

Die lineare Funktion $f$ mit $y = 2x - 1$ ($x \in I\!R$) ist umkehrbar, denn jedem $y$-Wert ist genau ein $x$-Wert zugeordnet.

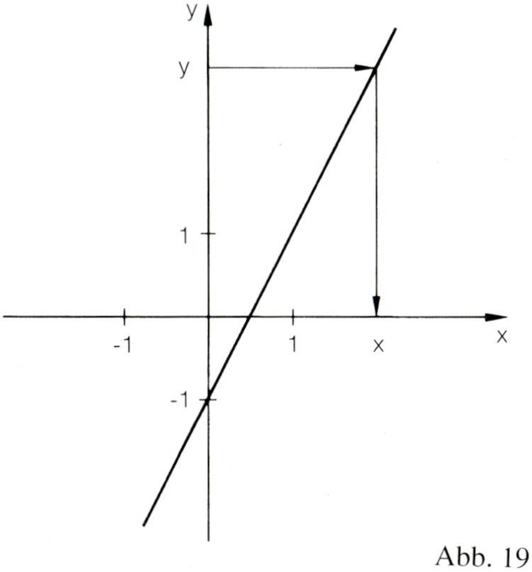


Abb. 19

**Beispiel 10**

Die quadratische Funktion $g$ mit $y = x^2$ ($x \in I\!R$) ist nicht umkehrbar, denn zu jedem $y$-Wert (außer 0) gibt es zwei $x$-Werte. Schränkt man jedoch den Definitionsbereich von $g$ ein, z. B. auf $x \geqq 0$, dann besitzt die neue Funktion $g^*$ mit $y = x^2$ eine Umkehrfunktion.

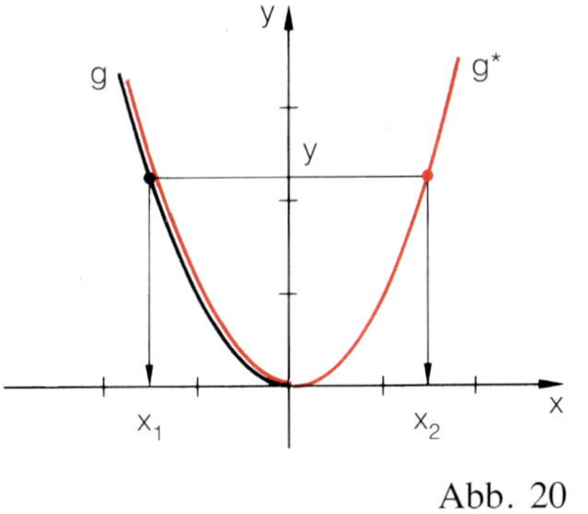


Abb. 20

Eine Funktion, die jeden Funktionswert genau einmal annimmt, ist stets umkehrbar. Folglich gilt:

**Satz 1**
Jede in ihrem Definitionsbereich streng monotone Funktion ist umkehrbar.

**Beispiel 11**

*Es sind – sofern möglich – die Umkehrfunktion von f mit $y = f(x) = 2x - 1$ $(x \in \mathbb{R})$ zu bilden und die Graphen in ein Koordinatensystem zu zeichnen.*

**Lösung:**

| | |
|---|---|
| 1. Prüfen, ob die Funktion umkehrbar ist | Umkehrfunktion $\bar{f}$ existiert, da $f$ streng monoton wachsend ist. |
| 2. Umstellen der Zuordnungsvorschrift $y = f(x)$ nach $x$ Umkehrfunktion $\bar{f}$ mit $x = \bar{f}(y)$ | $x = \bar{f}(y) = \frac{1}{2}y + \frac{1}{2}$ |
| 3. Umbenennen der Variablen | $y = \bar{f}(x) = \frac{1}{2}x + \frac{1}{2}$ |

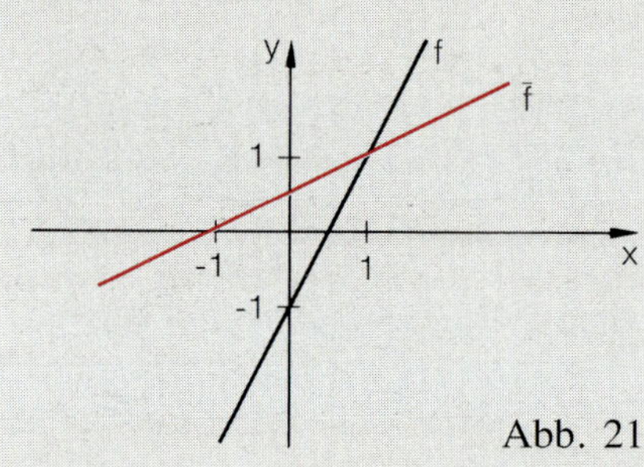

Abb. 21

(20)

a) Bilden Sie jeweils die Umkehrfunktion von $f$ und $g$

mit $y = f(x) = x^n$ bzw. $y = g(x) = \sqrt[n]{x}$ $(x \in \mathbb{R};\ x \geqq 0;\ n \in \mathbb{N};\ n \geqq 2)$.

b) Vergleichen Sie die Funktionen $f$ und $g$ mit $\bar{f}$ und $\bar{g}$. Was stellen Sie fest?

**zueinander inverse Funktionen**

Die Umkehrfunktion $\bar{f}$ einer Funktion $f$ kann man wieder umkehren. Die Umkehrfunktion der Umkehrfunktion $\bar{f}$ ist gleich der Funktion $f$. Man sagt:
Die Funktionen $f$ und $\bar{f}$ sind **zueinander invers**.

**Beispiel 12**

a) Die Potenzfunktionen $f$ mit $y = x^n$ und die Wurzelfunktionen $g$ mit $y = \sqrt[n]{x}$ mit $x \in \mathbb{R};\ x \geqq 0;\ n \in \mathbb{N} \geqq 2$ sind zueinander invers.

b) Die Exponentialfunktion $f$ mit $y = 10^x$ und die Logarithmusfunktion $g$ mit $y = \lg x$ sind zueinander invers.

*Aufgaben 60–62*

**Aufgaben**

1. Welche der Zuordnungen sind keine Funktionen?
   Geben Sie zu den Zuordnungen, die Funktionen sind, den Definitions- und den Wertebereich an.

a)

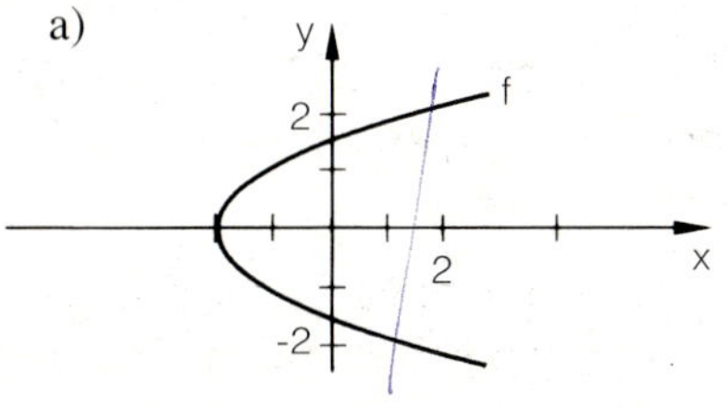


b)

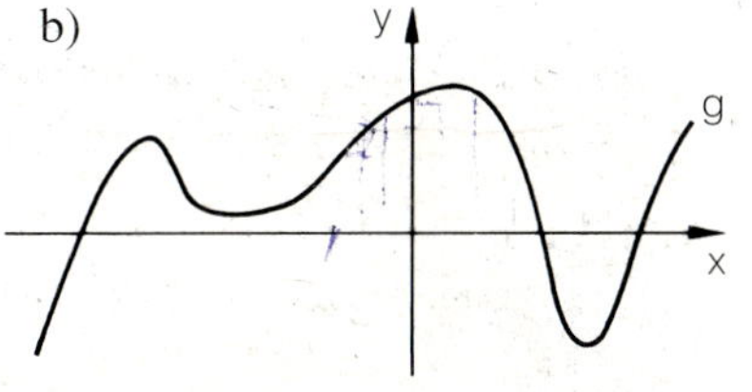


c) Jeder natürlichen Zahl wird ihre Quadratzahl zugeordnet.
d) Jedem Kraftfahrzeug wird ein Kennzeichen zugeordnet.
e) Im Ergebnis einer Kontrollarbeit werden den Schülern Zensuren zugeordnet.

f) $x \mapsto y$ mit

| $x$ | $-1{,}0$ | $-0{,}5$ | 0 | 0,5 | 1 |
|---|---|---|---|---|---|
| $y$ | 3 | 3 | 3 | 3 | 3 |

g) $a \mapsto b$ mit

| $a$ | 2 | 1 | 0 | 1 | 2 |
|---|---|---|---|---|---|
| $b$ | $-2$ | $-1$ | 0 | 1 | 2 |

h) $M_1 = \{(\text{Sabine}; 1); (\text{Leo}; 3); (\text{Hardy}; 2); (\text{Jana}; 1)\}$

i) $M_2 = \{(x; y) \text{ mit } x, y \in \mathbb{N} \text{ und } x < y\}$

2. Welche der in Aufgabe 1 angegebenen Zuordnungen sind reelle Funktionen?

3. Welche der Zahlenpaare $(-1; 1)$; $(-2; 6)$; $(-1; -3)$; $(0; -1)$; $(0; -3)$; $(1; 0)$; $(0; 1)$ gehören zu den angegebenen Funktionen?

   a) $y = 2x-1$ b) $y = x^2-x$ c) $y = -3$ d) $y = \dfrac{3}{1-x}$

4. Zeichnen Sie die Graphen folgender abschnittsweise definierter Funktionen.

a) $$f(x) = \begin{cases} -2x & \text{für} \quad x \leqq 0 \\ 2x+1 & \text{für} \quad x > 0 \end{cases}$$

b) $$f(x) = \begin{cases} -2 & \text{für} \quad -3 \leqq x < -1 \\ x & \text{für} \quad -1 \leqq x \leqq 1 \\ 3 & \text{für} \quad 1 < x < 3 \end{cases}$$

c) $$f(x) = \begin{cases} x^3+1 & \text{für} \; -1{,}5 < x < 0 \\ x+1 & \text{für} \quad x \geqq 0 \end{cases}$$

5. Geben Sie eine Zuordnungsvorschrift für folgende Funktionen an.

a)

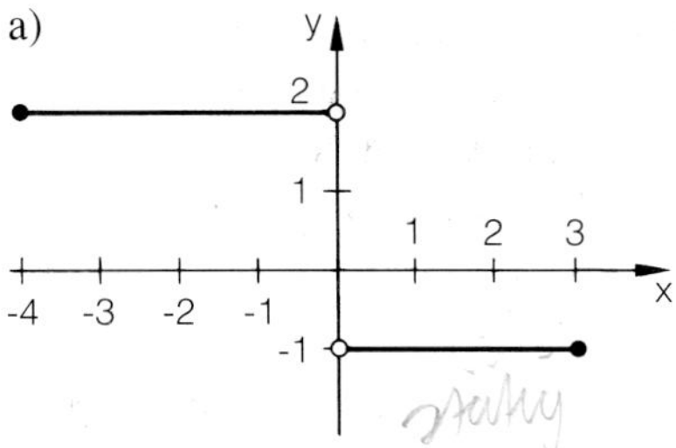


b)

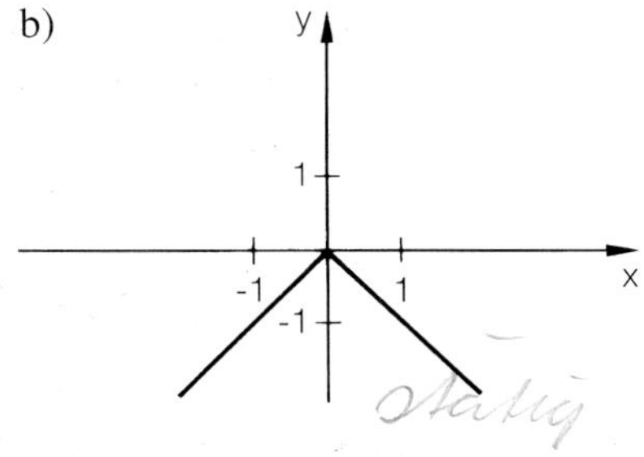


c)

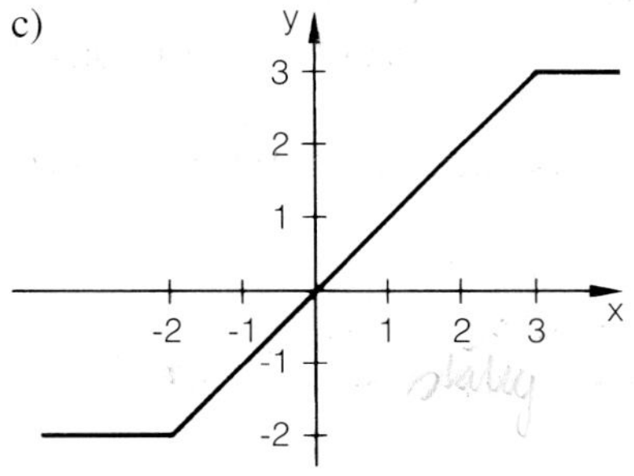


d)

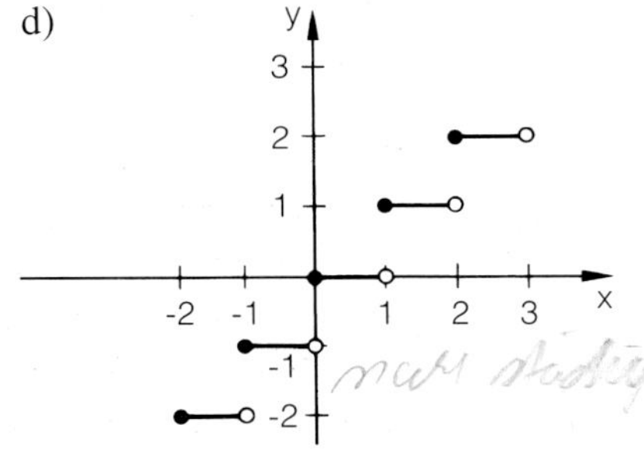


6. Der Auszug aus der Preisliste der Bundespost zeigt die Gebühren (in DM) für Briefdrucksachen (Stand: 1. 7. 1992).

| | |
|---|---|
| bis 50 g | 1,40 |
| über 50 g bis 100 g | 2,00 |
| über 100 g bis 250 g | 2,60 |
| über 250 g bis 500 g | 3,20 |

a) Stellen Sie diese Preisliste als abschnittsweise definierte Funktion graphisch dar.
b) Die Funktion ist im Intervall (0g; 500g] definiert. An welchen Stellen treten »Sprünge« auf?

7. Geben Sie jeweils eine rationale und eine irrationale Zahl an, die zwischen

a) $\sqrt{7}$ und $\sqrt{8}$, b) $-1{,}69$ und $-1{,}\overline{69}$, *c) $\sqrt{5}$ und $2{,}2360680$

liegt.

8. a) Berechnen Sie die Länge der Höhe h eines gleichseitigen Dreiecks mit der Seitenlänge $a = 1$ cm.
b) Begründen Sie, daß h keine rationale Zahl ist.

9. Ermitteln Sie je drei rationale Näherungswerte für

a) $\sqrt{5}$, b) $\sqrt{17}$.

Geben Sie jeweils eine Schranke für den absoluten Fehler des rationalen Näherungswertes an.

10. Welche der Aussagen sind falsch?
   a) Das Quadrat einer irrationalen Zahl ist stets irrational.
   b) Das Produkt aus zwei irrationalen Zahlen ist stets irrational.
   c) Es gibt Paare irrationaler Zahlen, deren Quotient rational ist.
   d) Der Kehrwert einer irrationalen Zahl ist stets irrational.
   e) Die Summe aus zwei irrationalen Zahlen ist stets irrational.

11. Gegeben ist die Funktionsgleichung $f(x) = \frac{1}{2}x + 1$.
   In Verbindung mit den Definitionsbereichen a) $D_f = \mathbb{Z}$, b) $D_f = \mathbb{Q}$, c) $D_f = \mathbb{R}$ entstehen die Funktionen $f_a$, $f_b$, $f_c$.
   Stellen Sie die drei Funktionen graphisch dar (für $-4 \leqq x \leqq 4$).
   Erläutern Sie, wie sich die unterschiedlichen Definitionsbereiche auswirken.

12. Wir bezeichnen mit T die Menge aller Taschenrechnerzahlen (bezogen jeweils auf einen bestimmten Taschenrechnertyp).
   a) Begründen Sie: T ist eine Teilmenge der Menge $\mathbb{Q}$.
   b) Geben Sie rationale Zahlen an, die nicht zu T gehören.
   c) Geben Sie die kleinste und die größte positive Zahl an, die in Ihren Taschenrechner eingegeben werden kann.
   d) Begründen Sie: T hat endlich viele Elemente.
   e) Zeigen Sie an einem Beispiel, daß die Menge T nicht dicht ist.

13. Gegeben sind spezielle Teilmengen von $\mathbb{R}$.
   Geben Sie diese mit Hilfe der Intervallschreibweise an.
   Stellen Sie die Intervalle auf einer Zahlengeraden dar.

   a) $\{x;\ x \in \mathbb{R} \text{ und } 2 \leqq x \leqq 8{,}5\}$　　b) $\{x;\ x \in \mathbb{R} \text{ und } -2 < x < 3\}$

   c) $\{x;\ x \in \mathbb{R} \text{ und } x \geqq \pi\}$　　d) $\{x;\ x \in \mathbb{R} \text{ und } x < -\sqrt{2}\}$

14. Geben Sie die Intervalle an, die auf der Zahlengeraden dargestellt sind.

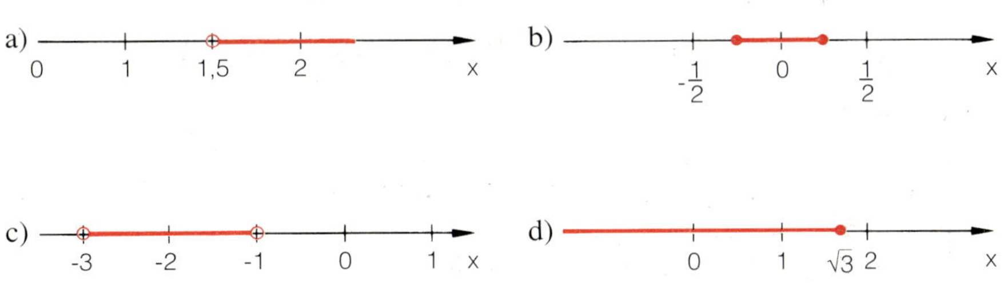


15. Schreiben Sie folgende Mengen mit der Schreibweise für Intervalle.

   a) $A = \{x;\ x \in \mathbb{R} \text{ und } |x| < 2\}$　　b) $B = \{x;\ x \in \mathbb{R} \text{ und } |x - 1| \leqq 2\}$

   c) $C = \{x;\ x \in \mathbb{R} \text{ und } |x + 2| > 1\}$　　d) $D = \{x;\ x \in \mathbb{R} \text{ und } |x - 3| < \frac{1}{2}\}$

16. Geben Sie für folgende Werte von ε und $x_o$ die ε-Umgebung von $x_o$ in Form eines Intervalls sowie als Doppelungleichung an.
Markieren sie die ε-Umgebungen von $x_o$ auch auf einer Zahlengeraden.

a) $\varepsilon = 0{,}4$ ; $x_o = 2$ b) $\varepsilon = 5$ ; $x_o = -100$

c) $\varepsilon = 0{,}01$ ; $x_o = -2$ d) $\varepsilon = 0{,}001$ ; $x_o = 1{,}5$

17. Entscheiden Sie, welche der Zahlen $x$ zur ε-Umgebung von $x_o$ gehört.

a) $\varepsilon = 0{,}2$; $x_o = -1$; $x = -0{,}9; -0{,}8; -0{,}7; -1; -1{,}\overline{2}; -0{,}98$

b) $\varepsilon = 0{,}1$; $x_o = 2{,}5$; $x = 2{,}61; 2{,}6; 2{,}49; 2{,}40; 2{,}41; 2{,}500$

c) $\varepsilon = 0{,}01$; $x_o = \sqrt{2}$ ; $x = 1{,}41; 1{,}40; 1{,}42; 1{,}425; 1{,}415$.

18. Gegeben ist eine Funktion und eine ε-Umgebung von $x_o$. Es ist jeweils das Intervall der Funktionswerte für die Argumente aus der ε-Umgebung von $x_o$ anzugeben.

a) $f\colon x \to 2x - 3$ ; $\varepsilon = 0{,}5$ ; $x_o = 2$

b) $f\colon x \to x^2$ ; $\varepsilon = 0{,}2$ ; $x_o = -1$

c) $f\colon x \to \frac{1}{x}$ ; $\varepsilon = 0{,}1$; $x_o = 1$

19. Ermitteln Sie von der Funktion $f$ jeweils – sofern vorhanden – die Nullstellen, die Schnittpunkte mit der $x$-Achse sowie den Schnittpunkt mit der $y$-Achse.

a) $f\colon x \mapsto -\frac{2}{3}x - 2$ b) $f\colon x \mapsto x^2 - 3$

c) $f\colon x \mapsto \frac{1}{x^3}$ d) $f\colon x \mapsto 10^x$

e) $f\colon x \mapsto \cos x$ f) $f\colon x \mapsto \sqrt{x}$

g) $f\colon x \mapsto \pi$ h) $f\colon x \mapsto \begin{cases} -1 & \text{für } x < 1 \\ x - 1{,}5 & \text{für } x \geqq 1 \end{cases}$

20. Beschreiben Sie das Monotonieverhalten der Funktionen aus Aufgabe 19. Skizzieren Sie die Graphen.

21. Beurteilen Sie die Argumentation:
Die Funktion $f$ mit $y = x^2$ ist monoton wachsend, denn es gilt:
Wenn $x_1 < x_2$, so $x_1^2 < x_2^2$.

22. Weisen Sie mit Hilfe der Definition 2 (Monotonie) nach:
Die Funktion $f$ mit $y = -\sqrt{x}$ ist streng monoton fallend.

23. a) Ermitteln Sie aus dem gegebenen Graphen der Funktion $f$ die Hoch- und Tiefpunkte im Intervall $[a; b]$.

b) Geben Sie für die folgenden Intervalle jeweils die absolute Maximumstelle und das absolute Maximum sowie die absolute Minimumstelle und das absolute Minimum an, sofern diese existieren.

1) $[a; x_3]$ ; 2) $[x_3; x_7]$ ; 3) $]x_3; x_7[$ ;
4) $[a; b]$ ; 5) $]x_2; x_8]$ ; 6) $[x_6; b]$

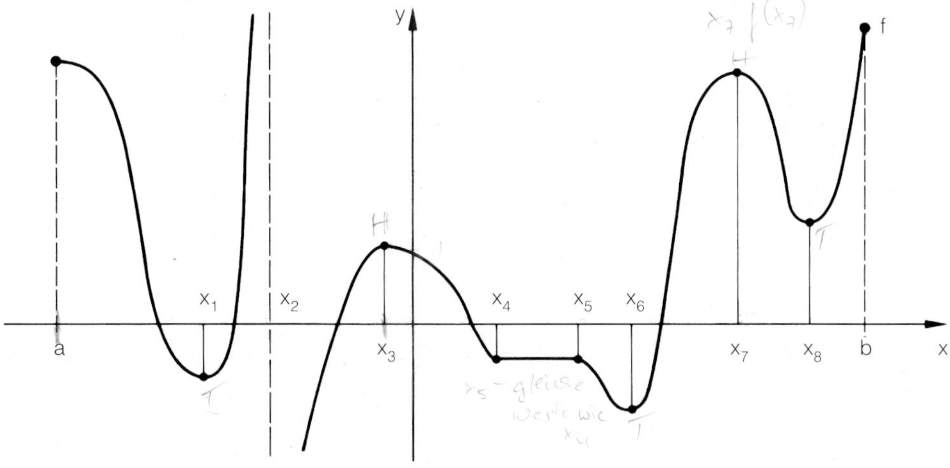


24. Beurteilen Sie folgende Aussagen (wahr/falsch):
   a) Jedes relative Minimum ist auch ein absolutes Minimum.
   b) Jedes absolute Maximum ist auch ein relatives Maximum.
   c) Es gibt Funktionen, die kein relatives Maximum haben.
   d) An den Randpunkten eines Intervalls kann eine Funktion kein relatives Extremum haben.
   e) In einem offenen Intervall kann eine Funktion kein absolutes Extremum haben.
   f) Wenn in einem offenen Intervall ein absolutes Extremum existiert, so ist es zugleich ein relatives Extremum.

25. Begründen Sie mit Hilfe der Definition 3 (Hoch- bzw. Tiefpunkt):
   a) Die Funktion $f$ mit $y = x^2 + 1$ hat den Tiefpunkt T (0; 1).
   b) Die Funktion $f$ mit $y = -x^2 + 1$ hat den Hochpunkt H (0; 1).
   c) Die Funktion $f$ mit $y = (x - 2)^2$ hat den Tiefpunkt T (2; 0).

26. Begründen Sie mit Hilfe der Definition 4 (gerade/ungerade Funktion):
   a) Die Funktion $f$ mit $y = \sin x$ ist eine ungerade Funktion.
   b) Die Funktion $f$ mit $y = \cos x$ ist eine gerade Funktion.
   c) Die Funktion $f$ mit $y = x^2 - 3$ ist eine gerade Funktion.
   d) Die Funktion $f$ mit $y = (x - 1)^2$ ist weder eine gerade noch eine ungerade Funktion.

27. In der folgenden Abbildung ist jeweils ein Stück eines Funktionsgraphen gegeben. Ergänzen Sie – wenn möglich – den Graphen, so daß er
   a) der Graph einer geraden Funktion ist,
   b) der Graph einer ungeraden Funktion ist,
   c) der Graph einer Funktion ist, die weder gerade noch ungerade ist.

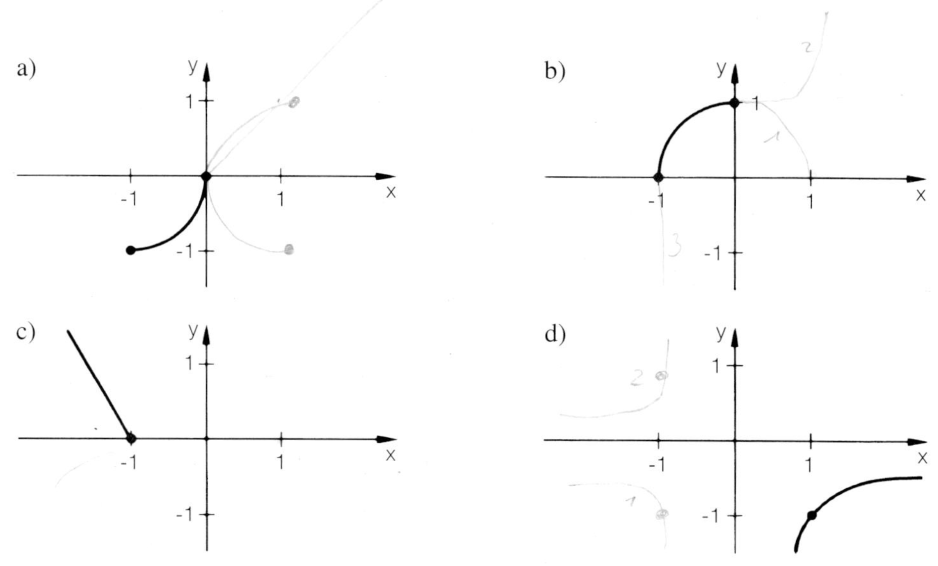


28. Was kann man hinsichtlich der Beschränktheit der Funktionen $f$ aus Aufgabe 19 aussagen? Geben Sie ggf. obere und untere Schranken an.

29. Geben Sie – wenn möglich – zu jeder der folgenden Eigenschaften je zwei quadratische Funktionen $f$ ($D_f = I\!R$) an, die diese Eigenschaften besitzen.

   a) $f$ ist nach unten beschränkt. Eine untere Schranke von $f$ ist $-2$.
   b) $f$ ist nach oben beschränkt. Eine obere Schranke von $f$ ist $-2$.
   c) $f$ ist unbeschränkt.
   d) $f$ ist beschränkt.

30. Welche der folgenden Aussagen ist für die Funktion $f\colon x \mapsto \frac{1}{x}$ wahr?

   a) Wenn $D_f = \{x;\ x \in I\!R \text{ und } x > 0\}$, so hat $f$ keine obere Schranke, aber eine untere Schranke.
   b) Wenn $D_f = \{x;\ x \in I\!R \text{ und } x \geqq 0{,}1\}$, so hat $f$ eine obere und eine untere Schranke.
   c) Wenn $D_f = \{x;\ x \in I\!R \text{ und } x \neq 0\}$, so ist $f$ unbeschränkt.

31. Skizzieren Sie Graphen von Funktionen $f$ ($D_f = I\!R$), die die jeweils genannten Eigenschaften haben:

   a) $f$ ist eine quadratische Funktion mit dem Tiefpunkt T $(-3; -3)$ und den Nullstellen $-4$ und $-2$.
   b) $f$ ist eine gerade Funktion mit genau drei relativen Extrempunkten $H_1\ (-2; 3)$ ; $T_1(0; -\pi)$ ; $H_2(2; 3)$ und den Nullstellen $-5$; $-1$; $1$; $5$.
   c) $f$ ist monoton wachsend für $x \leqq 0$, und $f$ ist monoton fallend für $x \geqq 0$. Ferner ist $f$ beschränkt; die kleinste obere Schranke ist 0; die größte untere Schranke ist $-3$.
   d) $f$ ist eine ungerade Funktion, die für $x = 0$ nicht definiert ist. Für $x > 0$ gilt: $f$ ist streng monoton fallend und $f(x) < 0$.
   e) $f$ hat die Tiefpunkte $T_1(-2; -5)$ und $T_2(1; -1)$ sowie den Hochpunkt H $(0; 0)$. $f$ hat die Nullstellen $0$; $\sqrt{2}$; $-\sqrt{7}$.

32. Die Abbildungen a) und b) zeigen die graphische Darstellung der Funktion $f$ mit $y = x^3$ ($D_f = \mathbb{R}$) mit Hilfe eines graphikfähigen Taschenrechners im Bereich $-10 \leqq x \leqq 10$ und $-10 \leqq y \leqq 10$.

Abbildung a) verwendet den Modus »punktweise Darstellung«, Abbildung b) verwendet den Modus »Darstellung mit Verbindungslinien«. Diskutieren Sie, inwieweit diese Darstellungen dem tatsächlichen Graphen entsprechen.

a) 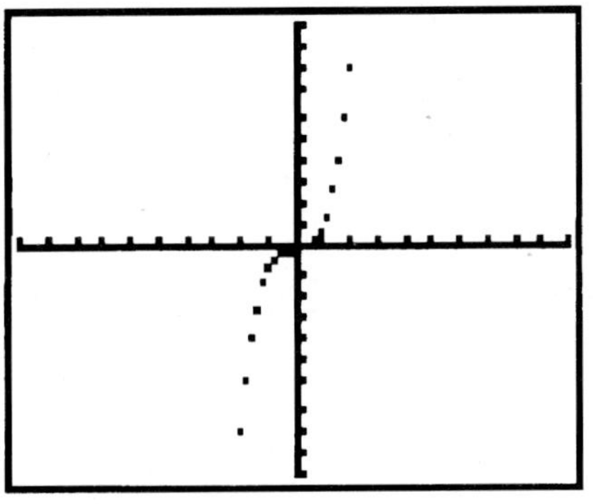

b) 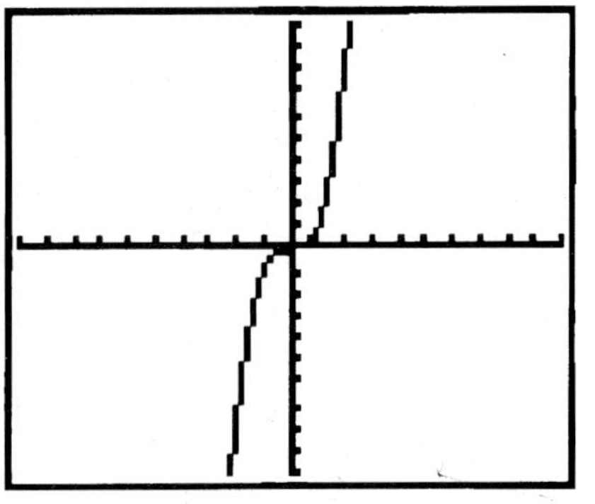

33. Die Abbildungen zeigen jeweils eine graphische Darstellung der angegebenen Funktion $f$ mit Hilfe eines graphikfähigen Taschenrechners im Standardbereich ($-10 \leqq x \leqq 10$ und $-10 \leqq y \leqq 10$). Entspricht diese graphische Darstellung dem tatsächlichen Graphen von $f$ annähernd? Skizzieren Sie ggf. einen Graphen, der dem tatsächlichen besser entspricht.

a) $f$ mit $y = x^3 - 15\,x^2$ b) $f$ mit $y = -15\,x^2$ c) $f$ mit $y = -10|x|$

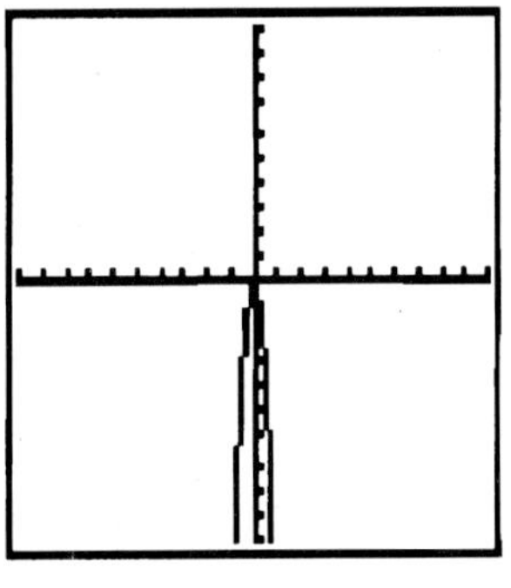

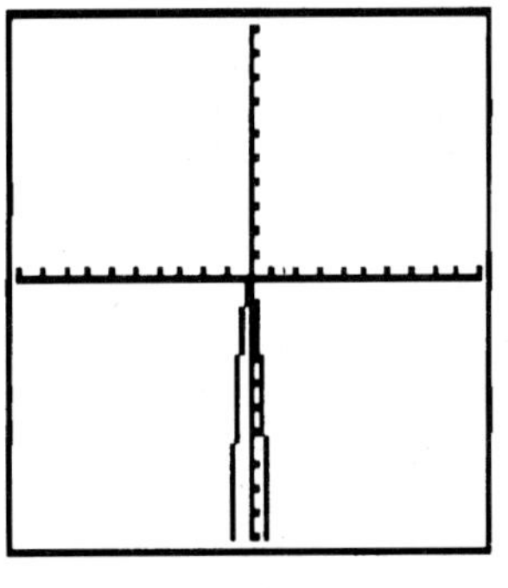

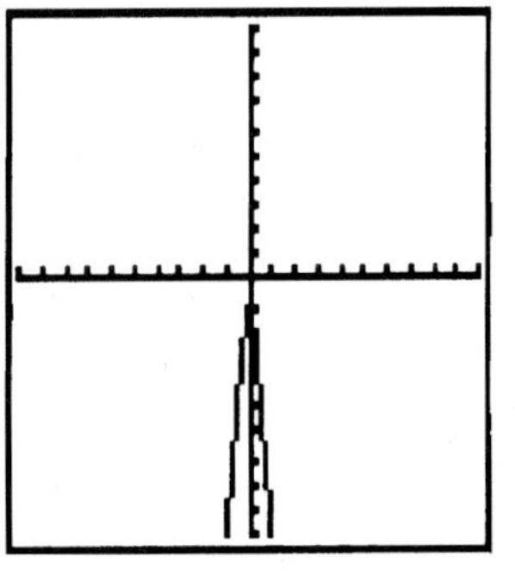

34. Bei der graphischen Darstellung der folgenden Funktionen $f$ mit einem graphikfähigen Taschenrechner erscheint innerhalb des Standardbereiches ($-10 \leqq x \leqq 10$ und $-10 \leqq y \leqq 10$) kein Kurvenstück. Ermitteln Sie einen Darstellungsbereich, in dem der Funktionsgraph »möglichst gut« dargestellt wird.

a) $f(x) = (x - 20)^2$ b) $f(x) = -x^2 + 500$

c) $f(x) = \dfrac{1000}{x^2}$ d) $f(x) = \sqrt{900x}$

35. Gegeben ist die Funktion $f$ mit $f(x) = x^2 + \cos 8x$. Ermitteln Sie den Graphen von $f$ mit einer Wertetabelle für $-3 \leqq x \leqq 3$, und vergleichen Sie Ihr Ergebnis mit einer Computerdarstellung.

36. Die Funktion INT wird häufig beim Programmieren von Computern benötigt. Sie ist wie folgt erklärt: Jeder reellen Zahl $x$ wird die größte ganze Zahl zugeordnet, die kleiner oder gleich $x$ ist.

a) Vervollständigen Sie die Tabelle

| $x$ | 2,1 | 4,89 | 3 | 0,71 | −0,76 | −3 | 0 | $\pi$ |
|---|---|---|---|---|---|---|---|---|
| INT ($x$) | | | | | | | | |

b) Die Funktion $y = \text{INT}(x)$ wird auch als GAUSSsche Klammerfunktion bezeichnet. Man schreibt dafür: $y = [x]$.
Stellen Sie diese Funktion graphisch dar.

37. Die »Vorzeichenfunktion« sgn ist wie folgt erklärt:

$$\text{sgn}: x \mapsto \begin{cases} +1 & \text{für} \quad x > 0 \\ 0 & \text{für} \quad x = 0 \\ -1 & \text{für} \quad x < 0 \end{cases}$$

a) Stellen Sie die Funktion sgn graphisch dar.
b) Zeichnen Sie den Graphen von $f$ mit $y = x^2 \cdot \text{sgn}\, x$

38. Charakterisieren Sie die Funktion $f$

a) mit $f(x) = \text{sgn}\, x$, b) mit $f(x) = [x]$

hinsichtlich der Eigenschaften Nullstellen, Monotonie, lokale Extrema, Beschränktheit und Symmetrie.

39. Skizzieren Sie den Graphen von $g$ mit $g(x) = (\text{sgn}\, x) \cdot \sin x$. In welchen Eigenschaften stimmt die Funktion $g$ mit denen der Sinusfunktion $f$ mit $y = \sin x$ nicht überein?

40. Vergleichen Sie die Funktion $f: x \mapsto \text{sgn}\, x$ mit der Funktion $g: x \mapsto \frac{x}{|x|}$.

*41. Zeichnen Sie den Graphen der Funktion $f$.

a) $f: x \mapsto [2x]$ b) $f: x \mapsto [\frac{x}{2}]$ c) $f: x \mapsto \text{sgn}\, [x]$

42. Welche $x$ ($x \in \mathbb{R}$) erfüllen die Gleichung?

a) $[x] = x$ b) $[\frac{x}{5}] = \frac{x}{5}$ c) $[2x] = x$

43. In den folgenden Ausschnitten aus BASIC-Programmen wird die Funktion INT verwendet. Was wird bei Abarbeitung dieser Programmteile erreicht?

a)
```
100 FOR X = 1 TO 25
110     IF INT(X/3) = X/3 THEN PRINT X
120 NEXT X
```

b)
```
200     INPUT X
210 IF X<0 OR INT(X/2) <> X/2 THEN 200
```

44. Durch welche geometrische(n) Abbildung(en) geht der Graph der Funktion $h$ aus dem Graphen der Funktion $f$ mit $f(x) = \sin x$ hervor? Skizzieren Sie jeweils den Graphen von $h$.

a) $h(x) = \sin x + \pi$ b) $h(x) = \sin(x + \pi)$

c) $h(x) = \pi \sin x$ d) $h(x) = -\sin(x - \pi)$

45. Durch welche geometrische(n) Abbildung(en) geht der Graph der Funktion $g$ aus dem Graphen der Funktion $f$ mit $f(x) = \sqrt{x}$ hervor? Skizzieren Sie jeweils den Graphen von $g$.

a) $g(x) = -2\sqrt{x}$ b) $g(x) = \sqrt{x + 4}$

c) $g(x) = \sqrt{x - 4}$ d) $g(x) = \sqrt{x} - 4$

46. Durch welche geometrische(n) Abbildung(en) geht der Graph der Funktion $k$ aus dem Graphen der Funktion $f$ mit $f(x) = \frac{1}{x^3}$ hervor? Skizzieren Sie jeweils den Graphen von $k$.

a) $k(x) = \frac{1}{x^3} - 1$ b) $k(x) = \frac{1}{(x-1)^3}$

c) $k(x) = \frac{1}{(x+1)^3}$ d) $k(x) = -\frac{1}{x^3} + 1$

47. Gegeben ist der Graph der Funktion $f$ mit $f(x) = \lg x$ (bzw. $f(x) = \operatorname{sgn} x$ bzw. $f(x) = \cos x$ bzw. $f(x) = [x]$).
Aus diesem Graphen wird durch folgende geometrische Abbildungen ein Graph einer Funktion $g$ erzeugt. Geben Sie jeweils die Gleichung der Funktion $g$ an.

a) Der Graph von $f$ wird um zwei Einheiten nach links und um 2,5 Einheiten nach unten verschoben.
b) Der Graph von $f$ wird an der $x$-Achse gespiegelt.

48. Gegeben sind die Funktionen $f$ mit $y = x^2 + 1$ und $g$ mit $y = x^2 - 1$.

Geben Sie die Gleichungen der Funktionen $f + g$; $f - g$; $f \cdot g$; $\frac{f}{g}$ an, und skizzieren Sie die Graphen dieser Funktionen (ggf. Wertetabelle erstellen).

49. Gegeben ist die Funktion $h$. Geben Sie eine mögliche Zusammensetzung der Funktion $h$ aus zwei Funktionen $f$ und $g$ an. Skizzieren Sie die Graphen von $f$, $g$ und $h$ in je ein Koordinatensystem nebeneinander.

a) $h(x) = \frac{1}{x}$ b) $h(x) = x^3$ c) $h(x) = x^3 + x^2$

50. Was läßt sich über die Monotonie von $g + h$ bzw. $g \cdot h$ aussagen, wenn
a) $g$ und $h$ streng monoton fallend sind;
b) $g$ und $h$ streng monoton wachsend sind;
c) $g$ streng monoton wachsend und $h$ streng monoton fallend ist?

51. Die Abbildung zeigt ein Zylinderschloß. Überlegen Sie sich die Funktionsweise eines solchen Schlosses. Die Profilhöhe des Schlüssels und die Länge der Stifte können als Funktionen dargestellt werden. Welche Eigenschaften müssen beide Funktionen erfüllen?

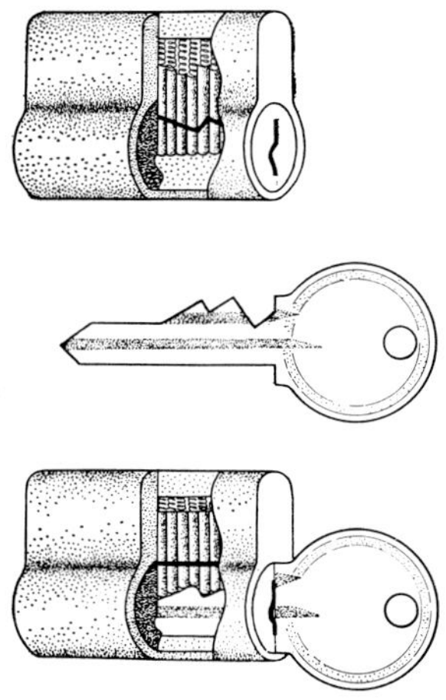

52. Bilden Sie die verkettete Funktion $f$ mit $f(x) = u(v(x))$ aus den Funktionen $u$ und $v$.

a) $u(z) = \sqrt{z}$; $z = v(x) = x + 1$ b) $u(z) = \tan z$; $z = v(x) = 2x$

c) $u(z) = 10^z$; $z = v(x) = x^2 - 1$ d) $u(z) = lg\ z$; $z = v(x) = sgn\ x$

Geben Sie jeweils den Definitionsbereich von $f$ an.

53. Gegeben ist die verkettete Funktion $f = u(v(x))$. Geben Sie geeignete Funktionsgleichungen für eine äußere Funktion $u$ und eine innere Funktion $v$ an.

a) $f(x) = \sin (x^2 - 1)$ b) $f(x) = \sqrt{1 - x^2}$

c) $f(x) = lg\ (x^2 - 2x)$ d) $f(x) = (3x - 7)^4$

e) $f(x) = \sqrt[3]{2x - 1}$ f) $f(x) = 3^{1-2x}$

54. Gegeben sind die Funktionen $u$, $v$ und $w$ mit $u(x) = |x|$, $v(x) = \sin x$ und $w(x) = 2x - 1$. Bilden Sie die Funktion $f$ mit $f(x) = u(v(w(x)))$.
Welchen Definitionsbereich hat $f$?

55. Zerlegen Sie die verkettete Funktion $f$ mit $f(x) = u(v(x))$ in Teilfunktionen $u$ und $v$.

a) $f: x \mapsto \left(\frac{x+1}{x-1}\right)^5$ b) $f: x \mapsto |\cos x|$

c) $f: x \mapsto [2x-1]$ d) $f: x \mapsto \frac{1}{x^3 - 4}$

e) $f: x \mapsto \sin x^2$ f) $f: x \mapsto (\sin x)^2$

56. Welche der Funktionen $f$ sind rational? Entscheiden Sie ggf. auch, ob $f$ gebrochen rational oder ganzrational ist.

a) $f: x \mapsto \frac{x^2 - 1}{x}$ b) $f: x \mapsto \frac{x^2 + 1}{3}$

c) $f\colon x \mapsto \dfrac{\sin x}{x^2}$  d) $f\colon x \mapsto 1 - 2x^2 + x^3 - x^4$

e) $f\colon x \mapsto x \cos \dfrac{\pi}{3}$  f) $f\colon x \mapsto 2\sqrt{x} - 2x^2$

57. Begründen Sie:
a) Jede ganzrationale, b) jede gebrochen rationale
Funktion kann aus konstanten Funktionen und der Funktion $g$ mit $g(x) = x$ durch Addition, Multiplikation oder Division erzeugt werden.

58. Bestimmen Sie jeweils den größtmöglichen Definitionsbereich der gegebenen gebrochen rationalen Funktion $h$.

a) $h(x) = \dfrac{x}{x^4 - 1}$  b) $h(x) = \dfrac{x^3 - 2x + 1}{x^3 - 4x}$

c) $h(x) = \dfrac{x^4 - 1}{x^2 + 2}$  d) $h(x) = \dfrac{10x^2 - 1}{1 - x}$

59. Begründen Sie:
Wenn $f$ und $g$ ganzrationale Funktionen sind, so sind $f + g$ und $f \cdot g$ ebenfalls ganzrational.

60. Begründen Sie, daß $f$ umkehrbar ist. Bestimmen Sie die Umkehrfunktion $\bar{f}$, und stellen Sie die Graphen von $f$ und $\bar{f}$ in einem Koordinatensystem dar.

a) $f$ mit $f(x) = \dfrac{1}{3}x - 2$  b) $f$ mit $f(x) = x^3$

c) $f$ mit $f(x) = \sqrt{x + 1}$  d) $f$ mit $f(x) = \log_5 x$

61. Begründen Sie, daß $f$ nicht umkehrbar ist.
Schränken Sie jeweils den Definitionsbereich von $f$ so ein, daß $f$ umkehrbar wird.

a) $f\colon x \rightarrow x^4 - 1$  b) $f\colon x \rightarrow \dfrac{1}{x^2}$  c) $f\colon x \rightarrow \sin x$

62. Bilden Sie eine Umkehrung des folgenden Satzes:
*Jede in ihrem Definitionsbereich streng monotone Funktion ist umkehrbar.*
Ist diese Umkehrung eine wahre Aussage?

63. Der zeitliche Verlauf einer Wechselspannung $U$ wird durch eine Sinusfunktion beschrieben: $U(t) = U_{\max} \cdot \sin \omega t$.
Dabei ist $\omega$ die sogenannte Kreisfrequenz: $\omega = 2\pi f$.
Die Frequenz $f$ beträgt im öffentlichen Stromnetz 50 Hz = 50 $s^{-1}$.
a) Wieviel volle Schwingungen macht eine Wechselspannung in 8 s?
b) Es sei $U_{\max} = 310$ V. Wie oft nimmt der momentane Spannungswert in einer Sekunde den Wert 220 V an?
Ermitteln Sie diese Zeitpunkte im Intervall $[0s; 0{,}02s]$ auf Zehntausendstel genau.

# A 2 Nullstellen von Funktionen

In der Betriebswirtschaft werden z. B. Kostenfunktionen, Erlösfunktionen, Gewinnfunktionen untersucht:

$K(x)$ Gesamtkosten, die bei der Herstellung einer bestimmten Menge $x$ einer Ware entstehen.

$E(x)$ Erlös, der bei Absatz einer bestimmten Menge $x$ einer Ware entsteht.

$G(x)$ Gewinn, der bei Absatz einer bestimmten Menge $x$ einer Ware entsteht.

Die Gewinnfunktion $G$ setzt sich offenbar aus $K$ und $E$ wie folgt zusammen:
$G(x) = E(x) - K(x)$.
Für ein spezielles Produkt kann die Gewinnfunktion $G$ beispielsweise folgende Funktionsgleichung haben: $G(x) = -0{,}1x^3 + 0{,}8x^2 - 2{,}7$ $(x \geqq 0)$.

Die Abbildung 22 zeigt den Graphen dieser Gewinnfunktion. Um den Bereich zu ermitteln, für den ein Gewinn erwirtschaftet wird, sind die Nullstellen von $G$ von besonderem Interesse.

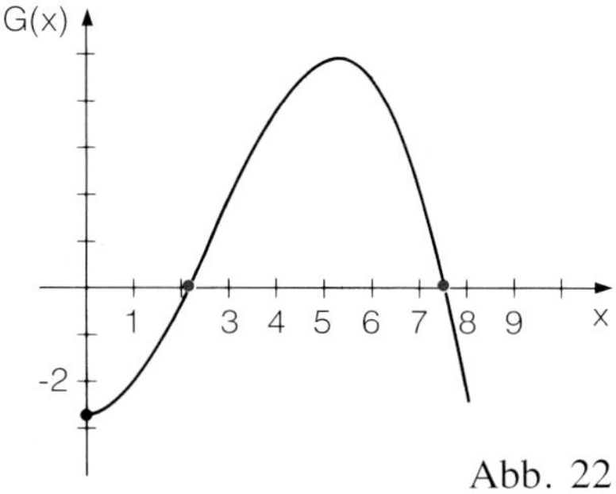


Abb. 22

## A 2.1 Direkte Lösungsverfahren – Lösbarkeit

Das rechnerische Ermitteln von Nullstellen einer Funktion $f$ mit der Funktionsgleichung $y = f(x)$ führt zur Aufgabe, die Gleichung $0 = f(x)$ zu lösen.

(21)

Ermitteln Sie die Nullstellen der folgenden Funktionen $f$ $(x \in \mathbb{R})$.

a) $f(x) = -2x + 3$ b) $f(x) = x^2 - \sqrt{2}x$

c) $f(x) = -x^2 - 1$ d) $f(x) = 2x^2 - 4x + 1$

e) $f(x) = \frac{1}{x^2} - 4$ f) $f(x) = 2 \cos x$

g) $f(x) = 10^x - 2$ h) $f(x) = x^3 - 3x^2 + 2x$

**Nullstellen**

> Funktionen können keine, genau eine, mehrere, ja sogar unendlich viele Nullstellen haben.

In vielen Fällen konnten wir die Nullstellen durch das Lösen linearer bzw. quadratischer Gleichungen berechnen; in manchen Fällen gelingt dies erst nach geeigneten Umformungen oder Zerlegungen. In anderen Fällen ist ein Berechnen von Nullstellen mit Hilfe von linearen oder quadratischen Gleichungen unmöglich (wie z. B. im Auftrag ㉑f und g). Eine allgemeine Methode zum Ermitteln von Nullstellen beliebiger Funktionen gibt es nicht.

## Nullstellen rationaler Funktionen

Wir betrachten zunächst **ganzrationale** Funktionen.

**Beispiel 13**

*Es sollen die Nullstellen der Funktion f:* $x \mapsto x^4 + x^2 - 6$ *ermittelt werden.*

**Lösung:**

Zu lösen ist die Gleichung $x^4 + x^2 - 6 = 0$ (1)

Diese Gleichung hat die Besonderheit, daß die Variable $x$ nur in den Termen $x^2$ und $x^4$ vorkommt. Deshalb kann man folgende **Substitution** vornehmen: $x^2 = t$

ubstituieren

Dann ist $x^4 = t^2$

Wir erhalten die quadratische Gleichung $t^2 + t - 6 = 0$ (2)

Die Lösungen von (2) sind: $t_1 = -3; \; t_2 = 2$

Um die Lösungen von (1) zu erhalten, muß man die Substitution rückgängig machen: $t_1 = x^2 = -3$; keine Lösungen;
$t_2 = x^2 = 2$; Lösungen: $-\sqrt{2}; \sqrt{2}$

Ergebnis: Die Funktion $f$ hat die Nullstellen $-\sqrt{2}$ und $\sqrt{2}$.

**Beispiel 14**

*Es sind die Nullstellen der Funktion f mit* $f(x) = x^5 - 7x^3 + 12x$ *zu ermitteln.*

**Lösung:**

Zu lösen ist die Gleichung $0 = x^5 - 7x^3 + 12x$ (1)

Man kann in der Gleichung $x$ ausklammern (Umformen durch Faktorisieren) $0 = x\,(x^4 - 7x^2 + 12)$ (2)

aktorisieren

Da ein Produkt gleich 0 ist, wenn mindestens ein Faktor gleich 0 ist,
ist (2) äquivalent zu $x = 0$ oder $x^4 - 7x^2 + 12 = 0$ (3)

Aus (3) gewinnt man eine erste Lösung: $x_1 = 0$

Weitere Lösungen liefert die Gleichung $x^4 - 7x^2 + 12 = 0$, die wie Beispiel 13 gelöst werden kann: $x^2 = t$, also $t^2 - 7t + 12 = 0$

$t_1 = 3;\quad t_2 = 4$

$x_2 = -\sqrt{3}\,;\, x_3 = \sqrt{3}\,;\, x_4 = -2\,;\, x_5 = 2$

Ergebnis: Die Funktion $f$ hat die Nullstellen $-2\,;\, -\sqrt{3}\,;\, 0\,;\, \sqrt{3}\,;\, 2$.

Das Umformen des Terms $f(x)$ in Gleichungen der Form $0 = f(x)$ in ein Produkt wird gelegentlich als **Faktorisieren** bezeichnet.

**Substituieren** und **Faktorisieren** sind zwei wichtige Strategien beim Lösen von Gleichungen.

**Zerlegung in Linearfaktoren**

Quadratische Funktionen sind ganzrationale Funktionen des 2. Grades; sie haben höchstens zwei reelle Nullstellen.
Sind $x_1$ und $x_2$ Nullstellen einer quadratischen Funktion $f$ mit $f(x) = x^2 + px + q$, so läßt sich $f(x)$ als Produkt von Linearfaktoren darstellen: $f(x) = (x - x_1)(x - x_2)$.
Allgemein gilt Satz 2.

**Satz 2**

1) Ganzrationale Funktionen $n$-ten Grades haben höchstens $n$ Nullstellen.

2) Sind $x_1, x_2, \ldots, x_n$ Nullstellen einer ganzrationalen Funktion $f$ mit $f(x) = a_n x^n + a_{n-1}x^{n-1} + \ldots + a_1 x + a_0$, dann läßt sich das Polynom $f(x)$ stets als Produkt von $n$ Linearfaktoren $(x - x_i)$ mit $i = 1, 2, \ldots, n$ darstellen.
$f(x) = a_n(x - x_1)(x - x_2) \ldots (x - x_n)$
Dabei können auch gleiche Linearfaktoren auftreten.

**mehrfache Nullstellen**

$f$ mit $f(x) = (x + 2)(x + 2) = (x + 2)^2$
hat die Nullstellen $x_1 = x_2 = -2$.
Man sagt: $f$ hat eine *zweifache* Nullstelle.

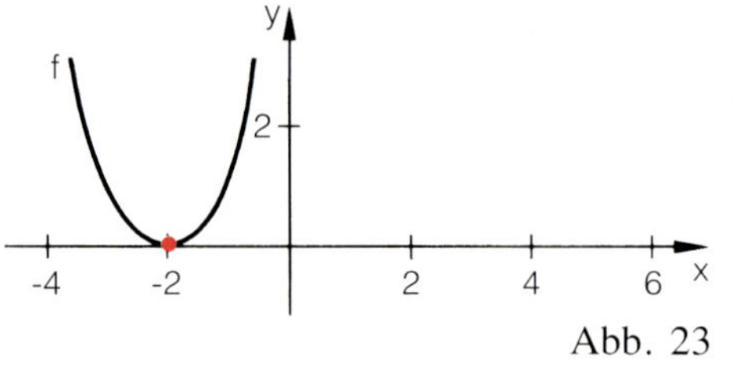


Abb. 23

$g$ mit
$g(x) = (x - 1)(x - 1)(x - 1) = (x - 1)^3$
hat die Nullstellen $x_1 = x_2 = x_3 = 1$.
Man sagt: $g$ hat eine *dreifache* Nullstelle.

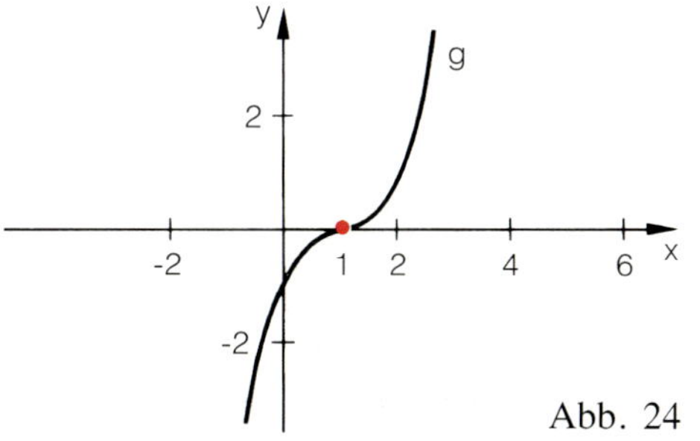


Abb. 24

Bei den bisher betrachteten Beispielen konnten die Nullstellen berechnet werden, indem
a) lineare Gleichungen durch Umformen gelöst wurden oder
b) quadratische Gleichungen mit Hilfe der Lösungsformel gelöst wurden oder
c) Gleichungen höheren Grades als 2 durch geeignete Substitution oder Faktorisierung auf die Fälle a) oder b) zurückgeführt wurden.

(22)
Geben Sie je ein Beispiel für eine Gleichung 3. bzw. 4. Grades an, die man nicht auf das Lösen quadratischer Gleichungen zurückführen kann.

Für allgemeine Gleichungen 3. und 4. Grades gibt es Lösungsformeln, diese sind aber sehr kompliziert und daher wenig gebräuchlich.

**Existenz von Lösungsformeln**

1824 bewies der norwegische Mathematiker Henrik Abel (1802–1829), daß es für die allgemeine Gleichung $a_n x^n + a_{n-1} x^{n-1} + \ldots + a_1 x + a_0 = 0$ für $n \geqq 5$ keine Lösungsformeln geben kann.

Betrachten wir nun **gebrochen rationale** Funktionen.

**Beispiel 15**

*Es sind die Nullstellen der Funktion f mit*

$$f(x) = \frac{x^3 - 0{,}5x^2 - 1{,}5x}{x^2 - 1} \quad (x \neq \pm 1) \text{ zu ermitteln.}$$

**Lösung:**

| | |
|---|---|
| Zu lösen ist die Gleichung | $0 = \frac{x^3 - 0{,}5x^2 - 1{,}5x}{x^2 - 1}$ |
| Zählerpolynom gleich Null setzen: | $0 = x^3 - 0{,}5x^2 - 1{,}5x$ |
| Diese Gleichung wird gelöst: | $x_1 = 0$ ; $x_2 = -1$ ; $x_3 = 1{,}5$ |
| Prüfen, ob Nennerpolynom für $x_1, x_2, x_3$ von Null verschieden ist: | Für $x_2 = -1$ ist $x^2 - 1 = 0$. Für $x_1$ und $x_3$ ist $x^2 - 1 \neq 0$. |

Ergebnis: Die Nullstellen von $f$ sind 0 und 1,5.

**Beispiel 16**

*Die Funktion* $f(x) = \dfrac{x^2 + 2}{x^3 - 1}$ *ist auf die Existenz von Nullstellen zu untersuchen.*

**Lösung:**

Die Gleichung $x^2 + 2 = 0$ besitzt keine Lösung; also hat $f$ keine Nullstelle.

Nullstellen einer gebrochen rationalen Funktion $f$ mit $f(x) = \dfrac{u(x)}{v(x)}$ sind jene Stellen $x$, für die gilt: $u(x) = 0$ *und* $v(x) \neq 0$.

(23)

Was kann man allgemein über die Anzahl der Nullstellen einer rationalen Funktion $f$ mit $f(x) = \frac{u(x)}{v(x)}$ aussagen, wenn $u$ eine ganzrationale Funkten $m$-ten Grades und $v$ eine ganzrationale Funktion $n$-ten Grades ist?

*Aufgaben 1–8*

## Nullstellen von Wurzelfunktionen

(24)

Gegeben sind folgende Wurzelfunktionen:

$$f \text{ mit } f(x) = 2\sqrt{x} - 3$$
$$g \text{ mit } g(x) = \sqrt{2x - 1} - 1$$
$$h \text{ mit } h(x) = \sqrt{0{,}5x + 2} + x$$

a) Welchen Definitions- und welchen Wertebereich haben diese Funktionen?

b) Begründen Sie, daß die Funktionen $f$, $g$ und $h$ streng monoton wachsend sind. Skizzieren Sie die Graphen von $f$, $g$ und $h$.

c) Geben Sie, sofern möglich, die Nullstellen von $f$, $g$ und $h$ an.

Die Berechnung von Nullstellen der Wurzelfunktionen $f$, $g$ und $h$ führt auf das Lösen der Gleichungen

$0 = 2\sqrt{x} - 3 \quad (1) \qquad 0 = \sqrt{2x - 1} - 1 \quad (2) \qquad 0 = \sqrt{0{,}5x + 2} + x \quad (3).$

**Wurzelgleichungen**

Die Gleichungen (1), (2) und (3) sind **Wurzelgleichungen.**
Das Lösen von Wurzelgleichungen kann in einfachen Fällen durch Quadrieren auf das Lösen linearer Gleichungen oder quadratischer Gleichungen zurückgeführt werden.

(25)
Beurteilen Sie die beiden Lösungsansätze, um die Nullstelle der Funktion $f$ mit $f(x) = 2\sqrt{x} - 3$ zu berechnen.

**1. Ansatz**
$0 = 2\sqrt{x} - 3$
$0^2 = (2\sqrt{x} - 3)^2$
$0 = (2\sqrt{x})^2 - 2 \cdot 2\sqrt{x} \cdot 3 + 3^2$
$0 = 4x - 12\sqrt{x} + 9$
...

**2. Ansatz**
$0 = 2\sqrt{x} - 3$
$3 = 2\sqrt{x}$
$3^2 = (2\sqrt{x})^2$
$9 = 4x$
...

Durch das Quadrieren im Auftrag (25) soll die Wurzel »beseitigt« werden. Das gelingt aber nur, wenn die Wurzel auf einer Seite der Gleichung allein bzw. höchstens mit einem Faktor verknüpft steht.

**Beispiel 17**

*Die Nullstellen von h mit* $h(x) = \sqrt{0{,}5\,x + 2} + x$ *sind zu berechnen.*

**Lösung:**

| | |
|---|---|
| $h(x)$ gleich Null setzen | $0 = \sqrt{0{,}5x + 2} + x$ |
| Wurzel isolieren | $-x = \sqrt{0{,}5x + 2}$ |
| Beide Seiten der Gleichung quadrieren | $(-x)^2 = (\sqrt{0{,}5x + 2})^2$<br>$x^2 = 0{,}5x + 2$ |
| Gleichung lösen | $x^2 - 0{,}5x - 2 = 0$<br>$x_{1/2} = \frac{1}{4} \pm \frac{1}{4}\sqrt{33}$<br>$x_1 \approx -1{,}19\,;\ x_2 \approx 1{,}67$ |
| Funktionswerte für ermittelte Lösungen berechnen – Probe | $h(-1{,}19) = -0{,}0046\ldots$<br>$h(1{,}69) = 3{,}37\ldots$ |

Ergebnis:
Die einzige Nullstelle ist $\frac{1}{4}(1 - \sqrt{33}) \approx -1{,}19$.

Beispiel 17 zeigt: Die Gleichungen $0 = \sqrt{0{,}5x + 2} + x$ und $x^2 = 0{,}5x + 2$ sind nicht zueinander äquivalent.

»Schein-lösungen«

Das Quadrieren einer Gleichung führt nicht in jedem Fall zu einer zur Ausgangsgleichung äquivalenten Gleichung. Um »Scheinlösungen« auszuschließen, ist in jedem Fall eine Probe mit der Wurzelgleichung durchzuführen.

*Aufgaben 9–11*

# A 2.2 Näherungsverfahren zum Lösen von Gleichungen (1)

Es gibt Gleichungen wie z. B. $x^5 - 3x + 1 = 0$, deren Lösungen nicht durch Umformen oder mit Hilfe einer Lösungsformel ermittelt werden können. Für das Lösen solcher Gleichungen kann man **Näherungsverfahren** verwenden.
Zu den Näherungsverfahren gehören auch das graphische Lösen und das systematische Einschachteln von Lösungen.

## Graphisches Lösen

Aus der graphischen Darstellung einer Funktion kann man ihre Nullstellen als Abszissen der Schnittpunkte des Graphen mit der $x$-Achse näherungsweise ablesen. Die Genauigkeit der Näherungswerte hängt von der Genauigkeit der graphischen Darstellung ab.

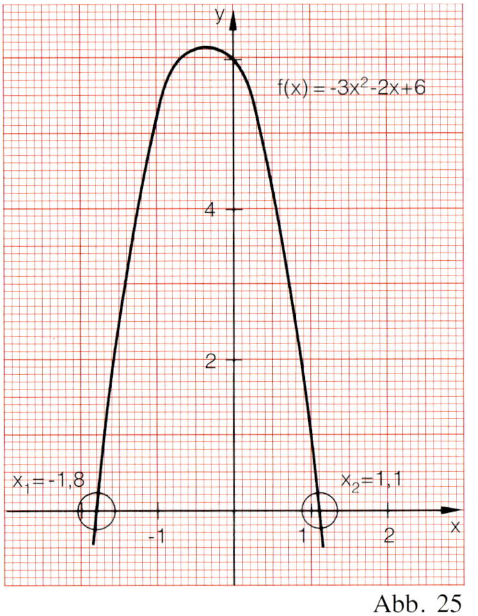


Abb. 25

**Genauigkeit von Näherungswerten**

In Abbildung 25 sind die Nullstellen auf Zehntel genau ermittelt, d. h. die Zehntel-Ziffern der Näherungswerte sind **zuverlässige** Ziffern.

Ziffern eines Näherungswertes heißen zuverlässig, wenn der absolute Fehler des Näherungswertes nicht größer als eine halbe Einheit des Stellenwertes der letzten angegebenen Ziffer des Näherungswertes ist.
Für die Nullstelle 1,1 aus Abbildung 25 gilt daher:
Der genaue Wert der Nullstelle $x_2$ liegt im Bereich $x = 1{,}1 \pm 0{,}05$, also $1{,}05 \leqq x_2 \leqq 1{,}15$.

Wir können dies rechnerisch begründen:

$f(1{,}05) = -3 \cdot 1{,}05^2 - 2 \cdot 1{,}05 + 6 = 0{,}5925 > 0$
$f(1{,}15) = -3 \cdot 1{,}15^2 - 2 \cdot 1{,}15 + 6 = -0{,}2675 < 0$

Folglich kann der genaue Wert für die Nullstelle nur zwischen diesen beiden Argumenten liegen.

**Eine Vereinfachung beim graphischen Lösen**

hnittpunkt-
verfahren

**Beispiel 18**

*Die Nullstellen der Funktion $f$ mit $f(x) = x^5 - 3x + 1$ sollen auf graphischem Wege ermittelt werden.*

**Lösung:**
Zu lösen ist die Gleichung
$0 = x^5 - 3x + 1$.
Umformen dieser Gleichung, so daß auf beiden Seiten der neuen Gleichung »einfache« Terme stehen.

$$x^5 = 3x - 1$$

Darstellung der Graphen von $f_1$ mit $f_1(x) = x^5$ und von $f_2$ mit $f_2(x) = 3x - 1$ in einem Koordinatensystem.
Die Abszissen der Schnittpunkte der Graphen von $f_1$ und $f_2$ sind die Nullstellen der Funktion $f$.

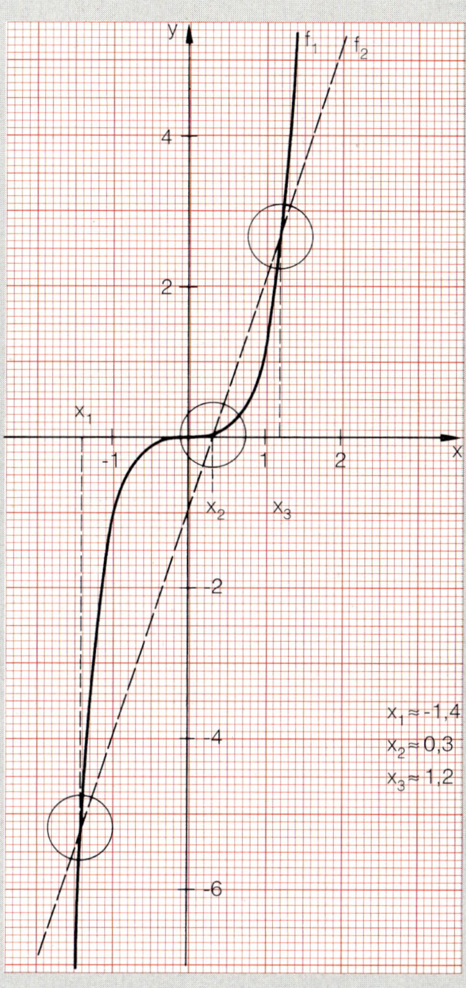


Abb. 26

Neben dem Ermitteln von Näherungswerten für Nullstellen gestattet das graphische Lösen oft Aussagen über die Existenz und über die Anzahl der Nullstellen.

(26)
Gegeben ist die Funktion $g: x \mapsto \tan x - \frac{1}{3}x + 1$.

a) Ermitteln Sie die Nullstellen von $g$ im Intervall $[-2\pi; 2\pi]$.

b) Was kann man über die Lösungsmenge der Gleichung $0 = \tan x - \frac{1}{3}x + 1$ ($x \in \mathbb{R}$) aussagen?

*Aufgaben 12–13*

## Bisektionsmethode

**Einschachteln von Nullstellen**

Die erreichbare Genauigkeit beim graphischen Ermitteln von Nullstellen ist relativ gering. Wenn man ein Intervall kennt, in dem sich eine Nullstelle befindet, so kann man durch systematisches Einschachteln der Nullstelle eine höhere Genauigkeit erreichen.

**Beispiel 19**

*Die Funktion f mit* $f(x) = x^5 - 3x + 1$ *hat im Intervall [1;2] eine Nullstelle (s. Bsp. 18). Es ist die Nullstelle in diesem Intervall auf Tausendstel genau zu bestimmen.*

**Lösung:**
Wir legen eine Wertetabelle an:

| $x$ | $f(x)$ | Vergleich mit 0 |
|---|---|---|
| 1,2 | − 0,11... | zu klein |
| 1,3 | 0,81... | zu groß |
| 1,22 | 0,04... | zu groß |
| 1,21 | − 0,03... | zu klein |
| 1,215 | 0,0027... | zu groß |
| 1,214 | − 0,0051... | zu klein |
| 1,2145 | − 0,0011... | zu klein |

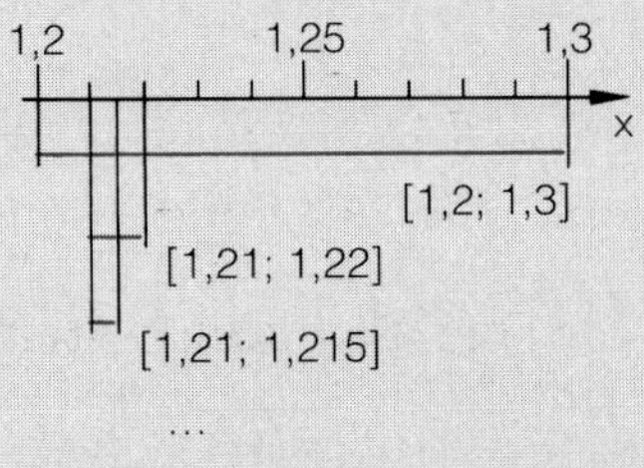


Ergebnis: 1,215 ist ein Näherungswert für die Nullstelle (auf Tausendstel genau).

㉗
Ermitteln Sie auf die gleiche Art einen Näherungswert für die Nullstelle von $g$ mit $g(x) = \tan x - \frac{1}{3}x + 1$ im Intervall $[-1; 0]$ (auf Hundertstel genau).

Es werden stets solche Teilintervalle gewählt, in denen die Funktionswerte das Vorzeichen wechseln. Die Zwischenwerte $x$ müssen nicht unbedingt in der Mitte des Teilintervalls liegen. Wenn das Verfahren ein Computer ausführen soll, wird oft die Mitte des Intervalls verwendet. Daher wird dieses Näherungsverfahren **Halbierungsverfahren** oder auch **Bisektionsmethode** genannt.

**Bisektionsmethode**

<table>
<tr><td colspan="3">Intervallgrenzen $a$ und $b$ mit $f(a) \cdot f(b) < 0$ eingeben</td></tr>
<tr><td rowspan="3">WIEDERHOLE</td><td colspan="2">$x := (a+b)/2$</td></tr>
<tr><td colspan="2">$f(a) \cdot f(x) < 0$<br>ja | nein</td></tr>
<tr><td>$b := x$</td><td>$a := x$</td></tr>
<tr><td colspan="3">BIS $f(x) = 0$ oder $|a - b| < g$ ($g$ vorgegebene Genauigkeit)</td></tr>
<tr><td colspan="3">Ausgabe $x$</td></tr>
</table>

(28)

a) Was wird im dargestellten Algorithmus durch die Bedingung $f(a) \cdot f(x) < 0$ getestet?
b) Arbeiten Sie den Algorithmus für die Funktion und für das Intervall im Beispiel 19 ab.
c) Wie lang ist das 8. Teilintervall, wenn man von dem Intervall $[-3; -1]$ ausgeht?

Je kürzer das Teilintervall, desto genauer ist der Näherungswert für die eingeschachtelte Nullstelle.

> Für den **absoluten Fehler** $\Delta x$ eines Näherungswertes $x$, der bei der Bisektionsmethode ausgehend von einem Intervall $[a;b]$ nach $n$ Intervallhalbierungen entsteht, gilt: $\Delta x \leqq \frac{b-a}{2^n}$.

Die Bisektionsmethode ist nicht auf »beliebige« Funktionen anwendbar; sie setzt ein »normales« Verhalten der Funktion voraus. Darauf wird im Abschnitt 2.3 eingegangen.

*Aufgaben 14–17*

## Das allgemeine Iterationsverfahren

Neben dem graphischen Lösen und der Bisektionsmethode gibt es weitere Verfahren zum näherungsweisen Lösen von Gleichungen.
Wir betrachten die Funktion $f$ mit
$f(x) = \cos x - 2x$.
Durch graphisches Lösen erkennt man, daß $f$ genau eine Nullstelle hat (siehe Abb. 27).

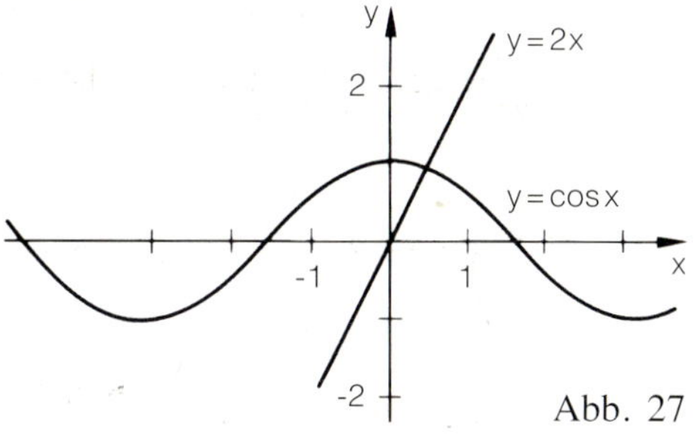


Abb. 27

Wir wenden nun das Schnittpunktverfahren an und formen die Gleichung $0 = \cos x - 2x$ nach $x$ um.

$x = \frac{1}{2} \cos x$

Hier wird also die Gerade $g$ mit der Gleichung $y = x$ mit dem Graphen von $\varphi$ mit $\varphi(x) = \frac{1}{2} \cos x$ zum Schnitt gebracht.

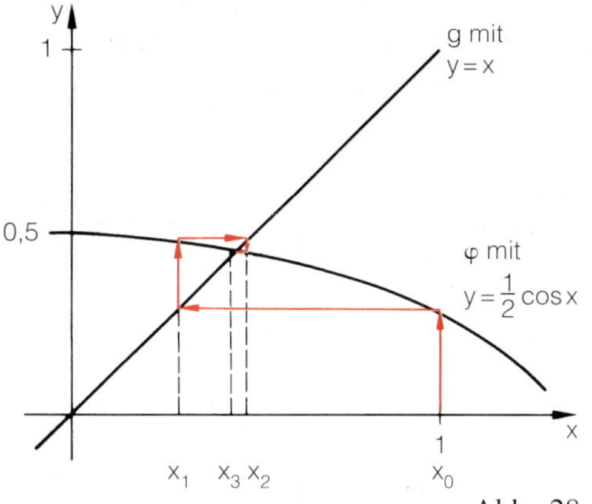


Abb. 28

Die Abbildung 28 zeigt eine Möglichkeit, wie man sich der gesuchten Abszisse des Schnittpunktes *rechnerisch* schrittweise annähern kann. Aus Abbildung 28 erkennt man:

$\varphi(x_0) = x_1 \quad \varphi(x_1) = x_2 \quad \varphi(x_2) = x_3$ usw.

(29)

a) Berechnen Sie für den Startwert $x_0 = 1$ die Werte $x_1$, $x_2$ bis $x_{15}$. Was stellen Sie fest?

b) Berechnen Sie für $x_{10}$, $x_{13}$ und $x_{15}$ die Funktionswerte von $f$ mit $f(x) = \cos x - 2x$. Was stellen Sie fest?

**Allgemeines Iterationsverfahren**[1]

Gegeben sei eine Gleichung $f(x) = 0$.

Diese Gleichung habe im Intervall $[a;b]$ eine Lösung $x^*$.

Um diese Lösung $x^*$ mit dem allgemeinen Iterationsverfahren näherungsweise zu ermitteln, ist folgendermaßen vorzugehen:

**Iterationsvorschrift**

**Startwert**

- $f(x) = 0$ umformen zu $x = \varphi(x)$.
- Die Iterationsvorschrift $x_{n+1} = \varphi(x_n)$ herstellen.
- Einen Startwert $x_0$ aus dem Intervall $[a;b]$ wählen.
- Schrittweise $x_1, x_2, x_3, \ldots$ berechnen.

Wenn in der Folge $x_1, x_2, x_3, \ldots$ von einer gewissen Stelle $k$ an $x_k = x_{k+i}$ $(k;\, i \in \mathbb{N})$ gilt, so ist in vielen Fällen $x_k$ eine Näherungslösung der Gleichung $f(x) = 0$.[2]

**Beispiel 20**

*Die Funktion $f$ mit $f(x) = x^5 - 3x + 1$ hat nach Beispiel 18 drei Nullstellen, die im Intervall $[-2;2]$ liegen. Diese Nullstellen sind mit dem allgemeinen Iterationsverfahren zu ermitteln.*

**Lösung:**

Aus der Gleichung $0 = x^5 - 3x + 1$ kann man mehrere Iterationsvorschriften erhalten, z. B.:

**verschiedene Iterationsvorschriften**

(1) $x = \dfrac{x^5+1}{3}$ , führt zu $x_{n+1} = \dfrac{x_n^5+1}{3}$

(2) $x = \sqrt[5]{3x-1}$ , führt zu $x_{n+1} = \sqrt[5]{3x_n-1}$

1 iterare (lat.) = wiederholen

2 Dieses Verfahren wird im Abschnitt B 4 theoretisch abgesichert.

$$\text{(3)}\quad x = \frac{3x-1}{x^4}\ \text{, führt zu}\ x_{n+1} = \frac{3x_n - 1}{x_n^4}$$

$$\text{(4)}\quad x = \sqrt[4]{3-\frac{1}{x}}\ \text{, führt zu}\ x_{n+1} = \sqrt[4]{3-\frac{1}{x_n}}\ .$$

…erschiedene Startwerte

Wir wählen Startwerte $x_0$ aus dem Intervall [− 2;2].

**Mit der Iterationsvorschrift (1)**

| $x_0 = -1{,}5$ | $x_0 = 0$ | $x_0 = 1$ |
|---|---|---|
| $x_1 = -\ 2{,}197916667$ | $x_1 = 0{,}3333333333$ | $x_1 = 0{,}6666666667$ |
| $x_2 = -\ 16{,}76425502$ | $x_2 = 0{,}3347050754$ | $x_2 = 0{,}3772290809$ |
| $x_3 = -\ 441366{,}8493$ | $x_3 = 0{,}3347335339$ | $x_3 = 0{,}335879604$ |
| | $x_4 = 0{,}3347341292$ | $x_4 = 0{,}3347582744$ |
| | $x_5 = 0{,}3347341417$ | $x_5 = 0{,}334734647$ |
| | $x_6 = 0{,}3347341419$ | $x_6 = 0{,}3347341525$ |
| | $x_7 = 0{,}3347341419$ | $x_7 = 0{,}3347341422$ |
| | | $x_8 = 0{,}3347341419$ |
| | | $x_9 = 0{,}3347341419$ |

Für $x_0 = 0$ wählen wir $x_7$, für $x_0 = 1$ wählen wir $x_9$ als (brauchbaren) Näherungswert, da der verwendete Rechner keine größere Genauigkeit zuläßt.

**Mit der Iterationsvorschrift (2)**

| $x_0 = -1{,}5$ | $x_0 = 0$ | $x_0 = 1$ |
|---|---|---|
| Für diese Startwerte ist Ansatz (3) nicht möglich. | | $x_1 = 1{,}148698355$ |
| | | $x_2 = 1{,}19589945$ |
| | | $x_3 = 1{,}209435549$ |
| | | $x_4 = 1{,}213207836$ |
| | | $x_5 = 1{,}214250798$ |
| | | $x_6 = 1{,}214538525$ |
| | | $x_7 = 1{,}214617853$ |
| | | $x_8 = 1{,}214639721$ |
| | | $x_9 = 1{,}214645749$ |
| | | $x_{10} = 1{,}21464741$ |
| | | $x_{11} = 1{,}214647868$ |
| | | $x_{12} = 1{,}214647995$ |
| | | $x_{13} = 1{,}214648029$ |
| | | $x_{14} = 1{,}214648039$ |
| | | $x_{15} = 1{,}214648042$ |
| | | $x_{16} = 1{,}214648042$ |

**Mit der Iterationsvorschrift (3)**

| $x_0 = -1{,}5$ | $x_0 = 0$ | $x_0 = 1$ |
|---|---|---|
| $x_1 = -1{,}086419753$ | Für diesen | $x_1 = 2$ |
| $x_2 = -3{,}057338062$ | Startwert ist | $x_2 = 0{,}3125$ |
| $x_3 = -0{,}116421477$ | Ansatz (2) nicht | $x_3 = -6{,}5536$ |
| $x_4 = -7344{,}540882$ | möglich. | $x_4 = -0{,}0112002421$ |
| | | $x_5 = -65681514{,}93$ |

**Mit der Iterationsvorschrift (4)**

| $x_0 = -1{,}5$ | $x_0 = 0$ | $x_0 = 1$ |
|---|---|---|
| $x_1 = -1{,}383782575$ | Für diesen | $x_1 = -1{,}189207115$ |
| $x_2 = -1{,}389035202$ | Startwert ist | $x_2 = -1{,}399935893$ |
| $x_3 = -1{,}388780217$ | Ansatz (4) nicht | $x_3 = -1{,}388256716$ |
| $x_4 = -1{,}388792554$ | möglich. | $x_4 = -1{,}388817895$ |
| $x_5 = -1{,}388791957$ | | $x_5 = -1{,}388790731$ |
| $x_6 = -1{,}388791986$ | | $x_6 = -1{,}388792045$ |
| $x_7 = -1{,}388791984$ | | $x_7 = -1{,}388791981$ |
| $x_8 = -1{,}388791984$ | | $x_8 = -1{,}388791985$ |
| | | $x_9 = -1{,}388791984$ |
| | | $x_{10} = -1{,}388791984$ |

Für $x_0 = -1{,}5$ wählen wir $x_8$, für $x_0 = 1$ wählen wir $x_{10}$ als (brauchbaren) Näherungswert, da der verwendete Rechner keine größere Genauigkeit zuläßt.

Ergebnis:
Wir erhalten als Nullstellen: $-1{,}388791984$; $0{,}3347341419$; $1{,}214648042$ (auf neun bzw. zehn Nachkommastellen genau).

Ein Iterationsansatz muß nicht notwendig zu Näherungslösungen führen. Die Eignung einer Iterationsfunktion $\varphi$ kann man mit Mitteln der Differentialrechnung (s. B 4) untersuchen.
Die Anzahl der Iterationsschritte, um eine bestimmte Genauigkeit zu erreichen (sofern die Folge der $x$-Werte einer bestimmten Zahl zustrebt), kann sehr unterschiedlich sein. Sie ist vom Iterationsansatz und vom Startwert abhängig.

**absoluter Fehler einer Näherungslösung**

Wenn sich zwei in der Folge benachbarte Werte $x_i$ und $x_{i+1}$ in $n$ Ziffern nach dem Komma nicht mehr unterscheiden, so ist der absolute Fehler der Näherungslösung nicht größer als $10^{-n}$.

**Hinweis:** Mit dem Taschenrechner ist unter Verwendung der Konstantenautomatik oder des Speichers oftmals eine bequeme Berechnung der $x$-Werte möglich.

*Aufgaben 18–20*

## A 2.3 Existenz von Nullstellen – Stetigkeit

(30)

Gegeben ist die Funktion $f$ mit $f(x) = x \sin x + 2$. Ermitteln Sie ein Intervall $[a;b]$, in dem $f(a)$ und $f(b)$ unterschiedliches Vorzeichen haben.
Schachteln Sie die in diesem Intervall befindliche Nullstelle ein; ermitteln Sie ein Intervall der Länge 0,01, in dem diese Nullstelle liegt.

(31)

Für welche der durch die Graphen gegebenen Funktionen (s. Abb. 29) kann keine Nullstelle im Intervall $[a;b]$ eingeschachtelt werden, obwohl die Funktionswerte an den Intervallenden verschiedene Vorzeichen haben?

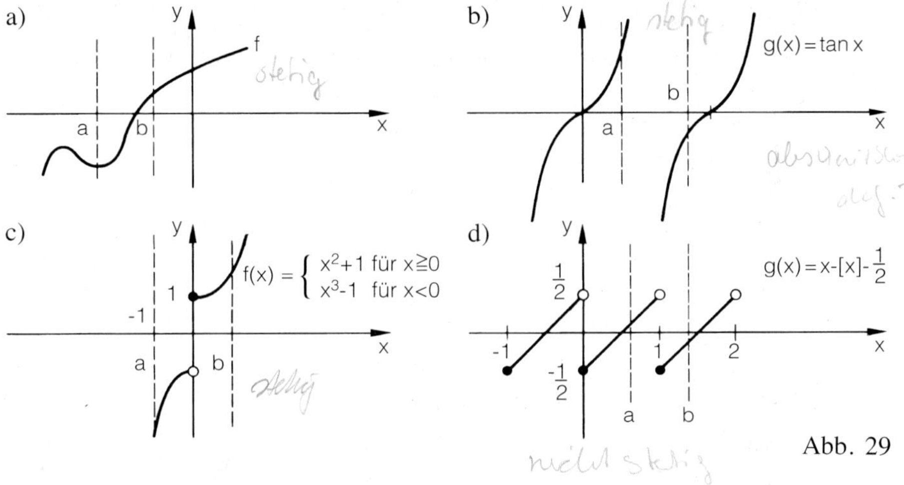


Abb. 29

Die Eigenschaft »$f$ hat an den Intervallenden verschiedenes Vorzeichen« reicht nicht aus, um die Existenz einer Nullstelle in diesem Intervall zu sichern (vgl. Auftrag (31)).
Man muß zusätzlich ein »normales« Verhalten der Funktion fordern. So darf der Graph der Funktion z. B. an keiner Stelle des Intervalls unterbrochen sein.

rungstellen

Zeigt eine Funktion $f$ in einem Intervall I ein solch »normales« Verhalten, so nennen wir $f$ im Intervall I **stetig.**
Das »normale« Verhalten stetiger Funktionen kommt vor allem darin zum Ausdruck, daß »benachbarte« Argumente auch »benachbarte« Funktionswerte haben. Deshalb kann man den Graphen einer stetigen Funktion ohne Absetzen des Stiftes im Definitionsbereich in einem Zuge durchzeichnen.

**Beispiele für stetige Funktionen**

- Lineare Funktionen sind stetig.
- Die Funktion $f$ mit $f(x) = |x|$ ist stetig (s. Abb. 30a).
- Die Funktion $g$ mit $g(x) = \frac{1}{x}$ ist stetig, denn die Stelle 0, an der man den Stift zum

Zeichnen des Graphen absetzen muß, gehört nicht zum Definitionsbereich der Funktion (s. Abb. 30 b).

– Die rationalen Funktionen sind stetig.

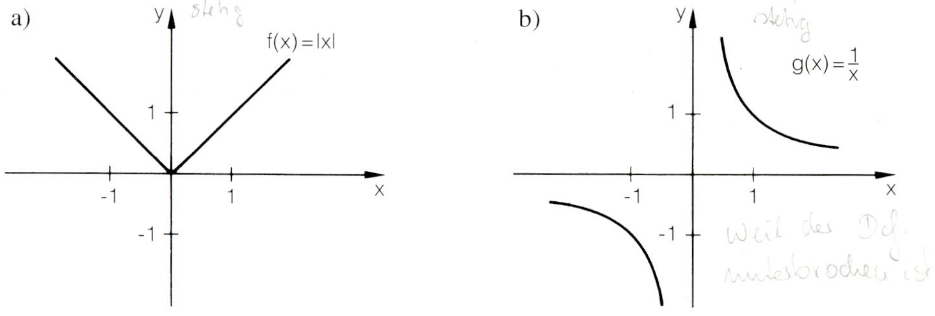


Abb. 30

**Beispiele für unstetige Funktionen**

– Die Vorzeichenfunktion sgn ist unstetig, denn die Unstetigkeitsstelle 0 gehört zum Definitionsbereich. In Intervallen, die die 0 nicht enthalten, ist sgn stetig.
– Die Funktion INT ist unstetig, denn alle ganzen Zahlen sind Unstetigkeitsstellen.
– Die Funktion aus Beispiel 2 (Beförderungsgebühren für Briefe) ist unstetig (s. Abb. 6).
– Die Funktion »Dichte in Abhängigkeit von der Temperatur« hat beim Gefrierpunkt eine Unstetigkeitsstelle (s. Abb. 2).
– Die Dirichlet-Funktion ist an allen Stellen des Definitionsbereichs unstetig (s. Abb. 7).

Der Begriff der »Stetigkeit« wurde erst im 19. Jahrhundert **definiert.** Eine Definition darf keine der Anschauung entnommenen Erklärungen enthalten. Eine solche Definition des Begriffs »Stetigkeit«, die sich nur auf bereits definierte mathematische Begriffe stützt, gaben unabhängig voneinander Bernhard BOLZANO (1781–1848) in Prag und Augustin Louis CAUCHY (1789–1857) in Paris.
Auf eine solche Definition wird im vorliegenden Lehrbuch verzichtet.

**Wichtige Sätze über stetige Funktionen**

**Zwischenwertsatz**

**Satz 3: Zwischenwertsatz** (auch Satz von BOLZANO genannt)
Wenn $f$ in $[a; b]$ stetig ist und $f(a) \neq f(b)$ gilt, dann nimmt $f$ im Intervall $[a; b]$ jeden Wert zwischen $f(a)$ und $f(b)$ mindestens einmal an.

**Satz vom Maximum und Minimum**

**Satz 4: Satz vom Maximum und Minimum** (auch Satz von WEIERSTRASS genannt)
Wenn $f$ in $[a; b]$ stetig ist, dann hat $f$ in $[a; b]$ einen größten und einen kleinsten Funktionswert.

Der Zwischenwertsatz ist die Grundlage für die Bisektionsmethode; sie ist nur auf stetige Funktionen anwendbar.

(32)

Erläutern Sie an der Abbildung 31
a) den Zwischenwertsatz,
b) den Satz vom Maximum und Minimum.
Geben Sie ein Beispiel für eine Funktion an, die in einem abgeschlossenem Intervall definiert ist, aber keinen größten oder kleinsten Funktionswert hat.

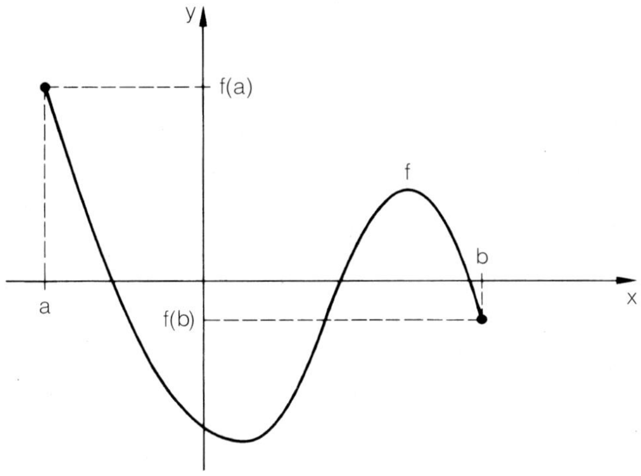


Abb. 31

*Aufgaben 21–23*

## Aufgaben

1. Es sind die Nullstellen der ganzrationalen Funktion $f$ zu bestimmen.

   a) $f(x) = x^4 - 13x^2 + 36$  b) $f(x) = 2x^4 - 34x^2 + 32$

   c) $f(x) = x^4 - 2x^2 - 2$  d) $f(x) = 9 - 6x^2 + x^4$

   e) $f(x) = x^6 - 9x^3 + 8$  f) $f(x) = - x^4 + 81$

2. Bestimmen Sie die Nullstellen von $f$.

   a) $f(x) = (x^3 - 2)(x^2 - 4)x$  b) $f(x) = (x^2 - 4x + 4)(x^2 + 2x + 1)$

   c) $f(x) = 0{,}8x(x^2 - 36)(x + 1{,}5)$  d) $f(x) = x^5 - x^2$

   e) $f(x) = x^5 - 3x^3 + 2x$  f) $f(x) = 2x^{10} - 2x^6 - 4x^2$

*3. Für welche $a$ und $b$ hat die Funktion $f$: $x \mapsto x^4 + ax^2 + b$ keine reellen Lösungen?

4. Ermitteln Sie die Koordinaten der Schnittpunkte der Graphen der Funktionen $f$ und $g$.

a) $f(x) = x + 1\ ;\ g(x) = x^2+1$ b) $f(x) = -x^2 + 1\ ;\ g(x) = x^2 - 2x + 1$

c) $f(x) = x^3\ ;\ g(x) = x^2 + x$ d) $f(x) = -x^4 + 2\ ;\ g(x) = x^2 - 2$

5. Von einer ganzrationalen Funktion $f$: $x \mapsto a_n x^n + a_{n-1}x^{n-1} + \ldots + a_1 x + a_0$ sind jeweils der Grad $n$ sowie die Nullstellen bekannt. Geben Sie eine Produktdarstellung für den Funktionsterm von $f$ sowie die Koeffizienten $a_i$ an.

a) $n = 2\ ;\ x_1 = -2\ ;\ x_2 = 3$

b) $n = 3\ ;\ x_1 = 1$ (zweifache Nullstelle); $x_2 = 0$

c) $n = 3\ ;\ x = 5$ (dreifache Nullstelle)

d) $n = 4\ ;\ x_1 = \sqrt{2}$ (dreifache Nullstelle); $x_2 = -\sqrt{2}$

6. Bestimmen Sie alle Nullstellen der ganzrationalen Funktion $f$, und geben Sie jeweils an, ob es sich um eine einfache oder eine mehrfache Nullstelle handelt.

a) $f(x) = (x - 1)^2\,(x + 0{,}5)$ b) $f(x) = x^2(x^2 - 1)$

c) $f(x) = x^3(x^2 + 1)$ d) $f(x) = x^4 - 2x^2$

e) $f(x) = x(x^3 + 2)\,(x + 2)^3$ f) $f(x) = -(x - 1)\,x(x + 1)\,(x - 1)$

7. Bestimmen Sie die Nullstellen der Funktion $f$. Schreiben Sie $f(x)$ als Produkt aus Linearfaktoren.

a) $f(x) = x^2 - x - \dfrac{3}{4}$ b) $f(x) = x^3 - 2x^2 + x$

c) $f(x) = 3x^4 - 27$ d) $f(x) = x^4 - 4x^2 - 5$

e) $f(x) = (x^2 - 1)\,(x^2 - 2x + 1)$ f) $f(x) = x^3 + 3x^2 + 3x + 1$

8. Ermitteln Sie die Nullstellen der Funktion $f$.

a) $f(x) = \dfrac{x^2-4}{x+2}$ b) $f(x) = \dfrac{5}{x}$

c) $f(x) = \dfrac{x^3-3x^2+2x}{x^2-x}$ d) $f(x) = \dfrac{x}{x+2}$

e) $f(x) = \dfrac{x^4-5{,}5x^2+9}{9-x^2}$ f) $f(x) = \dfrac{(x^2-4x+4)\,(x^6+x^3)}{2x^2+4x}$

9. Ermitteln Sie die Nullstellen der Funktion $f$.

a) $f(x) = 3\sqrt{x^2 - 4}$ b) $f(x) = \sqrt{x + 1} - 2$

c) $f(x) = 4x - \sqrt{1 - 9x^2}$ d) $f(x) = \sqrt{3x} - x + \dfrac{1}{2}$

e) $f(x) = \sqrt{2x - 15} - \sqrt{x - 3}$  f) $f(x) = \sqrt{x + 3} + \sqrt{2x - 1}$

g) $f(x) = \sqrt{x^2 - 2x} - x + 4$  *h) $f(x) = 2 - \sqrt{x} - \sqrt{x - 1}$

*10. Geben Sie je zwei Wurzelfunktionen der Form $f(x) = \sqrt{ax + b}$ an, deren Graphen a) keinen, b) genau einen Schnittpunkt haben.

11. Berechnen Sie die Koordinaten der Schnittpunkte der Funktionen $f$ und $g$.

a) $f(x) = x + 9;\ g(x) = 6\sqrt{x}$  b) $f(x) = (x + 3)^2;\ g(x) = \sqrt{x + 3}$

c) $f(x) = \dfrac{2}{\sqrt{x + 4}};\ g(x) = x - 1$  d) $f(x) = x + 2;\ g(x) = \sqrt{x - 5}$

12. Ermitteln Sie die Nullstellen folgender Funktionen auf graphischem Wege mit dem Schnittpunktverfahren (auf Zehntel genau).

a) $f(x) = \dfrac{1}{x} - x + 2$  b) $f(x) = 10^x - 3x - 2$

c) $f(x) = x^3 - x - 5$  d) $f(x) = x^2 - 2x + 2 - \lg x$

e) $f(x) = x^2 - 5 + \dfrac{1}{x^2}$  *f) $f(x) = [x] + 0{,}5x + 3$

13. Diskutieren Sie Existenz und Anzahl der Nullstellen der Funktionen $f$ $(m, n > 0)$.

a) $f(x) = x^3 - mx - n$  b) $f(x) = x^4 - mx - n$

14. Ermitteln Sie durch Einschachteln für die Funktion $f$ und das angegebene Intervall die Nullstellen auf Hundertstel genau.

a) $f(x) = 9x^3 - 8x^2 + 7;\ [-1;\ 0]$  b) $f(x) = x^5 - 5^x;\ [1;\ 2]$

c) $f(x) = 10^x - 7x;\ [0;\ 1]$  d) $f(x) = \cos x - x^2;\ [0;\ 1]$

15. An welchen Stellen ist die Differenz der Funktionswerte von $f_1$ mit $f_1(x) = \frac{1}{x}$ und $f_2$ mit $f_2(x) = x^2$ gleich 4 (auf Hundertstel genau)?

16. Einer Kugel mit dem Radius von 5,0 cm ist ein Zylinder einbeschrieben, dessen Inhalt halb so groß wie der der Kugel ist. Welche Abmessungen kann der Zylinder haben (auf Hundertstel genau)?

17. Eine Funktion $f$ habe im Intervall $[a;\ b]$ genau eine Nullstelle. Es soll die Nullstelle mit der Bisektionsmethode mit einer Genauigkeit $g$ bestimmt werden. Die Genauigkeit $g$ soll erreicht sein, wenn die Länge der Intervalle erstmals kleiner als $g$ ist. Wieviel Intervallhalbierungen sind für folgende Intervalle und Genauigkeitsforderungen nötig?

a) $[1;\ 2]\ ;\ g = 10^{-2}$  b) $[0;\ 1]\ ;\ g = 10^{-3}$

c) $[-1;\ 1]\ ;\ g = 10^{-3}$  d) $[-2;\ -1]\ ;\ g = 10^{-4}$

18. Die Funktion $f$ mit $f(x) = \sin x + x^2 - 2$ hat in den Intervallen $[-2; -1]$ und $[0; 2]$ jeweils genau eine Nullstelle.
Berechnen Sie diese Nullstellen mit dem allgemeinen Iterationsverfahren (auf Tausendstel genau).

19. Ermitteln Sie die Nullstellen für die Vorgaben aus Aufgabe 14 mit Hilfe des allgemeinen Iterationsverfahrens.

20. Ermitteln Sie die Nullstellen von $f$ mit $f(x) = x^3 + 3x^2 - 6x - 3$ mit dem allgemeinen Iterationsverfahren (auf vier Stellen nach dem Komma genau).

21. Die folgende Abbildung zeigt Graphen von Funktionen $f$.
Welche Funktion ist an der Stelle $x_0$ unstetig?

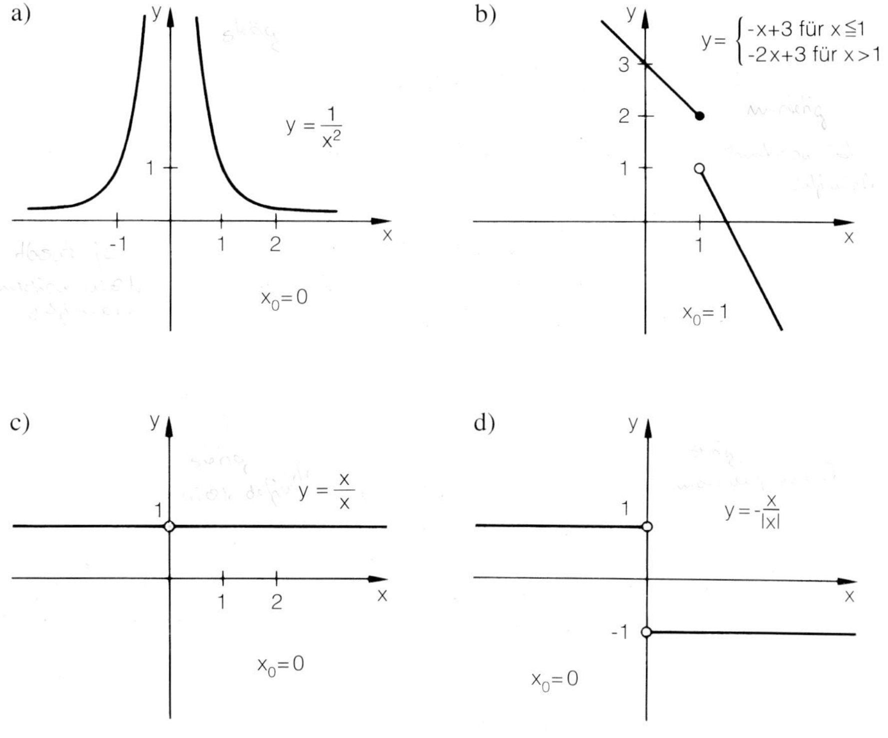


22. Stellen Sie die Funktionen $f\colon x \mapsto \dfrac{x^2-4}{x+2}$ und $g\colon x \mapsto \begin{cases} x-2 & \text{falls } x \neq -2 \\ 1 & \text{falls } x = -2 \end{cases}$ graphisch dar.

Begründen Sie anhand der Graphen: $f$ ist eine stetige Funktion, $g$ ist eine unstetige Funktion.

23. Geben Sie zu jeder der folgenden Eigenschaften eine Zuordnungsvorschrift für eine reelle Funktion $f$ an.

a) $f$ ist an der Stelle $-1$ unstetig.

b) Der Graph von $f$ kann an der Stelle 0 nicht durchgezeichnet werden, $f$ ist aber stetig.

c) $f$ ist an den Stellen $-2$ und 2 unstetig.

d) $f$ ist im ganzen Definitionsbereich stetig; es gibt aber unendlich viele Sprungstellen.

# A 3 Zahlenfolgen

## A 3.1 Begriff und Eigenschaften

### Beispiele für Zahlenfolgen – Begriff

**1) Fünfmarkstücke sparen**

Herr Meier spielt nicht mehr Lotto. Dafür steckt er jede Woche ein Fünfmarkstück ins Sparschwein. Er notiert nun wöchentlich den Geldbetrag, der sich jeweils im Sparschwein befindet: 5; 10; 15; 20; . . .

**2) Stahlkugel springt**

Eine Stahlkugel fällt aus 1 m Höhe auf eine Stahlplatte und springt mehrfach wie ein Ball. Nach dem Aufprall erreicht sie jeweils nur noch 40% der vorherigen Höhe. Die jeweiligen Höhen (in cm) sind: 100; 40; 16; 6,4; 2,56; . . .

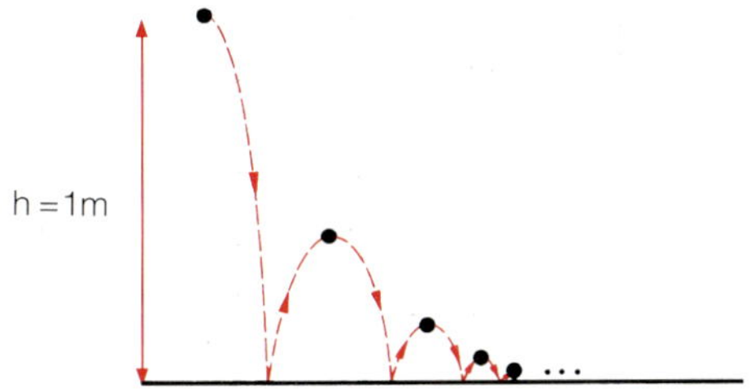


Abb. 32

**3) Fortlaufendes Quadrieren**

Gibt man in einen Taschenrechner die Zahl 2 ein und drückt wiederholt die Quadrat-Taste, so werden nacheinander folgende Ergebnisse angezeigt: 2; 4; 16; 256; 65536; . . .

**4) Folge von Näherungslösungen**

Beim Lösen einer Gleichung mit Hilfe des allgemeinen Iterationsverfahrens entsteht eine Folge von Näherungslösungen (s. Bsp. 20).

**5) Ergebnisse beim Würfeln**

Beim Durchführen eines Würfelexperimentes mit einem Spielwürfel wird jeweils das Ergebnis notiert: 3; 6; 1; 1; 5; 4; 4; 4; 2; . . .

Zahlenfolge

Zahlenfolgenglied

**Definition 9**

Eine **Zahlenfolge** ist eine Funktion mit einer Menge von natürlichen Zahlen als Definitionsbereich und einer Menge reeller Zahlen als Wertebereich:
$n \mapsto a_n$ mit $n \in \mathbb{N}$ und $a_n \in \mathbb{R}$.

$n$ gibt die **Nummer** (den Index) des **Zahlenfolgengliedes** $a_n$ an.
Schreibweisen:
$(a_1; a_2; a_3; \ldots)$
$(a_n)$ Lies: Zahlenfolge mit dem allgemeinen Glied $a_n$

Für das Beispiel »Fünfmarkstücke sparen« kann man also schreiben: $(5; 10; 15; 20; \ldots)$ oder $(5n)$ mit $n \in \mathbb{N}$ und $n > 0$.
In der Schreibweise $(5; 10; 15; 20; \ldots)$ werden die Funktionswerte (= Zahlenfolgenglieder) notiert; die zugehörigen Argumente (= Nummern der Zahlenfolgenglieder) sind indirekt aus dem »Platz« des jeweiligen Zahlenfolgengliedes zu erkennen, z. B. ist 15 das Glied mit der Nummer 3, also $a_3 = 15$.

konstante Folge

endliche Folge

unendliche Folge

In der Schreibweise $(5n)$ ist der Funktionsterm $f(n)$ (= allgemeines Zahlenfolgenglied) angegeben.
Die Glieder einer Zahlenfolge müssen nicht notwendig verschieden sein. Eine Zahlenfolge, deren Glieder untereinander alle gleich sind, heißt **konstante** Folge.
Man unterscheidet **endliche** und **unendliche** Zahlenfolgen, je nach Definitionsbereich.

**Darstellungsmöglichkeiten für Zahlenfolgen**

a) *Wertetabelle*
Für Beispiel 5
»Würfelergebnisse«

| $n$ | 1 | 2 | 3 | 4 | 5 | 6 | 7 … |
|---|---|---|---|---|---|---|---|
| $a_n$ | 3 | 6 | 1 | 1 | 5 | 4 | 4 … |

Im allgemeinen reicht es aus, die Zahlenfolgenglieder geordnet aufzuschreiben.

b) *Graphische Darstellung* (für Iterationsverfahren, Bsp. 20)
– im rechtwinkligen Koordinatensystem (s. Abb. 33)

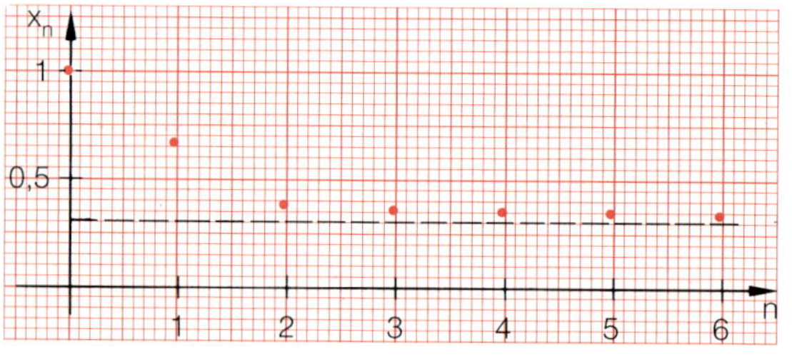


Abb. 33

Der Graph der Folge besteht aus isolierten Punkten.
– Darstellung auf einer Zahlengeraden (s. Abb. 34)

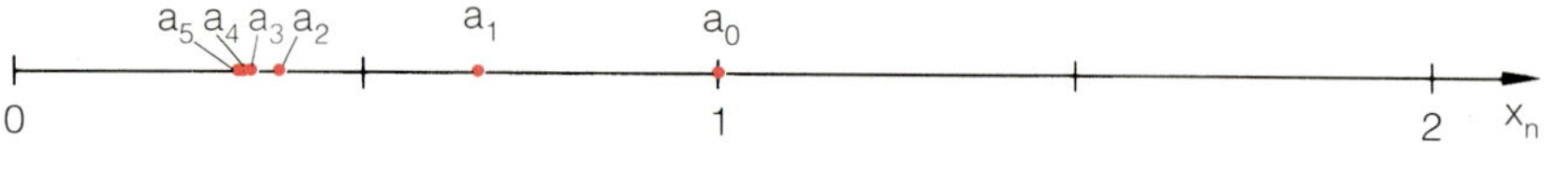


Abb. 34

**explizite Vorschrift**

c) Angabe einer **expliziten**[1] Zuordnungsvorschrift für das allgemeine Glied $a_n$: z. B. $a_n = 5n$ mit $n \in \mathbb{N}$ und $n > 0$.

**rekursive Vorschrift**

d) Angabe einer **rekursiven**[2] Zuordnungsvorschrift für das allgemeine Glied. Dabei wird durch eine Formel beschrieben, wie aus dem Glied $a_n$ das folgende Glied $a_{n+1}$ berechnet wird. Das erste Zahlenfolgenglied muß angegeben werden.

Für Beispiel 1: $a_{n+1} = a_n + 5$ ; $a_1 = 5$.

Rekursive Zuordnungsvorschriften können sich auch auf zwei oder mehr Vorgänger beziehen, z. B. $a_{n+1} = a_n + 2a_{n-1}$ mit $a_1 = 3$ und $a_2 = -4$.

(33)

Geben Sie für die Zahlenfolgen aus den Beispielen »Stahlkugel springt« und »Fortlaufendes Quadrieren« jeweils eine explizite und eine rekursive Zuordnungsvorschrift an.

Die Beispiele für Zahlenfolgen verdeutlichen:

- Nicht immer kann man für Zahlenfolgen ein allgemeines Glied in Form einer expliziten oder rekursiven Zuordnungsvorschrift angeben.
- In manchen Fällen kann man für eine Zahlenfolge sowohl eine rekursive als auch eine explizite Zuordnungsvorschrift angeben.
- Das erste Glied einer Zahlenfolge erhält meist die Nummer 1. Gelegentlich wird aber auch mit anderen Indizes begonnen. Bei Iterationsfolgen hat das erste Zahlenfolgenglied (gleich Startwert) zumeist die Nummer 0.
  Wir vereinbaren: Wird in diesem Buch eine Zahlenfolge ohne Definitionsbereich angegeben, so ist der Definitionsbereich dieser Zahlenfolge die Menge der natürlichen Zahlen außer 0.

(34)

Geben Sie inner- und außermathematische Beispiele für Zahlenfolgen und – wenn möglich – zugehörige Zuordnungsvorschriften an.

*Aufgaben 1–4*

## Arithmetische und geometrische Zahlenfolgen

(35)

Betrachten Sie die gegebenen Zahlenfolgen

a) 5; 10; 15; 20; 25; . . . .

b) 7,5; 5; 2,5; 0; −2,5; . . .

c) −4; 1; 6; 11; 16; 21; . . .

Welche Regelmäßigkeit hinsichtlich des »Aufbaus« haben diese Folgen?
Geben Sie weitere Zahlenfolgen mit dieser Eigenschaft an.

1 explicare (lat.) – erklären, entwickeln, auseinanderfalten
2 recurrere (lat.) – zurücklaufen

**konstante Differenz**

**Definition 10**
Eine Folge $(a_n)$ heißt **arithmethische** Zahlenfolge, wenn für jedes $n$ die Differenz $d = a_{n+1} - a_n$ denselben Wert hat.

**Rekursive Zuordnungsvorschrift** für arithmetische Zahlenfolgen $(a_n)$ mit $n \geqq 1$:
$a_{n+1} = a_n + d \quad ; a_1$

Zur eindeutigen Angabe einer arithmetischen Zahlenfolge genügt es, das erste Zahlenfolgenglied und die Differenz $d$ anzugeben. Die Differenz $d$ kann positiv, negativ oder Null sein. Für $d = 0$ ist eine arithmetische Zahlenfolge eine konstante Folge. Das $n$-te Glied einer arithmetischen Zahlenfolge erhält man, indem zum ersten Zahlenfolgenglied die Differenz $(n-1)$-mal addiert wird.

**Explizite Zuordnungsvorschrift** für arithmetische Zahlenfolgen $(a_n)$ mit $n \geqq 1$:
$a_n = a_1 + (n-1)d$

(36)
Gegeben ist die arithmetische Zahlenfolge $(x_n)$ mit $x_{n+1} = x_n - 1{,}5$ und $x_1 = 6$.

a) Geben Sie eine zugehörige explizite Zuordnungsvorschrift an.

b) Stellen Sie die ersten zehn Zahlenfolgenglieder in einem Koordinatensystem dar.

(37)
a) Wie lautet die explizite Zuordnungsvorschrift einer arithmetischen Zahlenfolge $(a_n)$, deren erstes Zahlenfolgenglied $a_0$ ist?

b) Stellen Sie einen Zusammenhang zwischen arithmetischen Zahlenfolgen und linearen Funktionen her.

Der Graph einer arithmetischen Zahlenfolge liegt stets auf einer Geraden.
Die Bezeichnung **arithmetische Zahlenfolge** erklärt sich daraus, daß bei einer solchen Folge das Glied $a_n$ das **arithmetische Mittel** der beiden Nachbarglieder $a_{n-1}$ und $a_{n+1}$ ist.

(38)
Betrachten Sie die gegebenen Zahlenfolgen:

a) 0,5; 1; 2; 4; 8; . . . .

b) 500; 100, 20; 4; 0,8; . . .

c) −1; 3; −9; 27; −81; . . .

Welche Regelmäßigkeit hinsichtlich des »Aufbaus« haben diese Folgen?
Geben Sie weitere Zahlenfolgen mit dieser Eigenschaft an.

konstanter Quotient

**Definition 11**
Eine Folge $(a_n)$ mit $a_n \neq 0$ heißt **geometrische** Zahlenfolge, wenn für jedes $n$ der Quotient $q = \frac{a_{n+1}}{a_n}$ denselben Wert hat.

**Rekursive Zuordnungsvorschrift** für geometrische Zahlenfolgen $(a_n)$ mit $a_n \neq 0$ und $n \geqq 1$: $a_{n+1} = a_n \cdot q \quad ; a_1 \quad (q \neq 0)$

Zur eindeutigen Angabe einer geometrischen Zahlenfolge genügt es, das erste Zahlenfolgenglied und den Quotienten $q$ anzugeben. Der Quotient $q$ kann positiv oder negativ sein. Wenn der Quotient negativ ist, dann wechselt in der geometrischen Zahlenfolge von Glied zu Glied das Vorzeichen. Folgen mit dieser Eigenschaft nennt man **alternierende** Zahlenfolgen. Für $q = 1$ ist die geometrische Zahlenfolge eine konstante Folge. Konstante Folgen sind also sowohl geometrische als auch arithmetische Zahlenfolgen. Das $n$-te Glied einer geometrischen Zahlenfolge erhält man, indem das erste Zahlenfolgenglied $(n-1)$-mal mit $q$ multipliziert wird.

**Explizite Zuordnungsvorschrift** für geometrische Zahlenfolgen $(a_n)$ mit $n \geqq 1$:
$a_n = a_1 \cdot q^{n-1}$

(39)
Gegeben ist die geometrische Zahlenfolge $(x_n)$ mit $x_{n+1} = 1{,}2\, x_n$ und $x_1 = 2$.

a) Geben Sie die zugehörige explizite Zuordnungsvorschrift an.

b) Stellen Sie die ersten zehn Zahlenfolgenglieder in einem Koordinatensystem dar.

**Hinweis:** Zur Berechnung der Zahlenfolgenglieder arithmetischer oder geometrischer Folgen kann man die Konstantenautomatik von Taschenrechnern nutzen.

(40)
a) Wie lautet die explizite Zuordnungsvorschrift einer geometrischen Zahlenfolge $(a_n)$, deren erstes Zahlenfolgenglied $a_0$ ist?

b) Stellen Sie einen Zusammenhang zwischen geometrischen Zahlenfolgen und Exponentialfunktionen her.

Die Bezeichnung **geometrische Zahlenfolge** erklärt sich daraus, daß bei einer solchen Folge das Glied $a_n$ das **geometrische Mittel** der beiden Nachbarglieder $a_{n-1}$ und $a_{n+1}$ ist.

Das geometrische Mittel zweier positiver Zahlen $a$ und $b$ ist $\sqrt{ab}$.
Erklärung für den Namen geometrisches Mittel: Wenn $a$ und $b$ Längen von Rechteckseiten sind, so ist $\sqrt{ab}$ die Seitenlänge eines Quadrates, das den gleichen Flächeninhalt wie das betrachtete Rechteck hat.

(41)
Beweisen Sie:
Für jede geometrische Zahlenfolge $(a_n)$ mit $a_n > 0$ gilt $a_n = \sqrt{a_{n-1} \cdot a_{n+1}}$ .

(42)
Welche der durch die Zuordnungsvorschriften gegebenen Zahlenfolgen $(a_n)$ sind arithmetisch bzw. geometrisch?

a) $a_n = 3n - 2$
b) $a_{n+1} = -2a_n + 4$ und $a_1 = 0$
c) $a_n = -2$
d) $a_n = -3 \cdot 2^{n-2}$
e) $a_n = 3 \cdot (\frac{1}{2})^n$
f) $a_n = 3(-2)^{n-1}$
g) $a_{n+1} = a_n - 3$ und $a_1 = 10$
h) $a_{n+1} = 3a_n$ und $a_1 = -0{,}5$
i) $a_n = n^2$
j) $a_n = 2 - 3n$

**Beispiel 21**

*Die Papierformate DIN A0, A1, . . . sind folgendermaßen standardisiert:*
- *A0 ist ein Rechteck mit dem Flächeninhalt 1 $m^2$; die Seitenlängen verhalten sich wie $1:\sqrt{2}$.*
- *Das Format $A_n$ ergibt sich aus dem Format $A_{n-1}$ durch Halbieren der längeren Rechteckseite.*

*Es sind die Seitenlängen der Formate DIN A4, A5 und A6 zu berechnen.*

**Lösung:**
$a_n$ und $b_n$ bezeichnen Seitenlängen von Papierformaten, wobei $a_n < b_n$ sein soll. Die Formate sind dann so festgelegt:

| Format | Kürzere Seite $a$ | Längere Seite $b$ |
|---|---|---|
| A0 | $a_0$ | $b_0$ |
| A1 | $b_1 = 0{,}5\ b_0$ | $a_0$ |
| A2 | $a_1 = 0{,}5\ a_0$ | $b_1$ |
| A3 | $b_2 = 0{,}5\ b_1$ | $a_1$ |
| A4 | $a_2 = 0{,}5\ a_1$ | $b_2$ |
| A5 | $b_3 = 0{,}5\ b_2$ | $a_2$ |
| A6 | $a_3 = 0{,}5\ a_2$ | $b_3$ |

Die Folgen $(a_n)$ und $(b_n)$ sind geometrische Zahlenfolgen mit $a_n = a_0\,(\frac{1}{2})^n$ und $b_n = b_0\,(\frac{1}{2})^n$ bzw. $a_{n+1} = 0{,}5a_n$ und $b_{n+1} = 0{,}5b_n$.

Aus $a_0 \cdot b_0 = 1\ \text{m}^2$ und $a_0 : b_0 = 1:\sqrt{2}$ folgt $a_0^2 = \frac{1}{\sqrt{2}}\ m^2$.

Also: $a_0 = \sqrt{\frac{1}{\sqrt{2}}}\ m \approx 84{,}1$ cm und $b_0 = a_0\sqrt{2} \approx 119$ cm

Durch wiederholtes Halbieren erhält man:
A4: 21,0 cm × 29,7 cm; A5: 14,9 cm × 21,0 cm; A6: 10,5 cm × 14,9 cm

*Aufgaben 5–13*

# Monotonie von Zahlenfolgen

Da Zahlenfolgen spezielle Funktionen sind, kann der Begriff der Monotonie von Funktionen auf Zahlenfolgen übertragen werden: Eine Zahlenfolge $(a_n)$ ist monoton wachsend (fallend), wenn mit wachsendem $n$ die Zahlenfolgenglieder $a_n$ größer (kleiner) werden.

(43)
Beurteilen Sie folgende Argumentation:
Die Zahlenfolge $(a_n)$ mit $a_n = -n^2 + 20n - 10$ ist monoton wachsend, denn $a_1 = 9$; $a_2 = 26$; $a_3 = 41$; $a_4 = 54$; $a_5 = 65$; ...

**Definition 12**
Eine Zahlenfolge $(a_n)$ heißt **monoton wachsend,** wenn für jedes $n$ gilt: $a_n \leqq a_{n+1}$
Eine Zahlenfolge $(a_n)$ heißt **monoton fallend,** wenn für jedes $n$ gilt: $a_n \geqq a_{n+1}$

tersuchung
f Monotonie

In Analogie zur Monotonie bei Funktionen (vgl. Definition 2) spricht man von streng monoton wachsenden bzw. streng monoton fallenden Folgen, wenn $a_n < a_{n+1}$ bzw. $a_n > a_{n+1}$ für jedes $n$ gilt.
Zur Untersuchung einer Folge auf Monotonie ist es zweckmäßig, die Ungleichung $a_{n+1} - a_n \geqq 0$ bzw. $a_{n+1} - a_n \leqq 0$ zu verwenden, die durch Umformung der Ungleichungen in der Definition 12 entstehen. Man bildet also die Differenz aus zwei benachbarten Gliedern und versucht eine Aussage über das Vorzeichen dieser Differenz zu treffen.

**Beispiel 22**

*Es ist das Monotonieverhalten der gegebenen Zahlenfolgen zu untersuchen.*

a) $(a_n) = (2^n - n)$ b) $(b_n) = (\tan 3n)$

c) $(x_n) = (6n - n^2)$ d) $(y_n)$ *mit* $y_{n+1} = \frac{1}{y_n} + y_n;\quad y_1 = 1$

**Lösung:**
Das Berechnen der ersten Folgenglieder führt zu einer Vermutung über die Monotonie. Diese ist dann allgemein nachzuweisen.

Zu a) Anfangsstück der Zahlenfolge: 1; 2; 5; 12;
Vermutung: streng monoton wachsend
Beweis:
$d = a_{n+1} - a_n = 2^{n+1} - (n + 1) - (2^n - n)$
$d = 2^{n+1} - n - 1 - 2^n + n = 2^{n+1} - 2^n - 1 = 2^n(2 - 1) - 1$
$d = 2^n - 1 > 0$ wahre Aussage für alle $n \geqq 1$

Ergebnis:
$(2^n - n)$ ist eine streng monoton wachsende Folge.

Zu b) Anfangsstück der Zahlenfolge (gerundet):
$-0{,}14$; $-0{,}29$; $-0{,}45$; $-0{,}64$; $-0{,}89$;
Vermutung: streng monoton fallend.
Stellt man sich den Graphen der Tangensfunktion vor (s. Abb. 35), so ist die Vermutung »streng monoton fallend« wohl doch überraschend. Das Berechnen weiterer Zahlenfolgenglieder ergibt z. B.: $a_{11} \approx -75{,}29$ ; $a_{12} \approx 7{,}75$.

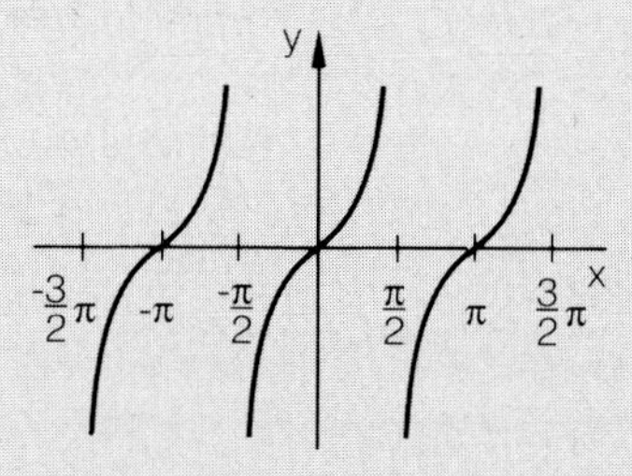

Abb. 35

Ergebnis:
$(b_n)$ ist nicht monoton.

Zu c) Anfangsstück der Zahlenfolge: 4; 8; 9; 8; 5; 0; $-7$
$(x_n)$ ist nicht monoton für $n \geqq 1$.
Vermutung: Für $n \geqq 3$ ist $(x_n)$ streng monoton fallend.
Beweis:

$$d = x_{n+1} - x_n = 6(n+1) - (n+1)^2 - (6n - n^2)$$
$$d = 6n + 6 - n^2 - 2n - 1 - 6n + n^2$$
$$d = -2n + 5 < 0 \text{ wahre Aussage für alle } n \geqq 3$$

Ergebnis:
Für $n \geqq 3$ ist $(x_n)$ streng monoton fallend.

Zu d) Anfangsstück der Zahlenfolge (z. T. gerundet): 1; 2; 2,5; 2,9; 3,2;
Vermutung: $(y_n)$ ist streng monoton wachsend.
Beweis:

$$d = y_{n+1} - y_n = \frac{1}{y_n} + y_n - y_n = \frac{1}{y_n}$$

Nach der Rekursionsvorschrift ist jedes Glied von $(y_n)$ positiv. Deshalb ist auch $d$ für jedes $n$ positiv.

Ergebnis:
$(y_n)$ ist streng monoton wachsend.

*Aufgaben 14–18*

# A 3.2 Grenzwert von Zahlenfolgen

## Begriff: Grenzwert einer Zahlenfolge

Wir beobachten das Verhalten der Glieder der Zahlenfolgen (1) bis (4) für wachsende Indizes.

Folge (1): $a_n = 2^n - n$

| $n$ | 1 | 2 | 3 | 4 | 5 |
|---|---|---|---|---|---|
| $a_n$ | 1 | 2 | 5 | 12 | 27 |

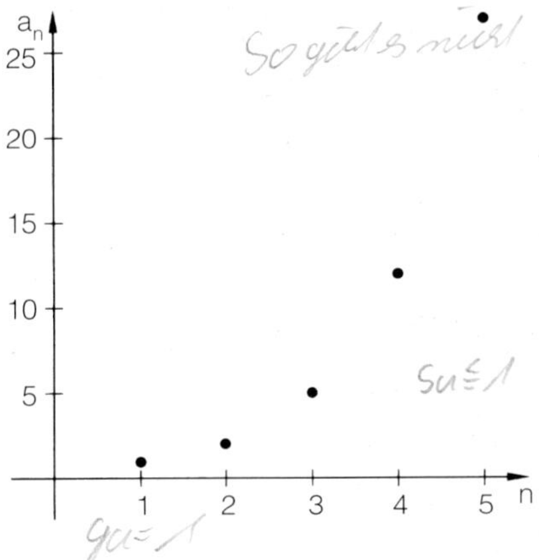


Folge (2): $a_n = -\frac{n+1}{n}$

| $n$ | 1 | 2 | 3 | 4 | 5 |
|---|---|---|---|---|---|
| $a_n$ | $-2$ | $-\frac{3}{2}$ | $-\frac{4}{3}$ | $-\frac{5}{4}$ | $-\frac{6}{5}$ |

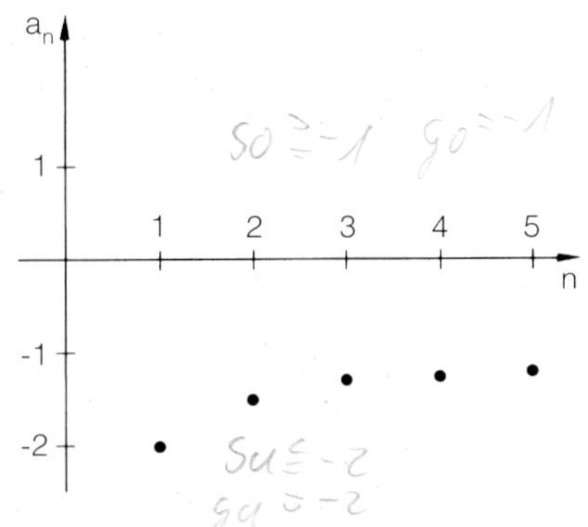


Folge (3): $a_n = (-1)^n \frac{1}{n}$

| $n$ | 1 | 2 | 3 | 4 | 5 |
|---|---|---|---|---|---|
| $a_n$ | $-1$ | $\frac{1}{2}$ | $-\frac{1}{3}$ | $\frac{1}{4}$ | $-\frac{1}{5}$ |

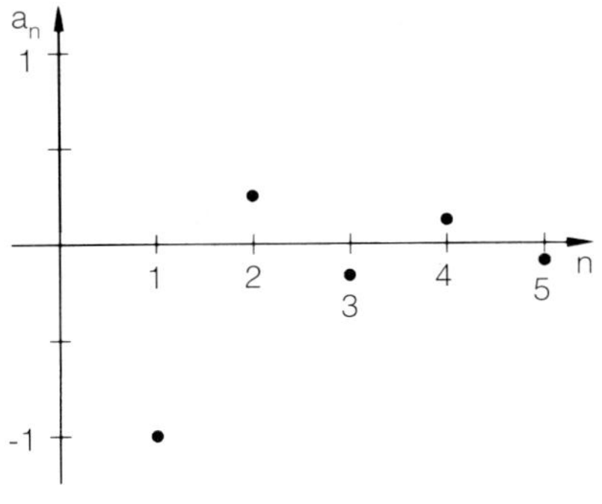


Folge (4): $a_{n+1} = \frac{4a_n + 1}{a_n + 2}$; $a_1 = 3$

| $n$ | 1 | 2 | 3 | 4 | 5 |
|---|---|---|---|---|---|
| $a_n$ | 3 | 2,6 | 2,47826087 | 2,436893204 | 2,422319475 |

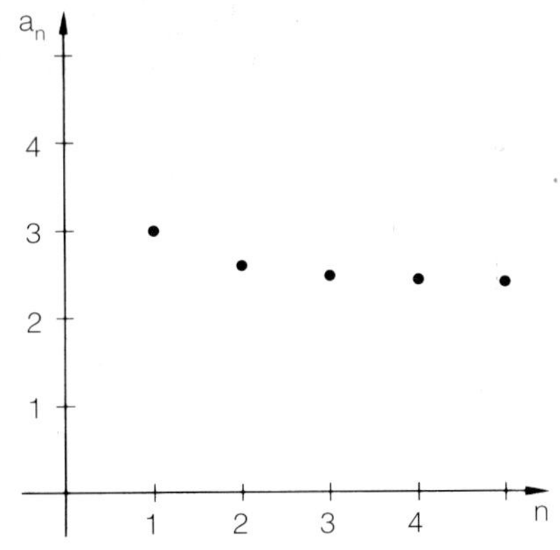


Abb. 36

Die Zahlenfolgen (2), (3) und (4) haben eine gemeinsame Eigenschaft: Ihre Glieder nähern sich für größer werdende Indizes einer bestimmten Zahl. Diese Eigenschaft einer Zahlenfolge nennt man **Konvergenz**[1]. Die Zahl, der sich die Glieder einer konvergenten Zahlenfolge annähern, heißt **Grenzwert** der Zahlenfolge.

**Konvergenz**

(44)

Versuchen Sie, eine Vermutung über die Konvergenz und ggf. über den Grenzwert der gegebenen Zahlenfolgen $(y_n)$ zu gewinnen, indem Sie einige Zahlenfolgenglieder berechnen.

a) $y_n = -\frac{n}{n+\sqrt{n}}$  b) $y_n = \left(1+\frac{1}{n}\right)^n$  c) $y_{n+1} = \frac{1}{2}\sqrt{1+y_n}$; $y_1 = 0{,}5$

Die bisherige Erklärung des Grenzwertes vermittelt eine anschauliche Vorstellung von diesem Begriff. Sie reicht jedoch nicht aus, um Grenzwerte eindeutig zu bestimmen:

- Hat die Folge (2) tatsächlich den Grenzwert $-1$ oder ist es vielleicht $-1{,}000000001$? Wie »nah« kommt $a_n$ an $-1$ heran?
- Welchen Grenzwert hat die Folge (4) wirklich (sofern sie konvergent ist)?

Das Berechnen der ersten Glieder einer Zahlenfolge oder auch von Zahlenfolgengliedern mit sehr großem Index mit Hilfe eines TR oder Computers erlaubt keine sicheren Schlüsse über den Grenzwert, da immer nur endlich viele Glieder betrachtet und diese immer nur mit endlich vielen Stellen angegeben werden können. Folglich ist das »Stehenbleiben einer Zahl« in der Anzeige oder auf dem Bildschirm etwas *rechnertypisches;* Computer/TR können eine (unendliche!) Folge reeller Zahlen *nicht* darstellen.
Das sieht man bereits an der Folge (2) mit $a_n = -\frac{n+1}{n}$. Für genügend großes $n$ (z. B. $n = 10^{10}$), gibt der Rechner $-1$ an. Für *alle* $n$ gilt jedoch: $a_n \neq -1$.
»Stehenbleiben der Zahlenfolgenglieder« z. B. in einer Taschenrechneranzeige reicht also nicht aus, um auf Konvergenz schließen zu können.

Wir *präzisieren* den Grenzwertbegriff ausgehend von der anschaulichen Vorstellung: Wenn $g$ Grenzwert einer Zahlenfolge $(a_n)$ ist, dann befinden sich in der »Nähe« der Zahl $g$ unendlich viele Glieder von $(a_n)$.

**Grenzwert**

Wir betrachten dazu die Folge $(a_n)$ mit $a_n = -\frac{n+1}{n}$.

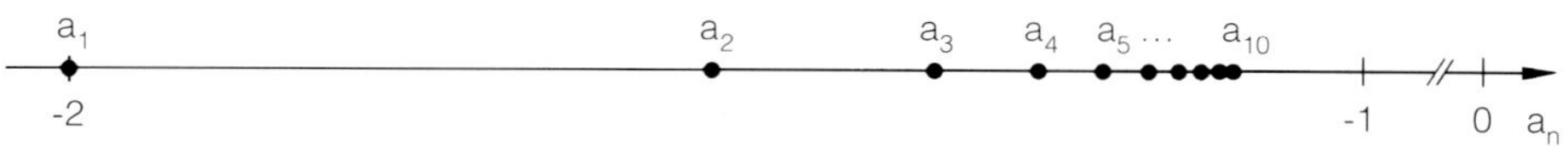


Abb. 37

| $n$ | 1 | 2 | 3 | 4 | 5 | 6 | 7 | 8 | 9 | 10 | 11 | 12 |
|---|---|---|---|---|---|---|---|---|---|---|---|---|
| $a_n$ | $-2$ | $-\frac{3}{2}$ | $-\frac{4}{3}$ | $-\frac{5}{4}$ | $-\frac{6}{5}$ | $-\frac{7}{6}$ | $-\frac{8}{7}$ | $-\frac{9}{8}$ | $-\frac{10}{9}$ | $-\frac{11}{10}$ | $-\frac{12}{11}$ | $-\frac{13}{12}$ |

Die »Nähe« eines Zahlenfolgengliedes $a_n$ zu $g$ kann als *Abstand* beschrieben werden: $|a_n - g|$

1 convergere (lat.) – sich hinneigen

**Beispiel 23**

*Es ist zu untersuchen, welche und wieviel Zahlenfolgenglieder der Folge $(a_n)$ mit $a_n = -\frac{n+1}{n}$ einen Abstand von $g = -1$ haben, der*

*a) kleiner als $\frac{1}{10}$, b) kleiner als $\frac{1}{100}$, c) kleiner als $\frac{1}{1000}$ ist.*

**Lösung:**

Abstand des $n$-ten Zahlenfolgengliedes von $g = -1$:

$$|a_n - g| = \left| -\frac{n+1}{n} - (-1) \right| = \left| -1 - \frac{1}{n} + 1 \right| = \left| -\frac{1}{n} \right| = \frac{1}{n}$$

a) Abstand $\frac{1}{n} < \frac{1}{10}$, d. h. $n > 10$

Alle Zahlenfolgenglieder ab $a_{11}$ haben von $-1$ einen Abstand, der kleiner als $\frac{1}{10}$ ist. Nur die ersten zehn Zahlenfolgenglieder haben einen größeren Abstand von $-1$. Man sagt: Alle Folgenglieder ab $a_{11}$ liegen in einer $\frac{1}{10}$-Umgebung von $-1$.

Abstand von $g$: $\frac{1}{10}$

Abb. 38

b) Abstand $\frac{1}{n} < \frac{1}{100}$, d. h. $n > 100$

Alle Zahlenfolgenglieder ab $a_{101}$ haben von $-1$ einen Abstand, der kleiner als $\frac{1}{100}$ ist. Nur die ersten hundert Zahlenfolgenglieder haben einen größeren Abstand von $-1$. Es liegen also alle Folgenglieder ab $a_{101}$ in einer $\frac{1}{100}$-Umgebung von $-1$.

Abstand von $g$: $\frac{1}{100}$

Abb. 39

c) Abstand $\frac{1}{n} < \frac{1}{1000}$, d. h. $n > 1000$

Alle Zahlenfolgenglieder ab $a_{1001}$ haben von $-1$ einen Abstand, der kleiner als $\frac{1}{1000}$ ist. Nur die ersten tausend Zahlenfolgenglieder haben einen größeren Abstand von $-1$. Somit befinden sich alle Zahlenfolgenglieder ab $a_{1001}$ in einer $\frac{1}{1000}$-Umgebung von $-1$.

Abstand von $g$: $\frac{1}{1000}$

Abb. 40

ε-Umgebung

Wie klein man nun eine positive Zahl ε (z. B. $\frac{1}{100}$, $\frac{1}{10000}$, . . .) auch wählt: Stets gibt es *unendlich* viele Zahlenfolgenglieder, deren Abstand von $g$ kleiner als das vorgegebene ε ist. Nur endlich viele Zahlenfolgenglieder haben einen größeren Abstand. Mit anderen Worten: In jeder (noch so kleinen) ε-Umgebung von $g$ liegen **fast alle**[1] Zahlenfolgenglieder.

**Definition 13**
Die Zahl $g$ heißt **Grenzwert** der Folge $(a_n)$, wenn für jede (noch so kleine) Zahl $\varepsilon > 0$ fast alle Zahlenfolgenglieder $a_n$ in der ε-Umgebung von $g$ liegen, also $|a_n - g| < \varepsilon$ gilt.

(45)
Begründen Sie jeweils mit Hilfe der Definition 13.

a) Die Folge $(a_n)$ mit $a_n = (-1)^n \cdot \frac{1}{n}$ (s. Abb. 36; Folge (3)) hat den Grenzwert 0.

b) Gegeben ist die Folge $(b_n)$ mit $b_n = (-1)^n \cdot (1 + \frac{1}{n})$ (s. Abb. 41).
$-1$ ist kein Grenzwert der Folge $(b_n)$.

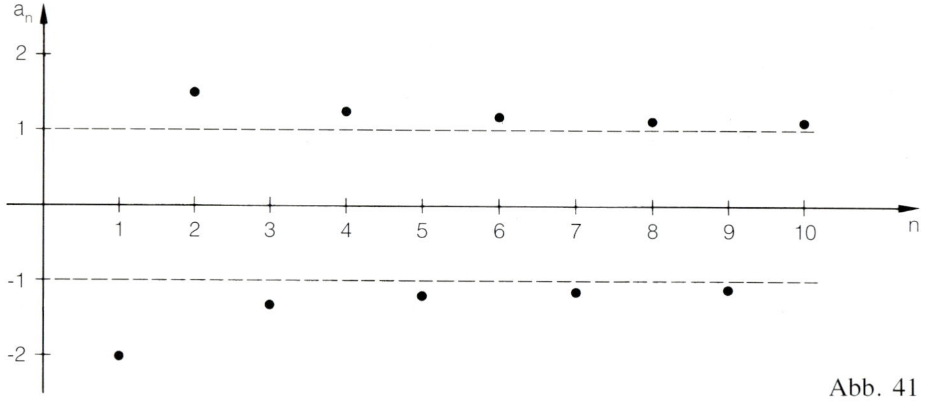


Abb. 41

c) Die konstante Folge $(c_n)$ mit $c_n = \sqrt{2}$ hat den Grenzwert $\sqrt{2}$.

Auftrag (45)b legt folgende Aussage nahe:

**Satz 5**
Eine Zahlenfolge kann höchstens einen Grenzwert haben.

1 »Fast alle« wird in der Bedeutung »alle bis auf endlich viele« benutzt.

**Beweis:** indirekt
Annahme: $(a_n)$ habe zwei Grenzwerte $g_1$ und $g_2$ ($g_1 \neq g_2$).

Wir wählen je eine ε-Umgebung von $g_1$ bzw. $g_2$ so, daß sie sich nicht überschneiden (s. Abb. 42).

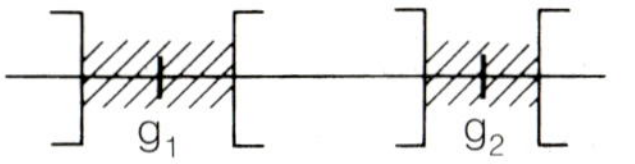

Abb. 42

Nach Definition 13 liegen dann unendlich viele Glieder der Folge sowohl in der gewählten Umgebung von $g_1$ als auch in der gewählten Umgebung von $g_2$; d. h. auch außerhalb der Umgebung von $g_1$ würden unendlich viele Glieder liegen. Das ist ein Widerspruch zur Definition 13. Damit ist die Annahme falsch und der Satz bewiesen.

**konvergent**

**Limes-schreibweise**

**divergent**

Folgen, die einen Grenzwert haben, heißen **konvergent.**
Für »$(a_n)$ hat den Grenzwert $g$« wird folgende Schreibweise verwendet:

$$\lim_{n \to \infty} a_n = g$$

*Lies: Limes $a_n$ für $n$ gegen unendlich ist gleich $g$.*[1]
Folgen ohne Grenzwert werden als **divergent** bezeichnet.

**Beispiel 24**

a) Die Folge $(-\frac{n+1}{n})$ konvergiert gegen $-1$.

Man schreibt: $\lim_{n \to \infty} (-\frac{n+1}{n}) = -1$

b) Die Folge $(2^n - n)$ ist divergent. $\lim_{n \to \infty} (2^n - n)$ existiert nicht.

c) Die Folge $((-1)^n \cdot \sin n)$ ist divergent. $\lim_{n \to \infty} ((-1)^n \cdot \sin n)$ existiert nicht.

*Aufgaben 19–23*

1 limes (lat.) – Grenze

## Grenzwertuntersuchungen

Welchen Grenzwert eine Zahlenfolge hat, kann man in manchen Fällen am allgemeinen Glied der Folge erkennen:

$$\lim_{n \to \infty} \frac{1}{n} = 0; \quad \lim_{n \to \infty} \left(\frac{1}{3}\right)^n = 0; \quad \lim_{n \to \infty} \left(2{,}5 - \frac{1}{n}\right) = 2{,}5.$$

(46)

a) Gegeben ist das Anfangsstück einer Zahlenfolge $(a_n)$.
Was vermuten Sie über den Grenzwert von $(a_n)$?

b) Die Zuordnungsvorschrift der Folge aus a) lautet

$$a_n = \frac{2}{3} + \frac{(12 - n)^7}{(9 + n)^7}$$

Ermitteln Sie weitere Zahlenfolgenglieder. Lassen Sie sich möglichst mit einem Computer/TR eine Wertetabelle anzeigen. Überprüfen Sie Ihre Vermutung aus a).

| $n$ | $a_n$ |
|---|---|
| 1 | 2,615384 |
| 2 | 1,179825 |
| 3 | 0,8001506 |
| 4 | 0,7000882 |
| 5 | 0,6744792 |
| 6 | 0,668305 |
| 7 | 0,6669577 |
| 8 | 0,6667066 |
| 9 | 0,6666703 |
| 10 | 0,6666668 |
| 11 | 0,6666667 |
| 12 | 0,6666667 |
| 13 | 0,6666667 |

**Beweis von Grenzwertaussagen**

Aus endlich vielen Gliedern einer Zahlenfolge können keine sicheren Aussagen über Konvergenz und Grenzwert getroffen werden. *In jedem Fall ist ein Nachweis nötig.*

**Beispiel 25**

*Es soll gezeigt werden, daß die Folge* $\left(\frac{2n+1}{3n}\right)$ den Grenzwert $\frac{2}{3}$ hat.

**Lösung:**

Nach Definition 13 ist zu zeigen, daß für jedes $\varepsilon > 0$ für fast alle $n$ gilt $|a_n - g| < \varepsilon$.
Also müßte für jedes $\varepsilon > 0$ $\left|\frac{2n+1}{3n} - \frac{2}{3}\right| < \varepsilon$ für fast alle $n$ gelten.

Wir vereinfachen zunächst die Betragsungleichung:

$$\left|\frac{2n+1}{3n} - \frac{2}{3}\right| = \left|\frac{2n+1-2n}{3n}\right| = \left|\frac{1}{3n}\right| = \frac{1}{3n} < \varepsilon$$

Die vereinfachte Ungleichung $\frac{1}{3n} < \varepsilon$ wird nach $n$ umgestellt: $n > \frac{1}{3\varepsilon}$

Nun kann der Beweis geführt werden:
Zu jedem $\varepsilon > 0$ gehört eine Zahl $\frac{1}{3\varepsilon}$. Die Ungleichung $n > \frac{1}{3\varepsilon}$ ist damit für jedes $\varepsilon > 0$ und für fast alle $n$ $(n \in \mathbb{N})$ eine wahre Aussage. Wegen der Äquivalenz der

Ungleichung $n > \frac{1}{3\varepsilon}$ zur Betragsungleichung $\left| \frac{2n+1}{3n} - \frac{2}{3} \right| < \varepsilon$ ist diese ebenfalls für jedes $\varepsilon > 0$ und für fast alle $n$ ($n \in \mathbb{N}$) eine wahre Aussage.
Laut Definition ist damit $\frac{2}{3}$ Grenzwert der Folge $(\frac{2n+1}{3n})$.

Mit Hilfe der Grenzwertdefinition kann man untersuchen, ob eine gegebene (vermutete) Zahl $g$ Grenzwert ist. Gelingt der Nachweis nicht, dann kann man nichts über die Konvergenz oder Divergenz der Zahlenfolge aussagen.

*Aufgaben 24–27*

## Grenzwertsätze

Um das *Bestimmen* von Grenzwerten zu erleichtern, versucht man, »kompliziertere« Zahlenfolgen auf »einfachere« mit bekannten Grenzwerten zurückzuführen. Dabei spielen konvergente Zahlenfolgen, die den Grenzwert 0 haben, eine besondere Rolle.

**Nullfolge**

**Definition 14**
Eine Zahlenfolge heißt **Nullfolge,** wenn sie den Grenzwert 0 besitzt.
Man sagt: Die Folge konvergiert gegen 0.

Beispiele für Nullfolgen:
$(\frac{3}{n})$ ; $(\frac{2}{\sqrt{n}})$ ; $(\frac{1}{n^2})$ ; $((\frac{1}{2})^n)$ ; $(7(-0{,}8)^n)$.

**Wichtige Grenzwerte**

$\lim\limits_{n \to \infty} \frac{1}{n} = 0$ $\qquad$ $\lim\limits_{n \to \infty} a_1 q^n = 0$ für $|q| < 1$

$\lim\limits_{n \to \infty} c = c$ $\qquad$ $\lim\limits_{n \to \infty} \sqrt[n]{a} = 1$ für $a > 0$

Der Beweis dieser Grenzwertaussagen ist mit Hilfe der Definition 13 möglich.

**Verknüpfen von Zahlenfolgen**

Aus zwei Zahlenfolgen $(a_n)$ und $(b_n)$ kann man durch gliedweises
- Addieren die Summenfolge $(s_n) = (a_n + b_n)$,
- Subtrahieren die Differenzenfolge $(d_n) = (a_n - b_n)$,
- Multiplizieren die Produktfolge $(p_n) = (a_n \cdot b_n)$,
- Dividieren die Quotientenfolge $(q_n) = (\frac{a_n}{b_n})$ mit $b_n \neq 0$

bilden (in Analogie zum Verknüpfen von Funktionen).

(47)
Gegeben sind die Folgen $(a_n) = (\frac{1}{n} - 6)$ und $(b_n) = (3 - \frac{1}{n^2})$.

Ihre Grenzwerte sind: $\lim\limits_{n \to \infty} a_n = -6, \quad \lim\limits_{n \to \infty} b_n = 3.$

a) Bestimmen Sie jeweils das allgemeine Glied der Summenfolge $(s_n)$, der Differenzenfolge $(d_n)$, der Produktfolge $(p_n)$ und der Quotientenfolge $(q_n)$.
b) Welche Gesetzmäßigkeit bezüglich der Grenzwerte der Folgen $(s_n)$, $(d_n)$, $(p_n)$ und $(q_n)$ vermuten Sie?

**Satz 6: Grenzwertsätze für Zahlenfolgen**
*Wenn* die Folge $(a_n)$ gegen $A$ und die Folge $(b_n)$ gegen $B$ konvergiert, *dann*
- konvergiert die Folge $(a_n + b_n)$ gegen $A + B$,
- konvergiert die Folge $(a_n - b_n)$ gegen $A - B$,
- konvergiert die Folge $(a_n \cdot b_n)$ gegen $A \cdot B$,
- konvergiert die Folge $(\frac{a_n}{b_n})$ gegen $\frac{A}{B}$, sofern $b_n \neq 0$ und $B \neq 0$ ist.[1]

Kurz:

$$\lim_{n \to \infty} (a_n + b_n) = \lim_{n \to \infty} a_n + \lim_{n \to \infty} b_n \qquad \lim_{n \to \infty} (a_n - b_n) = \lim_{n \to \infty} a_n - \lim_{n \to \infty} b_n$$

$$\lim_{n \to \infty} (a_n \cdot b_n) = \lim_{n \to \infty} a_n \cdot \lim_{n \to \infty} b_n \qquad \lim_{n \to \infty} \frac{a_n}{b_n} = \frac{\lim\limits_{n \to \infty} a_n}{\lim\limits_{n \to \infty} b_n}$$

**Beweis der Konvergenz der Summenfolge**

Voraussetzung:

1) $\lim\limits_{n \to \infty} a_n = A$, d. h. für jedes $\varepsilon_1 > 0$ und fast alle $n$ gilt: $|a_n - A| < \varepsilon_1$.

2) $\lim\limits_{n \to \infty} b_n = B$, d. h. für jedes $\varepsilon_2 > 0$ und fast alle $n$ gilt: $|b_n - B| < \varepsilon_2$.

Behauptung:

$\lim\limits_{n \to \infty} (a_n + b_n) = A + B$, d. h. für jedes $\varepsilon > 0$ und fast alle $n$ gilt: $|(a_n + b_n) - (A + B)| < \varepsilon$.

Beweis:
$|a_n - A| < \varepsilon_1$ ist gleichbedeutend mit $A - \varepsilon_1 < a_n < A + \varepsilon_1$.

$|b_n - B| < \varepsilon_2$ ist gleichbedeutend mit $B - \varepsilon_2 < b_n < B + \varepsilon_2$.

1 Es genügt, wenn $b_n \neq 0$ ab einem bestimmten Index gilt.

Daraus folgt durch Addition: $A + B - (\varepsilon_1 + \varepsilon_2) < a_n + b_n < A + B + (\varepsilon_1 + \varepsilon_2)$.
Die letzte Doppelungleichung ist gleichbedeutend mit:
$|(a_n + b_n) - (A + B)| < \varepsilon_1 + \varepsilon_2$. Wählt man $\varepsilon = \varepsilon_1 + \varepsilon_2$, so gilt sie ebenfalls für fast alle $n$. Damit ist die Behauptung bewiesen.

**»Zerlegen« in konvergente Zahlenfolgen**

In analoger Weise können die anderen Aussagen des Satzes 6 bewiesen werden.
Um die Grenzwertsätze auf eine Folge $(a_n)$ anwenden zu können, muß das allgemeine Glied $a_n$ so umgeformt werden, daß $(a_n)$ aus konvergenten Folgen (z. B. konstanten Folgen oder Nullfolgen) zusammengesetzt ist.

**Beispiel 26**

$(a_n) = (\frac{n^2+1}{n-2n^2})$ *soll auf Konvergenz untersucht und der Grenzwert bestimmt werden.*

**Lösung:**

Umformen des allgemeinen Gliedes: $\frac{n^2+1}{n-2n^2} = \frac{n^2\left(1+\frac{1}{n^2}\right)}{n^2\left(\frac{1}{n}-2\right)} = \frac{1+\frac{1}{n^2}}{\frac{1}{n}-2}$

Da $\lim\limits_{n\to\infty} \frac{1}{n} = 0$ und $\lim\limits_{n\to\infty} \frac{1}{n^2} = 0$ existieren, kann man nach Satz 6 wie folgt rechnen:

$$\lim_{n\to\infty} \frac{1+\frac{1}{n^2}}{\frac{1}{n}-2} = \frac{\lim\limits_{n\to\infty}\left(1+\frac{1}{n^2}\right)}{\lim\limits_{n\to\infty}\left(\frac{1}{n}-2\right)} = \frac{\lim\limits_{n\to\infty} 1 + \lim\limits_{n\to\infty} \frac{1}{n^2}}{\lim\limits_{n\to\infty} \frac{1}{n} - \lim\limits_{n\to\infty} 2} = \frac{1+0}{0-2} = -\frac{1}{2}$$

Ergebnis:

$(a_n)$ ist konvergent; es gilt: $\lim\limits_{n\to\infty} \frac{n^2+1}{n-2n^2} = -0,5$

(48)

Beurteilen Sie das folgende Vorgehen zur Grenzwertbestimmung:

$$\lim_{n\to\infty} \frac{n^2+1}{3n^2-1} = \frac{\lim\limits_{n\to\infty}\left(n^2+1\right)}{\lim\limits_{n\to\infty}\left(3n^2-1\right)} = \frac{\infty}{\infty} = 1$$

*Aufgaben 28–30*

# Ein Konvergenzkriterium

Zur Entscheidung, ob eine Zahlenfolge konvergiert, haben wir bisher den Grenzwert ermittelt. Das gelingt i. allg. nur in einfachen Fällen. Wir suchen deshalb nach einem *Kriterium,* mit dem man entscheiden kann, ob eine Zahlenfolge konvergent ist, *ohne* den Grenzwert angeben zu müssen.

(49)

a) Die Folgen (1) und (2) aus Abbildung 36 sind beide monoton wachsend. Die Zahlenfolge (2) ist konvergent (mit dem Grenzwert $-1$), die Folge (1) ist divergent. Woran liegt das?
b) Beurteilen Sie unter Verwendung der Folgen (1) bis (4) aus Abbildung 36 folgende Aussagen:
   - Wenn eine Folge monoton ist, dann ist sie konvergent.
   - Wenn eine Folge konvergent ist, dann ist sie monoton.

(50)

Für Funktionen wurde die Eigenschaft »Beschränktheit« in Definition 5 erklärt. Definieren Sie in analoger Weise für Zahlenfolgen »$(a_n)$ ist nach oben beschränkt« bzw. »$(a_n)$ ist nach unten beschränkt«.

**beschränkte Zahlenfolgen**

### Beispiele für beschränkte bzw. unbeschränkte Zahlenfolgen

a) $(a_n) = (2n-1)$ ist nach unten beschränkt;
für alle $n$ gilt z. B. $-5 \leqq a_n$, aber auch $-1 \leqq a_n$.
$(a_n) = (2n-1)$ ist nicht nach oben beschränkt, denn es gibt keine obere Schranke (zu jeder reellen Zahl $S$ gibt es ein Folgenglied, das größer als $S$ ist).
b) $(a_n) = (1-2n)$ ist nicht nach unten beschränkt, denn es gibt keine untere Schranke.
$(a_n) = (1-2n)$ ist nach oben beschränkt; $S_0 = 1$ ist z. B. eine obere Schranke.
c) $(a_n) = ((-1)^n)$ ist nach unten und nach oben beschränkt. Für alle $n$ gilt z. B.
$-1 \leqq a_n \leqq 1$
d) $(a_n) = ((-3)^n)$ ist weder nach unten noch nach oben beschränkt, denn es gibt keine untere und keine obere Schranke.

Wir bemerken: Wenn es eine untere (obere) Schranke gibt, dann gibt es beliebig viele untere (obere) Schranken.

(51)

Überprüfen Sie folgende Aussage:
Wenn eine Zahlenfolge beschränkt ist, dann ist sie konvergent.

Weder allein die Monotonie noch allein die Beschränktheit einer Zahlenfolge reichen aus, um daraus auf die Konvergenz einer Zahlenfolge schließen zu können.

**Vermutung:**

Wenn eine Zahlenfolge $(a_n)$ monoton wachsend und nach oben beschränkt ist, dann ist sie konvergent.

Wenn eine Zahlenfolge $(a_n)$ monoton fallend und nach unten beschränkt ist, dann ist sie konvergent.

Der Beweis dieser Vermutung erfordert Mittel, die uns nicht zur Verfügung stehen.

**Satz 7: Konvergenzkriterium**

Jede monotone und beschränkte Zahlenfolge ist konvergent.

(52)

Zeigen Sie, daß dieser Satz nicht umkehrbar ist.

Existenz von Grenzwerten

Obwohl durch das Konvergenzkriterium kein Verfahren zur Berechnung des Grenzwertes der betrachteten Zahlenfolge angegeben wird, ist es dennoch sehr bedeutsam. Zum einen reicht bei manchen Fragen lediglich die Kenntnis der Existenz eines Grenzwertes aus (z. B. im Kapitel C1). Zum anderen ergeben sich oft erst aus dem Wissen, daß eine betrachtete Zahlenfolge konvergiert, Möglichkeiten zur Berechnung des Grenzwertes.

**Beispiel 27**

a) Wir betrachten die Folge (4) aus Abbildung 36.

Die rekursiv gegebene Folge $(a_n)$ mit $a_{n+1} = \frac{4 \cdot a_n + 1}{a_n + 2}$; $a_1 = 3$ ist monoton fallend (wir verzichten auf den Nachweis), und sie ist nach unten beschränkt, $a_n > 0$. Folglich ist sie nach Satz 7 konvergent. Es gilt dann:

$$\lim_{n \to \infty} a_{n+1} = \lim_{n \to \infty} a_n = g$$

Von der Rekursionsvorschrift ausgehend bilden wir den Grenzwert:

$$\lim_{n \to \infty} a_{n+1} = \frac{4 \lim\limits_{n \to \infty} a_n + 1}{\lim\limits_{n \to \infty} a_n + 2}.$$

Für die Grenzwerte kann $g$ eingesetzt werden.

Wir erhalten die Gleichung $g = \frac{4g + 1}{g + 2}$.

Die Lösung dieser Gleichung liefert den Grenzwert $g = 1 + \sqrt{2}$.

b) Satz 7 sichert, daß beim Einschachteln von Lösungen einer Gleichung nach der Bisektionsmethode (vgl. S. 50f.) die Folgen der Intervallgrenzen $(a_n)$ und $(b_n)$ tatsächlich konvergieren. (Begründung!)

**bestimmte Divergenz**

**Monotone und unbeschränkte** Zahlenfolgen sind in besonderer Weise divergent: Die Zahlenfolgenglieder werden entweder beliebig groß oder sie werden beliebig klein. Derart divergente Zahlenfolgen werden *bestimmt divergent* genannt.
Man schreibt dafür zuweilen auch $\lim\limits_{n \to \infty} a_n = +\infty$ oder $\lim\limits_{n \to \infty} a_n = -\infty$

(53)
Geben Sie Beispiele für bestimmt divergente und für unbestimmt divergente Zahlenfolgen an.

*Aufgaben 31–35*

## Ein besonderer Grenzwert
## Oder: Von einem Finanzproblem zu einer »Naturkonstanten«

Geld kostet Geld. Nach diesem Grundsatz muß man für einen Kredit Zinsen bezahlen, oder man erhält Zinsen für ein Guthaben. Zinsen werden i. allg. jährlich gutgeschrieben.

**Ein mathematisches Experiment**
Wir nehmen ein Guthaben von 1,– DM und einen Zinssatz von 100% an (letzteres ist zwar völlig unrealistisch, vereinfacht aber die Betrachtungen).

1. Schritt: Guthaben bei *einjähriger* Verzinsung
Neues Guthaben nach einem Jahr: 2,– DM

Könnte man nun mehr Geld erhalten, wenn die Bank die Zinsen nicht jährlich, sondern halbjährlich gutschreiben würde?

2. Schritt: Guthaben bei *halbjährlicher* Verzinsung

1. Halbjahr: $\text{Zinsen} = \frac{1\text{ DM} \cdot 100\%}{100\%} \cdot \frac{180\text{ Tage}}{360\text{ Tage}} = 0{,}50\text{ DM}$

Neues Guthaben: 1,50 DM

Kurz: $1 + \frac{1}{2}$

2. Halbjahr: $\text{Zinsen} = \frac{1{,}50\text{ DM} \cdot 100\%}{100\%} \cdot \frac{180\text{ Tage}}{360\text{ Tage}} = 0{,}75\text{ DM}$

Neues Guthaben: 2,25 DM

Kurz: $(1 + \frac{1}{2}) + (1 + \frac{1}{2}) \cdot \frac{1}{2} = (1 + \frac{1}{2})^2$

Bei halbjährlicher Verzinsung bekommt man mehr Zinsen als bei einjähriger Verzinsung. Wieviel bekäme man bei vierteljährlicher Verzinsung?

3. Schritt: Guthaben bei *vierteljährlicher* Verzinsung

1. Vierteljahr: $\text{Zinsen} = \frac{1\text{ DM} \cdot 100\%}{100\%} \cdot \frac{90\text{ Tage}}{360\text{ Tage}} = 0{,}25\text{ DM}$

Neues Guthaben: 1,25 DM

Kurz: $1 + \frac{1}{4}$

Für die weiteren Vierteljahre erhält man analog:

2. Vierteljahr: $(1 + \frac{1}{4}) + (1 + \frac{1}{4}) \cdot \frac{1}{4} = (1 + \frac{1}{4})^2$

3. Vierteljahr: $(1 + \frac{1}{4})^2 + (1 + \frac{1}{4})^2 \cdot \frac{1}{4} = (1 + \frac{1}{4})^3$

4. Vierteljahr: $(1 + \frac{1}{4})^3 + (1 + \frac{1}{4})^3 \cdot \frac{1}{4} = (1 + \frac{1}{4})^4$

Das Guthaben beträgt nun nach einem Jahr rund 2,44 DM.

(54)

Berechnen Sie das Guthaben nach einem Jahr bei monatlicher Verzinsung.

**stetige Verzinsung**

Wie würde sich das Guthaben entwickeln, wenn die Zinsen täglich, stündlich, . . . gutgeschrieben würden?
Letztlich führt uns diese Frage auf die Untersuchung der Zahlenfolge $(a_n)$ mit $a_n = (1 + \frac{1}{n})^n$, und insbesondere zur Frage, ob $(a_n)$ konvergent ist.

Es läßt sich zeigen:
1. $(a_n)$ ist monoton wachsend.
2. $(a_n)$ ist nach oben beschränkt.
(Der Beweis erfordert Mittel, die uns nicht zur Verfügung stehen.)

Folglich existiert nach Satz 7 $\lim_{n \to \infty} (1 + \frac{1}{n})^n$.

Diese Folge konvergiert sehr langsam, z. B. ist (TR-Ergebnisse)

$a_{100} = 2{,}704813829$ ; $a_{1000} = 2{,}716923932$ ; $a_{1000000} = 2{,}718280469$.

Der Grenzwert dieser Zahlenfolge ist eine irrationale Zahl. Sie wird nach Leonard Euler (1707–1783) mit dem kleinen Buchstaben *e* abgekürzt und als *Eulersche Zahl* bezeichnet.

**Eulersche Zahl e**

Eulersche Zahl: $e = \lim_{n \to \infty} (1 + \frac{1}{n})^n$

$e = 2{,}718\ 281\ 828\ 459\ 045 \ldots$

Zurück zum Verzinsungsproblem:
Wenn man eine Bank finden würde, die 1,– DM über 1 Jahr mit einem Zinssatz von 100% anlegt und das auflaufende Guthaben in *jedem Moment* verzinst, dann erhöht sich das Guthaben auf (rund) 2,72 DM.

Die Verzinsung in jedem Moment (auch stetige Verzinsung genannt) ist ein Beispiel für bestimmte Wachstums- oder Zerfallsprozesse, wo die Vermehrung (oder Verminderung) *ständig* erfolgt und in jedem Augenblick proportional zum vorhandenen Grundbestand ist. Diese treten insbesondere in der Natur auf. Beispielsweise nimmt nach dieser Gesetzmäßigkeit der Luftdruck mit zunehmender Höhe ab.

Die Eulersche Zahl $e$ ist (wie die »Kreiszahl« $\pi$) eine Art Naturkonstante. Sie wird uns noch in anderen mathematischen Zusammenhängen und bei Anwendungen begegnen.

*Aufgaben 36–37*

## A 3.3 Partialsummen

### Begriff

In den folgenden Beispielen werden nicht nur die Glieder von Zahlenfolgen betrachtet, sondern auch deren Summen.

a) Frau Spar hat ab 1985 den jährlichen Elektroenergieverbrauch notiert sowie fortlaufend den Gesamtverbrauch ermittelt:

| Jahr | 1985 | 1986 | 1987 | 1988 | 1989 | 1990 | 1991 |
|---|---|---|---|---|---|---|---|
| E-Verbrauch (in kWh) | 1200 | 1310 | 1400 | 1520 | 1450 | 1460 | 1490 |
| Kumulative Summe[1)] | 1200 | 2510 | 3910 | 5430 | 6880 | 8340 | 9830 |

b) Eine Person übermittelt innerhalb einer Stunde eine Mitteilung an drei weitere Personen; diese informieren wieder jeweils 3 Personen innerhalb einer Stunde usw. Wieviel Personen sind nach diesem Prinzip innerhalb einer Stunde, nach 3; 10; . . .; $n$ Stunden informiert (s. Abb. 43)?

1 cumulare (lat.) – anhäufen

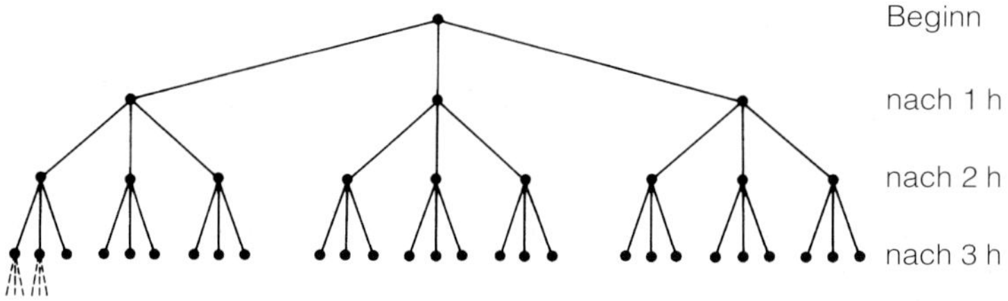


Abb. 43

| Jeweils neu informierte Personen | zu Beginn 1 | nach 1 h 3 | nach 2 h $3 \cdot 3 = 9$ | nach 3 h $9 \cdot 3 = 27$ | nach 4 h $27 \cdot 3 = 81$ |
|---|---|---|---|---|---|
| Insgesamt | 1 | $1 + 3 = 4$ | $1 + 3 + 9 = 13$ | $1 + 3 + 9 + 27 = 40$ | $1 + 3 + 9 + 27 + 81 = 121$ |

Das Ermitteln der Gesamtzahl der informierten Personen nach zehn Stunden ist nach dem obigen Verfahren bereits recht aufwendig. Weitere Überlegungen sind notwendig, um die Gesamtzahl in Abhängigkeit von $n$ (Stunden) anzugeben.

**tialsummen**

In den vorangegangenen Beispielen wurden aus gegebenen Zahlenfolgengliedern fortlaufend Teilsummen, auch **Partialsummen** genannt, gebildet. Man bildet die Partialsummen $s_n$ zu einer Zahlenfolge $(a_k) = (a_1; a_2; a_3; a_4; \ldots)$ wie folgt:

$s_1 = a_1; \quad s_2 = a_1 + a_2; \quad s_3 = a_1 + a_2 + a_3; \ldots$

**Partial-ummenfolge**

Es entsteht eine Folge von Partialsummen $(s_n) = (s_1; s_2; s_3; s_4; \ldots)$.

**Rekursive Zuordnungsvorschrift** für die Partialsummenfolge $(s_n)$ einer gegebenen Folge $(a_k)$:

$s_{n+1} = s_n + a_{n+1}; \quad s_1 = a_1; \quad (n \geqq 1)$.

(55)

Gegeben sind Folgen $(a_k)$. Ermitteln Sie jeweils die ersten sechs Glieder der zugehörigen Partialsummenfolgen $(s_n)$.

a) $(a_k) = (4k + 1)$ b) $(a_k) = (2^k)$ c) $(a_k) = ((-1)^k \cdot k^2)$

(56)

Es ist die Partialsummenfolge $(s_n) = (1; 4; 9; 16; \ldots; n^2; \ldots)$ gegeben. Ermitteln Sie die ersten sechs Glieder der erzeugenden Folge $(a_k)$.

**Abkürzende Schreibweise für Summen**

**Summen-symbol $\sum$**

Das Partialsummenfolgenglied $s_n$ zur Folge $(a_k) = (2^k)$ ist $s_n = 2 + 4 + 8 + \ldots + 2^n$. Um solche Summen kürzer zu schreiben, wird in der Mathematik das Summensymbol $\Sigma$[1] verwendet.

1 Griechischer Großbuchstabe »sigma«; entspricht dem lateinischen S.

**Beispiele**

a) $2 + 4 + 8 + \ldots + 2^n = \sum_{k=1}^{n} 2^k$ (lies: Summe 2 hoch $k$ über alle $k$ von 1 bis $n$)

b) $x_3 + x_4 + x_5 + \ldots + x_{100} = \sum_{i=3}^{100} x_i$

c) $2 \cdot 3 + 3 \cdot 4 + 4 \cdot 5 + \ldots + n(n+1) = \sum_{k=2}^{n} k(k+1) = \sum_{k=1}^{n-1} (k+1)(k+2)$

**Beispiel 28**

a) *Folgende Summen sind gliedweise anzugeben:* $\sum_{k=0}^{5} \frac{1}{k+1}$; $\sum_{i=1}^{n} (-1)^i$

**Lösung:**

$$\sum_{k=0}^{5} \frac{1}{k+1} = \frac{1}{0+1} + \frac{1}{1+1} + \frac{1}{2+1} + \frac{1}{3+1} + \frac{1}{4+1} + \frac{1}{5+1}$$
$$= 1 + \frac{1}{2} + \frac{1}{3} + \frac{1}{4} + \frac{1}{5} + \frac{1}{6}$$

$$\sum_{i=1}^{n} (-1)^i = -1 + 1 - 1 + 1 - 1 + - \ldots + (-1)^n$$

b) *Folgende Summen sind mit Hilfe des Summenzeichens darzustellen:*

$5 + 7 + 9 + 11 + 13 + 15$;

$2 - 5 + 8 - 11 + - \ldots + (-1)^{n+1}(3n-1)$

**Lösung:**

$$5 + 7 + 9 + 11 + 13 + 15 = \sum_{k=2}^{7} (2k+1)$$

$$2 - 5 + 8 - 11 + - \ldots + (-1)^{n+1}(3n-1) = \sum_{k=1}^{n} (-1)^{k+1}(3k-1)$$

*Aufgaben 38–42*

## Besondere Partialsummenfolgen

(57)

a) Berechnen Sie für die Folge der ungeraden Zahlen $(a_k) = (2k-1)$ die Partialsummen $s_1$ bis $s_5$.
Stellen Sie eine Vermutung über die $n$-te Partialsumme auf.

b) Welcher Zusammenhang besteht zwischen dem Aufgabenteil a) und der Abbildung 44?

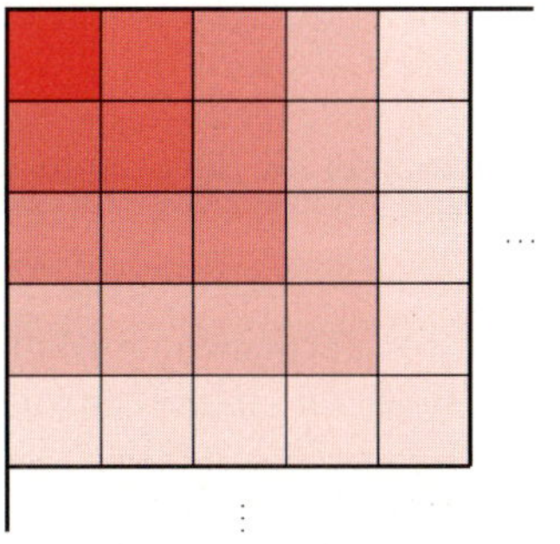

Abb. 44

Bei manchen Partialsummenfolgen gelingt es, für das $n$-te Glied eine explizite Zuordnungsvorschrift anzugeben.
Zum Beispiel gilt für $(s_n)$ mit

$$s_n = 2 + 4 + 6 + 8 + \ldots + 2n \quad = \quad n(n+1)$$

Fortlaufende Addition

Die Partialsummen $s_n$ kann man also einerseits *durch fortlaufende Addition*, andererseits direkt durch *Einsetzen in die explizite Zuordnungsvorschrift* berechnen.

| Einerseits | Andererseits |
|---|---|
| $s_1 = 2$ | $s_1 = 1 \cdot (1+1) = 2$ |
| $s_2 = 2 + 4 = 6$ | $s_2 = 2 \cdot (2+1) = 6$ |
| $s_3 = 2 + 4 + 6 = 12$ | $s_3 = 3 \cdot (3+1) = 12$ |
| $s_4 = 2 + 4 + 6 + 8 = 20$ | $s_4 = 4 \cdot (4+1) = 20$ |
| ... | ... |
| $s_{50} = s_{49} + 100$ | $s_{50} = 50 \cdot (50+1) = 2550$ |

Summenformel

Solche expliziten Zuordnungsvorschriften sind **Summenformeln** für die erzeugende Folge $(a_k)$.
Summenformeln erleichtern das Berechnen von Gliedern einer Partialsummenfolge insbesondere für große Indizes.
Summenformeln können manchmal wie im Auftrag (57) durch Verallgemeinerung von Beispielen erkannt werden.

induktiv
deduktiv

Das Finden von Gesetzmäßigkeiten durch Verallgemeinerung von Beispielen nennt man **induktives Schließen.** Es ist eine Form der Erkenntnisfindung. Die durch induktives Schließen gewonnenen Vermutungen bedürfen eines Beweises; sie müssen durch **deduktives Schließen** bestätigt werden (Erkenntnissicherung).

## Summenformel für arithmetische Zahlenfolgen

(58)

Ermitteln Sie die Summe der natürlichen Zahlen von 1 bis 100 in möglichst kurzer Zeit.

Die im Auftrag (58) gestellte Aufgabe soll auch der Mathematiklehrer von Carl Friedrich GAUSS (bedeutender Mathematiker, 1777–1855) seiner Klasse gestellt haben, um die Schüler für einige Zeit zu beschäftigen. Der zwölfjährige GAUSS löste diese Aufgabe in ganz kurzer Zeit etwa so:

$$\begin{array}{rcl} s_{100} &=& 1 + 2 + 3 + \ldots + 98 + 99 + 100 \\ s_{100} &=& 100 + 99 + 98 + \ldots + 3 + 2 + 1 \\ \hline 2 \cdot s_{100} &=& 101 + 101 + 101 + \ldots + 101 + 101 + 101 \\ s_{100} &=& \frac{1}{2} \cdot 100 \cdot 101 = 5050 \end{array}$$

(59)

Versuchen Sie, auf diese Weise folgende Summen zu berechnen:

a) $s = 5 + 10 + 15 + \ldots + 195 + 200$

b) $s = 1 + 2 + 4 + 8 + 16 + \ldots + 256 + 512$

Die GAUSSsche Methode zur Berechnung der $n$-ten Partialsumme ist nur auf **arithmetische** Folgen anwendbar.

Wir berechnen $s_n = a_1 + a_2 + a_3 + \ldots + a_n$ für die arithmetische Folge $(a_k)$ mit $a_k = a_1 + (k - 1)\, d$ nach dieser Methode.

$$\begin{array}{rl} s_n &= a_1 + (a_1 + d) + \ldots + a_1 + (n-2)d + a_1 + (n-1)d \\ s_n &= a_1 + (n-1)d + a_1 + (n-2)d + \ldots + (a_1 + d) + a_1 \\ \hline 2 \cdot s_n &= 2a_1 + (n-1)d + 2a_1 + (n-1)d + \ldots + 2a_1 + (n-1)d + 2a_1 + (n-1)d \end{array}$$

$$2 \cdot s_n = 2na_1 + n(n-1)d$$

$$s_n = na_1 + \frac{n(n-1)}{2} d$$

Damit wurde der folgende Satz 8, Teilaussage a) gewonnen.

rtialsumme
hmetischer
ahlenfolgen

**Satz 8**
Für die Partialsumme $s_n$ arithmetischer Zahlenfolgen $(a_k)$ gilt:

a) $s_n = na_1 + \frac{n(n-1)}{2} d$

b) $s_n = \frac{n}{2}(a_1 + a_n)$

(60)
Beweisen Sie Teilaussage b) des Satzes 8.

**Beispiel 29**

*Es ist die Summe aller durch 6 teilbaren Zahlen zwischen 1 und 500 zu ermitteln.*

**Lösung:**
Die durch 6 teilbaren natürlichen Zahlen bilden eine arithmetische Zahlenfolge $(a_k) = (6k)$.
Zwischen 1 und 500 liegen 83 Glieder dieser Folge: $a_1 = 6; \ldots\ldots; a_{83} = 498$
Wir verwenden die Summenformel aus Satz 8, Teil b:

$$s_{83} = \frac{83}{2}(6 + 498) = 20916$$

### Summenformel für geometrische Zahlenfolgen

Auch für geometrische Zahlenfolgen kann man die $n$-te Partialsumme explizit angeben.

rtialsumme
ometrischer
ahlenfolgen

**Satz 9**
Für die Partialsumme $s_n$ geometrischer Zahlenfolgen $(a_k)$ gilt:

$$s_n = a_1 \frac{q^n - 1}{q - 1} = a_1 \frac{1 - q^n}{1 - q} \quad \text{für} \quad q \neq 1$$

und $s_n = na_1$ für $q = 1$

(61)
Die Summenformel für geometrische Zahlenfolgen ($q \neq 1$) kann mit folgendem Ansatz gefunden werden:

$$\begin{aligned} s_n &= \ldots \\ s_n \cdot q &= \ldots \\ \hline s_n - s_n \cdot q &= \ldots \end{aligned}$$

Leiten Sie auf diese Art die im Satz 9 angegebene Summenformel ($q \neq 1$) her.

**Beispiel 30**

*Es ist die Anzahl der informierten Personen nach zehn Stunden zu berechnen, wenn jede Person eine Mitteilung innerhalb einer Stunde an drei weitere Personen übermittelt und am Beginn genau eine Person informiert war (s. Abb. 43, S. 83).*

**Lösung:**

Aus der Anzahl der jeweils informierten Personen ergibt sich eine geometrische Zahlenfolge $(a_k) = (1; 3; 9; 27; \ldots; 3^k; \ldots)$ mit $k \geqq 0$.

Es ist also $a_0 = 1$ und $q = 3$.

Wir wenden auf diese Zahlenfolge Satz 9 an. Nach diesem Satz gilt für eine geometrische Zahlenfolge die Summenformel $s_n = a_1 \dfrac{q^n - 1}{q - 1}$

Die gegebene Folge beginnt aber mit dem Glied $a_0$. Dafür lautet die entsprechende Summenformel: $$s_n = a_0 \frac{q^{n+1} - 1}{q - 1}$$

Damit erhält man: $$s_{10} = 1 \frac{3^{10+1} - 1}{3 - 1} = 88573$$

**Satz 10**

Die Partialsummenfolge $(s_n)$ der geometrischen Zahlenfolge $(a_k)$ mit $|q| < 1$ und $k \geqq 1$ ist konvergent.

Es gilt: $$\lim_{n \to \infty} s_n = \frac{a_1}{1 - q}$$

(62)

a) Beweisen Sie Satz 10.

b) In Büchern findet man gelegentlich die Aussage:

$$\text{Für } |q| < 1 \text{ gilt } \sum_{k=0}^{\infty} q^k = \frac{1}{1-q}$$

Welcher Zusammenhang besteht zum Satz 10?

*Aufgaben 43–57*

**Aufgaben**

1. Gegeben ist die Folge $(a_n)$. Ermitteln Sie die ersten zehn Glieder dieser Folge, und stellen Sie diese graphisch dar.

a) $a_n = \frac{n+1}{n}$ b) $a_n = n - n^2$ c) $a_n = (-1)^n \frac{1}{n}$

d) $a_n = \cos (n \cdot \frac{\pi}{4})$ e) $a_n = \frac{2n-3}{n}$ f) $a_{n+1} = 2a_n - 3, \quad a_1 = 4$

g) $a_{n+1} = \frac{1}{2} (a_n + \frac{5}{a_n}), \ a_1 = 2$

2. Welche der Zahlen $-1$; 0; $\frac{4}{3}$; 2; 24 sind Glieder der gegebenen Folgen? Geben Sie gegebenenfalls die Nummer des Zahlenfolgegliedes an.

a) $(x_n) = (3n - 4)$ b) $(x_n) = (\frac{8}{n+1})$ c) $(x_n) = (n^2 - 2n)$

3. Gegeben ist die Folge $(a_n)$. Ermitteln Sie die ersten acht Glieder dieser Folge.

a) $a_n$: Anzahl der Teiler von $n$
b) $a_n$: Anzahl der Diagonalen eines (konvexen) $n$-Ecks
c) $a_n$: Innenwinkelsumme eines konvexen $n$-Ecks

4. Ermitteln Sie die ersten sechs Glieder der rekursiv gegebenen Zahlenfolge $(a_n)$. Versuchen Sie, für diese Folge eine explizite Zuordnungsvorschrift anzugeben.

a) $a_{n+1} = a_n - 2; \quad a_1 = 0$ b) $a_{n+1} = 3a_n; \quad a_1 = 1$

c) $a_{n+1} = \frac{1}{a_n}; \quad a_1 = 2$ d) $a_{n+2} = \frac{1}{2} (a_n - a_{n+1}) - 1; \quad a_1 = 0; \quad a_2 = -2$

5. Setzen Sie die gegebene Folge um fünf Glieder fort, so daß eine arithmetische Zahlenfolge entsteht.
Geben Sie jeweils eine explizite und eine rekursive Zuordnungsvorschrift für diese Zahlenfolge an.

a) 5; 9; ... b) 1; $-3$; ... c) 0; $\frac{5}{2}$; ... d) 20; 18; 9; ...

6. Setzen Sie die gegebene Folge um fünf Glieder fort, so daß eine geometrische Zahlenfolge entsteht. Geben Sie jeweils eine explizite und eine rekursive Zuordnungsvorschrift für diese Folge an.

a) 3; 9; ... b) 25; 5; ... c) $-2$; 3; ... d) 3; 4; ...

7. Ermitteln Sie die ersten sechs Glieder der arithmetischen Folge $(a_n)$. Geben Sie auch das 200. Zahlenfolgenglied an.

a) $a_1 = 6; \quad d = -3{,}5$ b) $a_1 = -8; \quad d = \frac{5}{4}$

c) $a_2 = 5; \quad a_3 = 6{,}5$ d) $a_3 = 7; \quad a_5 = -1$

8. Ermitteln Sie die ersten sechs Glieder der geometrischen Zahlenfolge $(a_n)$. Geben Sie auch das 50. Zahlenfolgenglied an.

a) $a_1 = 16 \; ; \; q = \frac{1}{2}$ b) $a_1 = -0{,}5 \; ; \; q = -2$

c) $a_2 = 5 \; ; \; a_3 = 7{,}5$ *d) $a_3 = 32 \; ; \; a_5 = 2$

9. Von einer arithmetischen Zahlenfolge sind $a_{11} = \frac{73}{4}$ und $d = 2{,}25$ bekannt.
a) Ermitteln Sie $a_1$.
b) Welche Glieder liegen im Intervall [150; 160]?

10. Die Temperatur im Innern der Erde nimmt mit größerer Tiefe um etwa 3 °C je 100 m zu. In Mitteleuropa beträgt die Temperatur in einer Tiefe von 25 m etwa 10° C.

a) Welche Temperatur herrscht in 5 km Tiefe?
b) In welcher Tiefe liegt eine 60 °C warme Thermalquelle?

11. Von einer geometrischen Folge sind $a_6 = \frac{31104}{3125}$ und $q = \frac{6}{5}$ bekannt.

a) Ermitteln Sie $a_1$.
b) Welche Glieder liegen im Intervall [150; 160]?

12. Ein Guthaben von 100 DM wird mit 5% verzinst. Die Zinsen werden jährlich dem Guthaben zugeschlagen. Es wird nichts abgehoben.
$G_n$ ist das Guthaben zu Beginn des $n$-ten Jahres.

a) Berechnen Sie das Guthaben für $n = 1; 2; 3; 4; 5$.
b) Geben Sie eine explizite und eine rekursive Zuordnungsvorschrift für $G_n$ an.
c) Nach wieviel Jahren hat sich das Guthaben verdoppelt?

13. Geometrische Folgen stellen eine Grundlage für das Typisieren bzw. Standardisieren von Abmessungen bzw. Größenstufungen in der Technik mit Hilfe sogenannter Vorzugszahlenreihen dar.
Die Vorzugszahlenreihe $R5$ ist eine geometrische Folge mit $a_0 = 1$ und $a_5 = 10$.
Berechnen Sie die Glieder $a_1$ bis $a_4$.
(Runden Sie das Ergebnis jeweils auf Hundertstel).

14. Geben Sie den Vorgänger und den Nachfolger des allgemeinen Gliedes der gegebenen Zahlenfolge an.

a) $a_n = 2n - 1$ b) $b_k = \frac{k-2}{3k}$

c) $c_p = 2p^2 - p$ d) $d_m = \frac{5-m}{-m}$

15. Untersuchen Sie die gegebenen Folgen auf Monotonie.

a) $(a_n)$ mit $a_n = 3 - 2n$ b) $(a_n)$ mit $a_n = n^2 - 2n$

c) $(a_n)$ mit $a_n = -(\frac{1}{2})^n$ d) $(a_n)$ mit $a_n = \frac{2n-1}{n}$

e) $(a_n)$ mit $a_n = \frac{n^2 - 10n}{2}$ f) $(a_n)$ mit $a_n = n - \frac{1}{n}$

g) $(a_n)$ mit $a_n = (-1)^n 3$ h) $(a_n)$ mit $a_{n+1} = 2a_n + 1$ und $a_1 = 0{,}5$

16. Bei einer Monotonieuntersuchung einer Zahlenfolge $(x_n)$ ergab sich die Differenz $d = x_{n+1} - x_n = 2n - 4$.

a) Was kann man über die Monotonie von $(x_n)$ aussagen?

b) Geben Sie die ersten fünf Glieder einer Zahlenfolge an, die diese Bedingung erfüllt.

17. Beurteilen Sie folgende Aussagen. Begründung!

a) Jede arithmetische Zahlenfolge ist monoton wachsend oder monoton fallend.

b) Jede geometrische Zahlenfolge ist monoton wachsend oder monoton fallend.

c) Jede geometrische Zahlenfolge mit $a_1 > 0$ und $q > 0$ ist monoton wachsend.

d) Jede arithmetische Zahlenfolge ist streng monton.

18. Das Monotonieverhalten von geometrischen Zahlenfolgen hängt von $a_1$ sowie von $q$ ab. Entwickeln Sie eine Übersicht über die möglichen Fälle.

19. Veranschaulichen Sie sich folgende Zahlenfolgen $(x_n)$. Welche der Folgen $(x_n)$ ist vermutlich konvergent? (Ein exakter Nachweis wird nicht verlangt.)

a) $x_n = 4 + (-1)^n$ b) $(x_n) = (1; 2; 3; 1; 2; 3; 1; 2; 3; \ldots)$

c) $x_n = \frac{\sin n}{n}$ d) $x_n = (1{,}01)^n$

e) $x_n = \sqrt[n]{8}$ f) $x_n = \sqrt[8]{n}$

20. a) Stellen Sie die ersten zehn Glieder der Folge $(a_n)$ mit $a_n = 2 + \frac{(-1)^n}{n}$ auf der Zahlengeraden dar.

b) Welche Glieder liegen außerhalb der 0,2-Umgebung von 2?

c) Ab welchem Zahlenfolgenglied liegen alle weiteren Zahlenfolgenglieder in der 0,1-Umgebung von 2?

21. Beurteilen Sie folgende Aussagen (wahr/falsch) ($n \in \mathbb{N}$):

a) Für fast alle $n$ gilt: $n^2 > 4$ b) Für fast alle $n$ gilt: $\frac{1}{n} < \frac{1}{10}$

c) Für fast alle $n$ gilt: $n^2 < 100$ d) Für fast alle $n$ gilt: $n^2 > -4$

e) Für fast alle $n$ gilt: $6 | n$

22. Die Folge $(a_n)$ hat den Grenzwert $g$. Von welchem Index an ist der Abstand der Zahlenfolgenglieder zum Grenzwert kleiner als $\frac{1}{100}$ bzw. $\frac{1}{1000}$ bzw. $\frac{1}{10000}$?

a) $a_n = \frac{5n + 2}{2n}$ ; $g = 2{,}5$ b) $a_n = (\frac{1}{3})^n$ ; $g = 0$

23. a) Geben Sie eine Zahlenfolge an, die nicht den Grenzwert 3 hat, obwohl in jeder ε-Umgebung von 3 unendlich viele Glieder der Zahlenfolge liegen.
b) Geben Sie eine nichtmonotone Zahlenfolge an, die den Grenzwert 3 hat.

24. Zeigen Sie mit Hilfe der Grenzwertdefinition:

a) $\left(\frac{2n-1}{n}\right)$ hat den Grenzwert 2. b) $\left(-\frac{2}{n}\right)$ hat den Grenzwert 0.

c) $\left(\frac{1-3n}{2n}\right)$ hat den Grenzwert $-\frac{3}{2}$. d) $\lim\limits_{n\to\infty} \frac{n+1}{n+2} = 1$

e) $\lim\limits_{n\to\infty} \left(\frac{1}{2}\right)^n = 0$ f) $\lim\limits_{n\to\infty} \left(\frac{5}{n} - \sqrt{3}\right) = -\sqrt{3}$

25. Gegeben ist die Folge $(b_n)$ mit $b_n = \frac{1-2n^2}{n^2}$.

a) Stellen Sie eine Vermutung für den Grenzwert von $(b_n)$ auf und versuchen Sie, diese zu beweisen.
b) Geben Sie eine Umgebung des Grenzwertes von $(b_n)$ an, so daß alle Glieder der Folge ab dem 100. Glied in dieser Umgebung liegen.

*26. Zeigen Sie, daß 4,01 nicht Grenzwert von $(a_n)$ mit $a_n = \frac{4n+1}{n}$ ist.

27. a) Geben Sie ein Beispiel für eine Zahlenfolge an, die nur negative Folgenglieder hat, deren Grenzwert aber Null ist.
*b) Beweisen Sie:
Wenn alle $a_n$ negativ sind, so kann nicht gelten: $\lim\limits_{n\to\infty} a_n > 0$.

28. Ermitteln Sie – sofern möglich – mit Hilfe der Grenzwertsätze die Grenzwerte der Folgen.

a) $\left(\frac{3-n}{1+2n}\right)$ b) $\left(\frac{2n^2-3}{n^2+n}\right)$ c) $\left(\frac{6-n^2}{5-3n^3}\right)$

d) $\left(\frac{n^3-2n+1}{3n^2+6}\right)$ e) $\left(\frac{10^6+n}{n^2}\right)$ f) $\left(\frac{\sqrt{3}\cdot 5^n-1}{5^n}\right)$

g) $\left(\frac{\sqrt{n}}{n}\right)$ h) $\left(\sqrt[n]{10}+\frac{n+1}{n}\right)$ i) $\left(\frac{n}{\sqrt{n}}\right)$

29. a) Geben Sie drei verschiedene Folgen an, deren Grenzwert 2 ist.
b) Geben Sie eine Zahlenfolge an, die monoton wachsend ist und gegen $-2$ konvergiert.
c) Geben Sie eine Zahlenfolge an, die nicht monoton ist und deren Grenzwert $\sqrt{2}$ ist.

30. Beweisen Sie mit Hilfe der Grenzwertsätze:

Wenn $\lim\limits_{n\to\infty} a_n$ existiert, so gilt: $\lim\limits_{n\to\infty} (a_n)^2 = (\lim\limits_{n\to\infty} a_n)^2$.

31. a) Geben Sie Zahlenfolgen an, die entweder nach oben oder nach unten beschränkt sind.
b) Geben Sie Zahlenfolgen an, die beschränkt sind.
c) Geben Sie Zahlenfolgen an, die weder nach oben noch nach unten beschränkt sind.

32. Entscheiden Sie, ob die Folge $(a_n)$ nach unten bzw. nach oben beschränkt ist. Geben Sie gegebenenfalls je drei solche Schranken an (ohne exakten Nachweis).

a) $a_n = n^3$ b) $a_n = (-1)^n$ c) $a_n = 3 - \frac{3}{n}$

d) $a_n = \sqrt[n]{100}$ e) $a_n = \sin n$ f) $a_n = -3^n + n$

33. Begründen Sie mit dem Konvergenzkriterium (Satz 7), daß die gegebenen Folgen $(a_n)$ konvergent sind.

a) $a_n = (\frac{1}{4})^n$ b) $a_n = \frac{n}{n+1}$ c) $(a_n) = (1{,}3;\ 1{,}33;\ 1{,}333;\ 1{,}3333;\ 1{,}33333;\ \ldots)$

d) $a_n = \sqrt{2}$ e) $a_n = \frac{n}{10^n}$ *f) $a_n = \frac{n^2}{2^n}$

34. Wenn $(a_n)$ konvergent ist, so gilt auch $\lim\limits_{n \to \infty} a_n = \lim\limits_{n \to \infty} a_{n+1}$.

Die gegebenen Folgen sind konvergent. Ermitteln Sie den Grenzwert.

a) $a_1 = 3\ ;\ a_{n+1} = 3 + 0{,}8a_n$ b) $a_1 = -3\ ;\ a_{n+1} = \frac{1}{2 + a_n}$

35. Veranschaulichen Sie durch ein Mengendiagramm die Menge aller Zahlenfolgen unter Berücksichtigung der folgenden Teilmengen.
K: Menge aller konvergenten Folgen M: Menge aller monotonen Folgen
B: Menge aller beschränkten Folgen

36. Stellen Sie Vermutungen über Monotonie, Beschränktheit und Konvergenz der Folge $(a_n)$ auf.

a) $a_n = (1 + \frac{1}{n})^{n+1}$ b) $a_n = (1 - \frac{1}{n})^n$

37. a) Berechnen Sie das Guthaben nach einem Jahr, das bei stetiger Verzinsung mit 5% (bezogen auf jährliche Verzinsung) aus einem Guthaben von 1,– DM entsteht.
*b) Zeigen Sie, daß ein Guthaben $G_0$ bei stetiger Verzinsung mit $p\%$ (bezogen auf jährliche Verzinsung) auf $G = G_o \cdot e^{\frac{p}{100}}$ anwächst.

38. Gegeben sind die Folgen $(b_k)$. Ermitteln Sie jeweils die ersten fünf Glieder der zugehörigen Partialsummenfolge $(s_n)$.

a) $(b_k) = (k)$ b) $(b_k) = (\frac{1}{k})$ c) $(b_k) = ((-2)^k)$

39. Es ist die Partialsummenfolge $(s_n) = (1 - \frac{1}{2^n})$ gegeben.

a) Ermitteln Sie die ersten fünf Glieder der erzeugenden Folge $(a_k)$.
b) Ermitteln Sie eine explizite Zuordnungsvorschrift der erzeugenden Folge $(a_k)$.

40. Berechnen Sie jeweils die Summe der ersten fünf (zehn)

a) Quadratzahlen ($1^2$; $2^2$; $3^2$; . . .);

b) Zweierpotenzen ($2^0$; $2^1$; $2^2$; . . .).

Schreiben Sie die Summen auch mit Hilfe des Summenzeichens.

41. Folgende Summen sind gliedweise anzugeben.

a) $\sum_{k=1}^{9} \frac{k}{2}$ b) $\sum_{k=0}^{10} \sin\left(k \cdot \frac{\pi}{2}\right)$ c) $\sum_{k=2}^{7} (-1)^k k$

d) $\sum_{i=0}^{4} i \cdot \sqrt{i+1}$ e) $\sum_{k=1}^{29} \left(\frac{1}{k} - \frac{1}{k+1}\right)$ f) $\sum_{k=1}^{4} k^k + 1000$

42. Schreiben Sie folgende Summen mit Hilfe des Summenzeichens.

a) $\sqrt{1} + \sqrt{2} + \sqrt{3} + \sqrt{4} + \ldots + \sqrt{n}$

b) $3 + 8 + 13 + 18 + \ldots + 53$

c) $\frac{1}{2} - \frac{2}{3} + \frac{3}{4} - \frac{4}{5} + - \ldots - \frac{18}{19}$

d) $1 \cdot (-2) + 2 \cdot (-2) + 3 \cdot (-2) + \ldots + n \cdot (-2)$

43. Gegeben sind arithmetische Zahlenfolgen $(a_n)$.
Ermitteln Sie jeweils $s_1$, $s_2$, $s_3$ sowie $s_{50}$ und $s_{100}$.

a) $a_n = 3n + 2$ b) $a_n = -3n + 2$

c) $a_n = 7 + 4(n - 1)$ d) $a_n = 0{,}7n$

44. Von einer arithmetischen Folge sind bekannt: $a_1 = \frac{7}{3}$; $d = \frac{5}{3}$; $s_n = 210$.

Ermitteln Sie die Anzahl der summierten Glieder sowie den letzten Summanden $a_n$ der gegebenen Partialsumme.

45. Berechnen Sie folgende Summen.

a) $11 + 21 + 31 + 41 + \ldots + 201$

b) $85 + 77 + 69 + 61 + \ldots + (-99)$

c) Summe aller natürlichen Zahlen zwischen 200 und 800, die durch 9 teilbar sind

d) Summe aller natürlichen Zahlen zwischen 100 und 1000, die bei Division durch 13 den Rest 2 lassen

e) $\sum_{k=1}^{25} (6k - 1)$ f) $\sum_{k=11}^{35} (6k - 1)$

46. Von einer arithmetischen Zahlenfolge sind zwei Partialsummen bekannt, und zwar $s_{10} = 3$ und $s_{20} = 96$. Ermitteln Sie die arithmetische Zahlenfolge.

47. In Kaufhallen werden gelegentlich Konservendosen pyramidenförmig gestapelt. Dabei wird auf jede Reihe stets eine Dose weniger gestellt als auf die vorhergehende. Wieviel Konservendosen werden für einen solchen Stapel benötigt, wenn in der ersten Reihe 29 und in der letzten Reihe acht Dosen stehen. Wieviel Reihen stehen übereinander?

48. Ein Vollkreis soll in 12 Sektoren eingeteilt werden, der Zentriwinkel des 1. Sektors soll 46,5° betragen. Die Zentriwinkel der übrigen Sektoren sollen von Sektor zu Sektor um denselben Betrag abnehmen. Ermitteln Sie die Folge der Zentriwinkel.

49. Gegeben sind geometrische Zahlenfolgen $(a_n)$.
Ermitteln Sie jeweils $s_1$, $s_2$, $s_3$ sowie $s_{10}$ und $s_{20}$.

a) $a_n = 3^n$  b) $a_n = (-3)^n$  c) $a_n = (\frac{1}{3})^n$

50. Berechnen Sie folgende Summen.

a) $4 + 1 + \frac{1}{4} + \frac{1}{16} + \ldots\ldots + \frac{1}{262144}$  b) $3 + \frac{9}{2} + \frac{27}{4} + \ldots\ldots + \frac{59049}{512}$

c) Summe aller Potenzen von $(-2)^1$ bis $(-2)^{15}$

d) $\sum_{k=1}^{14} \sqrt{2}^k$  *e) $\sum_{k=11}^{26} \sqrt{2}^k$

51. Von einer geometrischen Zahlenfolge $(a_n)$ ist bekannt:

$$a_1 = 0{,}5;\ q = 2{,}5;\ s_n = \frac{130123}{256}.$$

Ermitteln Sie die Anzahl der Summanden.

52. Von einer geometrischen Zahlenfolge $(a_n)$ mit $a_1 = -\frac{1}{2}$ sind zwei Partialsummen bekannt: $s_{10} = -\frac{341}{1024}$; $s_{11} = -\frac{683}{2048}$.
Ermitteln Sie $q$.

*53. a) Gegeben ist die Dualzahl 111 111 111 111.
Wandeln Sie diese in eine Dezimalzahl um.
Welchen Zusammenhang kann man zu Partialsummen geometrischer Folgen herstellen?

b) Geben Sie die Dualzahl 111 111 111,111 als Dezimalzahl an.

54. Für eine Ferienarbeit schlägt ein Spaßvogel seinem Arbeitgeber folgende Entlohnung vor: Für den ersten Arbeitstag 1 Pfennig, für den zweiten Arbeitstag 3 Pfennig, für den dritten Arbeitstag 9 Pfennig usw., also jeweils das Dreifache des Lohnes vom vorherigen Arbeitstag. Der Arbeitgeber willigt erfreut ein. Wieviel Lohn erhält der Spaßvogel nach 15 Arbeitstagen?

55. Die nebenstehend abgebildete Figur ist durch das Aneinanderfügen von Halbkreisen entstanden, wobei jeder neue Durchmesser das 0,8fache des vorherigen Durchmessers ist. Der erste Durchmesser beträgt 5 cm. Wie lang ist die Linie, wenn man sich das Aneinanderfügen der Halbkreise beliebig oft fortgesetzt denkt?

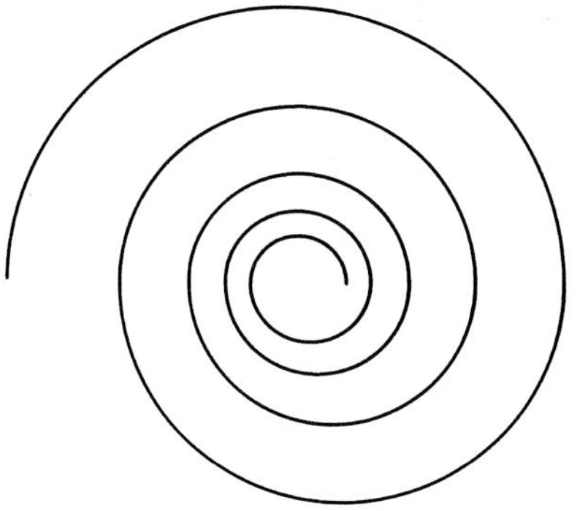

56. In einen Halbkreis mit dem Radius $r$ werden in einem ersten Schritt über dem Durchmesser zwei Halbkreise mit dem Radius $\frac{r}{2}$ eingezeichnet. In diese werden erneut jeweils zwei Halbkreise gezeichnet (s. Abb.). Man denke sich dieses Vorgehen beliebig fortgesetzt.
   a) Wie groß ist die Summe der Längen aller Halbkreise nach dem $k$-ten Schritt?
   b) Besitzt die Summe für $k \to \infty$ einen Grenzwert?

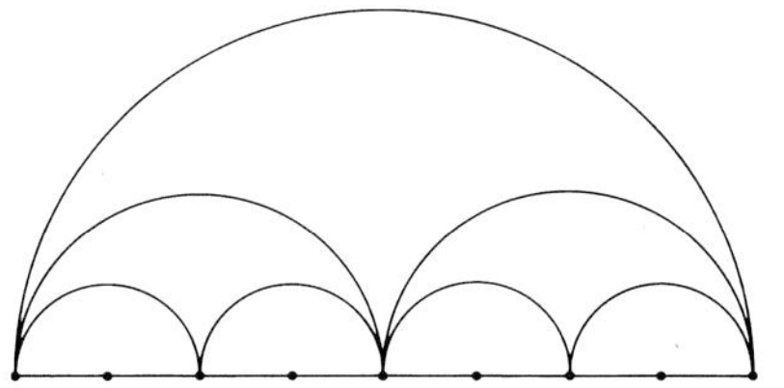

57. a) In ein Quadrat mit der Seitenlänge $a = 8$ cm wird fortlaufend ein neues Quadrat eingezeichnet, indem jeweils die Seitenmitten die neuen Eckpunkte bilden (s. Abb.).
   Das Einzeichnen solcher Quadrate kann beliebig oft fortgesetzt werden.
   Ermitteln Sie die Summe der Umfänge sowie der Flächeninhalte der Quadrate.
   b) Wie lauten die Summenformeln für ein Quadrat mit der Kantenlänge $a$?

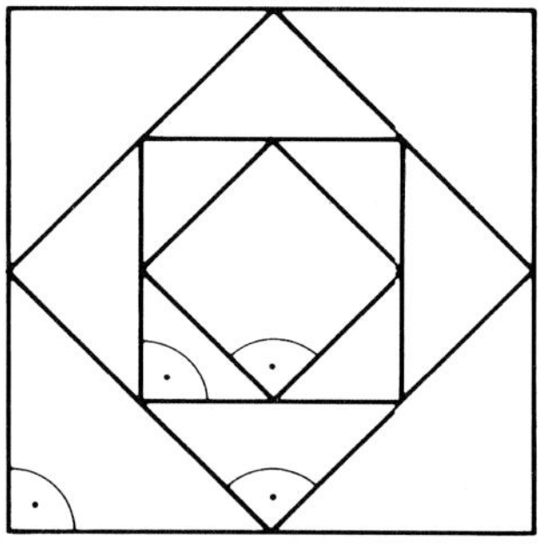

58. Sascha schließt einen Sparratenvertrag mit seiner Sparkasse ab. Zu Beginn eines jeden Jahres zahlt er 1000 DM ein. Der Zinssatz beträgt 4. Die Zinsen werden jeweils zu Jahresanfang dem Guthaben zugeschlagen.

   a) Berechnen Sie das Guthaben nach dem 1. Jahr, nach dem 2. und 3. Jahr.
   b) Die Guthaben bilden eine Folge $(G_n)$. Geben Sie für diese eine Zuordnungsvorschrift an.
   c) Über welche Laufzeit muß der Vertrag mindestens abgeschlossen werden, damit 20000,– DM angespart werden?

# A 4 Grenzwerte von Funktionen

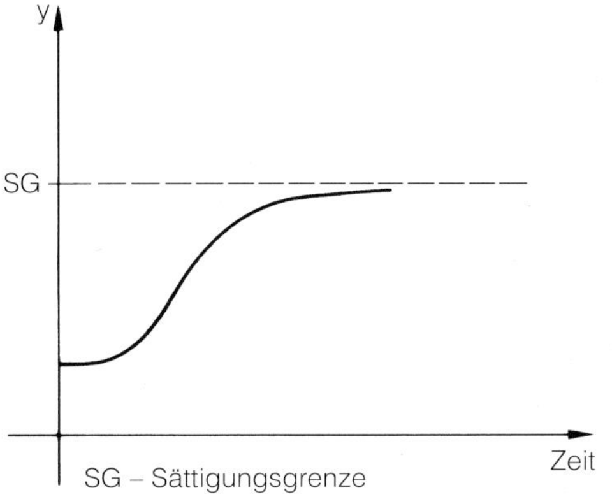


SG Sättigungsgrenze

Abb. 45: Pflanzenwachstum

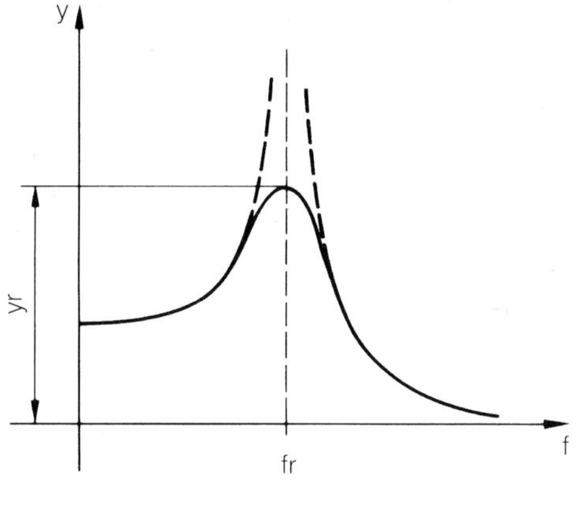


$f$ Frequenz des Erregers
$f_r$ Eigenfrequenz des Resonators
$y_r$ Maximum der Resonanzkurve

Abb. 46: Resonanzkurve
(mit und ohne Dämpfung)

Die Abbildung 45 zeigt einen möglichen Verlauf des Wachstums bei Pflanzen: Nach einer »Anlaufphase« gibt es einen Wachstumsschub; dann verlangsamt es sich wieder; die Größe der Pflanzen nähert sich mit der Zeit einer »Sättigungsgrenze«. Letzteres kann kurz so beschrieben werden: Wenn $t \to \infty$, *so* $y \to SG$.
In Analogie zum Verhalten von Zahlenfolgen für $n \to \infty$ kann man auch hier vom Grenzwert einer Funktion für $x \to +\infty$ sprechen.
Im Unterschied zu Zahlenfolgen ist es bei Funktionen sinnvoll, Grenzwerte auch an einer *Stelle* zu betrachten, z. B. um die Frage nach dem Maximum einer Resonanzkurve im Fall einer ungedämpften Schwingung zu beantworten (s. Abb. 46).

Kurz: Wenn $f \to f_r$, so $y_r \to$ ?

## Verhalten von Funktionen für x → + ∞ bzw. x → − ∞

**Verhalten im Unendlichen**

Wir betrachten die Funktionen $f$ und $g$. Ihr Verhalten im »Unendlichen« soll untersucht werden, also für $x \to +\infty$ bzw. $x \to -\infty$.

$$f\colon x \mapsto \frac{1 - x^2}{1 + x^2} \qquad\qquad g\colon x \mapsto \frac{x^2 + 1}{x} \quad (x \neq 0)$$

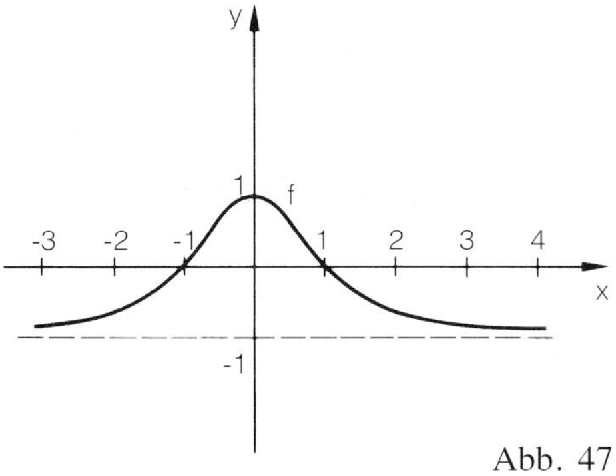


Abb. 47

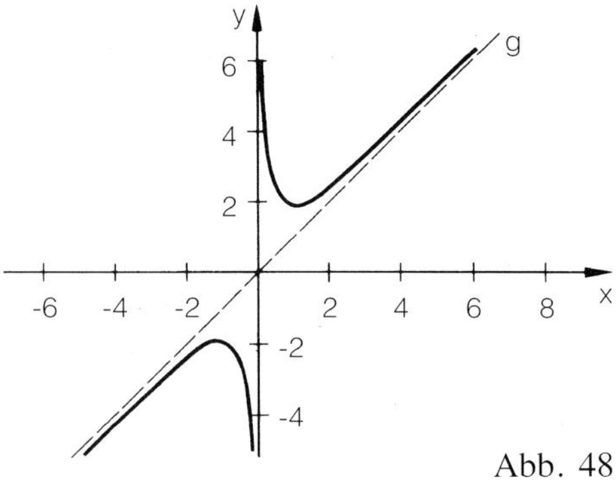


Abb. 48

(63)

Berechnen Sie die Funktionswerte von $f$ und $g$ für $x = \pm 100; \pm 1000; \pm 10^6$.

Aus den Graphen (s. Abb. 47 und 48) sowie aus der Berechnung von Funktionswerten für sehr große und sehr kleine Argumente kann man vermuten:

Wenn $x \to +\infty$, so $f(x) \to -1$ bzw. wenn $x \to -\infty$, so $f(x) \to -1$.

Wenn $x \to +\infty$, so $g(x) \to +\infty$ bzw. wenn $x \to -\infty$, so $g(x) \to -\infty$.

In Analogie zu Zahlenfolgen sagt und schreibt man:
$f$ hat für $x \to +\infty$ (bzw. für $x \to -\infty$) jeweils den Grenzwert $-1$.

$$\lim_{x \to +\infty} \frac{1 - x^2}{1 + x^2} = -1 \quad \text{bzw.} \quad \lim_{x \to -\infty} \frac{1 - x^2}{1 + x^2} = -1$$

**Funktionsgrenzwert für x → ± ∞**

$g$ hat für $x \to \pm\infty$ keinen Grenzwert.
Man sagt auch: Für $x \to \pm\infty$ ist $f$ konvergent, dagegen ist $g$ divergent.

### Verallgemeinerung/Präzisierung

Um das Konvergenzverhalten von Funktionen für $x \to \infty$ zu untersuchen, sind wir wie folgt vorgegangen:
1) Argumente auswählen, die sehr groß sind;
2) Zugehörige Funktionswerte ermitteln;
3) Auf Grund des Verhaltens der Funktionswerte Konvergenz oder Divergenz vermuten.
Diese Vorgehensweise ist aber nur für *endlich* viele Argumente möglich.

**1. Präzisierung:** Berücksichtigung *unendlich* vieler Argumente

| allgemeines Vorgehen | Beispiel |
|---|---|
| 1) Eine Folge $(x_n)$ wählen mit $x_n \to \infty$ | z.B.: $(x_n) = (n)$ |
| 2) Die Folge der zugehörigen Funktionswerte $(f(x_n))$ bilden | $(f(x_n)) = \left(\frac{1-n^2}{1+n^2}\right)$ |
| 3) Folge $(f(x_n))$ auf Konvergenz untersuchen | $\frac{1-n^2}{1+n^2} = \frac{\frac{1}{n^2}-1}{\frac{1}{n^2}+1}$ <br> $\lim_{n\to\infty} f(x_n) = -1$ |

Es kann eingewendet werden, daß zwar unendlich viele Argumente beachtet wurden, aber nur von einer *speziellen* Folge.

**2. Präzisierung:** Berücksichtigung *beliebiger* Folgen $(x_n)$

| allgemeines Vorgehen | Beispiel |
|---|---|
| 1) Eine beliebige Folge $(x_n)$ wählen mit $x_n \to \infty$ | $(x_n)$ mit $\lim_{n\to\infty} x_n = \infty$ |
| 2) Die Folge der zugehörigen Funktionswerte $(f(x_n))$ bilden | $(f(x_n)) = \left(\frac{1-x_n^2}{1+x_n^2}\right)$ |
| 3) Folge $(f(x_n))$ auf Konvergenz untersuchen | $\frac{1-x_n^2}{1+x_n^2} = \frac{\frac{1}{x_n^2}-1}{\frac{1}{x_n^2}+1}$ <br> Es gilt: $\lim_{n\to\infty} \frac{1}{x_n^2} = 0$ <br> Nach Satz 6 folgt: <br> $\lim_{n\to\infty} f(x_n) = -1$ |

**Definition 15**
Eine Funktion $f$ mit $y = f(x)$ hat für $x \to +\infty$ (bzw. $x \to -\infty$) den Grenzwert $g$, wenn für *jede* Folge $(x_n)$ mit $x_n \to +\infty$ (bzw. $x_n \to -\infty$) auch die Folge der zugehörigen Funktionswerte $(f(x_n))$ gegen dieselbe Zahl $g$ konvergiert.

Schreibweise: $\lim\limits_{x \to \infty} f(x) = g$ (bzw. $\lim\limits_{x \to -\infty} f(x) = g$)

Asymptote

Für eine Funktion $f$ mit dem Grenzwert $g$ für $x \to \pm\infty$ ist die zur $x$-Achse parallele Gerade mit der Gleichung $y = g$ eine waagerechte **Asymptote** des Graphen der Funktion $f$ (vgl. z. B. Abb. 45 und Abb. 47).

(64)
Gegeben sind folgende Grenzwerte: $\lim\limits_{x \to -\infty} \left(\frac{4}{x^2} - 3\right) = -3$ bzw. $\lim\limits_{x \to \infty} \frac{1}{x} = 0$.
Skizzieren Sie die Graphen der betrachteten Funktionen sowie die zugehörigen Asymptoten.

Funktionen wie z. B. $f(x) = 3^x$ oder $f(x) = -x^3$ oder $f(x) = \cos x$ haben für $x \to \infty$ keinen Grenzwert.

bestimmte Divergenz

Werden die Funktionswerte einer Funktion für $x \to +\infty$ ($-\infty$) beliebig groß bzw. beliebig klein, so liegt **bestimmte Divergenz** vor.
Man schreibt dafür: $\lim\limits_{x \to \infty} f(x) = +\infty$ bzw. $\lim\limits_{x \to \infty} f(x) = -\infty$

So gilt zum Beispiel: $\lim\limits_{x \to \infty} 3^x = \infty$; $\lim\limits_{x \to -\infty} (-x^3) = \infty$

Grenzwert-untersuchungen

Die Untersuchung von Funktionen auf Konvergenz bzw. Divergenz für $x \to \pm\infty$ wird nach Definition 15 auf das Untersuchen von Zahlenfolgen $(f(x_n))$ für $n \to \infty$ zurückgeführt. Dadurch können die Grenzwertsätze für Zahlenfolgen (s. Satz 6) formal auf die Berechnung von Grenzwerten für Funktionen übertragen werden.

**Beispiel 31**

*Es ist das Verhalten der Funktionen $f$ für $x \to \pm\infty$ zu untersuchen.*

a) $f(x) = \dfrac{2x^3 - 1}{x^3 + x}$  b) $f(x) = x^2 - x^5$

**Lösung:**

Zu a): Im Funktionsterm wird die jeweils höchste Potenz von $x$ im Zähler und im Nenner ausgeklammert:

$$\frac{2x^3-1}{x^3+x} = \frac{x^3\left(2-\frac{1}{x^3}\right)}{x^3\left(1+\frac{1}{x^2}\right)} = \frac{2-\frac{1}{x^3}}{1+\frac{1}{x^2}}$$

Wegen $\lim\limits_{x\to\pm\infty} \frac{1}{x^3} = 0$ und $\lim\limits_{x\to\pm\infty} \frac{1}{x^2} = 0$ ist $\lim\limits_{x\to\pm\infty} f(x) = 2$

Zu b): Im Funktionsterm wird die höchste Potenz von $x$ ausgeklammert:

$$x^2 - x^5 = x^5\left(\frac{1}{x^3}-1\right).$$

Wegen $\lim\limits_{x\to\infty} x^5 = \infty$ und $\lim\limits_{x\to\infty} \left(\frac{1}{x^3}-1\right) = -1$ ist $\lim\limits_{x\to\infty} f(x) = -\infty$.

Wegen $\lim\limits_{x\to-\infty} x^5 = -\infty$ und $\lim\limits_{x\to-\infty} \left(\frac{1}{x^3}-1\right) = -1$ ist $\lim\limits_{x\to-\infty} f(x) = +\infty$.

Hinweis: Bei der Untersuchung des Funktionsterms verzichtet man i. allg. auf die Kennzeichnung der Argumente als Glieder einer Folge und schreibt für $x_n$ kurz $x$.

*Aufgaben 1–5*

## Grenzwert einer Funktion an einer Stelle

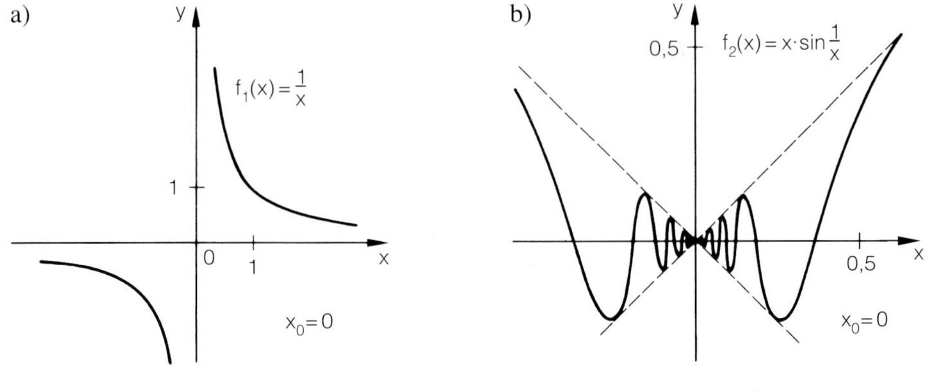

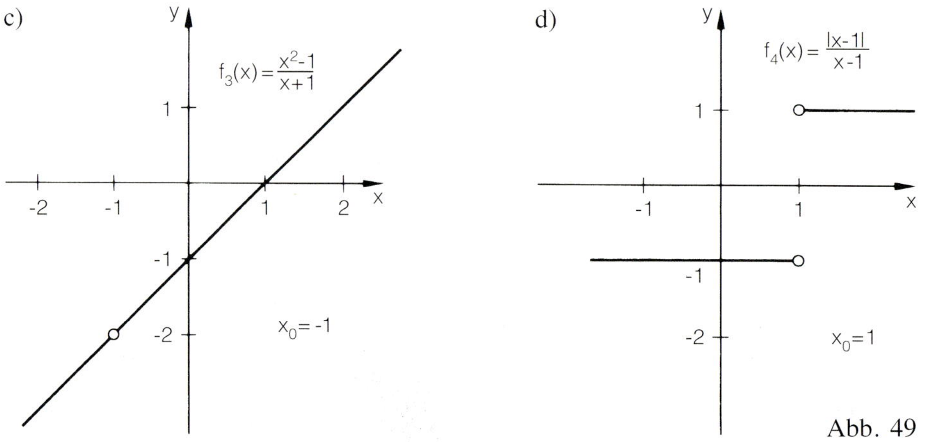


Abb. 49

Verhalten einer Funktion an einer Stelle

Die in Abbildung 49 dargestellten Funktionen verhalten sich in der Umgebung von $x_0$ sehr verschieden. Die Untersuchung des Verhaltens von Funktionen an solchen Stellen führt zum Begriff **Grenzwert einer Funktion an einer Stelle.**

Der Anschauung entnehmen wir für die Funktion $f_3$ (s. Abb. 49c): Nähern sich die Argumente der Stelle $x_0 = -1$, so nähern sich die zugehörigen Funktionswerte von $f_3$ der Zahl $-2$. Kurz: Wenn $x \to -1$, so $f_3(x) \to -2$.

(65)

a) Beschreiben Sie das Verhalten der Funktionswerte von
- $f_1$ an der Stelle $x_0 = 0$;
- $f_4$ an der Stelle $x_0 = 1$.

b) Berechnen Sie die Funktionswerte von $f_2$ mit $f_2(x) = x \cdot \sin \frac{1}{x}$ für $x = \pm 0{,}1$; $\pm 0{,}0001$; $\pm 10^{-6}$.

Mündet der Graph einer Funktion $f$ bei Annäherung der Argumente sowohl von links als auch von rechts an eine Stelle $x_0$ in den Punkt $P_0(x_0; g)$, so sagt man:
$f$ hat an der Stelle $x_0$ den Grenzwert $g$.
So hat z. B. $f_3$ an der Stelle $x_0 = -1$ den Grenzwert $-2$, jedoch $f_4$ an der Stelle $x_0 = 1$ keinen Grenzwert.
Der anschaulich erklärte Begriff »Grenzwert einer Funktion an einer Stelle« kann unter Verwendung von Zahlenfolgen *definiert* werden.

Grenzwert einer Funktion an einer Stelle

**Definition 16**
$f$ sei eine in einer Umgebung von $x_0$ – eventuell unter Ausschluß von $x_0$ selbst – definierte Funktion. Die Zahl $g$ heißt **Grenzwert der Funktion $f$ an der Stelle $x_0$,** wenn für jede Folge $(x_n)$ mit $\lim\limits_{n \to \infty} x_n = x_0$ die Folge der zugehörigen Funktionswerte $(f(x_n))$ gegen dieselbe Zahl $g$ konvergiert.

$$\text{Schreibweise: } \lim_{x \to x_0} f(x) = g$$

Wir wenden die Definition 16 auf die Funktionen $f_3$ und $f_4$ (s. Abb. 49) an.

konvergent

**Beispiel 32**

*Es ist zu zeigen, daß* $\lim\limits_{x \to -1} \dfrac{x^2 - 1}{x + 1} = -2$ *ist.*

**Lösung:**

Wir wählen eine beliebige Folge $(x_n)$ mit $x_n \neq -1$ und $\lim\limits_{n \to \infty} x_n = -1$.

Wir bilden die Folge der zugehörigen Funktionswerte $(f(x_n))$ mit

$$f(x_n) = \frac{x_n^2 - 1}{x_n + 1} = x_n - 1$$

Wir untersuchen die Folge $(f(x_n))$ auf Konvergenz:

$$\lim_{n \to \infty} f(x_n) = \lim_{n \to \infty} (x_n - 1) = \lim_{n \to \infty} x_n - \lim_{n \to \infty} 1 = -1 - 1 = -2$$

$$\text{Also gilt: } \lim_{x \to -1} \frac{x^2 - 1}{x + 1} = -2$$

divergent

**Beispiel 33**

*Es ist zu zeigen, daß* $f_4$ *mit* $f_4(x) = \dfrac{|x - 1|}{x - 1}$ *an der Stelle* $x_0 = 1$ *keinen Grenzwert hat.*

**Lösung:**

Dazu zeigen wir, daß für *verschiedene* Folgen $(x_n)$ die Folge $(f(x_n))$ gegen *verschiedene* Zahlen konvergiert.

Wir wählen zwei Folgen $(x_n)$ und $(\overline{x_n})$ mit dem Grenzwert

$$\lim_{x \to \infty} x_n = \lim_{x \to \infty} \overline{x_n} = 1 \text{ und } x_n \neq 1, \text{ z. B.}$$

$$x_n = 1 + \frac{1}{n} \qquad \overline{x_n} = 1 - \frac{1}{n}$$

Wir bilden die Folgen der zugehörigen Funktionswerte:

$$f(x_n) = \frac{\left|1 + \frac{1}{n} - 1\right|}{1 + \frac{1}{n} - 1} = \frac{\left|\frac{1}{n}\right|}{\frac{1}{n}} = 1 \text{ und}$$

$$f(\overline{x_n}) = \frac{\left|1 - \frac{1}{n} - 1\right|}{1 - \frac{1}{n} - 1} = \frac{\left|-\frac{1}{n}\right|}{-\frac{1}{n}} = -1.$$

Die Folgen $(f(x_n))$ und $(f(\overline{x_n}))$ konvergieren gegen verschiedene Zahlen.
Die Funktion $f_4$ hat deshalb an der Stelle $x_0$ keinen Grenzwert.

Auch die Funktion $f_1$ mit $f_1(x) = \frac{1}{x}$ hat an der Stelle $x_0$ keinen Grenzwert (s. Abb. 49a). Bei Annäherung an die Stelle 0 von rechts werden die Funktionswerte beliebig groß. Man schreibt: $\lim\limits_{x \to +0} f(x) = +\infty$ [1]

Bei Annäherung an die Stelle 0 von links werden die Funktionswerte beliebig klein. Man schreibt: $\lim\limits_{x \to -0} f(x) = -\infty$ [2]

Mit anderen Worten: Die Folgen der Funktionswerte sind bestimmt divergent.

**Polstellen**

Die Stelle $x_0 = 0$ bezeichnet man als **Polstelle** der Funktion $f_1$. (Polstellen werden gelegentlich auch Unendlichkeitsstellen genannt.)
Die $y$-Achse ist in diesem Zusammenhang eine senkrechte Asymptote, auch Polgerade oder Polasymptote genannt.

Die Funktion $f$ hat bei $x_0$ eine Polstelle, wenn

$$\lim_{x \to x_0 - 0} f(x) = \pm\infty \text{ und } \lim_{x \to x_0 + 0} f(x) = \pm\infty.$$ [1, 2]

(66)
Es gibt vier Fälle für das »Vorzeichenverhalten« bei Polstellen. Geben Sie diese an, und wählen sie dazu je ein Beispiel.

Grenzwerte von Funktionen werden zumeist für solche Argumente bestimmt, in deren Umgebung Funktionen ein »besonderes« Verhalten zeigen. Die Definition 16 kann aber – ganz unabhängig vom Verhalten einer Funktion – auf jedes Element des Definitionsbereiches angewendet werden.

**Beispiel 34**

Wir bestimmen den Grenzwert von $f$ mit $f(x) = \frac{1}{x}$ an der Stelle $x_0 = 4$ (s. Abb. 49a).
Wir wählen eine beliebige Folge $(x_n)$ mit $\lim\limits_{n \to \infty} x_n = 4$.
Wir bilden die Folge $(f(x_n)) : f(x_n) = \frac{1}{x_n}$
Wir untersuchen $(f(x_n))$ auf Konvergenz: $\lim\limits_{n \to \infty} \frac{1}{x_n} = \frac{1}{\lim\limits_{n \to \infty} x_n} = \frac{1}{4}$

Ergebnis: $\lim\limits_{x \to 4} f(x) = \frac{1}{4}$

Der Grenzwert von stetigen Funktionen an einer Stelle des Definitionsbereichs ist gleich dem Funktionswert an dieser Stelle.

*Aufgaben 6–13*

1 »+ 0« weist auf die einseitige Annäherung von rechts an die Stelle 0 hin.
2 »− 0« weist auf die einseitige Annäherung von links an die Stelle 0 hin.

## Grenzwertsätze für Funktionen

(67)

Gegeben sind die Funktionen $f_1: x \longrightarrow \frac{x^2-4}{x+2}$ und $f_2: x \longrightarrow x^2$ und ihre Grenzwerte an der Stelle $x_0 = -2$:

$$\lim_{x \to -2} f_1(x) = -4 \text{ und } \lim_{x \to -2} f_2(x) = 4.$$

**Grenzwert zusammengesetzter Funktionen**

a) Bilden Sie die zusammengesetzten Funktionen $s = f_1 + f_2$ und $p = f_1 \cdot f_2$.

b) Geben Sie eine Vermutung über den Grenzwert der Funktionen $s$ und $p$ an der Stelle $x_0 = -2$ an.

**Satz 11: Grenzwertsätze für Funktionen**

Die Funktionen $u$ und $v$ seien in einer gemeinsamen Umgebung von $x_0$ definiert, und es mögen die Grenzwerte $\lim_{x \to x_o} u(x)$ und $\lim_{x \to x_o} v(x)$ existieren. Dann gilt:

a) $\lim_{x \to x_0} (u(x) + v(x)) = \lim_{x \to x_0} u(x) + \lim_{x \to x_0} v(x)$

b) $\lim_{x \to x_0} (u(x) - v(x)) = \lim_{x \to x_0} u(x) - \lim_{x \to x_0} v(x)$

c) $\lim_{x \to x_0} (u(x) \cdot v(x)) = \lim_{x \to x_0} u(x) \cdot \lim_{x \to x_0} v(x)$

d) $\lim_{x \to x_0} \frac{u(x)}{v(x)} = \frac{\lim_{x \to x_0} u(x)}{\lim_{x \to x_0} v(x)}$, falls $\lim_{x \to x_0} v(x) \neq 0$ *und* $v(x) \neq 0$

für alle $x$ aus den betrachteten Umgebungen von $x_0$.

Wir beweisen die Teilaussage a):

Nach Voraussetzung haben die Funktionen $u$ und $v$ an der Stelle $x_0$ einen Grenzwert.

D.h. für jede Folge $(x_n)$ mit $\lim_{n \to \infty} x_n = x_0$ gilt:

$$\lim_{x \to x_0} u(x) = \lim_{n \to \infty} u(x_n) \text{ und } \lim_{x \to x_0} v(x) = \lim_{n \to \infty} v(x_n).$$

Nach dem Satz 6 über den Grenzwert der Summenfolge gilt:

$$\lim_{n \to \infty} (u(x_n) + v(x_n)) = \lim_{n \to \infty} u(x_n) + \lim_{n \to \infty} v(x_n).$$

Unter der Verwendung der Voraussetzungen ist damit bewiesen:

$$\lim_{x \to x_0} (u(x) + v(x)) = \lim_{x \to x_0} u(x) + \lim_{x \to x_0} v(x).$$

**Anwendung der Grenzwertsätze**

**Beispiel 35**

*Es sind für die gegebenen Funktionen und Stellen die Grenzwerte zu bestimmen.*

a) $f(x) = \frac{x^2 - 9}{x - 3} \quad (x \neq 3); \quad x_0 = 3$ b) $g(h) = \frac{h^2 - 2h}{h} \quad (h \neq 0); \quad h_0 = 0.$

**Lösung:**

a) Die Zähler- und Nennerfunktion haben an der Stelle 3 den Grenzwert 0. Dadurch führt die unmittelbare Anwendung von Satz 11d nicht zum Ziel.
Wir formen den Funktionsterm von $f$ so um, daß gemeinsame Faktoren in Zähler und Nenner gekürzt werden können (für $x \neq 3$).

$$\frac{x^2 - 9}{x - 3} = \frac{(x - 3)(x + 3)}{x - 3} = x + 3$$

$$\lim_{x \to 3} f(x) = \lim_{x \to 3} (x+3) = \lim_{x \to 3} x + \lim_{x \to 3} 3 = 3+3 = 6$$

b) Wir kürzen zunächst gemeinsame Faktoren im Zähler und Nenner des Funktionsterms:

$$\frac{h^2 - 2h}{h} = \frac{h(h - 2)}{h} = h - 2 \quad (h \neq 0)$$

$$\lim_{h \to 0} g(h) = \lim_{h \to 0} (h-2) = \lim_{h \to 0} h - \lim_{h \to 0} 2 = 0-2 = -2$$

Das Bestimmen von Grenzwerten von Funktionen an einer Stelle $x_0$ ist in den meisten Fällen nicht so einfach wie im Beispiel 35 möglich, z. B. für die Funktion $f$ mit

$$f(x) = \frac{\sin x}{x} \text{ für } x_0 = 0.$$

*Aufgaben 14–16*

## Aufgaben

1. Versuchen Sie, eine *Vermutung* über $\lim\limits_{x \to \infty} f(x)$ bzw. $\lim\limits_{x \to -\infty} f(x)$ zu finden.

a) $f(x) = \frac{3^x}{x^3}$ b) $f(x) = \frac{\cos x}{x}$

c) $f(x) = \frac{x}{\tan x}$ d) $f(x) = 2^{\frac{1}{x}}$

2. Untersuchen Sie das Verhalten der Funktion $f$ für $x \to \infty$ und für $x \to -\infty$.

a) $f(x) = \frac{6}{x^2}$ b) $f(x) = \frac{3x}{x + 2}$ c) $f(x) = 4 - x^3$

d) $f(x) = \frac{x^2 - 2}{x + 1}$ e) $f(x) = \frac{x + 1}{x^2 - 2}$ f) $f(x) = \frac{x + 1}{\sqrt{x}}$

g) $f(x) = \frac{ax^3 - 1}{x^2}$ $(a \neq 0)$ h) $f(x) = \frac{|x| + 1}{x}$ i) $f(x) = \frac{x^4 - 1}{x^2}$

3. Geben Sie jeweils eine Funktion $g$ (Funktionsgleichung und Skizze des Graphen) mit folgenden Eigenschaften an.

   a) $g$ hat für $x \to \pm\infty$ die Asymptote $y = 2$.

   b) $g$ hat für $x \to +\infty$ die Asymptote $y = 2$ und für $x \to -\infty$ die Asymptote $y = -2$.

   c) $\lim\limits_{x \to +\infty} g(x) = 0$ und $\lim\limits_{x \to -\infty} g(x) = \infty$.

   d) $\lim\limits_{x \to \pm\infty} g(x)$ existiert nicht.

4. Untersuchen Sie das Verhalten der Funktion $f$ im Unendlichen. Geben Sie gegebenenfalls die waagerechte Asymptote an.

   a) $f(x) = \frac{4 - x^3}{4 + x^3}$ b) $f(x) = \frac{8x^2 - 3x^3}{2x^2 - x}$

   c) $f(x) = \frac{3x + 2}{x^2 + 5x}$ d) $f(x) = \frac{4}{3x - 2}$

*5. Untersuchen Sie das Verhalten von $f$ mit $f(x) = \frac{ax^m + b}{cx^n + d}$ für $x \to \pm\infty$, wenn

   a) $n = m$; b) $m > n$; c) $m < n$ ist.

6. Gegeben sind folgende Funktionen und zugehörige Graphen. Geben Sie jeweils die Grenzwerte – sofern sie existieren – an den Stellen $-1$; $0$; $2$; $\sqrt{2}$ an.

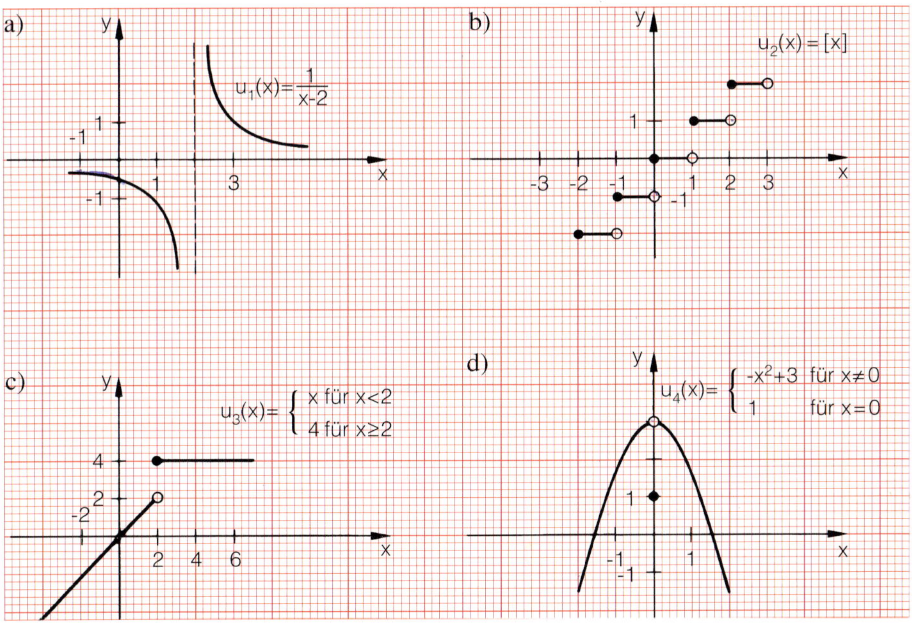

7. Für die angegebene Funktion und Folge $(x_n)$ ist die Folge der zugehörigen Funktionswerte auf Konvergenz zu untersuchen.

a) $f_1(x) = 2x-1$; $(x_n)$ mit $x_n = \dfrac{2n+1}{n}$

b) $f_2(x) = \cos\dfrac{1}{x}$; $(x_n)$ mit $x_n = \dfrac{1}{\frac{2n+1}{2}\pi}$

8. Beweisen Sie mit Hilfe der Grenzwertdefinition, daß $f$ mit $f(x) = x - [x]$ an der Stelle 1 keinen Grenzwert hat (s. Abb.).

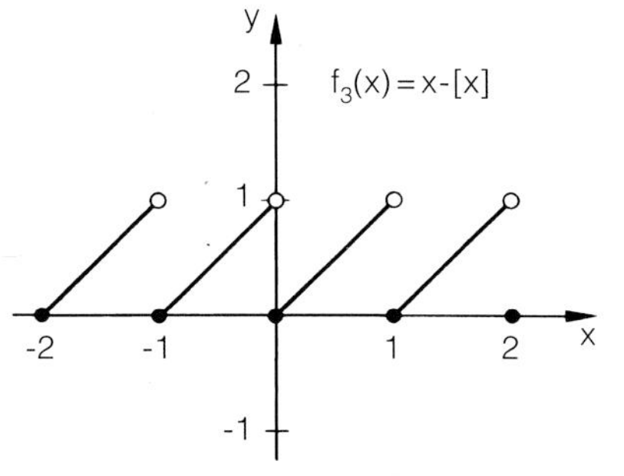


9. Beurteilen Sie folgende Aussagen.

a) $f$ mit $f(x) = x^2$ hat an der Stelle $-\dfrac{1}{2}$ den Grenzwert $\dfrac{1}{4}$.

b) $f$ mit $f(x) = \dfrac{|x+1|}{x+1}$ hat an der Stelle $-1$ zwei Grenzwerte.

c) $f$ mit $f(x) = \dfrac{1}{x^2}$ hat an der Stelle 0 den Grenzwert $\infty$.

d) Jede an einer Stelle $x_0$ definierte Funktion hat dort einen Grenzwert.

e) Wenn eine Funktion an einer Stelle $x_0$ nicht definiert ist, hat sie dort keinen Grenzwert.

10. Versuchen Sie eine *Vermutung* über das Verhalten der gegebenen Funktionen $v$ an der Stelle $x_0$ zu gewinnen. Verwenden Sie den *TR*.

a) $v_1$ mit $v_1(x) = \dfrac{x}{\sqrt{|x|}}$; $x_0 = 0$ b) $v_2$ mit $v_2(x) = \dfrac{|x-2|}{4-2x}$; $x_0 = 2$

c) $v_3$ mit $v_3 = \dfrac{3x}{\sin x}$; $x_0 = 0$ d) $v_4$ mit $v_4 = \dfrac{x^3-x^2-6x}{x+2}$; $x_0 = -2$

11. Untersuchen Sie das Verhalten der Funktion $f$ bei Annäherung von $x$ an die Stelle $x_0$ von links und rechts. Notieren Sie Ihre Vermutung mit Hilfe der Grenzwertschreibweise.

a) $f(x) = \dfrac{1}{\sin x}$; $x_0 = \pi$ b) $f(x) = \dfrac{2^x}{|x|}$; $x_0 = 0$

12. Zeigen Sie, daß $-1$ eine Polstelle der Funktion $f$ mit $f(x) = \dfrac{1}{(x+1)^3}$ ist.

*13. Für gebrochen rationale Funktionen $g(x) = \frac{u(x)}{v(x)}$ gilt:

Wenn $u(a) \neq 0$ und $v(a) = 0$, so ist $a$ eine Polstelle von $g$. Erläutern Sie diese Aussage an selbstgewählten Beispielen.

14. Ermitteln Sie folgende Grenzwerte:

a) $\lim\limits_{x \to -1} \frac{3x^2 - 3}{x+1}$  b) $\lim\limits_{x \to 0} \frac{x^2 + x}{x}$

c) $\lim\limits_{x \to 3} \frac{2x^3 - 6x^2}{x^2 - 3x}$  d) $\lim\limits_{x \to -2} \frac{x+2}{2x^2 + 4x}$

e) $\lim\limits_{h \to 0} \frac{(2+h)^2 - 4}{h}$  f) $\lim\limits_{x \to \sqrt{2}} \frac{x^4 - 4}{x^2 - 2}$

g) $\lim\limits_{x \to -3} \frac{x^2 - 3x - 18}{x+3}$  h) $\lim\limits_{c \to 1} \frac{c^2 - 1}{c^3 - 1}$

15. Geben Sie Beispiele dafür an, daß $\lim\limits_{x \to x_0} \frac{u(x)}{v(x)}$ existiert, obwohl $\lim\limits_{x \to x_0} u(x) = 0$ und $\lim\limits_{x \to x_0} v(x) = 0$ ist.

16. Die Grenzwerte a) $\lim\limits_{x \to 0} \frac{\sin x}{x}$; b) $\lim\limits_{x \to 0} \frac{2^x - 1}{x}$ existieren.

Warum gelingt es nicht, diese mit Hilfe der Grenzwertsätze zu bestimmen? Erarbeiten Sie jeweils eine Vermutung für diese Grenzwerte.

17. Zeichnet man die Parallelen zu den Koordinatenachsen durch den Punkt P $(x_0; y_0)$ der Kurve mit $y = x^{-1}$ $(x > 0)$, dann erhält man ein Rechteck OAPB (s. Abb.).

a) Zeigen Sie: Alle solche Rechtecke haben den Flächeninhalt 1.

b) Ermitteln Sie eine Formel für den Umfang solcher Rechtecke. Welches dieser Rechtecke hat den kleinsten Umfang?

c) Auf der Geraden OP liegt eine Diagonale des Rechtecks OAPB. Stellen Sie eine Gleichung für diese Gerade sowie zur Berechnung der Länge der Diagonalen auf.

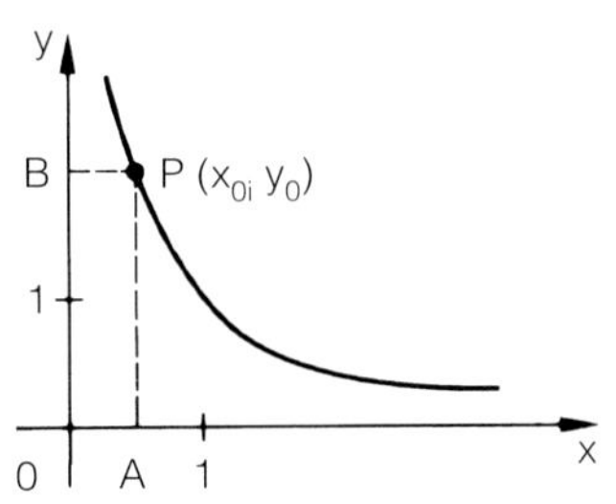


18. Taschenrechner haben zumeist eine Taste zur Berechnung von Zehnerlogarithmen, aber keine, um z. B. Logarithmen zur Basis 2 oder 5 zu ermitteln. Dafür verwendet man dann die Gleichung $\log_a x = \frac{\lg x}{\lg a}$, die für alle $x > 0$ und alle $a > 1$ gilt. Beweisen Sie diese Gleichheit!

# B Einführung in die Differentialrechnung

Ansätze der Differentialrechnung waren schon um die Wende vom 16. zum 17. Jahrhundert vorhanden.

Unabhängig voneinander entwickelten später vor allem Gottfried Wilhelm Leibniz (1646–1716) und Isaac Newton (1643–1727) die Differentialrechnung zu einer eigenständigen mathematischen Disziplin.

Während Leibniz sich bei der Herausbildung der Differentialrechnung von philosophischen und mathematischen Fragestellungen leiten ließ, lagen Newtons Überlegungen physikalisch-mechanische Bewegungsprobleme zugrunde.

Abb. 1 Leibniz

Abb. 2 Newton

**Tangentenproblem**

Ein Grundproblem der Differentialrechnung ist das sogenannte »Tangentenproblem«, d. h. das Problem der Definition einer Tangente an eine beliebige Kurve bzw. die Ermittlung der Gleichung einer Tangente in einem vorgegebenen Kurvenpunkt.

Sind $g_1$, $g_2$ und $g_3$ Tangenten an den Graphen von $f$? Wie ermittelt man die Gleichungen der Tangenten?

Abb. 3

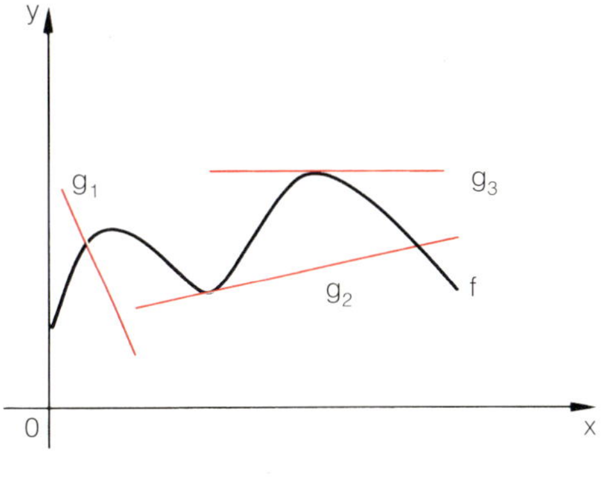

Andere Fragestellungen, die mit Hilfe der Differentialrechnung geklärt werden können sind z. B.:
Der Fahrtenschreiber eines Fernlastzuges zeichnet den Geschwindigkeitsverlauf auf. Zu welchen Zeiten sind Geschwindigkeit bzw. Beschleunigung maximal?

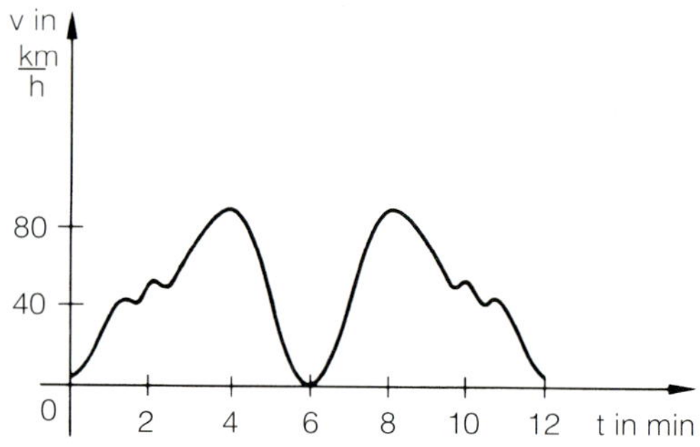


Abb. 4

Mit einer 20 cm langen Schnur umspannt man ein Quadrat mit einem Flächeninhalt von 25 $cm^2$.
Umspannt man mit derselben Schnur ein davon verschiedenes Rechteck, ist der Flächeninhalt kleiner.
Hat unter allen Rechtecken mit gleichem Umfang *stets* das Quadrat den größten Flächeninhalt?

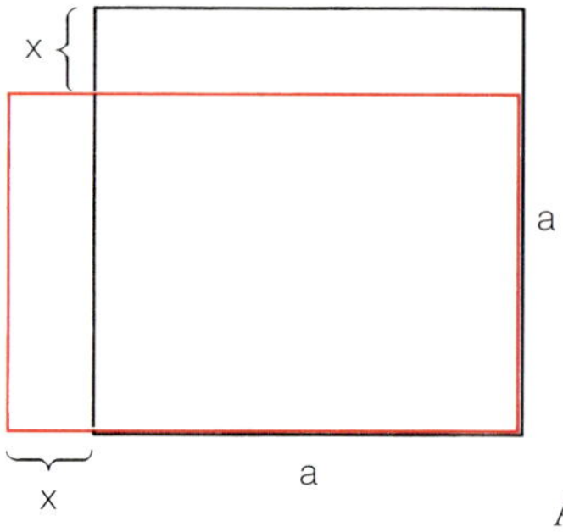


Abb. 5

# B 1 Ableitungen

## B 1.1 Änderungsraten und Differenzenquotient

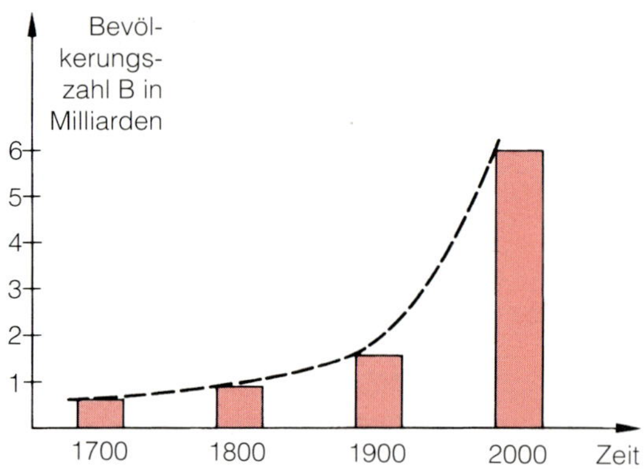


Abb. 6

Abb. 7 Menschenansammlung

Die Bevölkerungszahl der Erde betrug im Jahre 1700 etwa 600 Millionen, im Jahre 1800 etwa 900 Millionen und im Jahre 1900 etwa 1,6 Milliarden Menschen. Für das Jahr 2000 wird die Erdbevölkerung auf etwa 6 Milliarden Menschen geschätzt.
Die absolute Änderung (das absolute Wachstum) der Bevölkerungszahl B von 1700 bis 2000 beträgt also voraussichtlich 5,4 Milliarden Menschen
($\Delta B$ = 6 Milliarden − 0,6 Milliarden = 5,4 Milliarden).

**absolute Änderung**

Die *absolute* Änderung gibt an, um wieviel sich die Werte einer Funktion $f$ zwischen zwei Argumenten $x_0$ und $x_1$ unterscheiden: $\Delta f(x) = f(x_1) - f(x_0)$.

Anhand der Angaben können auch Aussagen über das **mittlere** Wachstum der Bevölkerung pro Jahrhundert getroffen werden:

$$\frac{\Delta B}{3 \text{ Jahrhunderte}} = \frac{5{,}4 \text{ Milliarden}}{3 \text{ Jahrhunderte}} = \frac{1{,}8 \text{ Milliarden}}{1 \text{ Jahrhundert}}.$$

Aufschlußreicher werden die Angaben jedoch, wenn man das mittlere Bevölkerungswachstum in kleineren Zeitintervallen, z. B. in einem Jahr, betrachtet.
Für die Zeit von 1700 bis 1800 gilt:

$$\frac{\Delta B}{100 \text{ Jahre}} = \frac{0{,}9 \text{ Milliarden} - 0{,}6 \text{ Milliarden}}{100 \text{ Jahre}} = \frac{0{,}3 \text{ Milliarden}}{100 \text{ Jahre}} = \frac{3 \text{ Millionen}}{1 \text{ Jahr}},$$

*d. h. die Bevölkerung wuchs in diesem Zeitraum durchschnittlich jährlich um etwa 3 Millionen Menschen.*

①
Berechnen Sie das mittlere Wachstum der Bevölkerung von 1800 bis 1900 bzw. von 1900 bis 2000. Interpretieren Sie die Ergebnisse.

Unter der **mittleren Änderungsrate** einer Funktion $f$ im Intervall $[x_0; x_1]$ versteht man den Quotienten aus der Differenz der Funktionswerte und der Differenz der zugehörigen Argumente:

$$\frac{\Delta f(x)}{\Delta x} = \frac{f(x_1) - f(x_0)}{x_1 - x_0}$$

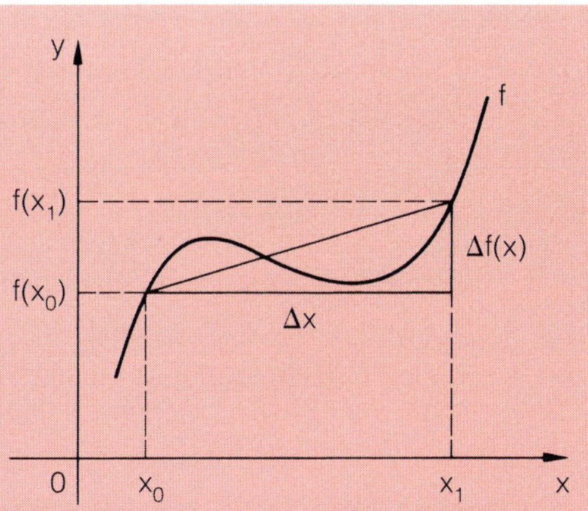

Abb. 8

Die *mittlere Änderungsrate* einer Funktion $f$ in einem Intervall gibt an, wie »schnell« sich die Funktionswerte dieser Funktion im Durchschnitt ändern.

**Differenzenquotient**

Da im Zähler und im Nenner des Quotienten, der die mittlere Änderungsrate einer Funktion $f$ angibt, jeweils Differenzen stehen, bezeichnet man ihn als **Differenzenquotienten** von $f$ im Intervall $[x_0; x_1]$.

**Beispiel 1**

*Das nebenstehende Diagramm zeigt für einen Marathonläufer den zurückgelegten Weg in Abhängigkeit von der Zeit.*
*Aus den gegebenen Werten soll die mittlere Änderungsrate des zurückgelegten Weges im Zeitintervall $[t_0; t_1]$ ermittelt werden.*

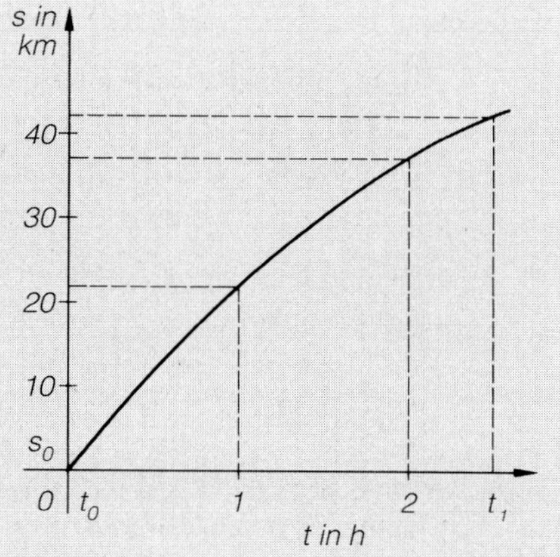


Abb. 9

**Lösung:**

$$\frac{\Delta s}{\Delta t} = \frac{s_1 - s_0}{t_1 - t_0} = \frac{42 \text{ km}}{2\frac{1}{2}\, h} = 16{,}8 \frac{km}{h}$$

Ergebnis:
Die mittlere Änderungsrate des Weges in der Zeit von $t_0$ bis $t_1$ ist die Durchschnittsgeschwindigkeit des Läufers im Zeitintervall $[t_0; t_1]$.

②
Berechnen Sie die mittleren Änderungsraten des Weges für die Zeitintervalle [0; 1h], [1h; 2h], [2h; $2\frac{1}{2}$ h] und [$2\frac{1}{4}$ h; $2\frac{1}{2}$ h].

**Beispiel 2**

*Gegeben sei die Funktion $f$: $x \mapsto x^2 + 1$.*
*Es soll der Differenzenquotient der Funktion im Intervall [1; 2] ermittelt werden.*

**Lösung:**

$$\frac{\Delta f(x)}{\Delta x} = \frac{f(x_1) - f(x_0)}{x_1 - x_0} = \frac{5 - 2}{2 - 1} = 3$$

Ergebnis:
Der Differenzenquotient der Funktion $f$ hat im Intervall [1; 2] den Wert 3.

③
Ermitteln Sie die Differenzenquotienten für die Intervalle [2; 2,5], [2; 2,1] und [2; 2,01]. Geben Sie eine geometrische Deutung dieser Differenzenquotienten.

*Aufgaben 1–5*

## B 1.2 Ableitung einer Funktion, Differentialquotient

④

Ein Körper fällt aus einer Höhe von 100 m frei nach unten.

a) Welchen Weg legt er innerhalb der ersten zwei Sekunden zurück?
b) Stellen Sie eine Vermutung über die Momentangeschwindigkeit des Körpers zum Zeitpunkt $t_0 = 2s$ auf.
c) Berechnen sie dazu die Durchschnittsgeschwindigkeiten des Körpers in den Zeitintervallen $[1s; 2s]$, $[1{,}9s; 2s]$, $[1{,}99s; 2s]$ und $[1{,}999s; 2s]$.

Bei einer Fahrt mit dem Auto gibt die Tachometeranzeige Auskunft über die **Momentangeschwindigkeit** des Fahrzeugs zu einem Zeitpunkt $t_0$.
Die Momentangeschwindigkeit eines Körpers zum Zeitpunkt $t_0$ wird als Grenzwert des Quotienten $\frac{\Delta s}{\Delta t}$ für $\Delta t \to 0$ definiert.

Man schreibt: $\lim\limits_{\Delta t \to 0} \frac{\Delta s}{\Delta t} = \lim\limits_{\Delta t \to 0} \frac{s(t_1) - s(t_0)}{\Delta t} = v.$

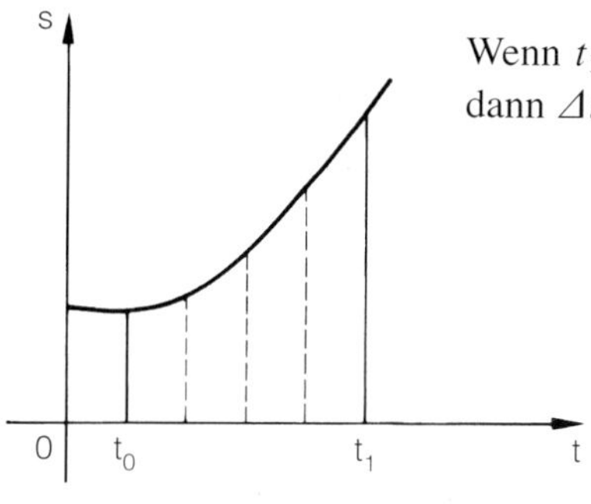


Wenn $t_1 \to t_0$,
dann $\Delta t \to 0$.

Abb. 10

## Ableitung einer Funktion

Wir übertragen das Vorgehen, das zur Erklärung der Momentangeschwindigkeit geführt hat, auf beliebige Funktionen $f\colon x \mapsto f(x)$. Es wird sich zeigen, daß wir damit das Tangentenproblem lösen können.
Für weitere Betrachtungen bezeichnen wir die Differenz $\Delta x$ der Argumente einer Funktion mit $h$, der Differenzenquotient kann somit als Funktion von $h$ aufgefaßt werden.

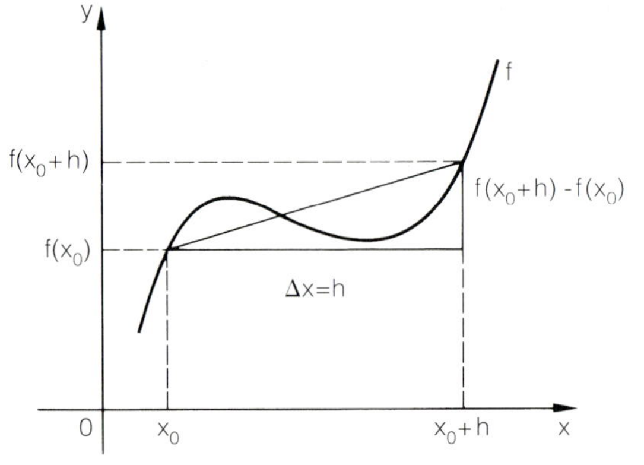


$$D(h) = \frac{f(x_0+h) - f(x_0)}{h}$$

Abb. 11

– Wir bilden den Differenzenquotienten von $f$ im Intervall $[x_0; x_0 + h]$:

$$D(h) = \frac{\Delta f}{h} = \frac{f(x_0+h) - f(x_0)}{h}.$$

*Geometrisch* bedeutet das: Wir ermitteln den Anstieg der Sekante durch die Punkte $P_0(x_0; f(x_0))$ und $P_1(x_0 + h; f(x_0 + h))$.

– Wir bilden, falls er existiert, den Grenzwert des Differenzenquotienten für $h \to 0$:

$$\lim_{h\to 0} D(h) = \lim_{h\to 0} \frac{f(x_0+h) - f(x_0)}{h}.$$

*Geometrisch* bedeutet das: Wir ermitteln den Anstieg einer »Grenzgeraden«.

**Differentialquotient**

**Definition 1**
Es sei $f$ eine Funktion, $x_0$ eine Zahl, $f$ sei in einer Umgebung von $x_0$ definiert. Falls der Grenzwert des Differenzenquotienten

$\lim\limits_{h\to 0} \frac{f(x_0+h) - f(x_0)}{h}$ existiert, bezeichnet man ihn als **1. Ableitung** (Ableitung) der Funktion $f$ an der Stelle $x_0$ bzw. als **Differentialquotienten** der Funktion $f$ an der Stelle $x_0$.
Man schreibt:

$$\lim_{h\to 0} \frac{f(x_0+h) - f(x_0)}{h} = f'(x_0)$$

(gesprochen: $f$ Strich von $x_0$) oder

$$\lim_{h\to 0} \frac{f(x_0+h) - f(x_0)}{h} = \frac{df(x)}{dx} \mid x = x_0$$

(gesprochen: $df$ von $x$ nach $dx$ für $x = x_0$).

Der Grenzwert kann als **lokale Änderungsrate** einer Funktion $f$ an einer Stelle $x_0$ aufgefaßt werden.

Wenn der Grenzwert $\lim\limits_{h \to 0} \frac{f(x_0+h) - f(x_0)}{h}$ existiert, sagt man, die Funktion $f$ ist an der Stelle $x_0$ **differenzierbar**.

## Beispiele für die Berechnung von Ableitungen

**Beispiel 3**

*Es ist die 1. Ableitung der Funktion $f\colon x \mapsto x^3$ an der Stelle $x_0 = 2$ zu berechnen.*

**Lösung:**

– Wir bilden den Differenzenquotienten an der Stelle $x_0 = 2$:

$$D(h) = \frac{f(x_0 + h) - f(x_0)}{\mathrm{h}} = \frac{f(2 + h) - f(2)}{\mathrm{h}} = \frac{(2 + h)^3 - 2^3}{\mathrm{h}}$$

– Wir formen den Differenzenquotienten um:

$$D(h) = \frac{8 + 3 \cdot 4h + 3 \cdot 2h^2 + h^3 - 8}{h} = \frac{12h + 6h^2 + h^3}{h}$$

$$= \frac{h(12 + 6h + h^2)}{h} = 12 + 6h + h^2$$

– Wir bestimmen den Grenzwert des Differenzenquotienten für $h \to 0$

$\lim\limits_{h \to 0} (12 + 6h + h^2) = 12$, das heißt: $f'(2) = 12$.

**Beispiel 4**

*Gesucht ist die Ableitung der Funktion* $f\colon x \mapsto \frac{1}{x}$ $(x \neq 0)$ *an der Stelle* $x_0$.

**Lösung:**

– Bilden des Differenzenquotienten:

$$D(h) = \frac{f(x_0+h) - f(x_0)}{h} = \frac{\frac{1}{x_0+h} - \frac{1}{x_0}}{h} \qquad (x_0 \neq 0)$$

– Umformen des Differenzenquotienten:

$$D(h) = \frac{1}{h}\left(\frac{1}{x_0+h} - \frac{1}{x_0}\right) = \frac{1}{h} \cdot \left(\frac{x_0 - (x_0+h)}{(x_0+h)x_0}\right)$$

$$= \frac{1}{h} \cdot \left(\frac{-h}{x_0(x_0+h)}\right) = \frac{-1}{x_0(x_0+h)}$$

– Bestimmen des Grenzwertes des Differenzenquotienten:

$$\lim_{h \to 0} \left( \frac{-1}{x_0 (x_0 + h)} \right) = \frac{-1}{{x_0}^2}, \text{ das heißt } f'(x_0) = -\frac{1}{{x_0}^2}$$

*Aufgaben 6–7*

## Geometrische Deutung der 1. Ableitung einer Funktion an einer Stelle $x_0$

Der Differenzenquotient bzw. die mittlere Änderungsrate einer Funktion $f$ in einem Intervall gibt den Anstieg der Sekante in diesem Intervall an (siehe Auftrag ③).

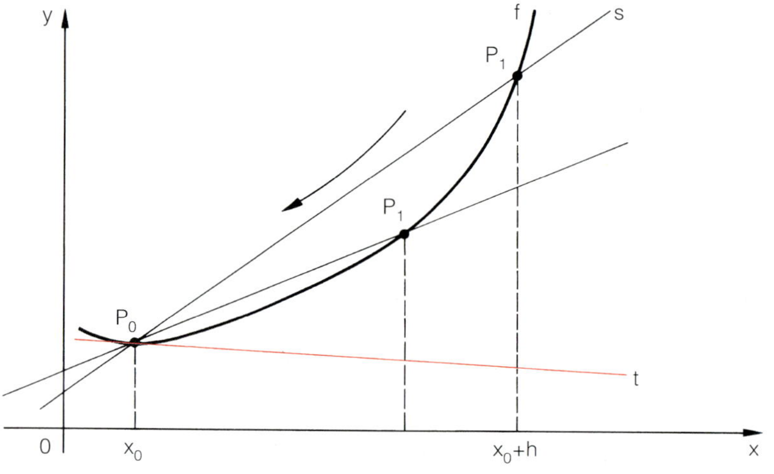


Abb. 12

Wir lassen $P_1$ auf dem Graphen von $f$ gegen $P_0$ streben. Die Sekante durch die Punkte $P_1$ und $P_0$ nähert sich dabei einer »Grenzgeraden«, die man Tangente $t$ in $P_0$ an den Graph von $f$ nennt. Der Anstieg der Tangente in $P_0$ ist der Grenzwert der Anstiege der Sekanten durch die jeweiligen Punkte $P_0$ und $P_1$ ($P_0 \neq P_1$) für $P_1 \to P_0$.

**Definition 2**

Es sei $f$ eine in $x_0$ differenzierbare Funktion.
Unter der **Tangente** an den Graphen von $f$ im Punkt $P_0(x_0; f(x_0))$ versteht man die Gerade $g$, die

1. durch den Punkt $P_0$ geht und
2. den Anstieg $m = f'(x_0)$ hat.

Tangenten an einen Funktionsgraphen können verschiedene Lagen haben, z. B.:

a) b) c)

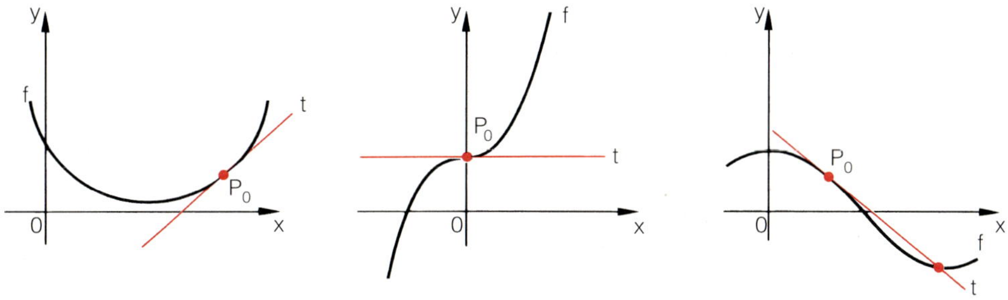


Abb. 13

Die Tangente »berührt« den Graphen.

Die Tangente »durchsetzt« den Graphen.

Die Tangente schneidet den Graphen in einem weiteren Punkt.

Der Anstieg des Graphen von $f$ im Punkt $P_0(x_0; f(x_0))$ wird definiert als $m = f'(x_0)$.

**Beispiel 5**

*Es ist der Anstieg der Tangente an den Graphen von $f$ mit $f(x) = \frac{1}{x}$ $(x \neq 0)$ an der Stelle $x_0 = 1$ zu berechnen.*

**Lösung:**

Es ist die 1. Ableitung der Funktion $f$ an der Stelle $x_0 = 1$ zu bestimmen.

Nach Beispiel 4 gilt: $f'(x_0) = \frac{-1}{{x_0}^2}$ $(x_0 \neq 0)$.

Daraus ergibt sich für den Anstieg der Tangente an der Stelle $x_0 = 1$:

$$m_t = f'(1) = \frac{-1}{1^2} = -1.$$

**Beispiel 6**

*Es sollen die Gleichung der Tangente in $P_0(1; 3)$ an den Graphen von $f$ mit $f(x) = 3x^2$ und der Schnittwinkel dieser Tangente mit der positiven Richtung der x-Achse ermittelt werden.*

**Lösung:**

Die Tangente ist der Graph einer linearen Funktion der Form $y = mx + n$.

– Anstieg ermitteln:

$$m_t = f'(1) = \lim_{h \to 0} \frac{3(1+h)^2 - 3 \cdot 1^2}{h} = \lim_{h \to 0} \frac{3 + 6h + 3h^2 - 3}{h}$$

$$m_t = \lim_{h \to 0} \frac{h(6+3h)}{h} = \lim_{h \to 0}(6+3h)$$

$$m_t = 6$$

– $n$ ermitteln:

$$y_0 = m_t \cdot x_0 + n$$

$$3 = 6 \cdot 1 + n$$

$$n = -3$$

Die Gleichung der Tangente lautet: $y = 6x - 3$.

– Anstiegswinkel bestimmen:

$$m_t = \tan \alpha$$

$$6 = \tan \alpha$$

$$\alpha = 80{,}5°$$

Der Schnittwinkel der Tangente mit der positiven Richtung der $x$-Achse beträgt $80{,}5°$.

*Aufgaben 8–13*

## Ableitungsfunktionen

⑤

a) Ermitteln Sie die 1. Ableitung der Funktion $f: x \mapsto x^2$ an der Stelle $x_0$.
Bestimmen Sie den Wert der 1. Ableitung für $x_0 = -2$; $x_0 = -\frac{1}{2}$; $x_0 = 0$; $x_0 = \frac{3}{4}$ und $x_0 = 2$.

b) Stellen Sie $f$ graphisch dar. Tragen Sie die geordneten Paare $(x_0; f'(x_0))$ in dasselbe Koordinatensystem ein.

Ermittelt man für eine Funktion $f$ für jede Stelle des Definitionsbereiches, an der $f$ differenzierbar ist, die Ableitung, so erhält man eine neue Funktion: jedem Wert $x$ wird der Wert $f'(x)$ zugeordnet.

**Definition 3**

Die Funktion $x \mapsto f'(x)$ heißt **Ableitungsfunktion** der Funktion $f$.

**Differenzieren einer Funktion**

Das Ermitteln der Ableitungsfunktion einer Funktion $f$ nennt man *Ableiten* von $f$ bzw. *Differenzieren* von $f$.

⑥
Geben Sie anhand des Auftrages ⑤b die Ableitungsfunktion $f'$ für die Funktion $f$ mit $f(x) = x^2$ an.

**Beispiel 7**

*Es ist die Ableitungsfunktion $f'$ zu der Funktion $f$ mit $f(x) = x^3$ zu ermitteln.*

**Lösung:**
– Differenzenquotienten bilden:

$$D(h) = \frac{f(x_0+h)-f(x_0)}{h} = \frac{(x_0+h)^3-x_0{}^3}{h}$$

– Differenzenquotienten umformen:

$$D(h) = \frac{x_0{}^3+3x_0{}^2h+3x_0h^2+h^3-x_0{}^3}{h} = \frac{3x_0{}^2h+3x_0h^2+h^3}{h}$$

$$= \frac{h(3x_0{}^2+3x_0h+h^2)}{h} = 3x_0{}^2 + 3x_0h + h^2$$

– Grenzwert des Differenzenquotienten bilden:

$$\lim_{h\to 0} D(h) = \lim_{h\to 0} (3x_0{}^2 + 3x_0\,h + h^2) = 3x_0{}^2.$$

Da dies für alle $x \in D_f$ zutrifft, gilt: $f'(x) = 3x^2$.

**Stetigkeit und Differenzierbarkeit**

Im Abschnitt A 2.3 wurde die Funktion $f$ mit $f(x) = |x|$ als Beispiel für stetige Funktionen genannt.
Es soll untersucht werden, ob die Funktion $f$ an der Stelle $x_0 = 0$ differenzierbar ist.

Wir bilden den Differenzenquotienten:

$$D(h) = \frac{f(x_0 + h) - f(x_0)}{h} = \frac{|0 + h| - |0|}{h} = \frac{|h|}{h}.$$

Wir bilden den Grenzwert des Differenzenquotienten:

Da $|h| = \begin{cases} h \text{ für } h \geqq 0 \\ -h \text{ für } h < 0 \end{cases}$ gilt,

müssen bei der Ermittlung des Grenzwertes zwei Fälle betrachtet werden:

1) Für $h \geqq 0$ gilt: $\lim\limits_{h\to 0} \frac{|h|}{h} = 1$ und 2) für $h < 0$ gilt: $\lim\limits_{h\to 0} \frac{|h|}{h} = -1$.

Nähert man sich der Stelle $x_0 = 0$ einmal von links und einmal von rechts, so erhält man zwei verschiedene Grenzwerte.
Die Funktion $f$ mit $f(x) = |x|$ ist also an der Stelle $x_0 = 0$ *nicht differenzierbar.*
Das Beispiel der Betragsfunktion $f$: $x \mapsto |x|$ zeigt, daß eine stetige Funktion *nicht* differenzierbar sein muß.

Es gilt aber:

**Satz 1**

Jede an der Stelle $x_0 \in D_f$ differenzierbare Funktion $f$ ist an der Stelle $x_0$ auch stetig.

*Aufgaben 14–16*

## B 1.3 Ableitungsregeln

⑦
Leiten Sie die Funktion $f$ mit $f(x) = \frac{x^2 + 4}{x + 1}$ ab.

Bei vielen Funktionen erweist sich die Differentiation unter Verwendung der Definition 1 als sehr aufwendig.
Mit Hilfe von Ableitungsregeln soll die Differentiation komplizierter Funktionen auf die Differentiation einfacher Funktionen zurückgeführt werden.

### Faktorregel und Potenzregel

⑧
Im Beispiel 7 wurde als Ableitung der Funktion $f$ mit $f(x) = x^3$ die Funktion $f'$ mit $f'(x) = 3x^2$ ermittelt. Bestimmen Sie die Ableitung der Funktion $g$ mit $g(x) = 2x^3$, und vergleichen Sie mit der Ableitung von $f$.

Die Regel für das Differenzieren eines Produktes einer Funktion mit einem konstanten Faktor wird mit Hilfe der Definition der 1. Ableitung (Definition 1) hergeleitet.

Gegeben sei die Funktion $f$: $x \mapsto c \cdot u(x)$, mit $c \in \mathbb{R}$; $u$ sei an der Stelle $x_0 \in D_u$ differenzierbar.
– Wir bilden den Differenzenquotienten:

$$D(h) = \frac{c \cdot u(x_0 + h) - c \cdot u(x_0)}{h}$$

– Wir formen den Differenzenquotienten um:

$$D(h) = c \cdot \left( \frac{u(x_0 + h) - u(x_0)}{h} \right)$$

– Wir bilden den Grenzwert des Differenzenquotienten, indem wir Grenzwertsätze für Funktionen anwenden:

$$\lim_{h \to 0} D(h) = \lim_{h \to 0} c \cdot \lim_{h \to 0} \frac{u(x_0 + h) - u(x_0)}{h}$$

also: $f'(x_0) = c \cdot u'(x_0)$.

Faktorregel

**Satz 2 (Faktorregel)**
Ist eine Funktion $u$ an der Stelle $x$ differenzierbar, so ist auch die Funktion $f$ mit $f(x) = c \cdot u(x)$ für jedes $c \in \mathbb{R}$ an der Stelle $x$ differenzierbar; es gilt:

$$f'(x) = c \cdot u'(x).$$

Die Faktorregel besagt, daß konstante Faktoren beim Differenzieren erhalten bleiben.

**Beispiel 8**

*Es ist die Ableitungsfunktion der Funktion f mit* $f(x) = \frac{1}{3} x^3$ *zu bilden.*

**Lösung:**

$f(x) = \frac{1}{3} x^3$, $\quad c = \frac{1}{3}$ und $u(x) = x^3$

$f'(x) = \frac{1}{3} \cdot u'(x)$, $\quad u'(x) = 3x^2$

$f'(x) = \frac{1}{3} \cdot 3x^2$

$f'(x) = x^2$

⑨
Ergänzen Sie nebenstehende Tabelle, und versuchen Sie, eine Regel für das Ableiten von Potenzfunktionen zu finden.

| $f(x)$ | $x$ | $x^2$ | $x^3$ | $x^4$ |
|---|---|---|---|---|
| $f'(x)$ | | | | |

Die betrachteten Beispiele führen zu folgendem Satz:

Potenzregel

**Satz 3 (Potenzregel)**
Jede Potenzfunktion $f$ mit $f(x) = x^n$ $(x \in \mathbb{R}, n \in \mathbb{N}, n > 0)$ ist differenzierbar, es gilt: $f'(x) = n \cdot x^{n-1}$.

⑩
Überprüfen Sie, ob die Potenzregel auch auf die Funktion $f$ mit $f(x) = \frac{1}{x^2}$ anwendbar ist, indem Sie die Ableitung erst mit Hilfe des Grenzwertes des Differenzenquotienten und anschließend analog zur Potenzregel bilden.

**Satz 4** (Erweiterung der Potenzregel)
Ist $f$ mit $f(x) = x^{-n}$ $(x \in \mathbb{R}, x \neq 0, n \in \mathbb{N}, n > 0)$ an der Stelle $x$ differenzierbar, so gilt: $f'(x) = -n \cdot x^{-n-1}$.

**Beispiel 9**

*Es ist die Ableitung der Funktion f mit* $f(x) = 4x^5$ *zu bilden.*

**Lösung:**

$f(x) = 4x^5$

$f'(x) = (4x^5)' = 4 \cdot 5 \cdot x^{5-1}$ (Faktorregel, Potenzregel)

$(4x^5)' = 20x^4$

**Beispiel 10**

*Es ist die Ableitung der Funktion f mit* $f(x) = \frac{2}{x^4}$ *zu bilden.*

**Lösung:**

$f(x) = \frac{2}{x^4} = 2 \cdot x^{-4}$

$f'(x) = 2 \cdot (-4) \cdot x^{-4-1}$ (Faktorregel, Potenzregel)

$f'(x) = -8 \cdot x^{-5}$

$f'(x) = -\frac{8}{x^5}$

## Ableitung einer konstanten Funktion

⑪
a) Stellen Sie die Funktion $f\colon x \mapsto 4$ in einem Koordinatensystem graphisch dar. Wie groß ist die 1. Ableitung an jeder Stelle des Definitionsbereiches?

b) Bestimmen Sie die 1. Ableitung der Funktion $f\colon x \mapsto 7$.

konstante Funktionen

**Satz 5**
Für die Ableitung einer konstanten Funktion $f$ mit $f(x) = c$ $(c \in \mathbb{R})$ gilt: $f'(x) = 0$.

⑫
Beweisen Sie Satz 5.

*Aufgaben 17–20*

## Summenregel, Produktregel und Quotientenregel

⑬
Bestimmen Sie die Ableitung der Funktion $f$ mit $f(x) = x^2 + x^3$.

mmenregel

**Satz 6 (Summenregel)**
Sind zwei Funktionen $u$ und $v$ an einer Stelle $x$ differenzierbar, so ist auch die Funktion $f$ mit $f(x) = u(x) + v(x)$ an dieser Stelle differenzierbar, es gilt:

$$f'(x) = u'(x) + v'(x) \text{ oder kurz: } (u + v)' = u' + v'.$$

⑭
Beweisen Sie die Summenregel.

Die Summenregel kann für mehrere Summanden verallgemeinert werden:

$$(f_1 + f_2 + \ldots + f_n)' = f_1' + f_2' + \ldots + f_n'.$$

⑮
Begründen Sie die Aussage: Mit Hilfe der bisher formulierten Regeln kann jede ganzrationale Funktion $f\colon x \mapsto a_n x^n + a_{n-1}x^{n-1} + \ldots + a_1 x + a_0$ differenziert werden.

**Beispiel 11**

*Gegeben sei die Funktion $f$ mit $f(x) = x^3 - 5x^2 + 1$; gesucht ist die zugehörige Ableitungsfunktion $f'$.*

**Lösung:**

| | |
|---|---|
| $f(x) = x^3 - 5x^2 + 1$ | |
| $f'(x) = (x^3)' + (-5x^2)' + (1)'$ | Summenregel |
| $f'(x) = (x^3)' + (-5) \cdot (x^2)' + 0$ | Faktorregel, Ableitung von konstanten Funktionen, |
| $f'(x) = 3x^2 + (-5) \cdot 2x^1$ | Potenzregel |
| $f'(x) = 3x^2 - 10x$ | Termumformungen |

(16)

Untersuchen Sie am Beispiel der Funktion $f$ mit $f(x) = x^3 = x^2 \cdot x$, ob analog zur Summenregel $[(u + v)' = u' + v']$ auch gilt:
Die Ableitung eines Produktes ist gleich dem Produkt der Ableitungen $[(u \cdot v)' = u' \cdot v']$.

**Herleitung der Produktregel**

Wir wollen eine Regel für das Ableiten eines Produktes zweier Funktionen ermitteln.

**Voraussetzungen:**

Gegeben sei die Funktion $f$ mit $f(x) = u(x) \cdot v(x)$.
$u$ und $v$ seien differenzierbar, d. h.

$$\lim_{h \to 0} \frac{u(x+h) - u(x)}{h} \quad \text{und}$$

$$\lim_{h \to 0} \frac{v(x+h) - v(x)}{h} \quad \text{existieren.}$$

**Herleitung:**

– Differenzenquotienten bilden:

$$\frac{f(x+h)-f(x)}{h} = \frac{u(x+h) \cdot v(x+h) - u(x) \cdot v(x)}{h}$$

– Differenzenquotienten umformen:

$$\frac{f(x+h)-f(x)}{h} = \frac{u(x+h) \cdot v(x+h) - u(x) \cdot v(x+h) + u(x) \cdot v(x+h) - u(x) \cdot v(x)}{h}$$

An dieser Stelle wurde ein mathematischer »Kunstgriff« angewendet, es wurde »Null addiert«: $-u(x) \cdot v(x+h) + u(x) \cdot v(x+h) = 0$.

$$\frac{f(x+h)-f(x)}{h} = \frac{[u(x+h)-u(x)] \cdot v(x+h) + u(x) \cdot [v(x+h)-v(x)]}{h}$$

$$= \frac{u(x+h)-u(x)}{h} \cdot v(x+h) + u(x) \cdot \frac{v(x+h)-v(x)}{h}$$

– Grenzwert des Differenzenquotienten bilden:

$$f'(x) = \lim_{h \to 0} \left[ \frac{u(x+h)-u(x)}{h} \cdot v(x+h) + u(x) \cdot \frac{v(x+h)-v(x)}{h} \right]$$

Nach Voraussetzung gilt:

$$\lim_{h \to 0} \frac{u(x+h)-u(x)}{h} = u'(x)$$

$$\text{und} \lim_{h \to 0} \frac{v(x+h)-v(x)}{h} = v'(x)$$

Also: $f'(x) = u'(x) \cdot v(x) + u(x) \cdot v'(x)$.

**Satz 7 (Produktregel)**
Sind zwei Funktionen $u$ und $v$ an der Stelle $x$ differenzierbar, so ist auch die Funktion $f$ mit $f(x) = u(x) \cdot v(x)$ an dieser Stelle differenzierbar, es gilt:

$$f'(x) = u'(x) \cdot v(x) + u(x) \cdot v'(x) \text{ oder kurz: } (u \cdot v)' = u' \cdot v + u \cdot v'$$

**Beispiel 12**

*Gegeben sei $f$ mit $f(x) = (x^2 + 2x) \cdot (x^2 - 1)$, gesucht ist die Ableitungsfunktion $f'$.*

**Lösung:**

$$f(x) = \underbrace{(x^2+2x)}_{u} \cdot \underbrace{(x^2-1)}_{v}$$

$$f'(x) = \underbrace{(2x+2)}_{u'} \cdot \underbrace{(x^2-1)}_{v} + \underbrace{(x^2+2x)}_{u} \cdot \underbrace{2x}_{v'}$$

$$f'(x) = 2x^3 + 2x^2 - 2x - 2 + 2x^3 + 4x^2$$

$$f'(x) = 4x^3 + 6x^2 - 2x - 2$$

Diese Aufgabe kann auch ohne Produktregel gelöst werden.

**Lösung:**

$f(x) = (x^2 + 2x) \cdot (x^2 - 1)$

$f(x) = x^4 + 2x^3 - x^2 - 2x$ Termumformungen

$f'(x) = 4x^3 + 6x^2 - 2x - 2$ Summenregel, Potenzregel, Faktorregel

Beim Ableiten ganzrationaler Funktionen ist der Rechenaufwand beim Anwenden der Produktregel häufig höher als beim Anwenden der Summenregel.
Wir werden noch Beispiele kennenlernen, bei denen die Produktregel angewendet werden *muß*.

⑰
Ermitteln Sie die 1. Ableitung der Funktion $f$ mit $f(x) = \frac{x+1}{x}$ $(x \in I\!R,\ x \neq 0)$.

Die Ableitung dieses Quotienten können wir berechnen, indem wir auf uns bekannte Regeln zurückgreifen.
Wie sieht es aber mit der Ableitung des Quotienten der Funktion $f$ mit $f(x) = \frac{x}{x+1}$ aus?

⑱
Ermitteln Sie die Ableitung der Funktion $f$ mit $f(x) = \frac{x}{x+1}$, indem Sie den Grenzwert des Differenzenquotienten von $f$ bilden.

**Quotientenregel**

**Satz 8 (Quotientenregel)**
Sind zwei Funktionen $u$ und $v$ an der Stelle $x$ differenzierbar und ist $v(x) \neq 0$, so ist auch die Funktion $f$ mit $f(x) = \frac{u(x)}{v(x)}$ an der Stelle $x$ differenzierbar, es gilt:

$$f'(x) = \frac{u'(x) \cdot v(x) - u(x) \cdot v'(x)}{(v(x))^2} \quad \text{oder kurz: } \left(\frac{u}{v}\right)' = \frac{u' \cdot v - u \cdot v'}{v^2}.$$

Wir führen den Beweis für Satz 8 wie folgt:

**Voraussetzungen:**
– Gegeben sei die Funktion $f$ mit $f(x) = \dfrac{u(x)}{v(x)}$ $(v(x) \neq 0)$.

– $u(x)$ und $v(x)$ seien differenzierbar, d.h.

$$\lim_{h \to 0} \frac{u(x+h) - u(x)}{h} \text{ und } \lim_{h \to 0} \frac{v(x+h) - v(x)}{h} \text{ existieren.}$$

**Behauptung:**

$$f'(x) = \frac{u'(x) \cdot v(x) - u(x) \cdot v'(x)}{(v(x))^2}$$

**Beweis:**
– Wir bilden den Differenzenquotienten:

$$\frac{f(x+h) - f(x)}{h} = \frac{\dfrac{u(x+h)}{v(x+h)} - \dfrac{u(x)}{v(x)}}{h}$$

– Wir formen den Differenzenquotienten um:

$$\frac{f(x+h) - f(x)}{h} = \frac{1}{h} \left[\frac{u(x+h)}{v(x+h)} - \frac{u(x)}{v(x)}\right]$$

$$= \frac{1}{h} \cdot \frac{u(x+h) \cdot v(x) - u(x) \cdot v(x+h)}{v(x+h) \cdot v(x)}$$

$$= \frac{1}{h} \cdot \frac{[u(x+h) - u(x)] \cdot v(x) + u(x) \cdot v(x) - u(x) \cdot v(x+h)}{v(x+h) \cdot v(x)}$$

Auch an dieser Stelle des Beweises wurde wieder »Null addiert«:
$- u(x) \cdot v(x) + u(x) \cdot v(x) = 0.$

$$\frac{f(x+h) - f(x)}{h} = \frac{\dfrac{u(x+h) - u(x)}{h} \cdot v(x) - u(x) \cdot \dfrac{v(x+h) - v(x)}{h}}{v(x+h) \cdot v(x)}$$

– Wir bilden den Grenzwert des Differenzenquotienten:

$$f'(x) = \lim_{h\to 0}\left[\frac{\frac{u(x+h)-u(x)}{h}\cdot v(x) - u(x)\cdot\frac{v(x+h)-v(x)}{h}}{v(x+h)\cdot v(x)}\right]$$

Nach Voraussetzung gilt: $\lim\limits_{h\to 0}\frac{u(x+h)-u(x)}{h} = u'(x)$

und $\lim\limits_{h\to 0}\frac{v(x+h)-v(x)}{h} = v'(x)$,

also: $f'(x) = \frac{u'(x)\cdot v(x) - u(x)\cdot v'(x)}{(v(x))^2}$

**Beispiel 13**

*Es soll die Ableitung der Funktion f mit* $f(x) = \frac{x}{x+1}$ $(x \neq -1)$ *ermittelt werden.*

**Lösung:**

Wir setzen $u(x) = x$ und $v(x) = x + 1$, dann ist $u'(x) = 1$ und $v'(x) = 1$.

Nach der Quotientenregel gilt somit: $f'(x) = \frac{1\cdot(x+1) - x\cdot 1}{(x+1)^2}$

$$f'(x) = \frac{1}{(x+1)^2}$$

*Aufgaben 21–31*

## B 1.4 Ableitungen höherer Ordnung

⑲

Bei der geradlinig gleichmäßig beschleunigten Bewegung ist der Zusammenhang zwischen Weg und Zeit durch das Weg-Zeit-Gesetz $s(t) = \frac{a}{2}t^2$ gegeben.

a) Ermitteln Sie die 1. Ableitung des Weges nach der Zeit: $s'(t)$.
Welche physikalische Größe wird durch diese Ableitungsfunktion dargestellt?

b) Leiten Sie die erhaltene Funktion noch einmal ab. Geben Sie auch hier eine physikalische Deutung der Funktion $t \mapsto (s'(t))'$.

⑳

Bilden Sie die Ableitungen der Funktionen
$f$ mit $f(x) = x^3 + x^2 + 1$, $g$ mit $g(x) = 3x^2 + 2x$ und $h$ mit $h(x) = 6x + 2$.
Welchen Zusammenhang stellen Sie fest?

Die Ableitungsfunkion $f'$ einer Funktion $f$ kann, falls sie differenzierbar ist, wieder als Ausgangsfunktion für das Bilden der Ableitung aufgefaßt werden.

**zweite Ableitung**

**Definition 4**

Es sei $f$ eine reelle Funktion und $f'$ ihre Ableitung. Falls $f'$ differenzierbar ist, bezeichnet man die Funktion $(f')'$ als **2. Ableitung** von $f$.

Man schreibt: $(f'(x))' = f''(x)$.

(gesprochen: $f$ zwei Strich von $x$)

(21)

Gegeben sei die Funktion $f$ mit $f(x) = 3x^2 + 2x + 1$.
Bilden Sie $f'(x)$ und $f''(x)$.

Auch die Funktion $f''$ kann, falls sie differenzierbar ist, wieder abgeleitet werden, wir erhalten die 3. Ableitung $f'''$ der Funktion $f$.
Allgemein kann man für eine natürliche Zahl $n \geqq 2$ die Ableitung $n$-ter Ordnung (die $n$-te Ableitung) definieren, vorausgesetzt, daß die Funktion $f$ und ihre Ableitungen bis zur $(n-1)$-ten Ordnung differenzierbar sind.

Man schreibt für Ableitungen mit einer Ordnung $n \geqq 4$: $f^{(4)}(x), f^{(5)}(x), \ldots, f^{(n)}(x)$.

(22)

Wie viele von Null verschiedene Ableitungen hat eine quadratische Funktion?

**Beispiel 14**

*Gegeben sei die Funktion f mit* $f(x) = 3x^5 + 4x^4 - 3x^2 + \sqrt{2}x - 1$.
*Es ist die 6. Ableitung von f zu ermitteln.*

**Lösung:**

$f(x) = 3x^5 + 4x^4 - 3x^2 + \sqrt{2}x - 1$

$f'(x) = 15x^4 + 16x^3 - 6x + \sqrt{2}$

$f''(x) = 60x^3 + 48x^2 - 6$

$f'''(x) = 180x^2 + 96x$

$f^{(4)}(x) = 360x + 96$

$f^{(5)}(x) = 360$

$f^{(6)}(x) = 0$

Für alle $n \geqq 6$ gilt $f^{(n)}(x) = 0$.

**Beispiel 15**

Gegeben sei die Funktion

$$f \text{ mit } f(x) = \begin{cases} 1 & \text{für } 0 \leqq x \leqq 1 \\ x^2 - 2x + 2 & \text{für } x > 1 \end{cases}$$

(s. Abb. 14).

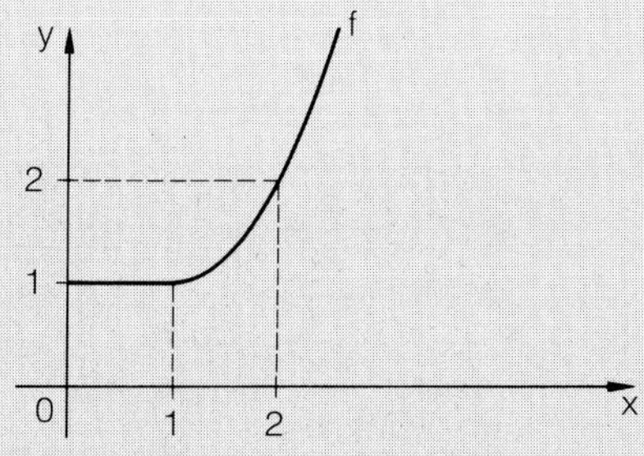

Abb. 14

Die Funktion $f$ ist im gesamten Definitionsbereich differenzierbar; es gilt:

$$f'(x) = \begin{cases} 0 & \text{für } 0 \leqq x \leqq 1 \\ 2x - 2 & \text{für } x > 1 \end{cases}$$

(s. Abb. 15).

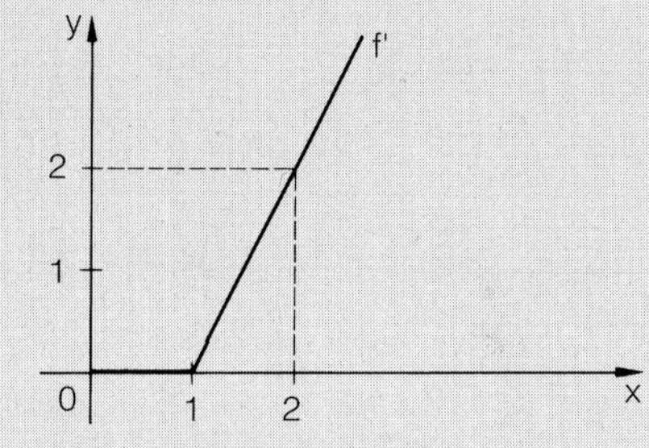

Abb. 15

Der Anstieg der Funktion $f'$ ist bei Annäherung an die Stelle $x = 1$ von links immer 0, bei Annäherung an die Stelle $x = 1$ von rechts immer 2, d. h. der Grenzwert des Differenzenquotienten der Funktion $f'$ an der Stelle $x = 1$ existiert nicht, die Funktion $f'$ ist an dieser Stelle *nicht* differenzierbar.
Höhere Ableitungen von Funktionen müssen also nicht immer existieren.

**Beispiel 16**

Der Inhalt einer Kreisfläche mit dem Radius $r$ läßt sich mit Hilfe der Funktion

$A(r) = \pi r^2$ berechnen.

Für die 1. Ableitung gilt: $A'(r) = 2\pi r$, d. h. die 1. Ableitung der »Flächenfunktion« nach dem Radius ergibt die »Umfangsfunktion« $r \mapsto 2\pi r$.

Für die 2. Ableitung gilt: $A''(r) = 2\pi$, d. h. die 2. Ableitung der »Flächenfunktion« nach dem Radius ist konstant.

*Aufgaben 32–37*

**Aufgaben**

1. Geben Sie die mittlere Änderungsrate der Größe für jeweils fünf Lebensjahre an (s. Abb.).

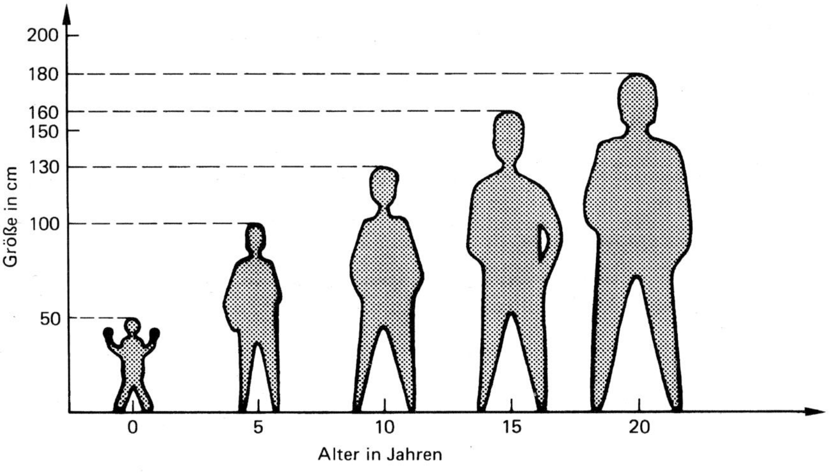


2. Eine Gerade $g$ geht durch die Punkte $P_1$ und $P_2$. Berechnen Sie ihren Anstieg.

a) $P_1\ (1;\ 7)$ $P_2\ (5;\ 19)$

b) $P_1\ (0;\ 2)$ $P_2\ (-3;\ 2)$

c) $P_1\ (\frac{1}{4};\ -\frac{17}{8})$ $P_2\ (0;\ -2)$

3. Bestimmen Sie Funktionsgleichungen für die Geraden.

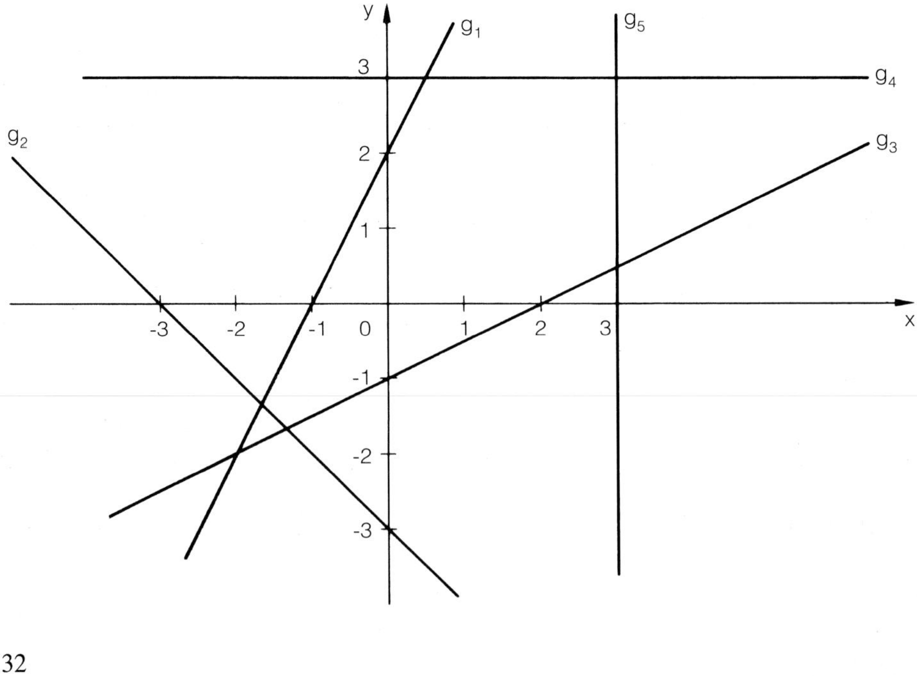

4. Bei einem Experiment im Physikunterricht wurden für einen Schwebekörper auf der Luftkissenbahn folgende Meßwerte ermittelt:

| Zeit $t$ in $s$ | 0 | 1 | 2 | 3 | 4 |
|---|---|---|---|---|---|
| Weg $s$ in $m$ | 0 | 5 | 22 | 44 | 82 |

a) Stellen Sie die Meßwerte in einem $s$-$t$-Diagramm dar.
b) Welche Bewegung wird veranschaulicht?

5. Der Flächeninhalt eines Quadrates mit der Seitenlänge $a$ ist $A = a^2$. Berechnen Sie die mittlere Änderungsrate des Flächeninhalts, wenn sich die Seitenlänge $a$ von

a) 5 cm auf 40 cm, b) 10 cm auf 40 cm und c) 20 cm auf 40 cm erhöht.

6. Der zurückgelegte Weg eines aus der Ruhelage frei fallenden Körpers berechnet sich nach der Weg-Zeit-Funktion $t \mapsto s(t)$ mit $s(t) = 5\,\frac{m}{s^2} \cdot t^2$.
Welche Momentangeschwindigkeit hat der Körper nach $2s$, $4s$, $6s$ bzw. $8s$?

7. Bestimmen Sie die Ableitungen der Funktionen an den Stellen $x_0$.

a) $f\colon x \mapsto x^3;\ x_0 = \sqrt{3}$ b) $f\colon x \mapsto 2x^2;\ x_0 = 2$

c) $f\colon x \mapsto x + \frac{1}{x};\ x_0 = -1$ d) $f\colon x \mapsto \frac{1}{x+1};\ x_0 = 2$

8. Bestimmen Sie den Anstieg der Tangente an den Graphen der Funktion $f$ im Punkt $P_0$.

a) $f\colon x \mapsto (x + 2)^2$ $P_0\ (1; f(1))$ b) $f\colon x \mapsto \frac{1}{x}$ $P_0\ (2; f(2))$

c) $f\colon x \mapsto \frac{3}{x-1}$ $P_0\ (1{,}5; f(1{,}5))$ d) $f\colon x \mapsto x - 1$ $P_0\ (0; -1)$

e) $f\colon x \mapsto x^2$ $P_0\ (-2; f(-2))$

9. Bestimmen Sie $f'(2)$ für $f$ mit $f(x) = x^2$. Zeichnen Sie den Graphen von $f$ sowie die Gerade mit dem Anstieg $m = f'(2)$ durch den Punkt $P_0(2; 4)$. Prüfen Sie rechnerisch, ob $P_0$ der einzige Punkt ist, den Gerade und Graph gemeinsam haben.

10. Bestimmen Sie die Gleichung der Tangente an den Graphen der Funktion $f\colon x \mapsto x^2$, die zu der Geraden $y = -4x + 5$ parallel ist.

11. Bestimmen Sie die Gleichung der Tangente an den Graphen der Funktion $f$ im Punkt $P_0(x_0; f(x_0))$ für

a) $f\colon x \mapsto x^3;\ x_0 = \sqrt{3}$ b) $f\colon x \mapsto 2x^2;\ x_0 = 2.$

Bestimmen Sie jeweils den Schnittpunkt der Tangente mit der $x$-Achse.
Zeichnen Sie jeweils den Graphen $f$ und die Tangente an $f$ in $P_0$.

12. An welcher Stelle $x_0$ des Graphen der Funktion $f$ hat der Anstieg des Graphen den angegebenen Wert?
a) $f\colon x \mapsto x^3;\ m = 27$ b) $f\colon x \mapsto x;\ m = \frac{1}{9}$ c) $f\colon x \mapsto \frac{1}{x};\ m = -1$

13. Zur Sekante durch die Punkte $P_0(1; f(1))$ und $P_1(4; f(4))$ des Graphen der Funktion $f$ mit $f(x) = x^3$ wird eine parallele Tangente gezeichnet.
Bestimmen Sie die Koordinaten des Berührungspunktes der Tangente.

14. Bestimmen Sie die lokale Änderungsrate der Oberfläche eines Würfels in Abhängigkeit von seiner Kantenlänge.
Deuten Sie das Ergebnis geometrisch.

15. Das Volumen einer Kugel mit dem Radius $r$ ist $V(r) = \frac{4}{3}\pi r^3$.
Weisen Sie nach, daß die lokale Änderungsrate des Volumens in Abhängigkeit vom Radius die Oberfläche der Kugel angibt.

16. Untersuchen Sie, ob die Funktion an der Stelle $x_0$ stetig ist.

a) $f$ mit $f(x) = [x]$; $x_0 = 3$

b) $f$ mit $f(x) = \begin{cases} \dfrac{x^2 - 1}{x - 1} & \text{für } x \neq 1 \\ 1 & \text{für } x = 1 \end{cases}$ ; $x_0 = 1$

17. Differenzieren Sie:

a) $f\colon x \mapsto x^4$ b) $f\colon x \mapsto x^7$ c) $f\colon x \mapsto x^{13}$
d) $h\colon x \mapsto x^{27}$ e) $g\colon t \mapsto t$ f) $h\colon t \mapsto (t^2)^3$
g) $f\colon t \mapsto t^n$ $(n \in I\!N)$ h) $h\colon u \mapsto u^r$ $(r \in I\!N)$ i) $s\colon a \mapsto a^{10}$

18. Bilden Sie jeweils die 1. Ableitung (alle Exponenten sind natürliche Zahlen).

a) $f\colon t \mapsto t^{x-3}$ b) $h\colon x \mapsto x^{n-1}$ c) $g\colon a \mapsto a^3$
d) $f\colon x \mapsto x^{n+2}$ e) $h\colon x \mapsto x^z$ f) $g\colon t \mapsto t^0$

19. Gegeben seien die Ableitungen $f'$ von Potenzfunktionen.
Bestimmen Sie jeweils die Potenzfunktion $f$.

a) $f'\colon x \mapsto 3x^2$ b) $f'\colon x \mapsto 10x^9$ c) $f'\colon x \mapsto 0$

d) $f'\colon x \mapsto (2n - 4)x^{2n-5}$ e) $f'\colon a \mapsto -3a^{-4}$ f) $f'\colon t \mapsto -\dfrac{1}{t^2}$

20. Bilden Sie jeweils die 1. Ableitung.

a) $f\colon x \mapsto 3x^5$ b) $g\colon x \mapsto -\dfrac{1}{2}x^{-2}$ c) $f\colon x \mapsto 3x^0$

d) $f$ mit $f(a) = \dfrac{1}{2a^2}$ e) $g$ mit $g(t) = 2t^{-3}$ f) $h$ mit $h(x) = -x^{-1}$

21. Bilden Sie die Ableitungsfunktionen.

a) $f$ mit $f(x) = 7x^5 + x^3 - 3x^2$ b) $f$ mit $f(x) = 11x^{10} - 2x^7 - x^2 + 100$

c) $f$ mit $f(x) = 3rx^2 + 2sx + 3$ d) $f$ mit $f(x) = -\dfrac{ax^4}{8} - \dfrac{bx^2}{4}$

22. Differenzieren Sie.

a) $f\colon x \mapsto 3(x^3 + 2x^2 - 7)$ b) $f\colon x \mapsto t(5ax^3 + 3abx^2 - b^2x)$

c) $f\colon x \mapsto a_nx^n + a_{n-1}x^{n-1} + a_{n-2}x^{n-2} + \ldots + a_2x^2 + a_1x + a_0$

23. Leiten Sie für die Funktion $f$ mit

$f(x) = (c(f_1 + f_2 + f_3 + \ldots + f_n))$ eine Differentiationsregel her.

24. Differenzieren Sie.

a) $f\colon x \mapsto (x^2 - 7x)(x^3 + 5)$ b) $f\colon a \mapsto a(a + 1)(a - 2)$

c) $f\colon t \mapsto (2t^2 + 1)(t + \frac{1}{t})$ d) $v\colon x \mapsto (0{,}5x^3 - 3x^2)(4x^3 - \sqrt{2}x)$

e) $f\colon x \mapsto (x^2 + x + 1)^2$ f) $f\colon x \mapsto (2x^3 - \frac{1}{x^2})(x + \frac{1}{x})$

25. Wenden Sie die Produktregel $(u \cdot v)' = u' \cdot v + u \cdot v'$ auf den Spezialfall $u = v$ an.

26. Leiten Sie ab, und vereinfachen Sie.

a) $f\colon x \mapsto \frac{2x}{1+3x}$ b) $f\colon x \mapsto \frac{3x^2-1}{x^2+4}$ c) $f\colon x \mapsto \frac{a-bx}{a+bx}$

d) $f\colon x \mapsto \frac{3-x}{x^2+1}$ e) $f\colon x \mapsto \frac{x^2}{1+3x^2}$ f) $f\colon x \mapsto \frac{3}{x^6}$

g) $f\colon x \mapsto \frac{7-x}{x^2+2}$ h) $f\colon x \mapsto \frac{1}{x^5} + \frac{1}{x^3}$

27. Bilden Sie die 1. Ableitung der Funktionen, und geben Sie die Stellen an, an denen die Funktionen nicht differenzierbar sind.

a) $f\colon t \mapsto \frac{4-t^2}{t^2-4}$ b) $f\colon x \mapsto \frac{5}{x^3}$

c) $f\colon x \mapsto \frac{a}{3-x}$ d) $h\colon x \mapsto \frac{3}{x}\left(\frac{4}{x} - 5\right)$

28. Gegeben sei die Funktion $f\colon x \mapsto x^{-1}$ $(x \neq 0)$.

a) Berechnen Sie den Anstieg der Sekante durch die Punkte $P_1(\frac{1}{4}; f(\frac{1}{4}))$ und $P_2(4; f(4))$.

b) Bestimmen Sie die Punkte des Graphen von $f$, in denen der Anstieg der Tangente mit dem berechneten Sekantenanstieg übereinstimmt.

c) Geben Sie jeweils die Gleichung der Tangente an.

29. Berechnen Sie jeweils den Anstieg des Graphen von $f$ in den Schnittpunkten mit der $x$-Achse.

a) $f\colon x \mapsto 4x - x^3$ b) $f\colon x \mapsto 3x^2 - x^4$ c) $f\colon x \mapsto (x - 2)(x + 3)(x^2 - 1)$

30. Ermitteln Sie die Gleichung der Tangente an den Graphen von $f$ in $P$.

a) $f$ mit $f(x) = 2 - \frac{1}{2}x + x^3$; $P(-2; f(-2))$

b) $f$ mit $f(x) = x^4 - 2x^5$; $P(\sqrt{2}; f(\sqrt{2}))$

31. Gegeben sei die Funktion $f$ mit $f(x) = x^2 - 4$.

a) Für welches $x$ gilt $f'(x) = 0$?

b) Geben Sie die Koordinaten der Schnittpunkte des Graphen von $f$ mit der $x$-Achse an.

c) Bestimmen Sie die Gleichungen der Tangenten an den Graphen von $f$ in diesen Schnittpunkten.

d) Welchen Winkel bilden die Tangenten mit der positiven Richtung der $x$-Achse?

32. Bilden Sie jeweils die 1. und 2. Ableitung der gegebenen Funktionen.

a) $f\colon x \mapsto \frac{1}{5}x^3 + 7x^2 - x + \sqrt{5}$

b) $f\colon x \mapsto (\frac{1}{2}x - 5)^2$

c) $f\colon x \mapsto \frac{x-1}{x^2+1}$

*d) $f\colon x \mapsto \frac{x^2+2}{2x^2-3x+1}$

33. Bestimmen Sie die 8. Ableitung der Funktion $f\colon x \mapsto x^8$.

34. Bilden Sie die ersten drei Ableitungen der Funktionen.

a) $f\colon x \mapsto x^3 - 2$

b) $f\colon x \mapsto \frac{x}{x+1}$

c) $f\colon x \mapsto 4x^5 - 2x^3 - 6x^2 + 3x + \sqrt{7}$

d) $h\colon t \mapsto 5$

35. Untersuchen Sie, ob die Funktion $f$ an der Stelle $x_0$ differenzierbar ist. Zeichnen Sie den Graphen von $f$. Interpretieren Sie Ihre Ergebnisse geometrisch.

$$f\colon x \mapsto \begin{cases} 1-x^2 & \text{für } x \leqq 1 \\ x^2 - 1 & \text{für } x > 1 \end{cases} \quad ; \; x_0 = 1$$

36. Gegeben ist die Funktion $f$ mit $f(x) = \begin{cases} \frac{1}{6}x^3 & \text{für } x \leqq 0 \\ -\frac{1}{6}x^3 & \text{für } x > 0 \end{cases}$

a) Zeichnen Sie den Graphen von $f$.

b) Wie oft ist $f$ an der Stelle $x_0 = 0$ differenzierbar?

37. Bilden Sie die 1. und 2. Ableitung, und deuten Sie die Ergebnisse.

a) $V\colon r \mapsto \frac{4}{3}\pi r^3$

b) $V\colon a \mapsto a^3$

# B 2 Untersuchungen von rationalen Funktionen mit Hilfe ihrer Ableitungen

## B 2.1 Zusammenhänge zwischen Funktionen und ihren Ableitungen

Im Kapitel B 1 wurden zu gegebenen Funktionen $f$ ihre Ableitungsfunktionen gebildet. In diesem Kapitel sollen nun Zusammenhänge zwischen den Funktionen und ihren Ableitungsfunktionen untersucht werden. Insbesondere geht es um die Frage:
Was kann man aus den Eigenschaften der Ableitungsfunktionen einer Funktion $f$ über die Funktion $f$ selbst folgern?

### Der Mittelwertsatz der Differentialrechnung

Betrachtet man den Graphen einer in $[x_1; x_2]$ differenzierbaren Funktion $f$, so ist anschaulich klar, daß es zwischen $x_1$ und $x_2$ mindestens eine Stelle $x_z$ geben muß, an der die Tangente in $P(x_z; f(x_z))$ parallel zur Sekante durch $P_1(x_1; f(x_1))$ und $P_2(x_2; f(x_2))$ verläuft (s. Abb. 16).

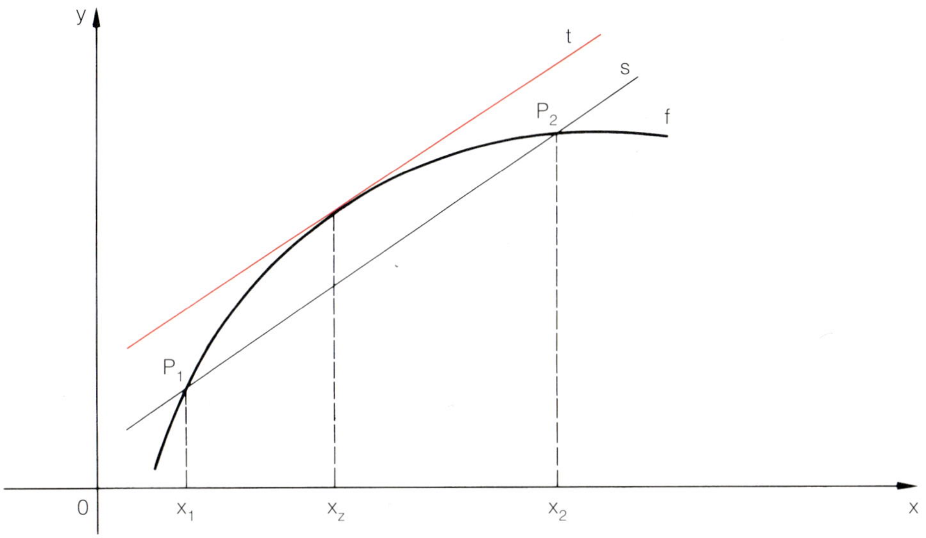


Abb. 16

Mittelwertsatz der Differentialrechnung

**Satz 9: Mittelwertsatz der Differentialrechnung**

Ist $f$ in $[x_1; x_2]$ differenzierbar, so gibt es zwischen $x_1$ und $x_2$ (mindestens) eine Stelle $x_z$, für die gilt:

$$\frac{f(x_2) - f(x_1)}{x_2 - x_1} = f'(x_z) \qquad \text{bzw.} \qquad f(x_2) - f(x_1) = f'(x_z)\,(x_2 - x_1).$$

Von einem Beweis dieses Satzes soll abgesehen werden.

(23)
Gegeben sei die Funktion $f$ mit $f(x) = x^3 + 1$.
Zeichnen Sie den Graphen der Funktion $f$ sowie die Tangenten an $f$, die parallel zu der Geraden durch die Punkte $P_1(-2; f(-2))$ und $P_2(1; f(1))$ verlaufen. Geben Sie den Anstieg der Tangenten an.

(24)
Zeigen Sie mit Hilfe des Mittelwertsatzes der Differentialrechnung:
Wenn eine Funktion $f$ in einem Intervall $[x_1; x_2]$ differenzierbar ist und für jedes $x$ aus diesem Intervall gilt $f'(x) = 0$, dann ist $f$ in $[x_1; x_2]$ konstant.

*Aufgaben 1–2*

## Monotonie von Funktionen

(25)
Geben Sie einen Zusammenhang zwischen dem Vorzeichen der 1. Ableitung von $f$ und $g$ und dem Monotonieverhalten dieser Funktionen in dem Intervall $[x_1; x_2]$ an.

a) b)

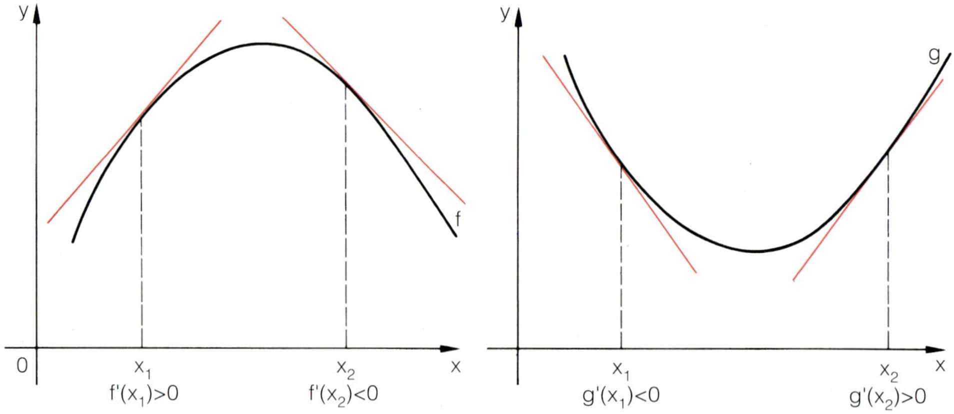


Abb. 17

Monotoniesatz

**Satz 10: Monotoniesatz**
Die Funktion $f$ sei im Intervall $I$ ($I \subseteq D_f$) differenzierbar. Gilt für alle $x \in I$

$f'(x) > 0$ bzw. $f'(x) < 0$, so ist $f$ in $I$

streng monoton wachsend bzw. streng monoton fallend.

Der Beweis wird hier nur für in $I$ streng monoton wachsende Funktionen geführt.

**Voraussetzung:**
$f$ sei eine in $I$ differenzierbare Funktion und für alle $x \in I$ gilt $f'(x) > 0$.

**Behauptung:**
$f$ ist in $I$ streng monoton wachsend.

**Beweis:**
Für beliebige $x_1; x_2 \in I$ mit $x_1 < x_2$ gilt nach dem Mittelwertsatz der Differentialrechnung: Es gibt ein $x_z \in I$, so daß

$$\frac{f(x_2) - f(x_1)}{x_2 - x_1} = f'(x_z) \text{ bzw. } f(x_2) - f(x_1) = f'(x_z) \cdot (x_2 - x_1).$$

Da $x_z \in I$ ist, gilt nach Voraussetzung: $f'(x_z) > 0$. Also muß auch $f(x_1) < f(x_2)$ gelten. Damit ist nach Definition $A\,2$ (Monotonie von Funktionen) $f$ in $I$ streng monoton wachsend.

Mit Satz 10 kann man das Monotonieverhalten von Funktionen untersuchen, ohne sich direkt auf die Definition der Monotonie zu stützen.

**Beispiel 17**

*Gegeben sei die Funktion $f: x \mapsto x^2 + 2x + 2$ (s. Abb. 18). Es soll das Monotonieverhalten der Funktion mit Hilfe der 1. Ableitung untersucht werden.*

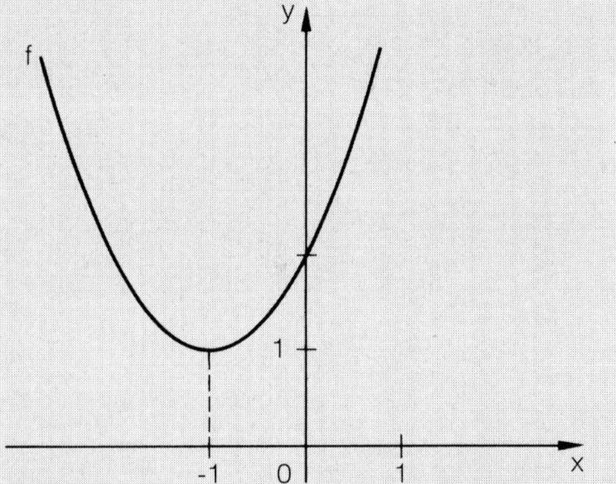


Abb. 18

**Lösung:**
Wir bilden die 1. Ableitung von $f$ und untersuchen das Vorzeichen von $f'$.

$$f'(x) = 2x + 2 = 2(x + 1)$$
$$2(x + 1) > 0 \text{ für } x > -1 \text{ und}$$
$$2(x + 1) < 0 \text{ für } x < -1.$$

Daraus folgt: Für $x > -1$ ist $f$ streng monoton wachsend,
für $x < -1$ ist $f$ streng monoton fallend.

Die Vereinfachung, die Satz 10 bezüglich der Monotonieuntersuchung bringt, ist beträchtlich: Würde man sich auf die Monotoniedefinition stüzen, müßte man für das Beispiel 17 z. B. nachweisen:
Für alle $x_1;\ x_2 < -1$ und $x_1 < x_2$ gilt $x_1^2 + 2x_1 + 2 > x_2^2 + 2x_2 + 2$.

(26)
Äußern Sie sich anhand des Graphen von $f$ mit $f(x) = 1 - x^2$ über das Monotonieverhalten der Funktion $f$ an der Stelle $x_0$, für die gilt: $f'(x_0) = 0$.

*Aufgaben 3–4*

## Eine notwendige Bedingung für das Vorhandensein von lokalen Extrema

(27)

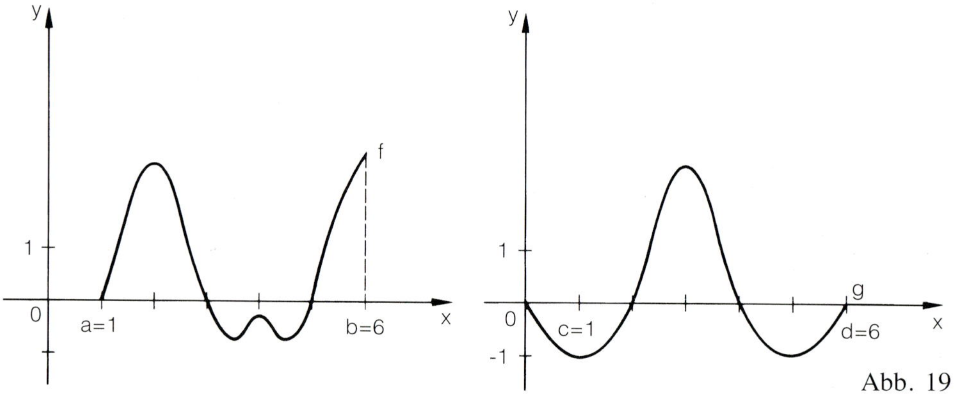


Abb. 19

Geben Sie jeweils die Stellen in den Intervallen $[a; b]$ bzw. $[c; d]$ an, an denen die Funktionen $f$ und $g$ lokale bzw. globale Extrempunkte besitzen.

(28)
Gegeben sei die Funktion $f$: $x \mapsto x^2$. Der Graph der Funktion $f$ hat an der Stelle $x_E = 0$ einen Tiefpunkt. Beschreiben Sie die »Veränderung« des Anstieges des Graphen von $f$ in einer Umgebung von $x_E$ bei Annäherung an die Stelle $x_E$.

**notwendige Bedingung für lokale Extrema**

**Satz 11: Notwendige Bedingung für lokale Extrema**
Die Funktion $f$ sei an der Stelle $x_E \in D_f$ differenzierbar.
Ist $x_E$ eine lokale Extremstelle, so gilt:

$$f'(x_E) = 0.$$

Das bedeutet: An einer Stelle $x_E$ kann eine Funktion nur dann einen lokalen Extremwert haben, wenn $f'(x_E) = 0$ ist.
Mit anderen Worten: $f'(x_E) = 0$ ist eine *notwendige Bedingung* für das Vorhandensein eines lokalen Extrempunktes.

Der Beweis wird für einen Hochpunkt geführt, für einen Tiefpunkt ist die Beweisführung analog.

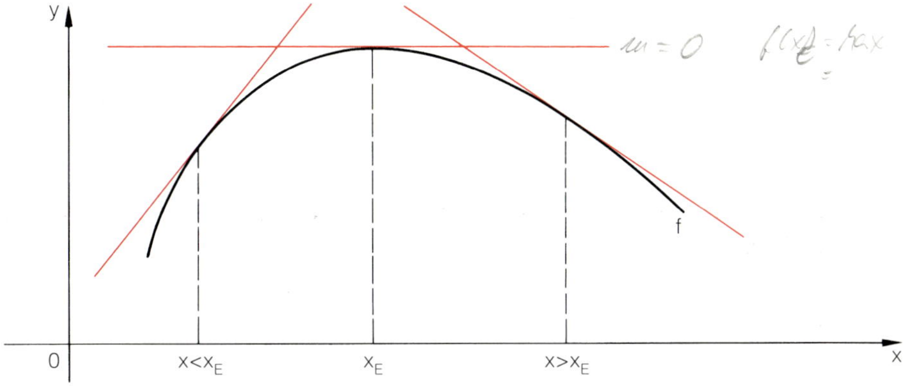


Abb. 20

**Voraussetzungen:**

– $f$ sei eine in $x_E$ differenzierbare Funktion.

– $x_E$ sei eine lokale Maximumstelle von $f$, d. h. für alle $x$ einer Umgebung von $x_E$ (außer $x_E$ selbst) gilt: $$f(x) < f(x_E).$$

**Behauptung:**

$$f'(x_E) = 0$$

**Beweis:**

– Wir betrachten in der genannten Umgebung den Differenzenquotienten
$$\frac{f(x) - f(x_E)}{x - x_E}.$$

– Wegen $f(x) < f(x_E)$ gilt $f(x) - f(x_E) < 0$.

– Für $x < x_E$ gilt $x - x_E < 0$, d. h.: $\frac{f(x) - f(x_E)}{x - x_E} > 0$.

– Da $f$ an der Stelle $x_E$ differenzierbar ist, muß der Grenzwert des Differenzenquotienten existieren.

– Für die Annäherung der Argumente von »links« an $x_E$ gilt:

$$f'(x_E) = \lim_{x \to x_E} \frac{f(x) - f(x_E)}{x - x_E} \geqq 0,$$

denn jede Folge, die nur aus positiven Gliedern besteht, kann nur einen positiven Grenzwert oder den Grenzwert 0 haben.

– Für die Annäherung der Argumente von »rechts« an $x_E$ gilt:

$$f'(x_E) = \lim_{x \to x_E} \frac{f(x) - f(x_E)}{x - x_E} \leqq 0,$$

denn jede Folge, die nur aus negativen Gliedern besteht, kann nur einen negativen Grenzwert oder den Grenzwert 0 haben.

– Wegen der Eindeutigkeit des Grenzwertes folgt: $f'(x_E) = 0$.

(29)

Untersuchen Sie, ob die Umkehrung von Satz 11 gilt.
Verwenden Sie zur Argumentation als Beispiel die Funktion $f\colon x \mapsto x^3$.

Nicht jedes Argument einer Funktion, das die Bedingung $f'(x) = 0$ erfüllt, muß auch Extremstelle dieser Funktion sein.
Die Bedingung $f'(x) = 0$ ist also für differenzierbare Funktionen *notwendig*, aber nicht *hinreichend* für das Vorhandensein lokaler Extrema.

**Beispiel 18**

*Gegeben sei die Funktion*
$f\colon x \mapsto x^3 - 3x$ *(s. Abb. 21)*
*Es soll untersucht werden, an welchen Stellen die Funktion f lokale Extremstellen haben könnte.*

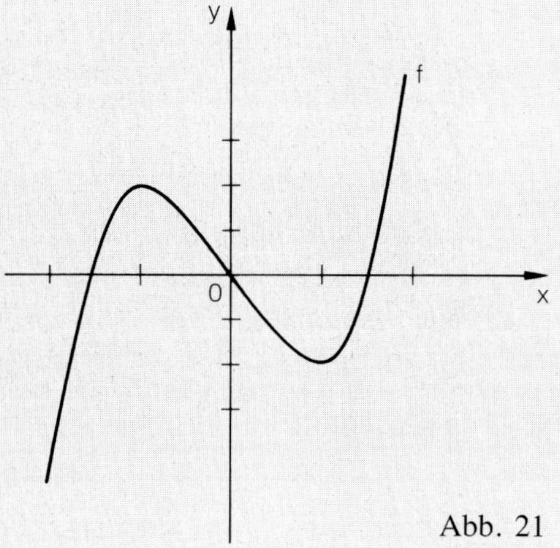

Abb. 21

**Lösung:**
Wir bilden die 1. Ableitung der Funktion $f$: $f'(x) = 3x^2 - 3$.

Wir setzen die 1. Ableitung Null und ermitteln die »extremwertverdächtigen« Stellen:

$$3x^2 - 3 = 0$$

$$3(x^2 - 1) = 0$$

$$x_1 = -1 \text{ und } x_2 = 1.$$

Ergebnis:
Die Funktion $f$ mit $f(x) = x^3 - 3x$ kann an den Stellen $x_1 = -1$ und $x_2 = 1$ lokale Extremstellen haben.

Für die Bestimmung lokaler Extrema von Funktionen benötigt man vor allem eine hinreichende Bedingung.
Mit einer notwendigen Bedingung kann man die Argumente aussondern, die für Extremstellen überhaupt in Betracht kommen; mit einer hinreichenden Bedingung überprüft man, welche davon wirklich Extremstellen sind.

*Aufgabe 5*

## Eine hinreichende Bedingung für lokale Extrema

(30)

Stellen Sie die Funktion $f\colon x \mapsto x^3 - 3x^2$ graphisch dar (Wertetabelle).

a) Geben Sie Stellen an, an denen die Funktion $f$ lokale Extrema haben könnte.

b) Welches Vorzeichen hat die Ableitung $f'$ in der Umgebung der möglichen Extremstellen?

Das Vorzeichen der 1. Ableitung gibt Auskunft über das Monotonieverhalten der Funktion in einem bestimmten Intervall.
Mit Hilfe des *Vorzeichenwechsels* der 1. Ableitung einer Funktion $f$ an einer bestimmten Stelle $x \in I$ können Aussagen über das Vorhandensein von Hoch- oder Tiefpunkten gemacht werden.

**Satz vom Vorzeichenwechsel**

**Satz 12: Satz vom Vorzeichenwechsel**
Die Funktion $f$ sei in der Umgebung einer Stelle $x_E$ differenzierbar, und es soll gelten:

$$f'(x_E) = 0.$$

Wechselt das Vorzeichen von $f'(x)$ für wachsendes $x$ an der Stelle $x_E$

von + nach − bzw. von − nach +,

so hat $f$ an der Stelle $x_E$

einen *Hochpunkt* bzw. einen *Tiefpunkt*.

**Beispiel 19**

*Gegeben sei die Funktion $f$:*

$x \mapsto \frac{1}{3}x^3 - x.$

*Sie soll auf das Vorhandensein lokaler Extrempunkte untersucht werden.*

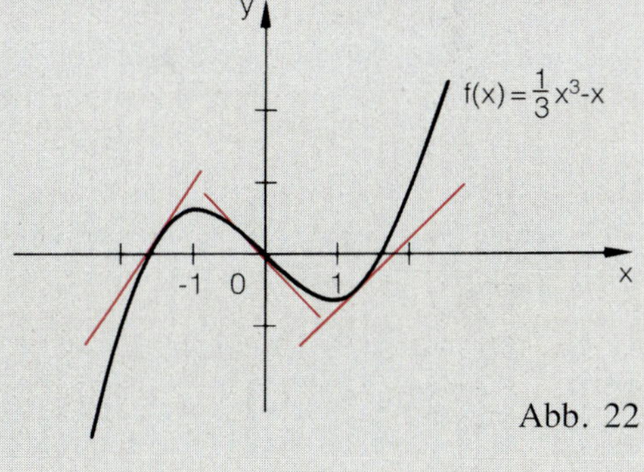


Abb. 22

**Lösung:**
Es gilt: $f'(x) = x^2 - 1$. Die Lösungen der Gleichung $x^2 - 1 = 0$ können lokale Extremstellen der Funktion $f$ sein. Lösungen der Gleichung sind: $x_1 = -1$ und $x_2 = 1$.
Wir untersuchen die Funktion $f'$ in einer Umgebung dieser Stellen.

$$f'(x) = x^2 - 1 = (x - 1)(x + 1)$$

a) $x_1 = -1$: Für $x < -1$ gilt: $f'(x) > 0$, für $-1 < x < 1$ gilt: $f'(x) < 0$.

An der Stelle $x_1 = -1$ liegt ein Vorzeichenwechsel von $f'$ von + nach − vor, die Funktion $f$ hat an der Stelle $-1$ einen Hochpunkt.

b) $x_2 = 1$: Für $-1 < x < 1$ gilt: $f'(x) < 0$,
für $x > 1$ gilt: $f'(x) > 0$.

An der Stelle $x_2 = 1$ liegt ein Vorzeichenwechsel von $f'$ von − nach + vor, die Funktion $f$ hat an der Stelle 1 einen Tiefpunkt.

*Aufgabe 6*

## Eine weitere hinreichende Bedingung für lokale Extrema

(31)
Stellen Sie die Graphen der Funktionen $f$, $f'$ und $f''$ für $f$ mit $f(x) = x^2 - 1$ in einem Koordinatensystem dar. An der Stelle $x = 0$ hat die Funktion $f$ einen Tiefpunkt. Treffen Sie Aussagen über das Verhalten von $f$, $f'$ und $f''$ an dieser Stelle.

Wir betrachten die Funktion

$$f\colon x \mapsto \frac{2}{3}x^3 - 2x.$$

Es ist $f'(x) = 2x^2 - 2$
und $f''(x) = 4x$.

Für die Stelle $x_1 = -1$ gilt:
$f'(-1) = 0$ und $f''(-1) = -4 < 0$,
d. h. $f'$ ist an der Stelle monoton fallend. Das Vorzeichen von $f'$ wechselt an der Stelle $x_1 = -1$ von + nach −;
$f$ hat an der Stelle $x_1 = -1$ einen *Hochpunkt*.

Für die Stelle $x_2 = 1$ gilt:
$f'(1) = 0$ und $f''(1) = 4 > 0$,
d. h. $f'$ ist an der Stelle monoton wachsend. Das Vorzeichen von $f'$ wechselt an der Stelle $x_2 = 1$ von − nach +;
$f$ hat an der Stelle $x_2 = 1$ einen *Tiefpunkt*.

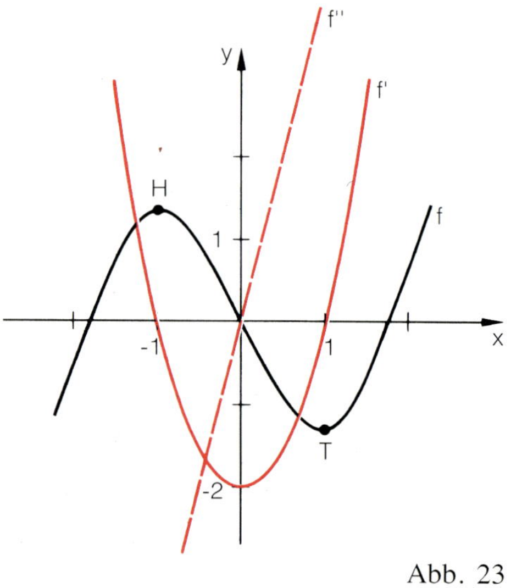

Abb. 23

Diese Überlegungen (siehe auch Abb. 23) führen zu einer Vermutung über Zusammenhänge zwischen der zweiten Ableitung und der Existenz bzw. der Art von Extrema.

inreichende
edingung für
kale Extrema

**Satz 13: Hinreichende Bedingung für lokale Extrema**
Die Funktion $f$ sei in der Umgebung einer Stelle $x_E$ zweimal differenzierbar.

Wenn $\left\{ \begin{array}{l} f'(x_E) = 0 \text{ und } f''(x_E) < 0 \\ f'(x_E) = 0 \text{ und } f''(x_E) > 0 \end{array} \right\}$, so

hat $f$ an der Stelle $x_E$ einen $\left\{ \begin{array}{l} \text{Hochpunkt} \\ \text{Tiefpunkt} \end{array} \right\}$.

**Beispiel 20**

*Es sollen die Extrempunkte der Funktion $f$ mit $f(x) = \frac{1}{6}x^3 + \frac{1}{2}x^2$ ermittelt werden.*

**Lösung:**

1. Bilden der Ableitungen:

$$f'(x) = \frac{1}{2}x^2 + x$$

$$f''(x) = x + 1.$$

2. Untersuchen der notwendigen Bedingung für das Vorhandensein von Extrema:

$$f'(x) = 0\,; \quad \frac{1}{2}x^2 + x = 0$$

$$x_1 = 0 \quad \text{und} \quad x_2 = -2.$$

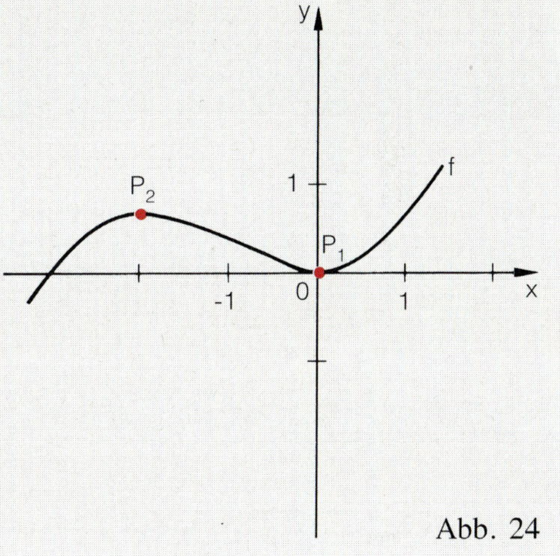

Abb. 24

3. Untersuchen einer hinreichenden Bedingung für das Vorhandensein von Extrema:

$f'(x_1) = 0$ (bereits erfüllt, siehe 2.) $\quad f'(x_2) = 0$ (bereits erfüllt, siehe 2.)

$f''(x_1) = f''(0) = 1 > 0$ bzw. $\quad f''(x_2) = f''(-2) = -1 < 0.$

An der Stelle $x_1$ liegt für die Funktion $f$ ein lokales Minimum vor, an der Stelle $x_2$ liegt ein lokales Maximum vor.

4. Ermitteln der Extremwerte:

$$f(x_1) = f(0) = 0 \quad \text{und} \quad f(x_2) = f(-2) = \frac{2}{3}.$$

Der Punkt $P_1(0; 0)$ ist somit ein Tiefpunkt und der Punkt $P_2(-2; \frac{2}{3})$ ein Hochpunkt der gegebenen Funktion $f$.

*Aufgabe 7*

## Bedingungen für Wendepunkte

Abb. 25

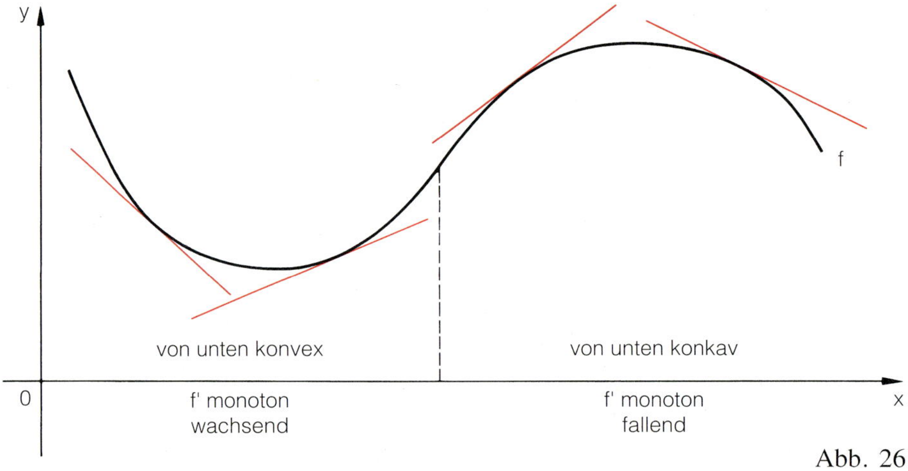


Abb. 26

**Definition 5**

*f* sei eine im Intervall *I* differenzierbare Funktion. Ist $f'$ in *I*

| | |
|---|---|
| streng monoton wachsend | streng monoton fallend |

so nennt man den Graphen von *f* in *I*

| | |
|---|---|
| von unten **konvex** | von unten **konkav**. |

**Linkskurve**
**Rechtskurve**

*Anschaulich* bedeutet das:
Ist $f'$ in *I* monoton wachsend, so beschreibt der Graph von *f* eine *Linkskurve*, ist $f'$ in *I* monoton fallend, so beschreibt der Graph von *f* eine *Rechtskurve*.

(32)

a) Wenden Sie Definition 5 auf die Funktion *f* mit $f(x) = x^3 - 2x^2$ im Intervall $[-1; 2]$ an.

b) Wenden Sie Definition 5 auf eine Funktion an, deren Graph eine Gerade ist.

Wendepunkt

**Definition 6**
$f$ sei in einem Intervall $I$ differenzierbar, $x_w$ eine innere Stelle von $I$.
Der Punkt $P(x_w; f(x_w))$, in dem der Graph der Funktion $f$ von einer Linkskurve (konvex) in eine Rechtskurve (konkav) oder
von einer Rechtskurve (konkav) in eine Linkskurve (konvex) übergeht, heißt **Wendepunkt**, seine Abszisse $x_w$ **Wendestelle.**

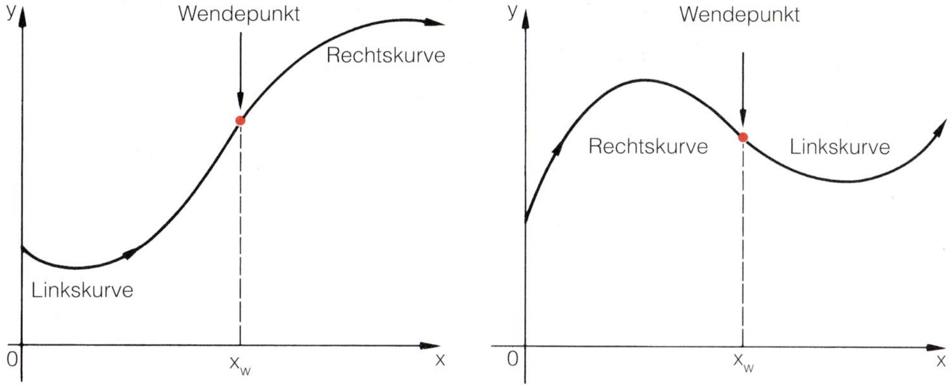


Abb. 27

Beim Übergang von einer *Linkskurve* in eine *Rechtskurve wächst* die Ableitungsfunktion $f'$ monoton bis zur Wendestelle $x_w$, dann *fällt* sie monoton.
Beim Übergang von einer *Rechtskurve* in eine *Linkskurve fällt* die Ableitungsfunktion $f'$ monoton bis zur Wendestelle $x_w$, dann *wächst* sie monoton.
An der Wendestelle $x_w$ muß also eine lokale Extremstelle der Ableitungsfunktion $f'$ vorliegen.

**Satz 14: Notwendige Bedingung für Wendestellen**

Die Funktion $f$ sei an der Stelle $x_w$ zweimal differenzierbar. Wenn $x_w$ eine Wendestelle der Funktion $f$ ist, dann gilt:

$$f''(x_w) = 0.$$

Bedingungen für Wendestellen

Wir wenden Satz 13 auf die Funktion $f'$ an und erhalten

**Satz 15: Hinreichende Bedingung für Wendestellen**

Die Funktion $f$ sei in einer Umgebung einer Stelle $x_w$ dreimal differenzierbar.
Wenn $f''(x_w) = 0$ und $f'''(x_w) \neq 0$ ist, dann ist $x_w$ eine Wendestelle von $f$.

**Beispiel 21**

*Es sollen die Wendepunkte der Funktion $f\colon x \mapsto 1{,}5x^4 - 4x^3 + 3x^2$ bestimmt werden.*

**Lösung:**

1. Wir bilden die Ableitungen der Funktion $f$:

$$f'(x) = 6x^3 - 12x^2 + 6x$$

$$f''(x) = 18x^2 - 24x + 6$$

$$f'''(x) = 36x - 24$$

2. Wir untersuchen die notwendige Bedingung für das Vorhandensein von Wendepunkten:

$$f''(x) = 0$$

$$18x^2 - 24x + 6 = 0$$

$$x_1 = 1 \text{ und } x_2 = \frac{1}{3}$$

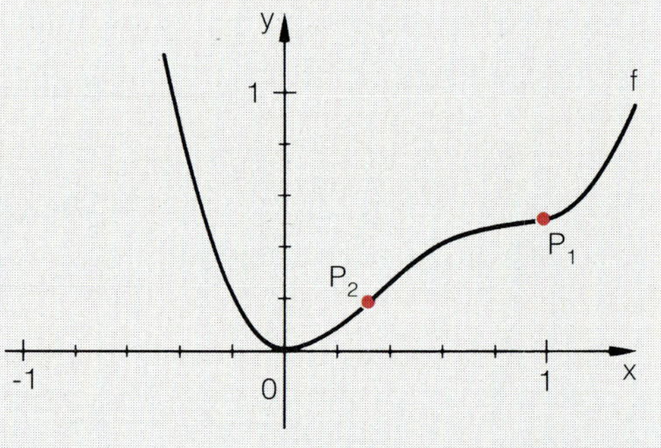


Abb. 28

3. Wir untersuchen die hinreichende Bedingung für das Vorhandensein von Wendepunkten:

$f''(x_1) = 0$ (ist bereits erfüllt, siehe 2.) $f''(x_2) = 0$ (ist bereits erfüllt, siehe 2.)

$f'''(x_1) = f'''(1) = 12 \neq 0$ bzw. $f'''(x_2) = f'''(\frac{1}{3}) = -12 \neq 0$.

$x_1$ und $x_2$ sind Wendestellen.

4. Wir berechnen die Funktionswerte

$f(x_1) = f(1) = 0{,}5$ und $f(x_2) = f(\frac{1}{3}) = \frac{11}{54}$.

Die Funktion $f$ mit $f(x) = 1{,}5x^4 - 4x^3 + 3x^2$ hat die Wendepunkte $P_1(1;\, 0{,}5)$ und $P_2(\frac{1}{3};\, \frac{11}{54})$.

Zusammenfassend kann festgestellt werden, daß mit Hilfe der Ableitungen von Funktionen Aussagen über Monotonie, Hoch- und Tiefpunkte sowie Wendepunkte einer Funktion getroffen werden können.

*Aufgaben 8–19*

# B 2.2 Kurvendiskussionen

Von der Funktion $f$ mit $f(x) = x^2(1 - x^2)$ ($x \in IR$) sind uns folgende Eigenschaften bekannt:

Nullstellen: $x_1 = -1$, $x_2 = 0$, $x_3 = 1$,
Monotonie: $f$ ist streng monoton wachsend im Intervall $]-\infty; -1]$ bzw. streng monoton fallend im Intervall $[1; +\infty[$.

(33)
Versuchen Sie, mit Hilfe dieser Angaben den Graphen der Funktion $f: x \mapsto x^2(1 - x^2)$ zu zeichnen.

Lassen wir uns die graphische Darstellung von einem Computer im Standardbereich $-10 \leqq x \leqq 10$ und $-10 \leqq y \leqq 10$ ausdrucken, so erscheint der Funktionsverlauf bei betragsmäßig kleinen Argumenten immer noch ziemlich ungenau.
Eine Veränderung der Intervallgrenzen läßt den Verlauf des Graphen besser erkennen.

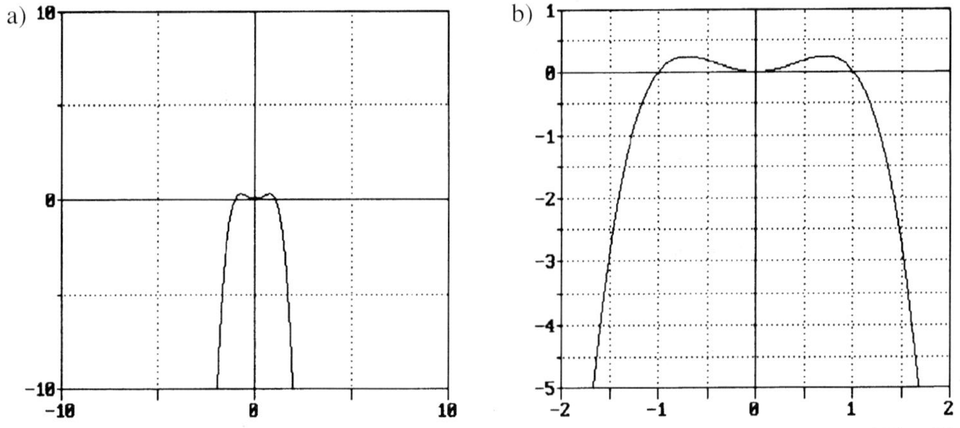

Abb. 29

(34)
Geben Sie näherungsweise die Stellen an, an denen die Funktion globale bzw. lokale Extrema besitzt.

Wie bereits dargestellt, können auch Computer stets nur Ausschnitte von Funktionsgraphen darstellen (näherungsweise); eine Aussage über den gesamten Verlauf ist aus der graphischen Darstellung nicht möglich.
Die Differentialrechnung bietet uns die Möglichkeit, Funktionen genauer zu untersuchen, als dies bisher mit elementaren Mitteln möglich war.

**Kurvendiskussion**

Die umfassende Untersuchung der Eigenschaften einer Funktion bzw. des Verlaufs des Graphen dieser Funktion faßt man unter dem Begriff **Kurvendiskussion** zusammen.

## Kurvendiskussion ganzrationaler Funktionen

Anhand eines Beispiels soll *eine* Möglichkeit des Vorgehens bei der Untersuchung ganzrationaler Funktionen gezeigt werden.

**Diskussion ganzrationaler Funktionen**

| **Allgemeine Vorgehensweise**<br>$f(x) = a_n x^n + a_{n-1} x^{n-1} + \ldots + a_1 x + a_0$ | **Beispiel**<br>$f(x) = x^2 - \frac{1}{3}x^3 \; (x \in \mathbb{R})$ |
|---|---|
| 1. **Nullstellen**<br>Nullstellen sind Lösungen der Gleichung $f(x) = 0$. | $f(x) = x^2 - \frac{1}{3}x^3$<br>$0 = x^2 - \frac{1}{3}x^3$<br>$0 = x^2(1 - \frac{1}{3}x)$<br>$x_1 = 0$ und $x_2 = 3$ |
| 2. **Schnittpunkt mit der *y*-Achse**<br>Bedingung: $x = 0$ | $y = 0^2 - \frac{1}{3} \cdot 0^3$<br>$y = 0 \qquad P(0; 0)$ |
| 3. **Lokale Extrempunkte**<br>Notwendige Bedingung: $f'(x) = 0$ | $f'(x) = 2x - x^2$<br>$0 = 2x - x^2$<br>$0 = x(2 - x)$<br>$x_3 = 0$ und $x_4 = 2$ |
| Hinreichende Bedingung: | $f''(x) = 2 - 2x$<br>$f''(x_3) = f''(0) = 2 > 0$ |
| $f'(x) = 0$ und $f''(x) > 0$:<br>Tiefpunkt | $f(x_3) = f(0) = 0$<br>$P(0; 0)$ Tiefpunkt<br>$f''(x_4) = f''(2) = -2 < 0$ |
| $f'(x) = 0$ und $f''(x) < 0$:<br>Hochpunkt | $f(x_4) = f(2) = \frac{4}{3}$<br>$P(2; \frac{4}{3})$ Hochpunkt |
| oder:<br>Vorzeichenwechsel von $f'$ an der Stelle $x$ | oder:<br>$f'$ wechselt an der Stelle $x_3 = 0$ das Vorzeichen von $-$ nach $+$, d. h. $f$ hat an der Stelle $x_3 = 0$ einen Tiefpunkt.<br>$f'$ wechselt an der Stelle $x_4 = 2$ das Vorzeichen von $+$ nach $-$, d. h. $f$ hat an der Stelle $x_4 = 2$ einen Hochpunkt. |
| 4. **Wendepunkte**<br>Notwendige Bedingung: $f''(x) = 0$ | $f''(x) = 2 - 2x$<br>$0 = 2 - 2x$<br>$x_5 = 1$ |
| Hinreichende Bedingung:<br>$f''(x) = 0$ und $f'''(x) \neq 0$ | $f'''(x) = -2$<br>$f'''(x_5) = f'''(1) = -2 \neq 0$<br>$f(x_5) = f(1) = \frac{2}{3}$<br>$P(1; \frac{2}{3})$ Wendepunkt |

5. **Verhalten der Funktion für $x \to +\infty$ bzw. für $x \to -\infty$**

$$\lim_{x \to +\infty} (2x^2 - \frac{1}{3}x^3)$$
$$= \lim_{x \to +\infty} x^3(\frac{1}{x} - \frac{1}{3}) = -\infty$$
$$\lim_{x \to -\infty} (x^2 - \frac{1}{3}x^3)$$
$$= \lim_{x \to -\infty} x^3(\frac{1}{x} - \frac{1}{3}) = +\infty$$

6. **Graphische Darstellung** der Funktion mit Hilfe der vorherigen Ergebnisse, wenn erforderlich, ergänzt durch einige mit Hilfe der Funktionsgleichung ermittelte Punkte.

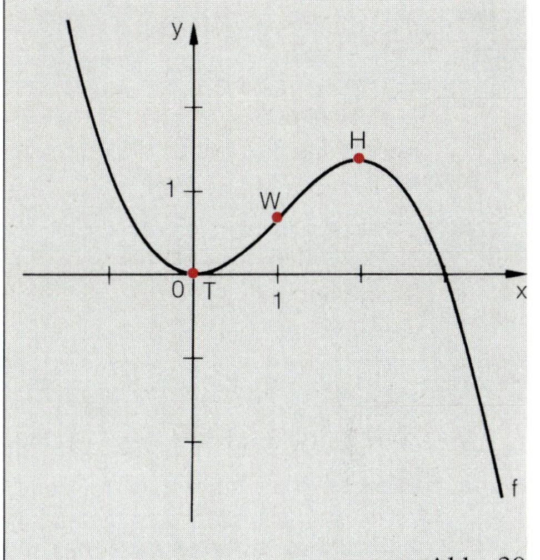

Abb. 30

Anhand einer Computerdarstellung erkennen wir die prinzipielle Richtigkeit der von uns ermittelten Funktionsgraphen:

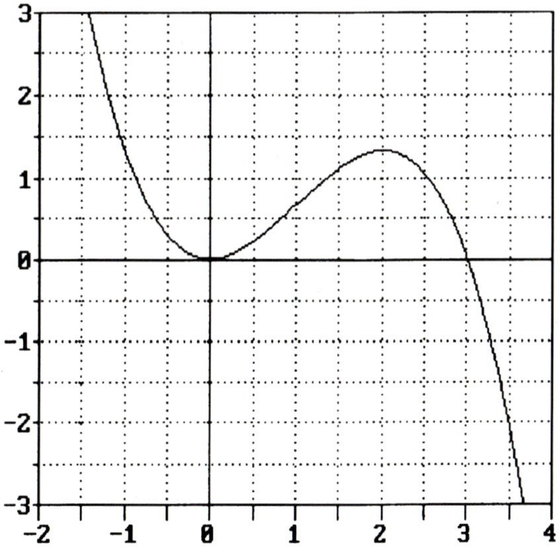

Abb. 31

*Aufgabe 20*

# Kurvendiskussion bei gebrochen rationalen Funktionen

Das Neue bei dieser Klasse von Funktionen gegenüber den ganzrationalen Funktionen besteht darin, daß Variable auch im Nenner des Funktionsterms auftreten.

**Diskussion gebrochen rationaler Funktionen**

| **Allgemeine Vorgehensweise** | **Beispiel** |
|---|---|
| $f(x) = \frac{u(x)}{v(x)} \; (v(x) \neq 0)$ | $f(x) = \frac{x^2}{x-1} \; (x \in R, x \neq 1)$ |
| 1. **Nullstellen**<br>Bedingung: $f(x) = 0$, d. h.<br>$u(x) = 0$ und $v(x) \neq 0$ | $x^2 = 0$<br>$x_1 = 0 \quad v(x_1) = v(0) = -1 \neq 0.$<br>$x_1 = 0$ ist Nullstelle von $f$. |
| 2. **Polstellen**<br>Bedingung:<br>$v(x) = 0$ und $u(x) \neq 0$ | $x - 1 = 0$ Für $x_2 = 1$ ist<br>$x_2 = 1 \quad u(x_2) = u(1) = 1 \neq 0.$<br>Die Gerade $x = 1$ ist<br>Polasymptote des Graphen von $f$. |
| 3. **Schnittpunkt mit der $y$-Achse**<br>Bedingung: $x = 0$ | $y = \frac{0^2}{0-1} = 0; \qquad P\,(0; 0)$ |
| 4. **Lokale Extrempunkte**<br>Notwendige Bedingung: $f'(x) = 0$<br><br><br><br>Hinreichende Bedingung:<br><br>$f'(x) = 0$ und $f''(x) < 0$:<br>Hochpunkt<br><br>$f'(x) = 0$ und $f''(x) > 0$:<br>Tiefpunkt | $f'(x) = \frac{x^2 - 2x}{x^2 - 2x + 1}$<br>$x^2 - 2x = 0$<br>$x(x-2) = 0$<br>$x_3 = 0$ und $x_4 = 2$<br>$f''(x) = \frac{2}{(x-1)^3}$<br>$f''(x_3) = f''(0) = -2 < 0$<br>$f(x_3) = f(0) = 0$<br>$P(0; 0)$ Hochpunkt<br>$f''(x_4) = f''(2) = 2 > 0$<br>$f(x_4) = f(2) = 4$<br>$P(2; 4)$ Tiefpunkt |
| 5. **Wendepunkte**<br>Notwendige Bedingung:<br>$f''(x) = 0$<br>Hinreichende Bedingung:<br>$f''(x) = 0$ und $f'''(x) \neq 0$ | $\frac{2}{(x-1)^3} = 0$<br>Da die 2. Ableitung für alle $x \in D_f$ ungleich Null ist, hat der Graph von $f$ keinen Wendepunkt. |
| 6. **Verhalten der Funktion für $x \to +\infty$ bzw. für $x \to -\infty$** | $\lim\limits_{x \to +\infty} \frac{x^2}{x(1-\frac{1}{x})} = \lim\limits_{x \to +\infty} \frac{x}{1-\frac{1}{x}} = +\infty$<br><br>$\lim\limits_{x \to -\infty} \frac{x^2}{x(1-\frac{1}{x})} = \lim\limits_{x \to -\infty} \frac{x}{1-\frac{1}{x}} = -\infty$ |

7. **Graphische Darstellung** der Funktion mit Hilfe der vorherigen Ergebnisse, wenn erforderlich, ergänzt durch einige mit Hilfe der Funktionsgleichung ermittelte Punkte.

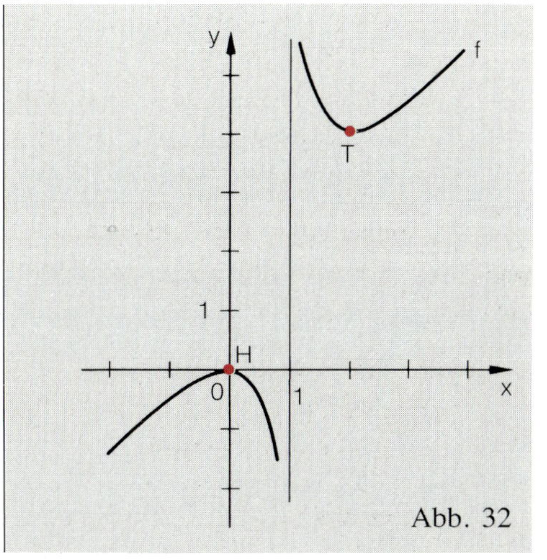


Abb. 32

Eine Computergraphik zeigt uns einen Ausschnitt des Funktionsverlaufs. Diese Darstellung ist zwar recht genau, doch die Eigenschaften der Funktion auch außerhalb dieses dargestellten Ausschnitts sind erst durch die Kurvendiskussion geklärt.
Mit Hilfe der Kurvendiskussion haben wir also das Funktionsverhalten *vollständig* erfaßt.

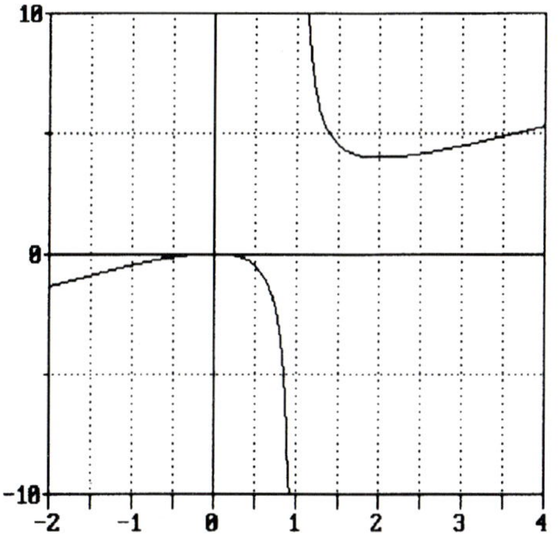


Abb. 33

(35)
Von einer Funktion $f$ sind uns folgende Eigenschaften bekannt:
- die Funktion hat die Nullstelle $x_1 = -2$,
- die Funktion hat die Polstelle $x_2 = 0$,
- die Funktion hat keine lokalen Extrempunkte,
- für $x \to +\infty$ und für $x \to -\infty$ streben die Funktionswerte gegen 3.

Skizzieren Sie anhand der Eigenschaften einen möglichen Graphen der Funktion.

Das folgende Beispiel zeigt, daß (im Gegensatz zu (35)) eine Funktion durch bestimmte Eigenschaften eindeutig festgelegt sein kann.

**Beispiel 22**

*Gesucht ist eine ganzrationale Funktion 3. Grades, deren Graph im Punkt P(2; 3) den Anstieg m = − 9, an der Stelle x = − 1 einen lokalen Extrempunkt und auf der y-Achse einen Wendepunkt hat.*

**Lösung:**

*Ansatz* für eine ganzrationale Funktion 3. Grades:

$$f(x) = a_3x^3 + a_2x^2 + a_1x + a_0 \qquad (a_3 \neq 0) \qquad (1)$$

Bilden der Ableitungen:

$$f'(x) = 3a_3x^2 + 2a_2x + a_1 \qquad (2)$$
$$f''(x) = 6a_3x + 2a_2 \qquad (3)$$
$$f'''(x) = 6a_3 \qquad (4)$$

Berücksichtigen der Bedingungen für $f$:

| | |
|---|---|
| $P(2; 3)$ liegt auf dem Graphen von $f$ | $f(2) = 3$ |
| Anstieg in $P(2; 3)$ ist $-9$ | $f'(2) = -9$ |
| lokaler Extrempunkt bei $x = -1$ | $f'(-1) = 0$ |
| Wendepunkt bei $x = 0$ | $f''(0) = 0$ |

Durch Einsetzen in die Gleichungen (1) bis (4) ergibt sich folgendes Gleichungssystem:

$$\begin{array}{llcl} (1)' & 8a_3 + 4a_2 + 2a_1 + a_0 & = & 3 \\ (2)' & 12a_3 + 4a_2 + a_1 & = & -9 \\ (3)' & 3a_3 - 2a_2 + a_1 & = & 0 \\ (4)' & 2a_2 & = & 0 \end{array}$$

Als Lösung dieses Gleichungssystems erhält man:
$a_0 = 5$; $a_1 = 3$; $a_2 = 0$ und $a_3 = -1$, d. h. als gesuchte Funktion kommt nur die Funktion mit der Gleichung $f(x) = -x^3 + 3x + 5$ in Frage.

Eine Vorstellung vom Graphen von $f$ liefert Abbildung 34.

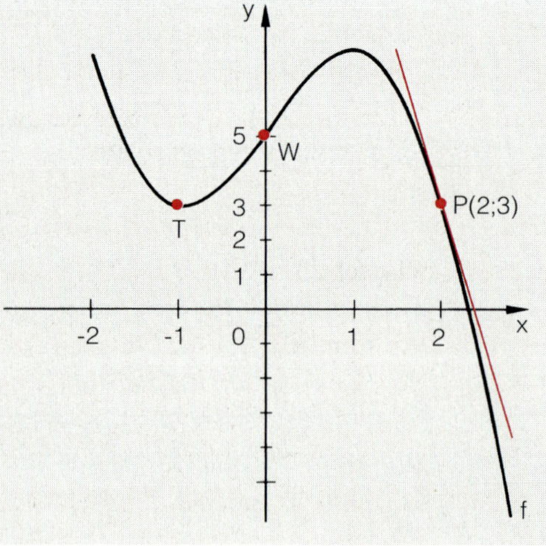


Abb. 34

Aufgaben 21–29

## B 2.3 Extremwertaufgaben

Es wird berichtet, daß der Astronom Johannes Kepler (1571–1630) sich über ein Verfahren zur Volumenbestimmung von Weinfässern ärgerte, das damals häufig angewandt wurde:

An einer Meßrute, die man durch das Spundloch S bis zum gegenüberliegenden Rand R des Faßbodens steckte, wurde das Volumen abgelesen, ohne die *Form* des Fasses zu berücksichtigen.

Kepler erkannte, daß das Volumen zweier Fässer trotz gleicher Meßwerte *unterschiedlich* sein kann.

Wir betrachten zur Vereinfachung *zylinderförmige* Weinfässer. In Abbildung 35 sind Aufrisse zweier solcher Fässer dargestellt, für die $l_1 = l_2$ gilt.

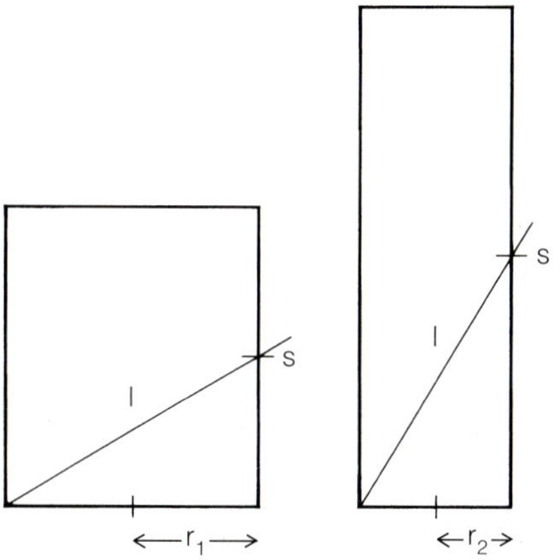


Abb. 35

(36)

Vergleichen Sie die Volumina der beiden Fässer für den Fall, daß $l_1 = l_2 = 1{,}0$ m, $r_1 = 0{,}4$ m und $r_2 = 0{,}2$ m ist.

Welche Abmessungen (Höhe, Radius) muß ein solches zylindrisches Faß haben, wenn die Meßrute $l = 1{,}5$ m anzeigt und das Volumen des Fasses maximal sein soll?

Bei der Lösung dieser Aufgabe geht es also darum, die Abmessungen so zu ermitteln, daß das Volumen V den größtmöglichen Wert annimmt.

**globales Extremum**

Bei vielen Aufgaben aus Anwendungsgebieten der Mathematik ist der größte bzw. kleinste Funktionswert einer Funktion in einem bestimmten Intervall *(globales Maximum/ globales Minimum)* gesucht.

Man faßt solche Aufgaben unter dem Begriff **Extremwertaufgaben** zusammen.

Anhand eines Beispiels wollen wir uns eine mögliche Vorgehensweise beim Lösen von Extremwertaufgaben erarbeiten.

**Beispiel 23**

*An einen 100 m langen Zaun sollen noch 200 m Zaun angefügt werden, so daß ein Rechteck mit möglichst großem Flächeninhalt eingezäunt wird.*

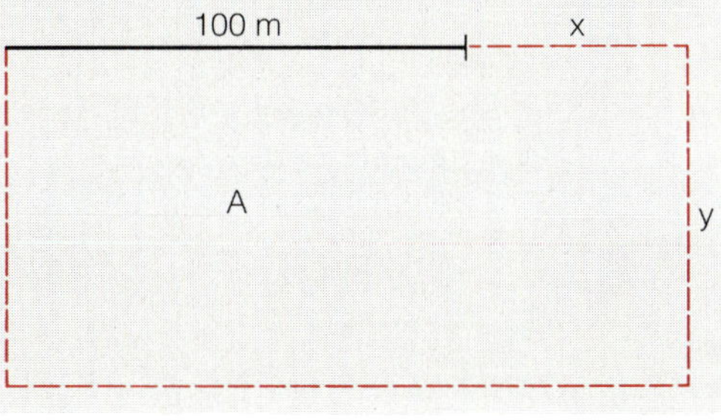


Abb. 36

**Lösung:**
Wir überlegen, von welcher Funktion ein globales Extremum zu bestimmen ist. Für diese Funktion, die *Zielfunktion,* stellen wir eine Gleichung auf:

$$A(x; y) = y\,(100 + x) \quad (x \in [0; 50[ \text{ und } y \in ]0; 50])$$

Vereinbarung: Zur Vereinfachung arbeiten wir nur mit den Zahlenwerten der Größen.

Da diese Zielfunktion von den beiden Variablen $x$ und $y$ abhängig ist, versuchen wir, anhand von *Nebenbedingungen* eine der beiden Variablen durch die andere auszudrücken:

Nebenbedingung: $(100 + x) + x + 2y = 200$ (siehe Abb. 36)

$$2x + 2y = 100$$
$$y = 50 - x.$$

Wir setzen für $y$ den Term $(50 - x)$ in unsere Zielfunktion ein und erhalten:

$$A(x) = (50 - x)\,(100 + x) \quad (x \in [0; 50[)$$

Um das globale Maximum dieser Funktion in dem angegebenen Intervall zu ermitteln, bestimmen wir zunächst die lokalen Extrema der Funktion, denn wenn eine Funktion einen größten oder kleinsten Funktionswert hat, dann kommen dafür nur lokale Extrema oder die Funktionswerte an den Intervallenden in Frage.
Bestimmen der lokalen Extrema:
Notwendige Bedingung für das Vorhandensein lokaler Extrema:

$$A'(x) = 0.$$

$$A(x) = (50 - x)\,(100 + x) = -x^2 - 50x + 5000$$
$$A'(x) = -2x - 50$$
$$0 = -2x - 50$$
$$x = -25$$
$$-25 \notin [0; 50[$$

Die Funktion $A$ hat also in dem vorgegebenen Intervall kein lokales Extremum.
Wir betrachten deshalb den Funktionswert am Rande des Intervalls:

$$A(0) = 5000.$$

Da die Funktion $A$ mit $A(x) = -x^2 - 50x + 5000$ im Intervall $[0; 50[$ monoton fallend ist, liegt also an der Stelle $x = 0$ das globale Maximum.
Den zugehörigen Wert für $y$ errechnen wir anhand der Nebenbedingung:

$$y = 50 - x = 50 - 0 = 50.$$

Ergebnis:
Für die Zahlenwerte $x = 0$ und $y = 50$ hat die eingezäunte Fläche einen maximalen Flächeninhalt ($5000\ m^2$).

**Beispiel 24**

*Durch den Punkt P (4; 2) soll eine Gerade so gelegt werden, daß das mit den Koordinatenachsen gebildete Dreieck den kleinstmöglichen Flächeninhalt hat.*
*Wie heißt die Gleichung der Geraden, wie groß ist der Flächeninhalt des Dreiecks?*

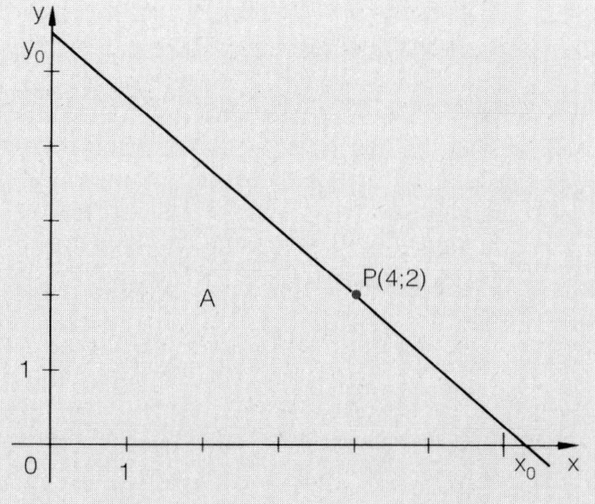


Abb. 37

**Lösung:**
Seien Q($x_0$; 0) und R(0; $y_0$) die Schnittpunkte der gesuchten Geraden $y = mx + n$ mit den Koordinatenachsen. Dann gilt: $y_0 = n$ und $x_0 = -\frac{n}{m}$. Für den Flächeninhalt des betrachteten Dreiecks gilt somit

$$A = \frac{1}{2} x_0 \cdot y_0 = \frac{1}{2} \cdot \left(-\frac{n}{m}\right) \cdot n.$$

Aus dieser Gleichung gewinnt man die *Zielfunktion* $A(m; n) = -\frac{1}{2} \cdot \frac{n^2}{m}$. Um eine der beiden Variablen zu eliminieren, kann man die *Nebenbedingung* benutzen, daß die Gerade durch $P$ (4; 2) gehen soll. Daraus ergibt sich:

$$2 = m \cdot 4 + n \quad \text{bzw.} \quad n = 2 - 4m.$$

Für die Zielfunktion $A$ folgt daraus:

$$A(m) = -\frac{1}{2} \cdot \frac{(2-4m)^2}{m} = -\frac{1}{2} \cdot \frac{4-16m+16m^2}{m}$$

$$A(m) = -\frac{2}{m} + 8 - 8m \quad \text{mit } m \in I\!R,\ m < 0.$$

Wir ermitteln die lokalen Extrema der Funktion:

$$A'(m) = \frac{2}{m^2} - 8; \qquad 0 = \frac{2}{m^2} - 8; \qquad 8m^2 = 2$$

$$m_1 = -\frac{1}{2}; \qquad m_2 = \frac{1}{2} \text{ (entfällt, da } m < 0 \text{ sein muß)}$$

Wir untersuchen, ob eine hinreichende Bedingung für das Vorhandensein lokaler Extrema erfüllt ist, und bilden dazu die zweite Ableitung:

$A''(m) = -\frac{4}{m^3}$; für $m = -\frac{1}{2}$ erhält man:
$A''(-\frac{1}{2}) = 32 > 0$. Daraus folgt:

Die Funktion $A: m \mapsto -\frac{2}{m} + 8 - 8m$ hat an der Stelle $m = -\frac{1}{2}$ ein lokales Minimum. Das lokale Minimum der Funktion $A$ ist gleichzeitig auch globales Minimum, da die Betrachtungen im offenen Intervall $]-\infty; 0[$ geführt wurden.

Wegen $n = 2 - 4m = 2 + 2 = 4$ gilt für die Gleichung der Geraden:

$$y = -\frac{1}{2}x + 4.$$

Berechnung des Flächeninhalts:

$$A = -\frac{1}{2}\frac{n^2}{m} = -\frac{1}{2} \cdot \frac{16}{(-\frac{1}{2})} = 16.$$

Der Flächeninhalt des Dreiecks beträgt 16 Flächeneinheiten.

(37)

Diskutieren Sie anhand der graphischen Darstellung (s. Abb. 37) die Aufgabenstellung, das Dreieck mit möglichst großem Flächeninhalt zu suchen.

**Beispiel 25**

*Einem geraden Kreiskegel mit dem Radius $R = 16$ cm und der Höhe $H = 80$ cm sei ein gerader Kreiszylinder einbeschrieben, dessen Oberflächeninhalt maximal sein soll. Der Radius $r$ und die Höhe $h$ des Zylinders sind zu bestimmen.*

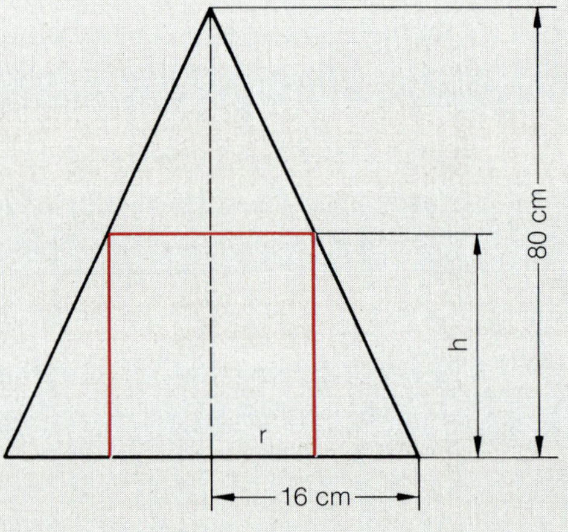


Abb. 38

**Lösung:**

Aufstellen der Zielfunktion: $A(r; h) = 2\pi r^2 + 2\pi rh$ ;
$r, h \in \mathbb{R}, 0 < r < 16, 0 < h < 80$

Nebenbedingung: $\frac{h}{16 - r} = \frac{80}{16}$ (Strahlensatz)

$$\frac{h}{16 - r} = 5$$

Mit Hilfe dieser Nebenbedingung können wir nun entweder $h$ durch $r$ oder $r$ durch $h$ ausdrücken.

$h = 80 - 5r$

Zielfunktion:

$A(r) = 2\pi r^2 + 2\,\pi r(80 - 5r)$

$A(r) = 2\pi r^2 + 160\pi r - 10\pi r^2$

$= 160\pi r - 8\pi r^2$

Notwendige Bedingung für das Vorhandensein lokaler Extrema:

$A'(r) = 0$

$A'(r) = 160\pi - 16\pi r$

$0 = 160\pi - 16\pi r$

$r = 10$

Hinreichende Bedingung für das Vorhandensein lokaler Extrema:

$A'(r) = 0$ und $A''(r) \neq 0$

$A''(r) = -16\pi$

$A''(10) = -16\pi < 0$

Die graphische Darstellung der Funktion $A$ mit $A(r) = 160\pi r - 8\pi r^2$ zeigt, daß in dem vorgegebenen Intervall das lokale Maximum gleichzeitig das globale Maximum der Funktion ist.

Ergebnis:

Für $r = 10$ cm und $h = 80 - 5r = 30$ cm ist der Oberflächeninhalt des einbeschriebenen Zylinders maximal.

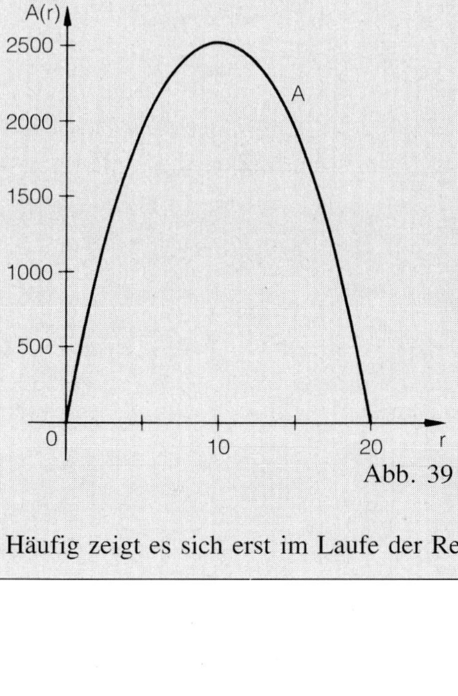


Abb. 39

$r = 16 - 0{,}2h$

Zielfunktion:

$A(h) = 2\pi(16 - 0{,}2h)^2$

$+ 2\pi(16 - 0{,}2h)h$

$A(h) = 512\pi - 12{,}8\pi h$

$+ 0{,}08\pi h^2 + 32\,\pi h - 0{,}4\pi h^2$

$A(h) = 512\pi + 19{,}2\pi h - 0{,}32\pi h^2$

$A'(h) = 0$

$A'(h) = 19{,}2\pi - 0{,}64\pi h$

$0 = 19{,}2\pi - 0{,}64\pi h$

$h = 30$

$A'(h) = 0$ und $A''(h) \neq 0$

$A''(h) = -0{,}64\pi$

$A''(30) = -0{,}64\pi < 0$

Die graphische Darstellung der Funktion $A$ mit $A(h) = 512\pi + 19{,}2\,\pi h - 0{,}32\pi h^2$ zeigt, daß in dem vorgegebenen Intervall das lokale Maximum gleichzeitig das globale Maximum der Funktion ist.

Ergebnis:

Für $h = 30$ cm und $r = 16 - 0{,}2h = 10$ cm ist der Oberflächeninhalt des einbeschriebenen Zylinders maximal.

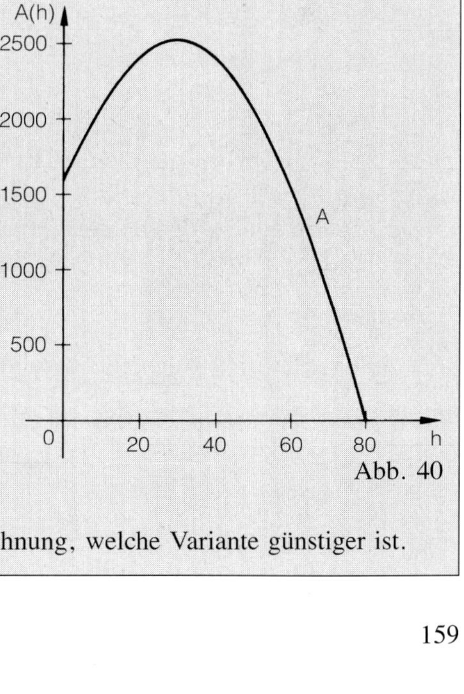


Abb. 40

Häufig zeigt es sich erst im Laufe der Rechnung, welche Variante günstiger ist.

(38)

Aus einem 48 cm langen Draht soll das Kantenmodell eines quadratischen Prismas hergestellt werden. Es sind die Kantenlängen des Prismas so zu bestimmen, daß das Volumen des Prismas maximal wird.

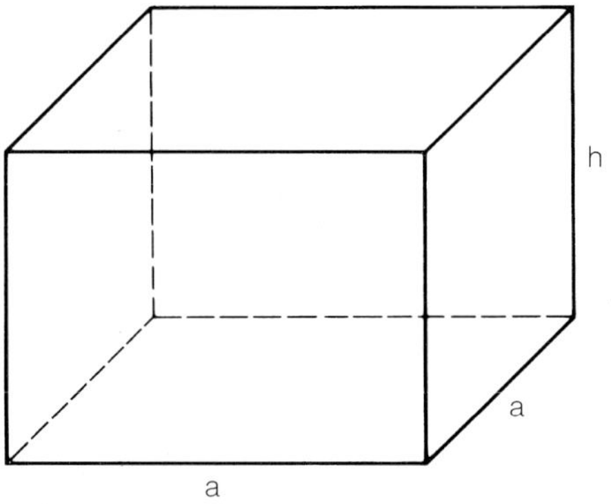


Abb. 41

Geben Sie die Funktion, von der das globale Maximum bestimmt werden soll (Zielfunktion), an

a) in Abhängigkeit von den Kantenlängen a und h,
b) in Abhängigkeit von der Kantenlänge a,
c) in Abhängigkeit von der Kantenlänge h.

Berechnen Sie die Kantenlängen so, daß das Volumen des Prismas maximal wird.

Die betrachteten Beispiele zeigen, daß man beim Bearbeiten von Extremwertaufgaben wie folgt vorgehen kann:

**Lösungsschritte bei Extremwertaufgaben**

1. Aufstellen einer Funktionsgleichung für die Funktion, von der ein globales Extremum ermittelt werden soll *(Zielfunktion)*.

2. Mit Hilfe von *Nebenbedingungen* die Zielfunktion in Abhängigkeit von nur *einer* Variablen darstellen.

3. Ermitteln der *lokalen Extrema* der Zielfunktion.

4. Überprüfen, ob die lokalen Extrema auch *globale Extrema* der Zielfunktion sind (evtl. Funktionswerte am Rande des betrachteten Intervalls bestimmen).

5. Formulieren des Ergebnisses.

(39)

Bestimmen Sie den Radius und die Höhe des zylindrischen Weinfasses, wenn das Volumen maximal werden soll und die Meßrute eine Länge von 1,5 m anzeigt (siehe Abb. 35).

*Aufgaben 30–38*

## Aufgaben

1. Gegeben sei die Funktion $f\colon x \mapsto x^2 + 1$. Bestimmen Sie $x_z$ so, daß die Tangente an die Parabel im Punkt $P(x_z; f(x_z))$ parallel zur Geraden durch die Punkte $P_1(0; 1)$ und $P_2(3; f(3))$ ist.

2. Beweisen Sie folgenden Satz, und deuten Sie ihn geometrisch:
Die Ableitung $f'$ einer in einem Intervall $[a; b]$ differenzierbaren Funktion mit $f(a) = f(b)$ hat im Intervall $[a; b]$ wenigstens eine Nullstelle.

3. Untersuchen Sie, in welchen Intervallen die Funktionen monoton wachsend bzw. monoton fallend sind.

a) $f\colon x \mapsto 0{,}5x^2$ b) $f\colon x \mapsto 1 + \frac{1}{x}$

*c) $f\colon x \mapsto \frac{1}{1 - x^2}$ d) $f\colon x \mapsto x^2 + 4$

4. Gegeben sind die Graphen der Ableitungsfunktionen $f'$ (s. Abb.). Geben Sie jeweils Intervalle an, in denen die zugehörigen Funktionen $f$ streng monoton sind.

a) b) c)

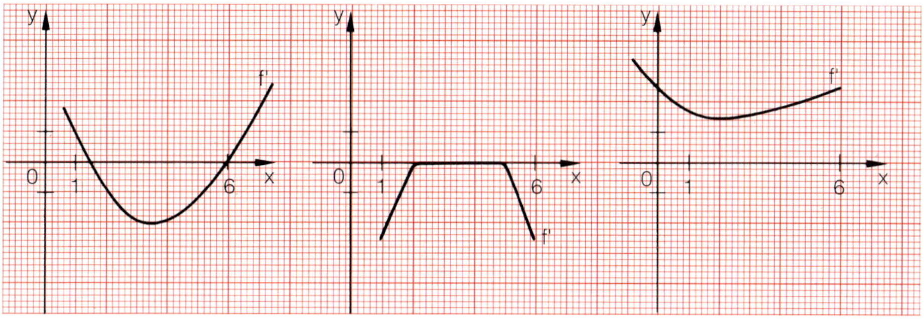


5. Geben Sie an, wo die Funktionen Extremstellen besitzen könnten.

a) $f\colon x \mapsto x^3 - 3x^2$ b) $f\colon x \mapsto x^2 - 2x - 8$

c) $f\colon x \mapsto \frac{x}{x - 1}, \quad x \neq 1$ d) $f\colon x \mapsto \begin{cases} -1 & \text{für } x \leq 2 \\ 1 & \text{für } x > 2 \end{cases}$

e) $f\colon x \mapsto 2$ f) $f\colon x \mapsto 1 - x^2$

g) $f\colon x \mapsto \frac{1}{x}, \quad x \neq 0$ *h) $f\colon x \mapsto \frac{2x^2 + x}{2x - 1}, \quad x \neq \frac{1}{2}$

6. Bestimmen Sie die lokalen Extrempunkte der Funktionen.

a) $f\colon x \mapsto 1 - x^2$ b) $f\colon x \mapsto x^2 - 4x$

c) $f\colon x \mapsto x + \frac{1}{x}$ d) $f\colon x \mapsto x^4 - 4x^3 + 3x^2 + 4x - 4$

e) $f\colon x \mapsto \frac{x}{2 + 5x}$ f) $f\colon x \mapsto \frac{2x^2 - x - 1}{x - 1}$

7. Entscheiden Sie, ob die Aussagen wahr sind.

a) $f'(x) = 0$ ist notwendig, aber nicht hinreichend für das Vorhandensein eines lokalen Extrempunktes des Graphen von $f$ an der Stelle $x$.

b) $f'(x) = 0$ ist eine hinreichende Bedingung dafür, daß der Graph von $f$ an der Stelle $x$ einen Hochpunkt besitzt.

c) $f'(x) > 0$ ist eine notwendige Bedingung dafür, daß der Graph von $f$ an der Stelle $x$ einen Tiefpunkt besitzt.

d) $f''(x) < 0$ ist eine hinreichende Bedingung dafür, daß der Graph von f an der Stelle $x$ einen Hochpunkt besitzt.

e) $f'(x) = 0$ ist eine notwendige Bedingung dafür, daß der Graph von $f$ an der Stelle $x$ einen Hochpunkt besitzt.

8. Ermitteln Sie Wendepunkte. Geben Sie an, in welchen Intervallen der Graph der Funktion eine Rechts- bzw. eine Linkskurve beschreibt.

a) $f\colon x \mapsto 2x^2 + 8x - 3$

b) $f\colon x \mapsto x^3 - x$

c) $f\colon x \mapsto 2x + 1$

d) $f\colon x \mapsto \begin{cases} x^2 & \text{für } x \leq 0 \\ -x^2 & \text{für } x > 0 \end{cases}$

e) $f\colon x \mapsto x^2 + 2x + 4$

f) $f\colon x \mapsto 3x^3 + x + 1$

9. Skizzieren Sie Graphen von Funktionen, die den folgenden Bedingungen genügen:

a) $f$ hat genau einen Wendepunkt und keinen lokalen Extrempunkt.

b) $f$ hat genau einen Wendepunkt und genau einen Tiefpunkt.

c) $f$ hat zwei Wendepunkte, einen Hochpunkt und einen Tiefpunkt.

10. Wie viele lokale Extremstellen und wie viele Wendestellen kann eine ganzrationale Funktion $n$-ten Grades höchstens haben?

11. Bestimmen Sie die Intervalle, in denen der Graph von $f$ eine Rechts- bzw. eine Linkskurve bildet.

a) $f\colon x \mapsto \frac{1}{4}x^4 - \frac{1}{2}x^2$

b) $f\colon x \mapsto x^3$

c) $f\colon x \mapsto \frac{1}{2}(x - 2)^2$

d) $f\colon x \mapsto x^5 - 2x^3$

12. Weisen Sie nach, daß der Graph von $f$ mit $f(x) = ax^3 + bx^2 + cx + d$ einen Wendepunkt besitzt, wenn $a \neq 0$ ist.

13. Geben Sie eine Funktionsgleichung für eine ganzrationale Funktion 3. Grades an, die die Nullstellen $x_1 = -2$, $x_2 = 0$ und $x_3 = 2$ hat und für die $f(1) = -3$ gilt.

14. Versuchen Sie, eine Funktion $f$ mit $f(x) = ax^3 + bx + cx + d$ zu finden, die die lokalen Extrempunkte $P_1(-2;\ 18\frac{1}{3})$ und $P_2(4;\ -17\frac{2}{3})$ sowie den Wendepunkt $P_3(1;\ \frac{1}{3})$ besitzt.

15. Welche Bedingungen müssen die Parameter $a$, $b$, $c$ und $d$ erfüllen, damit der Graph von $f$

1) genau zwei, 2) genau einen, 3) keinen Wendepunkt hat?

a) $f$ mit $f(x) = x^4 + ax^3$ b) $f$ mit $f(x) = ax^3 + bx^2 + cx + d$

c) $f$ mit $f(x) = ax^4 + bx^2$ d) $f$ mit $f(x) = (ax + b)^3$

16. Bestimmen Sie von der Funktion $f$ lokale Extrempunkte und Wendepunkte. Geben Sie jeweils die Gleichung der Tangente an $f$ im Wendepunkt (Wendetangente) an.

a) $f\colon x \mapsto -x^3 + 3x + 4$ b) $f\colon x \mapsto x^3 - 1$

c) $f\colon x \mapsto \frac{1}{12}x^4 - 2x^2 + 5$ d) $f\colon x \mapsto x + \frac{1}{x^2}$

17. Ein Computer hat im Bereich $-10 \leqq x \leqq 10$ und $-10 \leqq y \leqq 10$ den Graphen der Funktion $f$ mit $f(x) = 0{,}01x^3 - 3x + 6$ ausgedruckt (siehe Abb.).
Äußern Sie sich über das Vorhandensein von Extrempunkten.

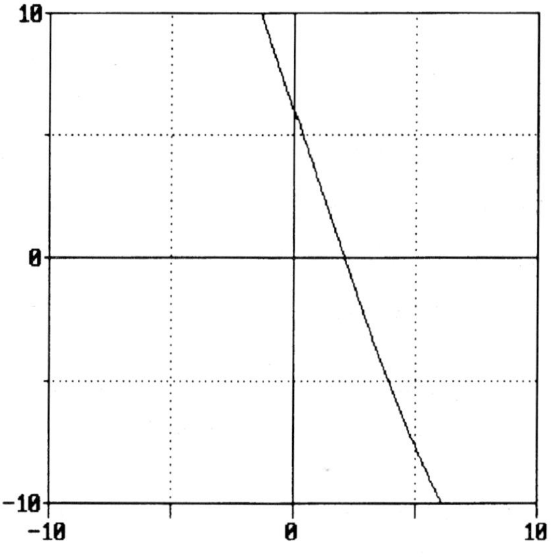


18. Beurteilen Sie folgende Aussagen:

a) Stetige Funktionen haben in einem abgeschlossenen Intervall stets genau ein globales Maximum und genau ein globales Minimum.

b) Ein lokales Extremum kann zugleich auch ein globales Extremum sein.

19. Gegeben sei der Graph der Funktion $f$ mit

$$f(x) = \frac{1}{5}\,(x^4 + 3x^3 - 6x^2 - 3x - 4) \text{ (siehe Abb.).}$$

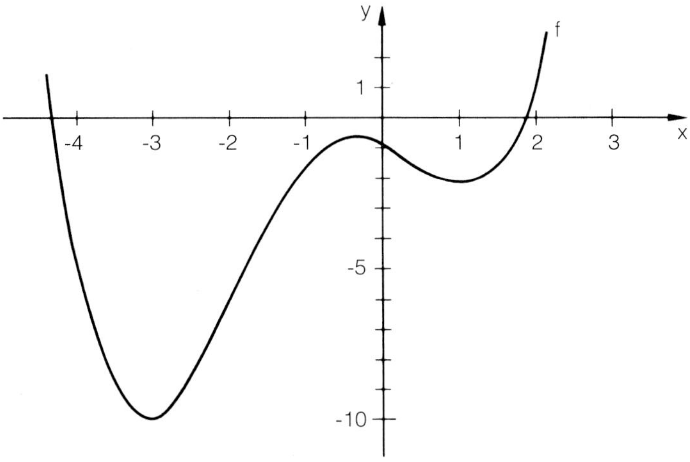


Geben Sie die globalen und die lokalen Extrema im Intervall $[-4; 4]$ an.

20. Bestimmen Sie von folgenden Funktionen die Nullstellen, das Verhalten für $x \to +\infty$ bzw. für $x \to -\infty$, die lokalen Extrempunkte und die Wendepunkte. Stellen Sie die Graphen der Funktionen dar.

a) $f\colon x \mapsto \frac{1}{3}x^3 - 3x$  b) $f\colon x \mapsto x^4 - 9x^2$

c) $f\colon x \mapsto x^4 + 4x^2$  d) $f\colon x \mapsto 4 - \frac{1}{6}x^3$

e) $f\colon x \mapsto x^3 - 2x^2 + x$  f) $f\colon x \mapsto 0{,}1x^5 + 3x$

g) $f\colon x \mapsto x^3 + 5x^2 + 3x - 9$  h) $f\colon x \mapsto \frac{1}{4}x^4 + x^3$

21. Untersuchen Sie die Funktionen auf Nullstellen und Polstellen.

a) $f\colon x \mapsto \dfrac{x - 2}{2x + 1}$  b) $f\colon x \mapsto \dfrac{x^2}{x^3 - 1}$

c) $f\colon x \mapsto 1 + \dfrac{2}{x^2}$  d) $f\colon x \mapsto \dfrac{4}{x - 1}$

22. Führen Sie für die Funktionen eine Kurvendiskussion durch (Nullstellen, Polstellen, Extrempunkte, Verhalten für $x \to +\infty$ bzw. $x \to -\infty$, Wendepunkte, graphische Darstellung).

a) $f\colon x \mapsto \dfrac{x}{4 - x^2}$  b) $f\colon x \mapsto \dfrac{1}{x^2 + 1}$

c) $f\colon x \mapsto \dfrac{2}{3x - 4}$  d) $f\colon x \mapsto \dfrac{2}{3x}$

e) $f\colon x \mapsto \dfrac{x + 1}{x - 1}$  f) $f\colon x \mapsto \dfrac{x}{x + 5}$

23. Geben Sie eine gebrochen rationale Funktion an, die $x_1$ und $x_2$ als Polstellen hat.

a) $x_1 = 1;\ x_2 = -1$  b) $x_1 = 0;\ x_2 = -4$  c) $x_1 = 1;\ x_2 = 3$

24. Gegeben sei die Funktion $f$ mit $f(x) = x^2(3x - 10)^2$.
Ermitteln Sie für die Funktion $f$ Nullstellen, lokale Extrema und Wendepunkte. Stellen Sie den Graphen von $f$ mit Hilfe eines Computers oder eines graphikfähigen Taschenrechners in verschiedenen Intervallen dar, und interpretieren Sie die Ergebnisse.

25. Führen Sie für die Funktionenschar $f$: $x \mapsto bx^2 - ax^4$ ($a > 0$, $b > 0$) eine Kurvendiskussion durch (Nullstellen, lokale Extrema, Wendepunkte). Zeichnen Sie den Graphen für $a = \frac{1}{16}$ und $b = 1$ im Intervall $[-5; 5]$.

26. Gegeben sei der Graph der Funktion $f'$ (siehe Abb.).
Was läßt sich über die Eigenschaften des Graphen der Funktion $f$ aussagen?

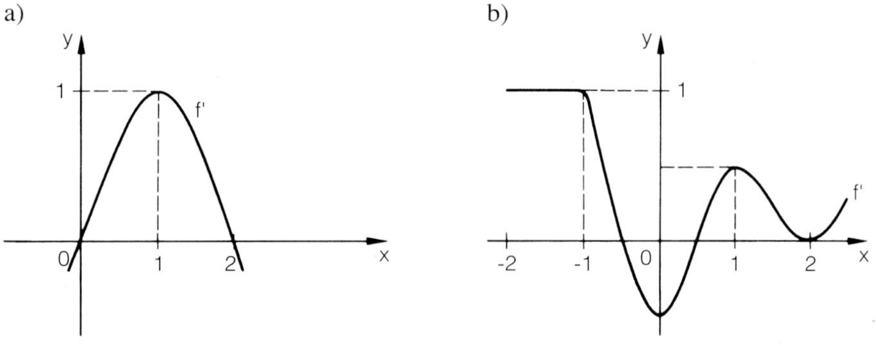


27. Gesucht ist eine ganzrationale Funktion 2. Grades, deren Graph durch die Punkte $P_1(0; 0)$, $P_2(1; 0)$ und $P_3(2; 3)$ geht.

28. Gesucht ist eine ganzrationale Funktion 3. Grades, deren Graph die $x$-Achse im Punkt $P(0; 0)$ berührt. Die Tangente an den Graphen im Punkt $P(-3; 0)$ ist parallel zur Geraden mit der Gleichung $y = 6x$.

29. Einem gleichseitigen Dreieck soll ein Rechteck mit möglichst großem Flächeninhalt einbeschrieben werden, wobei eine Rechteckseite auf einer Dreieckseite liegen soll.

30. Ein Kreisausschnitt hat den Flächeninhalt $A = 100\ \text{cm}^2$. Der Umfang des Kreisausschnittes soll minimal werden. Berechnen Sie die Längen des Radius $r$ und des Bogens $b$ für diesen Fall.

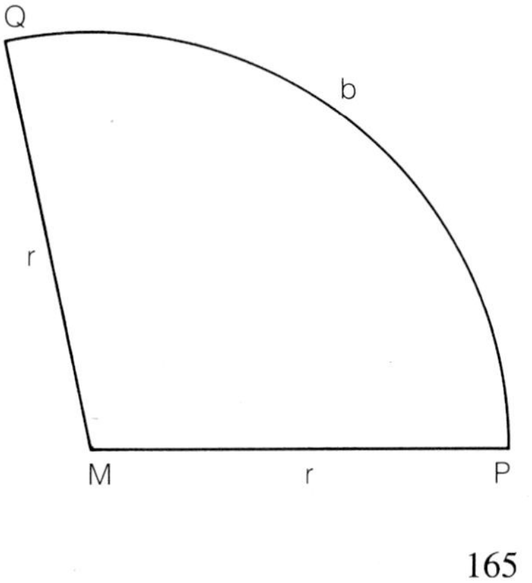

31. Aus 100 m Maschendraht soll ein möglichst großes rechteckiges Tiergehege hergestellt werden.

32. Ein Silo hat die Form eines Zylinders mit aufgesetzter Halbkugel. Das Volumen des zylindrischen Teils beträgt $55\,m^3$. Die Innenfläche des Silos soll minimal werden. Berechnen Sie für diesen Fall den Grundkreisradius $r$ des Zylinders.

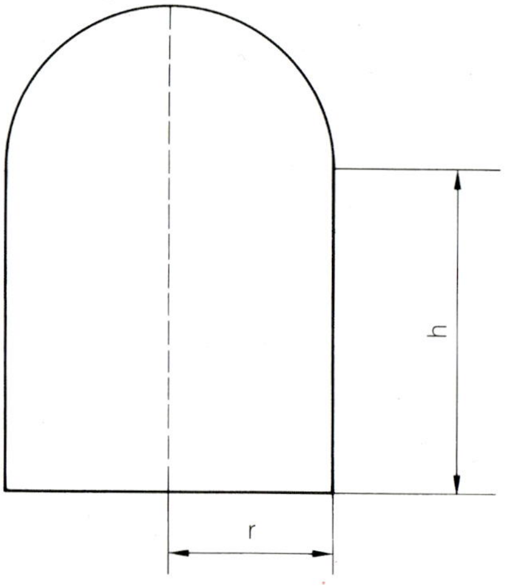


33. Ein Druckbehälter besteht aus einem Zylinder, der beiderseits durch angesetzte Halbkugeln abgeschlossen ist. Das Volumen des zylindrischen Teils sei $V_z\,m^3$. Um Wärmeverluste möglichst gering zu halten, soll die Oberfläche des Behälters möglichst klein sein. Bestimmen Sie den Radius $r$ des Zylinders in Abhängigkeit von $V_z$ für den Fall, daß der gesamte Oberflächeninhalt minimal wird.
Weisen Sie nach, daß bei minimalem Oberflächeninhalt des Druckbehälters das Verhältnis von Radius $r$ und Höhe $h$ des Zylinders 1:4 beträgt.

34. Zeichnen Sie die Graphen der Funktionen $f\colon x \mapsto x^2$ und $g\colon x \mapsto x^3$ in ein Koordinatensystem.
An welcher Stelle $x \in [0; 1]$ ist die Differenz der Funktionswerte am größten?

35. Eine Streichholzschachtel soll 5 cm lang sein und ein Volumen von $45\,cm^3$ haben. Wie müssen die Breite und die Höhe gewählt werden, um für die Herstellung möglichst wenig Material zu verwenden?

36. Zu jeder Zahl $x \in\, ]0; 4[$ gehört ein Rechteck, von dem zwei Seiten auf den Koordinatenachsen liegen und eine Ecke auf der Geraden $g: y = -0{,}5x + 2$. Welches dieser Rechtecke hat den größten Flächeninhalt?

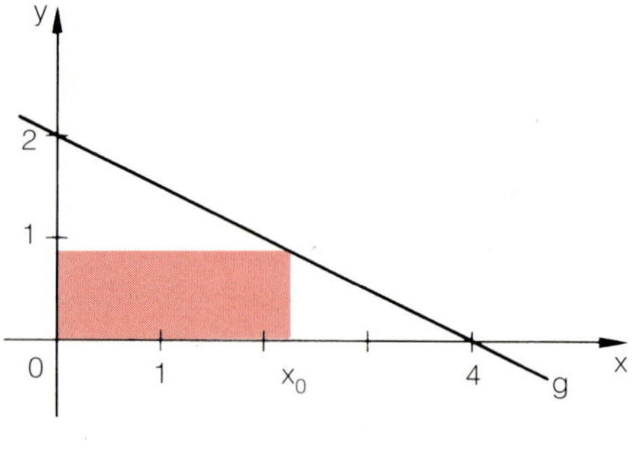

# B 3 Untersuchung nichtrationaler Funktionen

## B 3.1 Wurzelfunktionen

### Ableitung von Wurzelfunktionen

(40)

Einem Kreis vom Radius $r$ soll ein Rechteck mit maximalem Flächeninhalt einbeschrieben werden.
Geben Sie eine Zielfunktion, mit der der maximale Flächeninhalt ermittelt werden kann, in Abhängigkeit von $x$ an.

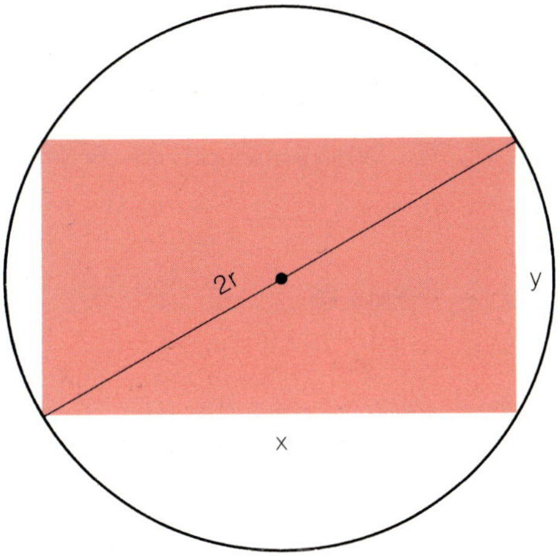


Abb. 42

Für das weitere Bearbeiten der Aufgabe benötigen wir Kenntnisse über die Ableitung von Wurzelfunktionen.

(41)

Überlegen Sie, wie die Ableitung der Funktion $f$ mit $f(x) = \sqrt{x} = x^{\frac{1}{2}}$ lauten könnte.

Es soll die Ableitung der Funktion $f$ mit $f(x) = \sqrt{x}$ ermittelt werden.

– Wir bilden den Differenzenquotienten an der Stelle $x_0$:

$$D(h) = \frac{f(x_0+h) - f(x_0)}{h} = \frac{\sqrt{x_0+h} - \sqrt{x_0}}{h}$$

– Wir formen den Differenzenquotienten geeignet um, so daß der Grenzwert bestimmt werden kann; zu diesem Zweck erweitern wir ihn mit $\left(\sqrt{x_0+h} + \sqrt{x_0}\right)$:

$$D(h) = \frac{\left(\sqrt{x_0+h} - \sqrt{x_0}\right)}{h} \cdot \frac{\left(\sqrt{x_0+h} + \sqrt{x_0}\right)}{\left(\sqrt{x_0+h} + \sqrt{x_0}\right)} = \frac{x_0 + h - x_0}{h\left(\sqrt{x_0+h} + \sqrt{x_0}\right)}$$

$$D(h) = \frac{h}{h\left(\sqrt{x_0+h} + \sqrt{x_0}\right)} = \frac{1}{\sqrt{x_0+h} + \sqrt{x_0}}$$

– Wir bilden den Grenzwert des Differenzenquotienten:

$$\lim_{h \to 0} D(h) = \lim_{h \to 0} \frac{1}{\sqrt{x_0 + h} + \sqrt{x_0}} = \frac{1}{2\sqrt{x_0}}$$

Es gilt also: $$f'(x_0) = \frac{1}{2\sqrt{x_0}}.$$

Wenden wir auf $f$ mit $f(x) = \sqrt{x} = x^{\frac{1}{2}}$ die in Abschnitt 1.3 für ganzzahlige Exponenten formulierte Potenzregel an, so ergibt sich:

$$f'(x) = \frac{1}{2} x^{-\frac{1}{2}} = \frac{1}{2\sqrt{x}}.$$

Für den Exponenten $\frac{1}{2}$ führt diese Regel also zu einem richtigen Ergebnis.
Wir verallgemeinern das Ergebnis und formulieren:

**Ableitung von Wurzelfunktionen**

**Satz 16**
Jede Funktion $f$ mit $f(x) = \sqrt[n]{x^m} = x^{\frac{m}{n}}$ $(m, n \in I\!N, n \neq 0, x > 0)$ ist an jeder Stelle $x \in D_f$ differenzierbar und es gilt:

$$f'(x) = \frac{m}{n} x^{\frac{m}{n} - 1}.$$

(42)
Untersuchen Sie, ob $f$ mit $f(x) = \sqrt{x}$ an der Stelle 0 differenzierbar ist. Deuten Sie dies anschaulich am Graph von $f$.

**Beispiel 26**

*Gegeben sind die Funktionen $f$ mit $f(x) = \sqrt[3]{x^4}$ und $g$ mit $g(x) = \sqrt[4]{x^3}$.*
*Für welche $x$ ist der Anstieg von $f$ kleiner als der Anstieg von $g$, größer als der Anstieg von $g$ bzw. gleich dem Anstieg von $g$?*[1]

**Lösung:**
Mit Hilfe von Satz 16 bilden wir die Ableitungen von $f$ und $g$:

$$f(x) = \sqrt[3]{x^4} = x^{\frac{4}{3}} \qquad g(x) = \sqrt[4]{x^3} = x^{\frac{3}{4}}$$

$$f'(x) = \frac{4}{3} x^{\frac{1}{3}} \qquad g'(x) = \frac{3}{4} x^{-\frac{1}{4}}$$

$$f'(x) = \frac{4}{3} \sqrt[3]{x} \qquad g'(x) = \frac{3}{4\sqrt[4]{x}}$$

1 Hier und im folgenden ist stets der Anstieg des *Graphen* der betreffenden Funktion gemeint.

Ein graphikfähiger Taschenrechner zeigt die Graphen der Funktionen $f'$ und $g'$ (s. Abb. 43).

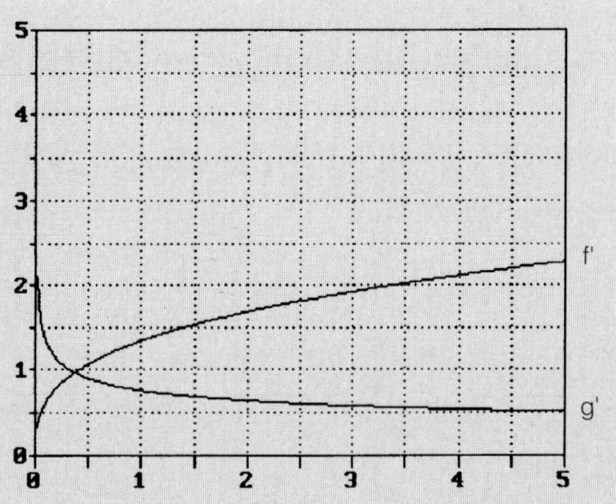


Abb. 43

Um den Wert für $x$ zu ermitteln, für den $f'(x) = g'(x)$ gilt (d. h. der Anstieg von $f$ gleich dem Anstieg von $g$ ist), berechnen wir die Abszisse des Schnittpunktes $S$ der beiden Graphen durch Gleichsetzen der Funktionsterme:

$$f'(x) = g'(x)$$

$$\frac{4}{3} \cdot \sqrt[3]{x} = \frac{3}{4 \cdot \sqrt[4]{x}} \qquad \left| \cdot \sqrt[4]{x} \right| \cdot \frac{3}{4}$$

$$\sqrt[3]{x}\,\sqrt[4]{x} = \frac{3}{4} \cdot \frac{3}{4}$$

$$x^{\frac{1}{3}} \cdot x^{\frac{1}{4}} = \frac{9}{16}$$

$$x^{\frac{4}{12}} \cdot x^{\frac{3}{12}} = \frac{9}{16}$$

$$x^{\frac{7}{12}} = \frac{9}{16}$$

$$x = \sqrt[7]{\left(\frac{9}{16}\right)^{12}}$$

$$x \approx 0{,}3729$$

Wir erkennen: Für $0 < x < 0{,}3729$ gilt:
Der Anstieg von $f$ ist kleiner als der Anstieg von $g$.
Für $x \approx 0{,}3729$ gilt:
Der Anstieg von $f$ ist gleich dem Ansteig von $g$.
Für $x > 0{,}3729$ gilt:
Der Anstieg von $f$ ist größer als der Anstieg von $g$.

*Aufgaben 1–3*

## Ableitung verketteter Funktionen

(43)

Bilden Sie die Ableitung der Funktion $f$ mit $f(x) = (2x + 1)^2$ mit Hilfe der Produktregel. Verwenden Sie das Ergebnis, um die Ableitung der Funktion $g$ mit $g(x) = (2x + 1)^3 = (2x + 1)^2\ (2x + 1)$ zu bestimmen.

Die Funktion $f$ mit $f(x) = (2x + 1)^3$ kann man als verkettete Funktion $u(v(x))$ auffassen. Verkettete Funktionen können wie folgt abgeleitet werden:

Gegeben sei eine Funktion $f$ mit $f(x) = u(v(x))$.
Die Ableitung der »Verkettungsfunktion $f$« (an der Stelle $x$) ist gleich der Ableitung der äußeren Funktion $u$ (an der Stelle $v(x)$) multipliziert mit der Ableitung der inneren Funktion $v$ (an der Stelle $x$).

**Ableitung verketteter Funktionen**

**Satz 17 (Kettenregel)**
Ist eine Funktion $v$ an der Stelle $x$ und eine Funktion $u$ an der Stelle $v(x)$ differenzierbar, so ist auch die Funktion $f$ mit $f(x) = u(v(x))$ an der Stelle $x$ differenzierbar und es gilt:

$$f'(x) = u'(v(x)) \cdot v'(x).$$

**Beweis:**

– Wir bilden den Differenzenquotienten der Funktion $f$ mit $f(x) = u(v(x))$ an der Stelle $x_0$:

$$D(h) = \frac{f(x_0+h) - f(x_0)}{h} = \frac{u(v(x_0+h)) - u(v(x_0))}{h}$$

– Wir formen den Differenzenquotienten geeignet um, um den Grenzwert zu bilden:

$$D(h) = \frac{u(v(x_0+h)) - u(v(x_0))}{h} \cdot \frac{v(x_0+h) - v(x_0)}{v(x_0+h) - v(x_0)}$$ [1]

$$D(h) = \frac{u(v(x_0+h)) - u(v(x_0))}{v(x_0+h) - v(x_0)} \cdot \frac{v(x_0+h) - v(x_0)}{h}$$

– Wir bilden den Grenzwert des Differenzenquotienten:

$$\lim_{h \to 0} D(h) = \lim_{h \to 0} \frac{u(v(x_0+h)) - u(v(x_0))}{v(x_0+h) - v(x_0)} \cdot \lim_{h \to 0} \frac{v(x_0+h) - v(x_0)}{h}$$

$$f'(x_0) = u'(v(x_0)) \cdot v'(x_0)$$

1 Der Beweis wird hier nur für solche Funktionen geführt, für die $v(x_0 + h) - v(x_0)$ in einer Umgebung von $x_0$ von Null verschieden ist.

**Beispiel 27**

*Es ist die Ableitung der Funktion f mit* $f(x) = \sqrt[3]{x^2 - 1}$ *zu ermitteln.*

**Lösung:**

Innere Funktion: $z = v(x) = x^2 - 1$

Ableitung der inneren Funktion: $v'(x) = 2x$

Äußere Funktion: $u(v(x)) = u(z) = \sqrt[3]{z} = z^{\frac{1}{3}}$

Ableitung der äußeren Funktion: $u'(v(x)) = u'(z) = \frac{1}{3}z^{-\frac{2}{3}} = \frac{1}{3\sqrt[3]{z^2}}$

Anwenden der Kettenregel:

$$f'(x) = u'(v(x)) \cdot v'(x)$$

$$= \frac{1}{3\sqrt[3]{z^2}} \cdot 2x$$

$$f'(x) = \frac{2x}{3\sqrt[3]{(x^2-1)^2}}$$

*Aufgaben 4–5*

## Beispiele für Anwendungen

**Beispiel 28**

*Es ist der Anstieg des Graphen der Funktion f mit* $f(x) = (x + 1) \cdot \sqrt[3]{x}$ *an der Stelle 1 zu berechnen.*

**Lösung:**

Berechnung der Ableitung der Funktion *f* (Produktregel):

$$f'(x) = 1 \cdot \sqrt[3]{x} + (x + 1)\,\frac{1}{3}\,x^{\frac{1}{3}-1}$$

$$f'(x) = \sqrt[3]{x} + \frac{1}{3}(x + 1)^{-\frac{2}{3}}$$

$$f'(x) = \sqrt[3]{x} + \frac{x + 1}{3 \cdot \sqrt[3]{x^2}}$$

Für den Anstieg des Graphen von *f* an der Stelle 1 ergibt sich:

$$m = f'(1) = 1 + \frac{2}{3}$$

$$m = \frac{5}{3}$$

**Beispiel 29**

*Ein Ort A hat von einem geradlinig verlaufenden Kanal die senkrechte Entfernung $e = 150\,m$. Am Kanal liegt der Ort B, dessen Entfernung von A (Luftlinie) $a = 360\,m$ beträgt. Es sollen Waren von A nach B transportiert werden. Die Transportkosten auf dem Lande sind doppelt so hoch wie auf dem Wasser.*
*Welcher Weg ist jeweils auf dem Land und auf dem Wasser zurückzulegen, wenn die Transportkosten möglichst gering gehalten werden sollen?*

**Lösung:**
Für die Zielfunktion (minimale Kosten) gilt:

$K = 2 \cdot \overline{AX} + \overline{XB}$

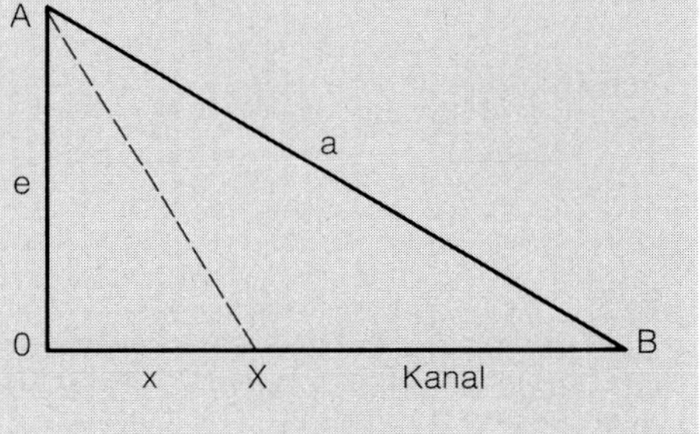


Abb. 44

Aus Abbildung 44 können wir entnehmen:

$\overline{AX} = \sqrt{x^2 + e^2}$ und $\overline{XB} + x = \sqrt{a^2 - e^2}$ d. h. $\overline{XB} = \sqrt{a^2 - e^2} - x$

$K(x) = 2\sqrt{x^2 + e^2} + \sqrt{a^2 - e^2} - x$ mit $x \in [0; \sqrt{a^2 - e^2}]$

Wir bilden die 1. Ableitung:

$$K'(x) = 2 \cdot \frac{1}{2}(x^2 + e^2)^{-\frac{1}{2}} \cdot 2x - 1$$

$$K'(x) = \frac{2x - \sqrt{x^2 + e^2}}{\sqrt{x^2 + e^2}}$$

Wir ermitteln die lokalen Extrema der Zielfunktion, indem wir die erste Ableitung gleich Null setzen:

$$0 = \frac{2x - \sqrt{x^2 + e^2}}{\sqrt{x^2 + e^2}}$$

$-2x = -\sqrt{x^2 + e^2}$ | Quadrieren

$4x^2 = x^2 + e^2$

$3x^2 = e^2$

$x_1 = -\frac{1}{3} \cdot \sqrt{3} \cdot e \approx -86{,}6;\ x_1 \notin D_K$

$x_2 = \frac{1}{3} \cdot \sqrt{3} \cdot e \approx 86{,}6$

Wir untersuchen, ob die hinreichende Bedingung für das Vorhandensein lokaler Extrema erfüllt ist:

$$K''(x)=\frac{\left(2-\frac{1}{2}\left(x^2+e^2\right)^{-\frac{1}{2}}\cdot 2x\right)\left(\sqrt{x^2+e^2}\right)-\left(2x-\sqrt{x^2+e^2}\right)\left(\frac{1}{2}\left(x^2+e^2\right)^{-\frac{1}{2}}2x\right)}{x^2+e^2}$$

$$K''(x)=\frac{\left(2-\frac{x}{\sqrt{x^2+e^2}}\right)\sqrt{x^2+e^2}-\left(2x-\sqrt{x^2+e^2}\right)\frac{x}{\sqrt{x^2+e^2}}}{x^2+e^2}$$

$K''(86{,}6)\approx 0{,}087>0$, d.h. für $x\approx 86{,}6$ sind die Kosten minimal, nämlich

$$K(86{,}6)=2\sqrt{86{,}6^2+e^2}+\sqrt{a^2-e^2}-86{,}6\approx 587{,}1.$$

Wir überprüfen, ob das lokale Minimum auch das globale Minimum der Funktion ist, indem wir die Funktionswerte an den Intervallgrenzen berechnen:

$$K(0)=2\sqrt{0^2+e^2}+\sqrt{a^2-e^2}-0$$
$$K(0)\approx 627{,}3>587{,}1\,;$$

$$K\left(\sqrt{a^2-e^2}\right)=K(327{,}3)=2\sqrt{327{,}3^2+e^2}+\sqrt{a^2-e^2}-327{,}3$$

$K(327{,}3)\approx 720>587{,}1$,

d. h. das lokale Minimum der Funktion ist auch das globale Minimum der Funktion.

Ergebnis:
Für den Landweg $\overline{AX}=\sqrt{x^2+e^2}\approx 173{,}2$ und den Wasserweg $\overline{XB}=\sqrt{a^2-e^2}-x\approx 240{,}78$ sind die Transportkosten minimal.

(44)

Untersuchen Sie zu Beispiel 29 noch folgende Fragen:

a) Welchen Wert bekommt $x$, wenn die Transportkosten auf dem Lande 5mal so hoch sind wie auf dem Wasser?

b) Welchen Wert erhält man bei dem in Beispiel 29 gewählten Lösungsweg für $x$, wenn die Transportkosten zu Lande und zu Wasser gleich sind?
Interpretieren Sie das Ergebnis.

c) Gibt es ein Kostenverhältnis, bei dem $x$ den Wert Null annimmt?

*Aufgaben 6–11*

## B 3.2 Exponential- und Logarithmusfunktionen

### Die natürliche Exponentialfunktion

Eine Bakterienkultur wächst nach der Gleichung $f(t) = a \cdot e^{0,05t}$. Dabei bedeutet $a$ die Bakterienzahl zu Beginn der Untersuchung, $t$ die Zeit der Beobachtung in Minuten. Nach 40 Minuten wäre bei diesem Versuch eine anfängliche Zahl von 100 Bakterien auf $f(40) = 100 \cdot e^{0,05 \cdot 40} \approx 739$ Bakterien angewachsen.

Wer viel in den Bergen wandert, weiß, daß der Luftdruck $p$ mit wachsender Höhe $h$ abnimmt.
Bei einer Temperatur von 0 °C gilt für den Luftdruck in der Höhe $h$ (in km) annähernd:
$p(h) = p(0) \cdot e^{\frac{-1}{7,99} \cdot h}$.

Das bedeutet, daß z. B. in einer Höhe von 8000 m der Luftdruck nur noch etwa 37% des Luftdruckes in Meereshöhe beträgt.

Ein radioaktives Präparat zerfällt nach dem Gesetz $g(t) = e^{-0,1t + 3}$, dabei gibt $g(t)$ die Masse der radioaktiven Substanz in Gramm zum Zeitpunkt $t$ Tage nach Beginn der Beobachtung an. Sind zu Beginn der Beobachtung 20 g der radioaktiven Substanz vorhanden, so sind nach 21 Tagen nur noch 2,5 g dieser Substanz erhalten.

**natürliche Exponentialfunktion**

**Definition 7**
Die Exponentialfunktion mit der Eulerschen Zahl $e$ als Basis heißt **natürliche Exponentialfunktion**, man schreibt

$$f: x \mapsto e^x, x \in \mathbb{R}.$$

Die Funktion wird als »natürliche« Exponentialfunktion bezeichnet, weil durch sie viele Wachstums- und Zerfallsprozesse in der Natur beschrieben werden können.

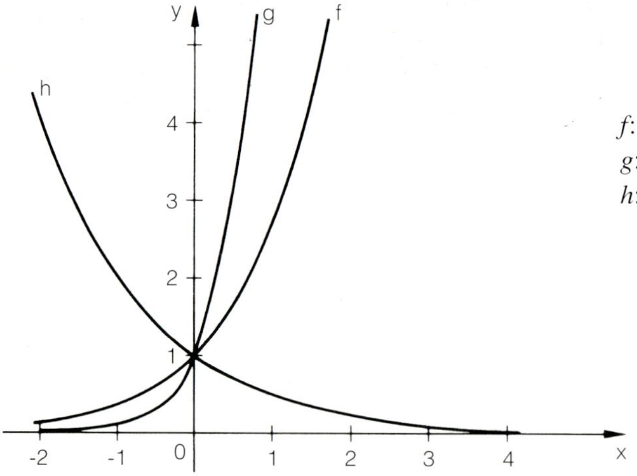


$f: x \mapsto e^x$
$g: x \mapsto 10^x$
$h: x \mapsto 0,5^x$

Abb. 45

(45)
Äußern Sie sich anhand der Abbildung 45 über das Monotonieverhalten der Funktion $f\colon x \mapsto e^x$.

(46)
Stellen Sie mit Hilfe einer Wertetabelle den Graphen der Funktion $f\colon x \mapsto e^{-x}$ dar. Benutzen Sie die Taste $e^x$ auf Ihrem Taschenrechner zum Ermitteln der Funktionswerte.

*Aufgabe 12*

## Ableitung der natürlichen Exponentialfunktion

Um die Ableitung der Funktion $f$ mit $f(x) = e^x$ zu ermitteln, bestimmen wir wieder den Differenzenquotienten der Funktion an der Stelle $x_0$:

$$D(h) = \frac{f(x_0+h) - f(x_0)}{h} = \frac{e^{(x_0+h)} - e^{x_0}}{h}.$$

Wir formen den Differenzenquotienten mit Hilfe der Potenzgesetze um:

$$D(h) = \frac{e^{x_0} \cdot e^h - e^{x_0}}{h} = e^{x_0} \frac{(e^h - 1)}{h}.$$

(47)
Suchen Sie mit Hilfe des Taschenrechners eine Vermutung für den Grenzwert

$$\lim_{h \to 0} e^{x_0} \cdot \frac{(e^h - 1)}{h}.$$

Ableitung der natürlichen Exponentialfunktion

**Satz 18**
Die natürliche Exponentialfunktion $f$ mit $f(x) = e^x$ ist an jeder Stelle $x \in D_f$ differenzierbar; es gilt:

$$f'(x) = e^x.$$

(48)
Bilden Sie zu $f$ mit $f(x) = e^x$ die 2., 3. und 4. Ableitung. Verallgemeinern Sie Ihr Ergebnis.

**Beispiel 30**

*Es sind die Ableitungen der Funktionen*

*a)* $f\colon x \mapsto x + e^x$, *b)* $f\colon x \mapsto x \cdot e^x$ *und* *c)* $f\colon x \mapsto e^{-2x}$

*zu bilden.*

**Lösung:**

a) $f'(x) = 1 + e^x$

b) $f'(x) = 1 \cdot e^x + x \cdot e^x = e^x (1 + x)$

c) $f'(x) = e^{-2x} \cdot (-2) = -2e^{-2x}$

*Aufgaben 13–14*

## Die natürliche Logarithmusfunktion

Da die natürliche Exponentialfunktion streng monoton wächst, besitzt sie eine Umkehrfunktion (siehe A 1.3, Satz 1).

$y = f(x)$ Umstellen der Zuordnungsvorschrift nach $x$: $x = \bar{f}(y)$

$y = e^x$ $x = \log_e y$

Umbenennen der Variablen: $y = \bar{f}(x)$

$y = \log_e x$

Statt $\log_e x$ schreibt man kürzer $\ln x$ (lat.: logarithmus naturalis).

**natürliche Logarithmusfunktion**

**Definition 8**
Die Logarithmusfunktion zur Basis $e$ heißt **natürliche Logarithmusfunktion**, man schreibt:

$$f\colon x \mapsto \ln x \ (x \in I\!R,\ x > 0).$$

(49)
Treffen Sie anhand der Abbildung 46 Aussagen über Nullstellen, Monotonieverhalten und Verhalten für $x \to +\infty$ bzw. $x \to 0$ der Funktion $y = \ln x$.

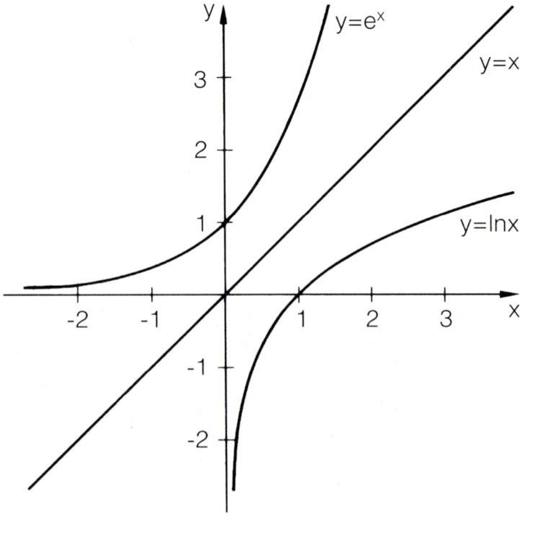


Abb. 46

Mit Hilfe der Taste [ln] auf dem Taschenrechner können Funktionswerte der Funktion $f\colon x \mapsto \ln x$ ermittelt werden.

(50)

Ermitteln Sie mit Hilfe des Taschenrechners auf vier Dezimalen.

a) $\ln 9$ b) $\ln 10$ c) $\ln 0{,}0001$ d) $\ln 10^{-6}$

(51)

Vereinfachen Sie die Terme.

a) $\ln 2^x$ b) $\ln \frac{1}{x}$ c) $\ln 10^{\frac{1}{3}}$ d) $\ln \sqrt{e}$

(52)

Geben Sie den Wert der Terme an.

a) $\ln e$ b) $\ln \frac{1}{e}$ c) $\ln 1$ d) $e^{\ln e}$ e) $(\ln e^2) \cdot e^2$ f) $e^{\ln 0}$

*Aufgaben 15–16*

## Ableitung der natürlichen Logarithmusfunktion

Wir bilden den Differenzenquotienten der Funktion $f$ mit $f(x) = \ln x$ an der Stelle $x_0$ $(x_0 > 0)$:

$$D(h) = \frac{\ln (x_0 + h) - \ln x_0}{h}$$

Wir formen den Differenzenquotienten um:

$$D(h) = \frac{1}{h} \cdot \ln \left(1 + \frac{h}{x_0}\right) = \frac{1}{x_0} \cdot \frac{x_0}{h} \cdot \ln \left(1 + \frac{h}{x_0}\right)$$

$$D(h) = \frac{1}{x_0} \ln \left(1 + \frac{h}{x_0}\right)^{\frac{x_0}{h}} = \frac{1}{x_0} \ln \left(1 + \frac{1}{\frac{x_0}{h}}\right)^{\frac{x_0}{h}}.$$

(53)

Geben Sie mit Hilfe des Taschenrechners eine Vermutung für den Grenzwert

$$\lim_{h \to 0} \left[\frac{1}{x_0} \cdot \ln \left(1 + \frac{1}{\frac{x_0}{h}}\right)^{\frac{x_0}{h}}\right] \text{ an.}$$

**Satz 19**

Die natürliche Logarithmusfunktion $f$ mit $f(x) = \ln x$ ist an jeder Stelle $x \in D_f$ differenzierbar; es gilt:

$$f'(x) = \frac{1}{x}$$

Ableitung der natürlichen Logarithmusfunktion

**Beispiel 31**

*Es sind die Ableitungen der Funktionen*

a) $f\colon x \mapsto 1 + 2 \ln x$, b) $f\colon x \mapsto \ln \frac{x}{2}$ und c) $f\colon x \mapsto x^2 \cdot \ln 2x$

*zu bilden.*

**Lösung:**

a) $f'(x) = 2 \cdot \frac{1}{x} = \frac{2}{x}$

b) $f'(x) = \frac{1}{\frac{x}{2}} \cdot \frac{1}{2} = \frac{1}{x}$ oder $f(x) = \ln x - \ln 2$

$f'(x) = \frac{1}{x}$

c) $f'(x) = 2x \cdot \ln 2x + x^2 \cdot \frac{1}{2x} \cdot 2$

$= 2x \cdot \ln 2x + x$

$= x(2 \ln 2x + 1)$

*Aufgabe 17*

## Beispiele für Anwendungen

(54)

Äußern Sie sich über das Vorhandensein von Extrempunkten und Wendepunkten der Funktion $f\colon x \mapsto e^x$.

**Beispiel 32**

*Gegeben sei die Funktion $f\colon x \mapsto e^x(e^x - 2)$; $x \in \mathbb{R}$.*
*Der Graph der Funktion $f$ soll auf Schnittpunkte mit den Koordinatenachsen, Extrem- und Wendepunkte untersucht werden.*

**Lösung:**

**Schnittpunkt mit der y-Achse:**

Bedingung: $x = 0$

$y = e^0(e^0 - 2)$

$y = 1(1 - 2)$

$y = -1$ $P_y(0; -1)$

**Schnittpunkt mit der x-Achse:**

Bedingung: $y = 0$

$0 = e^x(e^x - 2)$

$e^x = 0$ oder $e^x - 2 = 0$

Gleichung hat keine Lösung

$e^x = 2$

$x_1 = \ln 2 \approx 0{,}693$

$P_x(\ln 2; 0)$

**Untersuchung auf lokale Extrema:**

Notwendige Bedingung für das Vorhandensein lokaler Extrema:

$f'(x) = 0 \qquad f'(x) = e^x(e^x - 2) + e^x \cdot e^x$

$$\begin{aligned} &= e^{2x} - 2e^x + e^{2x} \\ &= 2e^{2x} - 2e^x \\ f'(x) &= 2e^x(e^x - 1) \\ 0 &= 2e^x(e^x - 1) \end{aligned}$$

$2e^x = 0$ oder $e^x - 1 = 0$

Gleichung hat keine Lösung

$$\begin{aligned} e^x &= 1 \\ x &= \ln 1 \\ x_2 &= 0 \end{aligned}$$

Hinreichende Bedingung für das Vorhandensein lokaler Extrema:

$$\begin{aligned} f'(x) &= 0 \text{ und } f''(x) \neq 0 \\ f''(x) &= 2e^x(e^x - 1) + 2e^x \cdot e^x \\ &= 2e^{2x} - 2e^x + 2e^{2x} \\ &= 4e^{2x} - 2e^x \\ f''(x) &= 2e^x(2e^x - 1) \\ f''(x_2) &= f''(0) = 2e^0(2e^0 - 1) \\ &= 2 > 0 \\ f(0) &= -1 \qquad P_E(0; -1) \end{aligned}$$

Der Graph der Funktion $f$ hat den Tiefpunkt $P_E(0; -1)$.

**Untersuchung auf Wendepunkte:**

Notwendige Bedingung für das Vorhandensein von Wendepunkten:

$f''(x) = 0 \qquad 2e^x(2e^x - 1) = 0$

$2e^x = 0$ oder $2e^x - 1 = 0$

Gleichung hat keine Lösung

$$\begin{aligned} 2e^x &= 1 \\ e^x &= \frac{1}{2} \\ x_3 &= \ln \frac{1}{2} \approx -0{,}693 \end{aligned}$$

Hinreichende Bedingung für das Vorhandensein von Wendepunkten:

$$\begin{aligned} f''(x) &= 0 \text{ und } f'''(x) \neq 0 \\ f'''(x) &= 2e^x(2e^x - 1) + 2e^x \cdot 2e^x \\ &= 4e^{2x} - 2e^x + 4e^{2x} \\ &= 8e^{2x} - 2e^x \\ f'''(x) &= 2e^x(4e^x - 1) \end{aligned}$$

$$f'''(x_3) = f'''(\ln \frac{1}{2}) = 2e^{\ln \frac{1}{2}}(4e^{\ln \frac{1}{2}} - 1) = 1 \neq 0$$

$f(x_3) \quad = f(\ln \frac{1}{2}) = e^{\ln \frac{1}{2}} (e^{\ln \frac{1}{2}} - 2) = -0{,}75$

$P_w(\ln \frac{1}{2}; -0{,}75)$

Der Punkt $P_w(\ln \frac{1}{2}; -0{,}75)$ ist Wendepunkt des Graphen von $f$.

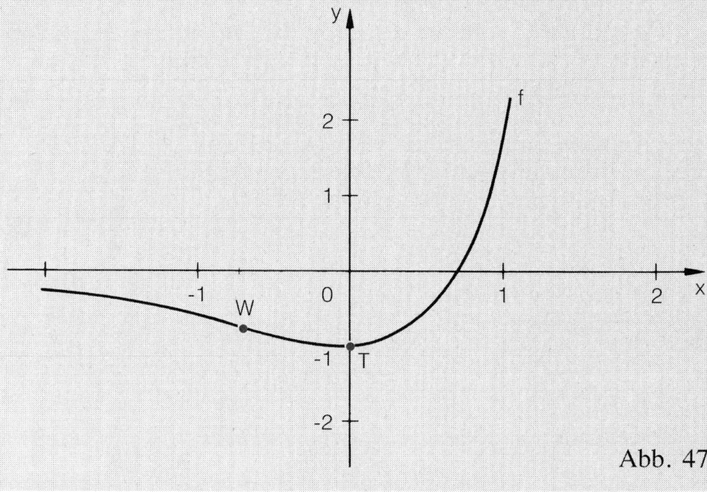


Abb. 47

**Beispiel 33**

*Gegeben sei die Funktion f mit* $f(x) = x(\ln x - a)$; $x \in IR$, $x > 0$, $a \in IR$.
*Es sind Nullstellen und Extrempunkte des Graphen von f zu bestimmen.*
*Der Graph von f ist für* $a = 2$ *zu zeichnen.*

**Lösung:**

**Nullstellen:**

Bedingung: $f(x) = 0$ $\qquad x(\ln x - a) = 0$

$x = 0$ oder $\ln x - a = 0$

$0 \notin D_f$ $\qquad \ln x = a$

$x_1 = e^a$

**Untersuchung auf lokale Extrema:**

$f'(x) = 0 \qquad f'(x) = 1(\ln x - a) + x \cdot \frac{1}{x}$

$= \ln x - a + 1$

$\ln x = a - 1$

$x_2 = e^{a-1}$

Hinreichende Bedingung für das Vorhandensein lokaler Extrema:

$f'(x) \quad = 0$ und $f''(x) \neq 0$

$f''(x) \quad = \frac{1}{x}$

$$f''(x_2) = f''(e^{a-1}) = \frac{1}{e^{a-1}} > 0$$

$$f(e^{a-1}) = e^{a-1}(\ln(e^{a-1}) - a)$$

$$= e^{a-1}(a - 1 - a)$$

$$f(e^{a-1}) = -e^{a-1}$$

Die Funktion $f$ hat den Tiefpunkt $P_E(e^{a-1}; -e^{a-1})$.

**Graphische Darstellung für a = 2: f(x) = x(ln x − 2):**

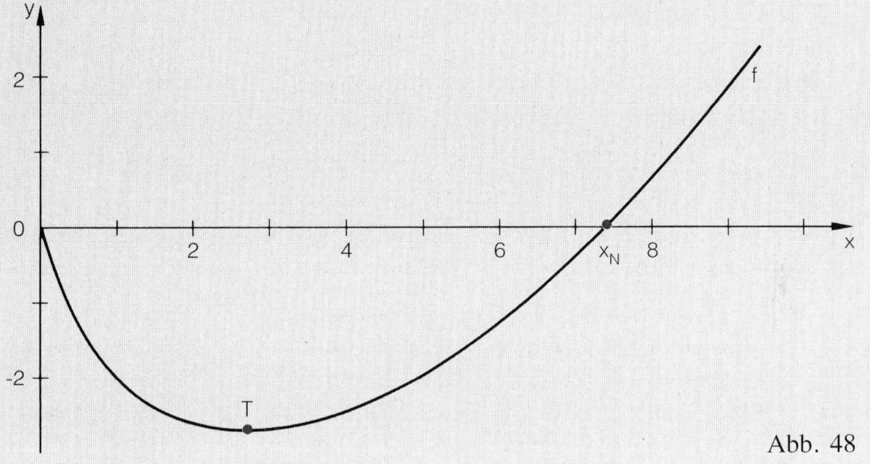


Abb. 48

**Beispiel 34**

*Gegeben sei die Funktion f mit* $f(x) = 10e^{-x}$, $x \in IR$, $0 \leqq x \leqq 4$.

*Es soll der Graph der Funktion im vorgegebenen Intervall dargestellt werden.*
*P(x; f(x)) sei ein Punkt des Graphen im Intervall* [0; 4].
*Fällt man von P die Lote auf die Koordinatenachsen, so entsteht ein Rechteck mit den Seiten x und f(x).*
*Die Rechteckseite x soll so bestimmt werden, daß der Flächeninhalt des Rechtecks maximal wird.*

**Lösung:**
Mit Hilfe einer Wertetabelle stellen wird den Graphen von $f$ im Intervall [0; 4] dar.

| $x$ | 0,00 | 0,50 | 1,00 | 1,50 | 2,00 | 2,50 | 3,00 | 3,50 | 4,00 |
|---|---|---|---|---|---|---|---|---|---|
| $f(x)$ | 10,00 | 6,06 | 3,67 | 2,23 | 1,35 | 0,82 | 0,49 | 0,30 | 0,18 |

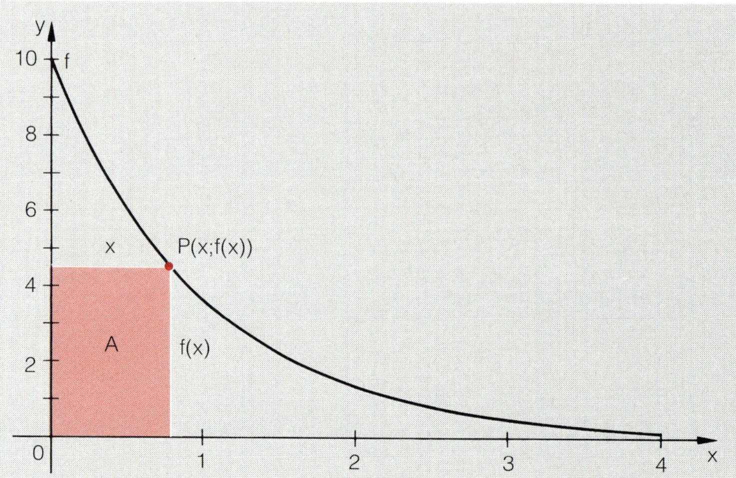


Abb. 49

**Aufstellen der Zielfunktion:**

$A(x) = x \cdot f(x)$
$A(x) = x \cdot 10e^{-x} = 10x \cdot e^{-x}$

**Ermitteln der lokalen Extrema der Funktion:**

Notwendige Bedingung für das Vorhandensein lokaler Extrema:

$A'(x) = 0 \qquad A'(x) = 10(e^{-x} - xe^{-x})$

$A'(x) = 10e^{-x}(1 - x)$

$0 = 10e^{-x}(1 - x)$

$10e^{-x} = 0$ oder $1 - x = 0$

Gleichung hat keine Lösung $\qquad x = 1$

Hinreichende Bedingung für das Vorhandensein lokaler Extrema:

$A'(x) = 0$ und $A''(x) \neq 0$

$$A''(x) = 10(-e^{-x}(1 - x) + e^{-x}(-1))$$

$$= 10(-e^{-x} + xe^{-x} - e^{-x})$$

$$= 10(-2e^{-x} + xe^{-x})$$

$$A''(x) = 10e^{-x}(-2 + x)$$

$$A''(1) = 10e^{-1}(-2 + 1)$$

$$A''(1) = \frac{10}{e} \cdot (-1) < 0$$

Für $x = 1$ hat die Funktion $A$ mit $A(x) = x \cdot 10e^{-x}$ ein lokales Maximum; der Flächeninhalt des Rechtecks beträgt $A(1) = \frac{10}{e} \approx 3{,}68$.

Für $x = 4$ (Intervallgrenze) ist $A \approx 0{,}73$. Also ist das lokale Maximum $A(1) \approx 3{,}68$ das gesuchte globale Maximum.

*Aufgaben 18–22*

## Ableitung beliebiger Exponential- und Logarithmusfunktionen

Exponentialfunktionen mit beliebiger reeller Zahl größer als Null und verschieden von 1 als Basis können differenziert werden, indem man die beliebige Basis $a$ auf die Basis $e$ (Eulersche Zahl) zurückführt.

(55)
Begründen Sie die Beziehung $y = a^x = e^{x \cdot \ln a}$.

Unter Anwendung der Logarithmengesetze folgt aus $y = a^x = (e^{\ln a})^x$

$$y = e^{x \cdot \ln a}.$$

Wir differenzieren mit Hilfe der Kettenregel und erhalten:

$$y' = e^{x \cdot \ln a} \cdot \ln a.$$

Da $e^{x \cdot \ln a} = a^x$, ergibt sich:

$$y' = a^x \cdot \ln a.$$

Ableitung von Exponentialfunktionen

**Satz 20**
Die Exponentialfunktion $f$ mit $f(x) = a^x$ ist an jeder Stelle $x \in D_f$ differenzierbar; es gilt:

$$f'(x) = a^x \cdot \ln a.$$

(56)
Leiten Sie $f\colon x \mapsto e^x$ mit Hilfe des Satzes 20 ab.

Auch für die Ableitung der Logarithmusfunktion $f\colon x \mapsto \log_a x$ ($a \in \mathbb{R}$, $a > 0$, $a \neq 1$) wenden wir unsere Kenntnisse über die Logarithmengesetze an.

Wir setzen $\log_a x = u$, daraus folgt $\qquad a^u = x.$

Wir logarithmieren zur Basis $e$: $\qquad \ln a^u = \ln x.$

Unter Anwendung der Logarithmengesetze gilt $\qquad u \cdot \ln a = \ln x.$

Durch Umformen erhalten wir:

$$u = \frac{\ln x}{\ln a} \text{ bzw.}$$

$$\log_a x = \frac{\ln x}{\ln a}$$

Wir leiten ab: $\qquad (\log_a x)' = \frac{1}{\ln a} \frac{1}{x} = \frac{1}{x \ln a}.$

**Ableitung von Logarithmusfunktionen**

**Satz 21**
Die Logarithmusfunktion $f$ mit $f(x) = \log_a x$ ist an jeder Stelle $x \in D_f$ differenzierbar; es gilt:

$$f'(x) = \frac{1}{x \ln a}.$$

**Beispiel 35**

*Von den folgenden Funktionen sind jeweils die Ableitungen zu bilden:*

a) $f\colon x \mapsto 3^x$ b) $f\colon x \mapsto x^3 \cdot 3^x$ c) $f\colon x \mapsto \log_3 x$ d) $f\colon x \mapsto \lg x^2$

**Lösung:**

a) $f'(x) = 3^x \cdot \ln 3$

b) $f'(x) = 3x^2 \cdot 3^x + x^3 \cdot 3^x \cdot \ln 3$
$f'(x) = 3^x \cdot x^2\,(3 + x \ln 3)$

c) $f'(x) = \dfrac{1}{x \cdot \ln 3}$

d) $f'(x) = \dfrac{2x}{x^2 \cdot \ln 10}$
$f'(x) = \dfrac{2}{x \cdot \ln 10}$

*Aufgaben 23–24*

## B 3.3 Winkelfunktionen

Bei einer harmonischen Schwingung wird die Auslenkung des Schwingers zum Zeitpunkt $t$ mit Hilfe des Elongation-Zeit-Gesetzes berechnet:

$y(t) = y_{max} \sin \omega t.$

Ein Körper schwinge harmonisch mit der Frequenz $f = 0{,}8$ Hz und der Amplitude $y_{max} = 10$ cm.
Mit welcher Geschwindigkeit bewegt er sich durch die Gleichgewichtslage?

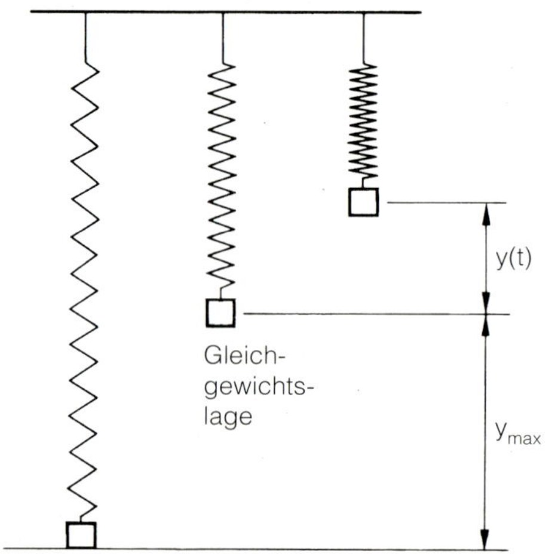


Abb. 50

Im Abschnitt 1.2 wurde die Momentangeschwindigkeit eines Körpers als 1. Ableitung des Weges nach der Zeit erklärt.
Übertragen auf das Elongation-Zeit-Gesetz (Weg-Zeit-Gesetz) eines harmonischen Schwingers bedeutet dies, daß wir die 1. Ableitung des Weges nach der Zeit zu ermitteln haben:

$$y'(t) = (y_{max} \sin \omega t)'.$$

Wir benötigen also die Ableitung der Sinusfunktion.

## Ableitung von Winkelfunktionen

(57)

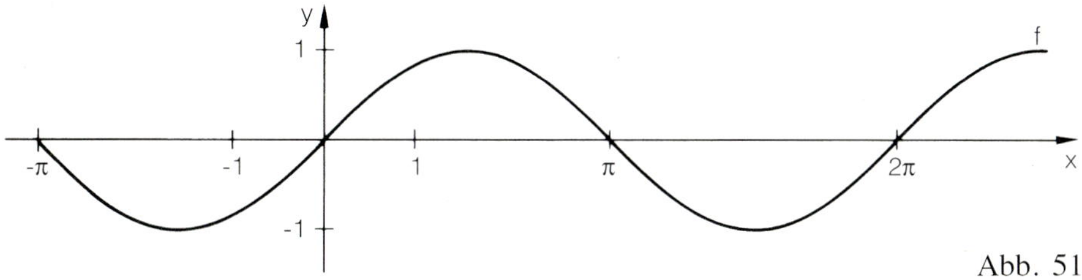


Abb. 51

Beantworten Sie anhand der Abbildung 51 folgende Fragen:

a) Gibt es Stellen, an denen die Funktion $f$ mit $f(x) = \sin x$ nicht differenzierbar sein könnte?

b) In welchen Intervallen ist die Ableitung der Funktion $f$ positiv, in welchen negativ?

c) An welchen Stellen ist die Ableitung der Funktion $f$ vermutlich am größten bzw. am kleinsten?

d) Berechnen Sie die Ableitung der Funktion $f$ an der Stelle $x_0$ näherungsweise, indem Sie die mittlere Änderungsrate im Intervall $[x_0; x_0 + 0{,}01]$ für $x_0 = 0; \frac{\pi}{6}; \frac{2\pi}{6}; \frac{3\pi}{6}; \ldots; \frac{12\pi}{6}$ berechnen.

e) Skizzieren Sie anhand der Ergebnisse von a) bis d) den Graphen der Ableitungsfunktion $f'$ im Intervall $[0; 2\pi]$.

Die Ergebnisse aus Auftrag (57) führen zu Satz 22:

Ableitung der Sinusfunktion

**Satz 22**

Die Funktion $f$ mit $f(x) = \sin x$ ist an jeder Stelle $x \in D_f$ differenzierbar; es gilt:

$$f'(x) = \cos x.$$

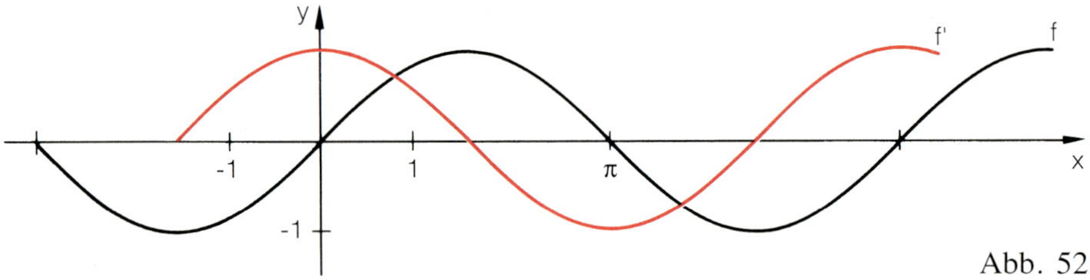


Abb. 52

**Beachten Sie:** Diese und nachfolgende Ableitungsregeln für Winkelfunktionen gelten nur, wenn die Winkel im Bogenmaß gegeben sind.

**Beispiel 36**

*Die Funktionen sind zu differenzieren:*

a) $f\colon x \mapsto x^2 - \frac{1}{2}\sin x$ b) $f\colon x \mapsto (x - \sin x)^2$ c) $f\colon x \mapsto 2\sin 2x$

**Lösung:**

a) $f'\colon x \mapsto 2x - \frac{1}{2}\cos x$ b) $f'\colon x \mapsto 2\,(x - \sin x)\cdot(1 - \cos x)$

c) $f'\colon x \mapsto 2\cos 2x \cdot 2 = 4\cos 2x$

Für die Ableitung der Kosinusfunktion gilt

**Ableitung der Kosinusfunktion**

**Satz 23**

Die Funktion $f$ mit $f(x) = \cos x$ ist an jeder Stelle $x \in D_f$ differenzierbar; es gilt:

$$f'(x) = -\sin x.$$

(58)

Beweisen Sie Satz 23 unter Verwendung der Komplementwinkelbeziehung

$$\cos x = \sin\left(\frac{\pi}{2} - x\right).$$

**Beispiel 37**

*Zu den folgenden Funktionen sind jeweils die Ableitungen zu bilden:*

a) $f$ mit $f(x) = x^2 + 2\cos x$ b) $f$ mit $f(x) = 3\cos 2x + 1$
c) $f$ mit $f(x) = (2x - \cos x)^2$

**Lösung:**

a) $f'(x) = 2x - 2\sin x$
b) $f'(x) = 3(-\sin 2x)2 = -6\sin 2x$
c) $f'(x) = 2(2x - \cos x)\cdot(2 + \sin x)$

Die Ableitung der Funktion $f$ mit $f(x) = \tan x$ kann mit Hilfe der Sätze 22 und 23 ermittelt werden.
Wegen $\tan x = \frac{\sin x}{\cos x}$ $(x \neq k \cdot \frac{\pi}{2};\ k \in \mathbb{Z})$ wendet man die Quotientenregel zum Differenzieren an:

$$(\tan x)' = \frac{\cos x \cdot \cos x - \sin x \cdot (-\sin x)}{(\cos x)^2} = \frac{\cos^2 x + \sin^2 x}{\cos^2 x}$$

Wegen $\cos^2 x + \sin^2 x = 1$ gilt: $(\tan x)' = \frac{1}{\cos^2 x}$.

Ableitung der Tangensfunktion

**Satz 24**
Die Funktion $f$ mit $f(x) = \tan x$ ist an jeder Stelle $x \in D_f$ differenzierbar; es gilt:

$$f'(x) = \frac{1}{\cos^2 x}.$$

(59)
Im Tafelwerk findet man auch, daß $(\tan x)' = 1 + \tan^2 x$. Weisen Sie nach, daß

$$\frac{1}{\cos^2 x} = 1 + \tan^2 x \text{ gilt.}$$

**Beispiel 38**

*Von folgenden Funktionen sind die Ableitungen zu bilden:*
a) $f$ mit $f(x) = 3 \tan x$ b) $f$ mit $f(x) = x + \tan 2x$ c) $f$ mit $f(x) = x \cdot \tan x$

**Lösung:**

a) $f'(x) = \frac{3}{\cos^2 x}$ b) $f'(x) = 1 + \frac{2}{\cos^2 2x}$

c) $f'(x) = 1 \cdot \tan x + x \cdot \frac{1}{\cos^2 x} = \tan x + \frac{x}{\cos^2 x}$

## Beispiele für Anwendungen

**Beispiel 39**
Für harmonische Schwingungen gilt das Elongations-Zeit-Gesetz: $y(t) = y_{max} \sin \omega t$.
Um die Geschwindigkeit zu ermitteln, bilden wir die 1. Ableitung mit Hilfe der Kettenregel:
$y'(t) = y_{max}\, \omega \cos \omega t$ bzw. $v(t) = y_{max}\, \omega \cos \omega t$.
In dieser Gleichung ist $\omega$ die Kreisfrequenz, für die gilt: $\omega = \frac{2\pi}{T} = 2\pi f$.
$T$ gibt die Zeit für eine volle Schwingung des Körpers an (Schwingungsdauer), $f$ ist die Frequenz des Schwingers.

Durch die Gleichgewichtslage bewegt sich der Körper zu den Zeitpunkten $t_1 = 0$, $t_2 = \frac{T}{2}$ und $t_3 = T$. Für $f = 0{,}8\,\text{Hz}$ und $y_{\text{max}} = 10$ cm erhält man als Geschwindigkeiten:

$v(0) = y_{max}\, \omega \cos(\omega \cdot 0)$
$v(0) = 10 \text{ cm} \cdot 2\pi \cdot 0{,}8 s^{-1} \cdot \cos 0$
$v(0) = 50{,}26 \text{ cm} \cdot s^{-1}$
$v(0) \approx 0{,}50\, m \cdot s^{-1}$

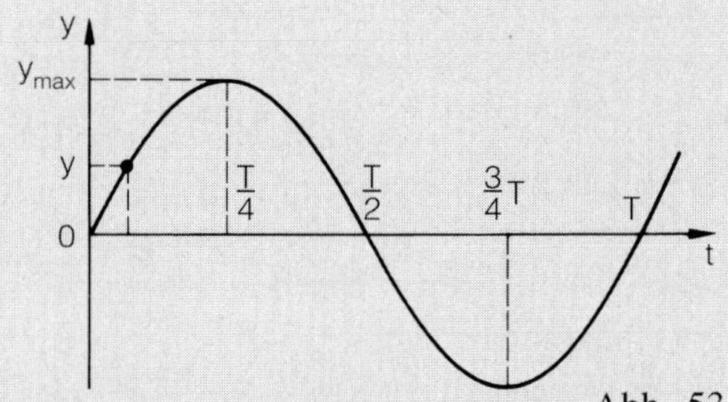


Abb. 53

$v(\frac{T}{2}) = y_{max}\, \omega \cos(\omega \cdot \frac{T}{2})$

$v(\frac{T}{2}) = y_{max}\, v \cos(\frac{2\pi}{T} \cdot \frac{T}{2})$

$v(\frac{T}{2}) = 10 \text{ cm} \cdot 2\pi \cdot 0{,}8 s^{-1} \cdot \cos \pi$

$v(\frac{T}{2}) \approx -\, 0{,}50\, ms^{-1}$

$v(T) \approx 0{,}50\, ms^{-1}$

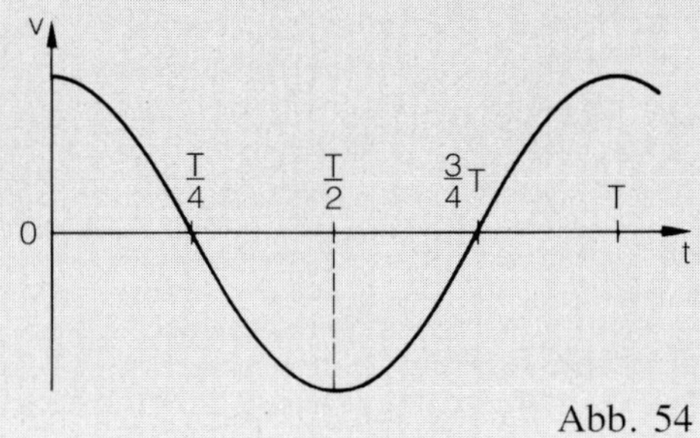


Abb. 54

(60)
Deuten Sie die unterschiedlichen Vorzeichen der Geschwindigkeit physikalisch.

**Beispiel 40**

*Gegeben sei die Funktion f* mit $f(x) = 0{,}5 + \cos 2x$ mit $x \in \mathbb{R}$, $-\frac{\pi}{4} \leqq x \leqq \frac{\pi}{2}$.
*Es sind die Nullstellen, lokale Extrempunkte und Wendepunkte der Funktion zu bestimmen und der Graph der Funktion im angegebenen Intervall darzustellen.*

**Lösung:**

Nullstellen:

$$f(x) = 0 \qquad 0{,}5 + \cos 2x = 0$$
$$\cos 2x = -\,0{,}5$$
$$2x = \frac{2\pi}{3}$$
$$x_1 = \frac{\pi}{3}$$

Lokale Extrempunkte:
Notwendige Bedingung für das Vorhandensein lokaler Extrema:

$$f'(x) = 0 \qquad f'(x) = -\,2 \sin 2x$$
$$0 = -\,2 \sin 2x$$
$$0 = \sin 2x$$
$$2x = 0 \qquad\qquad 2x = \pi$$
$$x_2 = 0 \qquad\qquad x_3 = \frac{\pi}{2}$$

Hinreichende Bedingung für das Vorhandensein lokaler Extrema:

$f'(x) = 0$ und $f''(x) \neq 0$

$$f''(x) = -4 \cos 2x$$

$f''(x_2) = f''(0) = -4 < 0$

$f(x_2) = f(0) = 1{,}5$

Der Punkt $P_2(0;\ 1{,}5)$ ist Hochpunkt der Funktion $f$.

$f''(x_3) = f''(\frac{\pi}{2}) = 4 > 0$

$f(x_3) = f(\frac{\pi}{2}) = -0{,}5$

Der Punkt $P_3(\frac{\pi}{2};\ -0{,}5)$ ist Tiefpunkt der Funktion $f$.

Wendepunkte:

Notwendige Bedingung für das Vorhandensein von Wendepunkten:

$f''(x) = 0$

$$f''(x) = -4 \cos 2x$$
$$0 = -4 \cos 2x$$
$$0 = \cos 2x$$
$$2x = \frac{\pi}{2}$$
$$x_4 = \frac{\pi}{4}$$

Hinreichende Bedingung für das Vorhandensein von Wendepunkten:

$f''(x) = 0$ und $f'''(x) \neq 0$

$$f'''(x) = 8 \sin 2x$$
$$f'''(x_4) = f'''(\frac{\pi}{4}) = 8 \neq 0$$
$$f(\frac{\pi}{4}) = 0{,}5$$

Der Punkt $P_4(\frac{\pi}{4};\ 0{,}5)$ ist Wendepunkt der Funktion $f$.

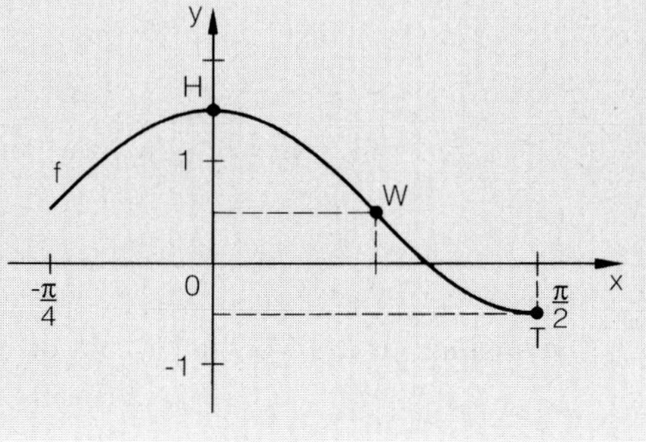


Abb. 55

*Aufgaben 30–33*

## Aufgaben

1. Ermitteln Sie die Ableitung der Funktion $f$, und geben Sie den größtmöglichen Definitionsbereich der Funktion $f$ sowie der Ableitungsfunktion $f'$ an.

   a) $f\colon x \mapsto x^{\frac{1}{4}}$ b) $f\colon x \mapsto \sqrt{x}$ c) $f\colon t \mapsto 6\sqrt{t}$

   d) $f\colon x \mapsto (x - \sqrt{x})^2$ e) $f\colon x \mapsto \dfrac{x}{x + \sqrt{x}}$ f) $f\colon x \mapsto x^{-\frac{1}{2}}$

2. Bestimmen Sie den Anstieg des Graphen von $f$ an den Stellen 1; 10; 100 und 1000.

   a) $f(x) = \sqrt{x}$ b) $f(x) = \sqrt[3]{x}$ c) $f(x) = \dfrac{1}{\sqrt[3]{x^2}}$

3. Zeigen Sie, daß der Graph der Funktion $f$ mit $f(x) = \sqrt[3]{x}$ im gesamten Definitionsbereich rechtsgekrümmt ist.

4. Bilden Sie die 1. Ableitung, und vereinfachen Sie den Term so weit wie möglich.

   a) $f$ mit $f(x) = (1 + 2x)^2$ b) $f$ mit $f(x) = (3 - 2x)^3$

   c) $h$ mit $h(t) = (t^3 - 4t^2)^2$ d) $k$ mit $k(a) = (a^3 - t^3)^{-2}$

5. Bilden Sie die 1. Ableitung.

   a) $f\colon x \mapsto (2 - x)^2$ b) $f\colon x \mapsto \dfrac{2}{(x^2 + 2)^2}$ c) $f\colon x \mapsto \dfrac{4}{x + 1}$

   d) $f\colon t \mapsto \dfrac{1}{a + bt}$ e) $h\colon r \mapsto \sqrt{a^2 r}$ f) $f\colon a \mapsto (3 + a^2)^{-\frac{3}{2}}$

6. Bestimmen Sie für den Graphen der Funktion $f\colon x \mapsto \sqrt{x}$ den Schnittpunkt $A$ mit der Geraden $y = x$. Die Tangente in $A$ an den Graphen von $f$ schneidet die $x$-Achse im Punkt $B$. Zeigen Sie, daß durch die $y$-Achse das Dreieck OAB in zwei flächengleiche Teile zerlegt wird.

7. Bestimmen Sie für die Funktion $f\colon x \mapsto \sqrt{x}$ den Anstieg der Tangente an den Graphen von $f$ im Punkt $P(\frac{3}{4}; f(\frac{3}{4}))$. Geben Sie die Abszisse des Punktes an, in dem die Tangente an den Graphen von $f$ mit der $x$-Achse einen Winkel von 60° einschließt.

8. Untersuchen Sie die Funktion auf Nullstellen und Extrempunkte.
   Zeichnen Sie den Graphen in einem geeigneten Intervall.

   a) $f\colon x \mapsto x - \sqrt{x}$ b) $f\colon x \mapsto \sqrt{4 - x^2}$

   c) $f\colon x \mapsto \dfrac{x}{\sqrt{4 - x^2}}$ d) $f\colon x \mapsto -\sqrt{2x}$

9. Gegeben sei die Funktion $f\colon x \mapsto x^2 - 3x + 3$.
   Ermitteln Sie den Punkt des Graphen von $f$, dessen Abstand zum Koordinatenursprung am kleinsten ist.

10. In einen Halbkreis mit dem Radius $R$ soll ein Trapez eingezeichnet werden, das einen möglichst großen Flächeninhalt besitzt. Eine Seite des Trapezes soll auf dem Halbkreisdurchmesser liegen, eine andere parallel dazu verlaufen.

11. Zwei Autos fahren auf zwei zueinander rechtwinklig verlaufenden Straßen. Das eine Fahrzeug hat eine Geschwindigkeit von $90 \text{ km h}^{-1}$, das andere eine Geschwindigkeit von $72 \text{ km h}^{-1}$.
Beide sind gerade je 1 km von der Kreuzung entfernt. Welches ist der geringste Abstand (Luftlinie), den die beiden Fahrzeuge haben werden?

12. Beschreiben Sie, wie der Graph der Funktion $g$ aus dem Graphen der Funktion $f: x \mapsto e^x$ entsteht. + Ableitung

a) $g: x \mapsto e^x + 1$

b) $g: x \mapsto e^{-x}$

c) $g: x \mapsto 2e^x$

d) $g: x \mapsto e^{x+1}$

13. Differenzieren Sie.

a) $f: x \mapsto e^x$

b) $f: x \mapsto 3e^x$

c) $f: x \mapsto \frac{1}{2}(e^x + x^2)$

d) $f: z \mapsto \sqrt{z} \cdot e^z$

e) $f: x \mapsto xe^x$

f) $f: z \mapsto z^7 \cdot e^z$

14. Differenzieren Sie. Geben Sie jeweils den größtmöglichen Definitionsbereich von $f$ und $f'$ an.

a) $f: x \mapsto \dfrac{e^x - 1}{e^x + 1}$

b) $f: x \mapsto (e^x - 1)(1 + x^2)$

15. Es gilt näherungsweise $\ln 2 = 0{,}7$; $\ln 3 = 1{,}1$ und $\ln 5 = 1{,}6$.
Berechnen Sie daraus ohne Taschenrechner Näherungswerte für:
$\ln 6$; $\ln 9$; $\ln 4$; $\ln 100$; $\ln \frac{2}{3}$; $\log_2 5$; $\log_5 2$; $\ln 5^7$.

16. Vergleichen Sie die Funktionen

a) $f$ mit $f(x) = \ln x^2$,

b) $g$ mit $g(x) = 2 \ln x$ und

c) $h$ mit $h(x) = 2 \ln |x|$

hinsichtlich ihres größtmöglichen Definitionsbereiches. Skizzieren Sie jeweils den Graphen.

17. Bilden Sie die 1. Ableitung.

a) $f: x \mapsto 3 \ln x$

b) $f: x \mapsto x \ln x$

c) $f: x \mapsto \frac{1}{x} + 2 \ln x - \frac{\ln x}{x}$

d) $f: x \mapsto (\ln x)^2$

18. Führen Sie für die Funktionen eine Kurvendiskussion (Nullstellen, Extrema, Wendepunkte, Schnittpunkte mit den Koordinatenachsen) durch.

a) $f\colon x \mapsto e^{-x}$ b) $f\colon x \mapsto \ln 2x$

c) $f\colon x \mapsto e^{x} + x$ d) $f\colon x \mapsto 2 \ln x$

19. Geben Sie die Nullstelle der Funktion $f\colon x \mapsto x\,(\ln x - a)$ $(x \in I\!R;\ a \in I\!R;\ x > 0)$ an.

20. Eine Funktionenschar sei gegeben durch $f$ mit

$f(x) = x \cdot e^{ax}$ $(x \in I\!R;\ a \in I\!R;\ a > 0)$.

a) Bestimmen Sie Nullstellen und lokale Extrema der Funktionen.

b) Stellen Sie den Graphen der Funktion für $a = 2$ in einem geeigneten Intervall dar.

21. Gegeben sind die Funktionen $f\colon x \mapsto \frac{1}{2}x^2 + 1$ $(x \in I\!R)$ und
$g\colon x \mapsto \ln\left(\frac{x}{2}\right)$ $(x \in I\!R;\ x > 0)$.

a) Stellen Sie die Graphen der beiden Funktionen in einem Koordinatensystem im Intervall [0,5; 4,0] dar.

b) Schneidet eine Parallele zur $y$-Achse die Graphen der Funktionen $f$ und $g$ in je einem Punkt, so ist $h(x) = f(x) - g(x)$ der Abstand der beiden Punkte. Berechnen Sie die Abszisse $x_E$, für die dieser Abstand minimal wird.

c) Berechnen Sie den minimalen Abstand.

22. Die Fichte ist die verbreitetste Baumart in Mitteleuropa. Der Durchmesser einer Durchschnittsfichte läßt sich in Abhängigkeit von der Zeit durch die Gleichung

$d(t) = \dfrac{1}{1 + e^{-0{,}05(t-60)}}$ (d in Metern, $t$ in Jahren) angeben.

a) Wie dick ist eine durchschnittliche Fichte nach 50 bzw. 100 Jahren?

b) Stellen Sie das Dickenwachstum im Intervall [0; 120] graphisch dar.

c) Wie alt ist etwa eine Fichte mit dem Durchmesser $d = 40$ cm?

23. Bilden Sie die 1. Ableitung.

a) $f$ mit $f(x) = 2 \cdot 3^x$ b) $f$ mit $f(x) = (2e)^x$

c) $f$ mit $f(x) = \pi^x$ d) $f$ mit $f(x) = \frac{x}{0{,}5^x}$

e) $f$ mit $f(x) = x^2 \cdot 3^x$ f) $f$ mit $f(x) = \frac{3^x}{x^3}$

24. Bilden Sie die 1. Ableitung.

a) $f\colon x \mapsto \log_3 x$ b) $f\colon x \mapsto \log_2 x^2$ c) $f\colon x \mapsto \log_{\frac{1}{3}} x$

d) $f\colon x \mapsto x \lg x$ e) $f\colon x \mapsto \frac{\lg x}{x^2}$

25. Differenzieren Sie.

a) $f$ mit $f(x) = 2 \sin x$ b) $f$ mit $f(x) = \frac{1}{\cos x}$

c) $f$ mit $f(x) = \sin x - \cos x$ d) $f$ mit $f(x) = \sin x \cdot \cos x$

e) $f$ mit $f(x) = x^2 \cdot \cos x$ f) $f$ mit $f(x) = \frac{\sin x}{x}$

26. Geben Sie die Gleichung der Tangente an den Graph von $f$ im Punkt $P(\frac{\pi}{4}; f(\frac{\pi}{4}))$ an.

a) $f: x \mapsto \sin x$ b) $f: x \mapsto 2 \cos x$

27. Differenzieren Sie.

a) $f: x \mapsto x \cdot \tan x$ b) $f: x \mapsto 4 \tan x$

c) $f: x \mapsto \cot x$ d) $f: x \mapsto \frac{1}{\tan x}$

28. Bestimmen Sie den Schnittpunkt der Graphen der Funktionen $f: x \mapsto \cos x$ und $h: x \mapsto \sin x$ im Intervall $[0; \frac{\pi}{2}]$. Welchen Winkel schließen die Tangenten an die beiden Graphen in diesen Punkten miteinander ein?

29. Bilden Sie die 1. Ableitung.

a) $f: x \mapsto \sin 2x$ b) $f: x \mapsto \sin^2 x$

c) $f: x \mapsto \cos \frac{\pi}{2} \cdot x$ d) $f: x \mapsto \cos (1 - x)$

30. Führen Sie für die Funktionen eine Kurvendiskussion (Nullstellen, Extrema, Wendepunkte) durch. Stellen Sie die Graphen jeweils im Intervall $[-\pi; 2\pi]$ dar.

a) $f: x \mapsto \sin x + \cos x$ b) $f: x \mapsto a \cos (\pi - x)$ c) $f: x \mapsto \sin (x + \frac{\pi}{4})$

31. Gegeben sind die Funktionen $f: x \mapsto \sin 2x$ und $g: x \mapsto \tan x$ ($x \in \mathbb{R}$, $0 \leqq x \leqq \frac{\pi}{3}$). Für welche Argumente $x_E$ wird die Differenz $d(x) = f(x) - g(x)$ maximal?

32. Bei einer Schraubenfederschwingung mit der Amplitude $a$ und der Schwingungsdauer $T$ ist die Elongation $s$ (Entfernung aus der Ruhelage) mit der Gleichung $s(t) = a \cdot \sin (\frac{2\pi}{T} \cdot t)$ zu ermitteln.

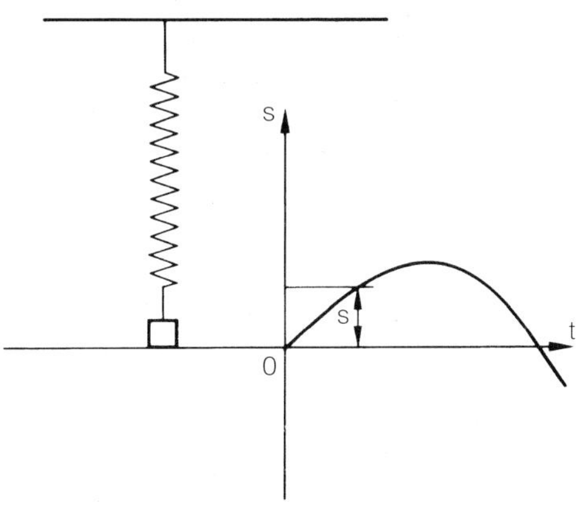


a) Welche Geschwindigkeit hat ein schwingender Massenpunkt beim Durchgang durch die Ruhelage bzw. zum Zeitpunkt $t = \frac{5}{4} T$?

b) Zu welchen Zeitpunkten hat die Momentanbeschleunigung den maximalen Wert bzw. den Wert Null?

# B 4 Weitere Anwendungen

Die große Bedeutung, die die Differentialrechnung besitzt, beruht nicht allein (und nicht in erster Linie) auf ihren klassischen Anwendungen, den Kurvendiskussionen und dem Lösen von Extremwertaufgaben. Mittel der Differentialrechnung werden vielfach in anderen Teilgebieten der Mathematik verwendet.

## B 4.1 Näherungspolynome

Wie bestimmt man Funktionswerte nichtrationaler Funktionen, z. B. die von $f$ mit $f(x) = \sin x$ oder $g$ mit $g(x) = \lg x$?
Wie »machen« das Taschenrechner bzw. wie gelangt man zu Tabellen für derartige Funktionen?
Die Funktionswerte von solch »komplizierten« Funktionen werden mit Hilfe von Näherungsverfahren bzw. Näherungsformeln berechnet. Diese werden z. B. auch in Taschenrechnern verwendet. Zu geeigneten Näherungsformeln gelangt man, indem »kompliziertere« (z. B. nichtrationale) Funktionen durch »einfachere« ersetzt werden. Als »einfache« Funktionen bieten sich *ganzrationale* an. Sie sind einfach, weil

**Näherungsformeln**

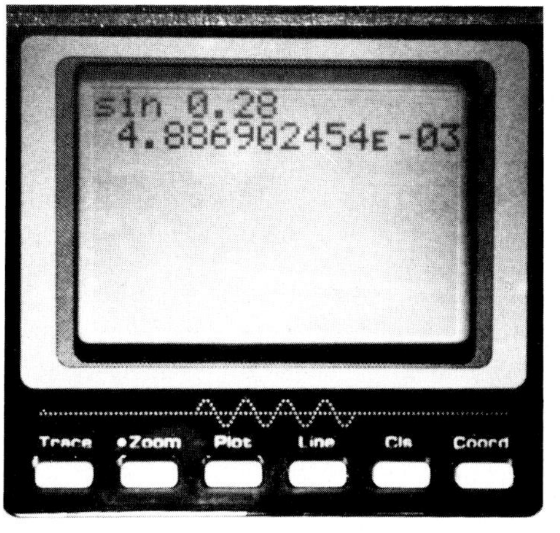


Abb. 56

- ihre Funktionswerte durch Addieren und Multiplizieren bestimmt werden können;
- weil sie überall stetig sind;
- weil sie beliebig oft differenzierbar sind.

Wir entwickeln für die Funktion $f$ mit $f(x) = \sin x$ eine Näherungsformel für Argumente in der Nähe der Stelle $x_0 = 0$.
Es sind Näherungspolynome folgender Art gesucht:

$$\begin{aligned}
p_0(x) &= a_0\\
p_1(x) &= a_0 + a_1 x\\
p_2(x) &= a_0 + a_1 x + a_2 x^2\\
p_3(x) &= a_0 + a_1 x + a_2 x^2 + a_3 x^3\\
&\vdots\\
p_n(x) &= a_0 + a_1 x + a_2 x^2 + a_3 x^3 + \ldots + a_n x^n
\end{aligned}$$

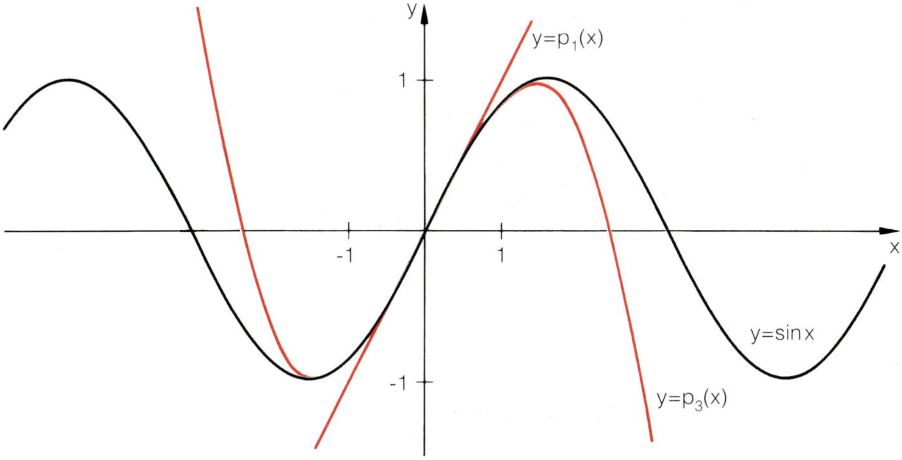


Abb. 57

Die Abbildung 57 veranschaulicht, in welchem Maße $f(x) = \sin x$ durch geeignete Polynome $p_1(x)$ und $p_3(x)$ in der Umgebung von $x_0 = 0$ angenähert werden kann. Welche Anforderungen soll ein Näherungspolynom $p$ (mit dem Grad $n$) erfüllen?

**Anforderungen an ein Näherungspolynom**

Naheliegend ist:

1) Der Polynomwert an der Stelle $x_0$ soll mit dem Funktionswert an der Stelle $x_0$ übereinstimmen: $p(x_0) = f(x_0)$.
2) Der Graph des Näherungspolynoms soll sich gut an den Graphen von $f$ anschmiegen. Das bedeutet: Die ersten $n$ Ableitungen des Polynoms an der Stelle $x_0$ sollen mit den entsprechenden Ableitungen von $f$ an der Stelle $x_0$ übereinstimmen.

$$f'(x_0) = p'(x_0); \quad f''(x_0) = p'(x_0); \ \ldots; \quad f^{(n)}(x_0) = p^{(n)}(x_0)$$

Wir bestimmen die Koeffizienten so, daß diese Forderungen erfüllt werden.

Zu 1):

$p(x_0) = f(x_0)$, also $a_0 = \sin 0$ $\qquad a_0 = 0$

Zu 2):

Die Bedingungen bezüglich der Ableitungen an der Stelle $x_0 = 0$ ergeben:

$p'(x_0) = a_1$ und $f'(x_0) = \cos x_0$, also $a_1 = \cos 0 = 1$ $\qquad a_1 = 1$

$p''(x_0) = 2a_2$ und $f''(x_0) = -\sin x_0$, also $2a_2 = -\sin 0 = 0$ $\qquad a_2 = 0$

$p'''(x_0) = 6a_3$ und $f'''(x_0) = -\cos x_0$, also $6a_3 = -\cos 0 = -1$ $\qquad a_3 = -\frac{1}{6}$

$p^{(4)}(x_0) = 24a_4$ und $f^{(4)}(x_0) = \sin x_0$, also $24a_4 = \sin 0 = 0$ $\qquad a_4 = 0$

(61)

Ermitteln Sie die Koeffizienten $a_5$, $a_6$, $a_7$ und $a_8$.

Damit erhält man für $f(x) = \sin x$ Näherungspolynome verschiedenen Grades (für die Umgebung von $x_0 = 0$):

**Näherungs-polynome für f(x) = sin x**

| $n$ | *Näherungspolynom* | | |
|---|---|---|---|
| 1 | $p_1(x) = 0 + 1 \cdot x$ | $p_1(x) = x$ | |
| 2 | $p_2(x) = 0 + 1 \cdot x + 0 \cdot x^2$ | | |
| 3 | $p_3(x) = 0 + 1 \cdot x + 0 \cdot x^2 - \frac{1}{6}x^3$ | $p_3(x) = x - \frac{1}{3!}x^3$ | 1 |
| 4 | $p_4(x) = 0 + 1 \cdot x + 0 \cdot x^2 - \frac{1}{6}x^3 + 0 \cdot x^4$ | | |
| 5 | $p_5(x) = 0 + 1 \cdot x + 0 \cdot x^2 - \frac{1}{6}x^3 + 0 \cdot x^4 + \frac{1}{120}x^5$ | | |
| | | $p_5(x) = x - \frac{1}{3!}x^3 + \frac{1}{5!}x^5$ | 1 |

(62)

Stellen Sie die Näherungspolynome für $n = 6$ und $n = 7$ auf.

Die Abbildung 58 zeigt die Graphen von $f$ mit $f(x) = \sin x$ und $p_5(x)$ und $p_7(x)$. Die Näherungskurven schmiegen sich an den Graphen von $f$ in der Umgebung von $x_0$ offenbar um so besser an, je größer der Grad des Näherungspolynoms ist.

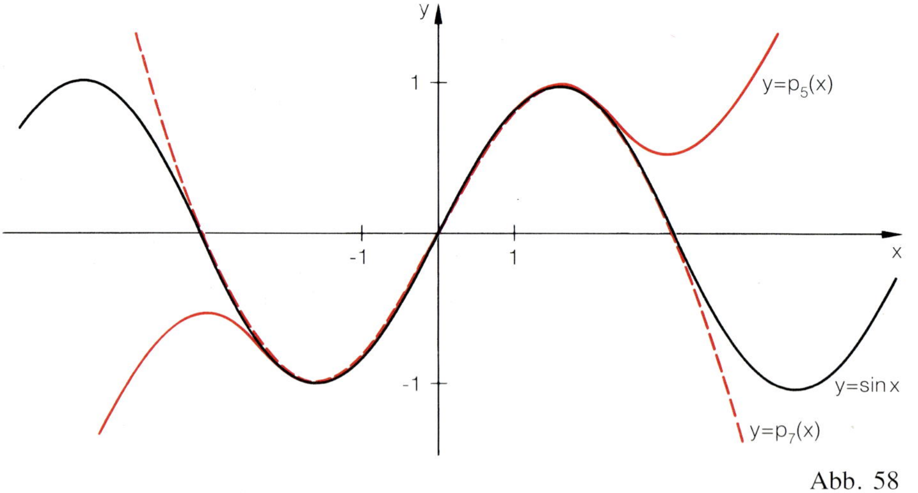


Abb. 58

1 Die Zahlen 6 und 120 lassen sich als Produkt von aufeinanderfolgenden natürlichen Zahlen darstellen: $6 = 1 \cdot 2 \cdot 3$; $120 = 1 \cdot 2 \cdot 3 \cdot 4 \cdot 5$. Für Produkte $1 \cdot 2 \cdot 3 \cdot \ldots \cdot n$ schreibt man abkürzend $n!$ (lies: $n$ Fakultät).

Die Abweichung $f(x)$ von $p_n(x)$ wird durch ein **Restglied $R(x)$** erfaßt. Die Sinusfunktion kann dann auch so dargestellt werden:

**Restglied R(x)**

$$\sin x = x - \frac{1}{3!}x^3 + \frac{1}{5!}x^5 + - \ldots + (-1)^{n+1}\frac{1}{(2n-1)!}x^{2n-1} + R(x)$$

Es ist möglich, das Restglied mit (uns nicht bekannten) Mitteln der Differentialrechnung zu bestimmen.
Die hier am Beispiel der Sinusfunktion und für die Stelle $x_0 = 0$ durchgeführten Betrachtungen lassen sich auf beliebige differenzierbare Funktionen und für beliebige Stellen $x_0$ verallgemeinern.

**Satz von Taylor**[1]
Es sei $f$ eine in einer Umgebung von $x_0$ mindestens $(n + 1)$ mal differenzierbare Funktion.
Dann gibt es ein $\vartheta$ mit $0 < \vartheta < 1$, so daß für jedes $x$ aus der Umgebung von $x_0$ gilt:

$$f(x) = f(x_0) + \frac{f'(x_0)}{1!}(x-x_0) + \frac{f''(x_0)}{2!}(x-x_0)^2 + \frac{f'''(x_0)}{3!}(x-x_0)^3 + \ldots$$

$$\ldots + \frac{f^{(n)}(x_0)}{n!}(x-x_0)^n + R_{n+1}(x)$$

$$\text{mit } R_{n+1}(x) = \frac{f^{(n+1)}(x_0 + \vartheta(x-x_0))}{(n+1)!}(x-x_0)^{n+1}$$

Für die obige Darstellung von $\sin x$ gilt:

$$R(x) = (-1)^n \frac{x^{2n+1}}{(2n+1)!}\cos \vartheta x,$$ wobei $\vartheta$ eine (unbekannte) Zahl zwischen 0 und 1 ist.

Obwohl die Zahl $\vartheta$ meist nicht ermittelbar ist, ist sie sehr nützlich:
Das Restglied kann dadurch *abgeschätzt* und die Genauigkeit der mit den Näherungspolynomen berechneten Funktionswerte eingeschätzt werden.

**Beispiel 41**

*Es ist sin 0,28 mit dem Näherungspolynom für n = 1 zu ermitteln und die Genauigkeit des Näherungswertes mit Hilfe des Restgliedes abzuschätzen.*

**Lösung:**
Für $n = 1$ gilt:

$$\sin x = x - \frac{x^3}{3!}\cos \vartheta x \quad \text{mit } 0 < \vartheta < 1.$$

Näherungsformel: $\sin x \approx x$, d.h. $\sin 0{,}28 \approx 0{,}28$

1 B. Taylor (1685–1731), engl. Mathematiker

Restglied: $R(x) = -\frac{x^3}{3!} \cos \vartheta x$

**Fehlerabschätzung**

Fehlerabschätzung: Da $\cos x \leqq 1$ für alle $x$ ist, gilt:

$$|R(0{,}28)| = \frac{0{,}28^3}{3!} \cos 0{,}28\vartheta < \frac{0{,}28^3}{6} \cdot 1 = 0{,}0036587 \approx 0{,}004$$

Der absolute Fehler von $\sin 0{,}28 \approx 0{,}28$ ist kleiner als vier Tausendstel. Ein Vergleich mit dem TR-Wert $\sin 0{,}28 = 0{,}27635565$ bestätigt unsere Abschätzung.

Der Satz von Taylor stellt eine wichtige Grundlage zur Berechnung von Funktionswerten nichtrationaler Funktionen dar.

*Aufgaben 1 bis 5*

## 4.2 Näherungsverfahren zum Lösen von Gleichungen (2)

Beim Lösen von praktischen Problemen entstehen zumeist Gleichungen, die nicht mehr durch direkte Verfahren gelöst werden können. Dann nutzt man Näherungsverfahren. Im Abschnitt A 2.2 sind zwei rechnerische Näherungsverfahren dargestellt, das Bisektionsverfahren und das allgemeine Iterationsverfahren. Mit den uns nun zur Verfügung stehenden Mitteln der Differentialrechnung sollen im folgenden eine Konvergenzbedingung für das allgemeine Iterationsverfahren formuliert sowie ein weiteres Näherungsverfahren entwickelt werden, das hinsichtlich der Konvergenzgeschwindigkeit den bisher behandelten Verfahren deutlich überlegen ist.

## Konvergenzbedingungen für das allgemeine Iterationsverfahren

(63)

a) Lösen Sie die Gleichung $x^4 + \frac{1}{2}x - 4 = 0$ graphisch.

b) Die positive Lösung soll mit Hilfe des allgemeinen Iterationsverfahrens genauer bestimmt werden. Dazu wurden zwei Iterationsansätze aufgestellt:

1) $x_{n+1} = \sqrt[4]{4 - \frac{1}{2}x_n}$

2) $x_{n+1} = \dfrac{4 - \frac{1}{2}x_n}{x_n^3}$

Berechnen Sie für beide Ansätze mit dem Startwert $x_0 = 1$ die Folgenglieder $x_1$ bis $x_{10}$. Was stellen Sie fest?

Die Eignung einer Iterationsfunktion $\varphi$ (s. S. 54) hängt von den Anstiegen des Graphen von $\varphi$ im betrachteten Intervall ab. Die Abbildung 59 zeigt eine geometrische Deutung des allgemeinen Iterationsverfahrens.

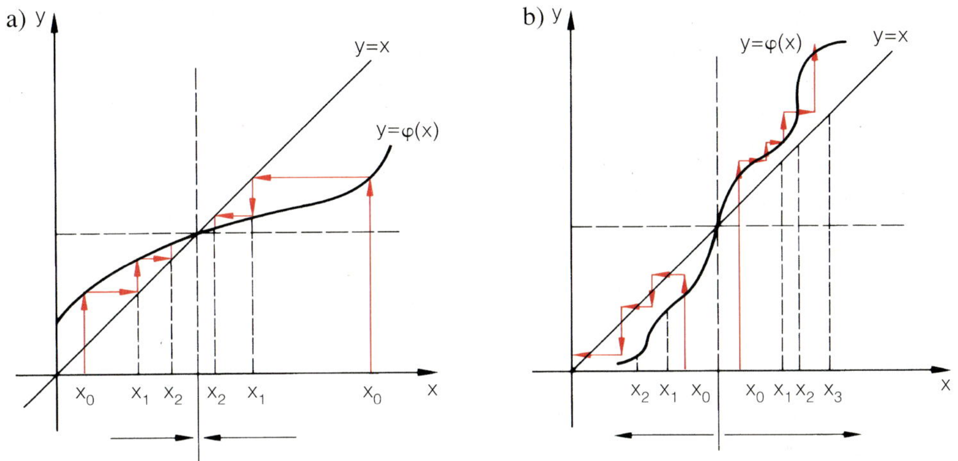


Abb. 59

**Konvergenzbedingung**

Die Abbildung 59(a) legt die Vermutung nahe, daß ein Iterationsvorgang mit einer Funktion $\varphi$ dann konvergent ist, wenn die Anstiege $m$ von $\varphi$ zwischen 0 und 1 liegen. Für $m > 1$ entstehen divergente Folgen $(x_n)$; vgl. Abbildung 59(b).
Für monoton fallende Funktionen $\varphi$ kann man aus Abbildung 60 vermuten: Die Folge $(x_n)$ divergiert für $m < -1$ und konvergiert für $-1 < m < 0$.

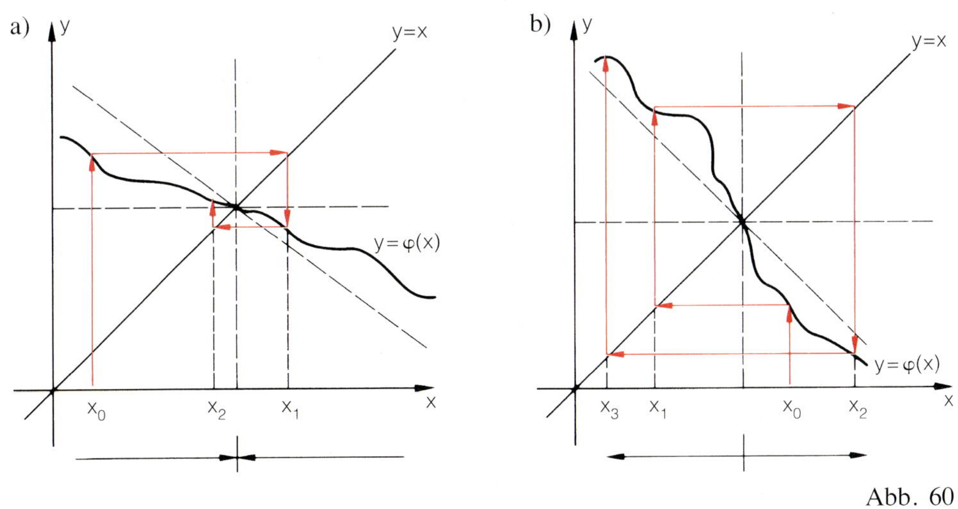


Abb. 60

**Satz 25**
**Hinreichende Bedingung für die Konvergenz des allgemeinen Iterationsverfahrens**

Die Gleichung $x = \varphi(x)$ habe im Intervall $[a\ b]$ eine Lösung $x^*$. Wenn $\varphi$ in $[a;\ b]$ differenzierbar ist und $|\varphi'(x)| \leq q < 1$ für alle $x \in [a;\ b]$ gilt, dann konvergiert die Folge $(x_n)$ mit $x_{n+1} = \varphi(x_n)$ für jedes $x_0 \in [a;\ b]$ gegen diese Lösung.

Dieser Satz kann mit Hilfe des Mittelwertsatzes der Differentialrechnung bewiesen werden.

**Beispiel 42**

*Es soll mit Satz 25 gezeigt werden, daß der Iterationsansatz (1) aus Auftrag (63) auf eine konvergente Folge $(x_n)$ führt.*

**Lösung:**

$x_{n+1} = \sqrt[4]{4-\frac{1}{2}x_n}$, also $\varphi(x) = \sqrt[4]{4-\frac{1}{2}x}$

Genau eine Lösung von $x^4 + \frac{1}{2}x - 4 = 0$ liegt im Intervall $[0;\ 2]$

$\varphi$ ist in diesem Intervall $[0;\ 2]$ differenzierbar.

Wir bilden die 1. Ableitung: $\varphi'(x) = -\dfrac{1}{8 \cdot \sqrt[4]{\left(4-\frac{1}{2}x\right)^3}}$

Wir schätzen $|\varphi'(x)|$ für $x \in [0;2]$ nach oben ab:

$$|\varphi'(x)| < \frac{1}{8 \cdot \sqrt[4]{\left(4-\frac{1}{2}\cdot 2\right)^3}} = \frac{1}{8 \cdot \sqrt[4]{27}} \approx 0{,}055 = q < 1$$

$\varphi$ erfüllt im betrachteten Intervall die Konvergenzbedingung.

*Aufgaben 6 bis 8*

## Das Newton-Verfahren

Sowohl das Bisektionsverfahren als auch das allgemeine Iterationsverfahren konvergieren oft recht langsam. Ein diesbezüglich wesentlich besseres Verfahren geht auf Isaac Newton (1643–1727; engl. Mathematiker und Physiker) zurück.

(64)

a) Stellen Sie die Gleichung der Tangente an den Graph von $f$ mit $f(x) = x^3 - 0{,}1x - 2$ an der Stelle $x_0 = 1$ auf.

b) Berechnen Sie die Stelle, an der die Tangente die $x$-Achse schneidet.

**Tangenten an den Graphen von f**

Beim Newton-Verfahren wird von einer Näherungslösung $x_0$ der Gleichung $0 = f(x)$ ausgegangen. Im Punkt $P_0(x_0; f(x_0))$ wird an den Graphen von $f$ die Tangente $t_1$ gelegt (s. Abb. 61).

Diese Tangente $t_1$ schneidet die $x$-Achse an einer Stelle $x_1$. Im Punkt $P_1(x_1; f(x_1))$ wird erneut die Tangente an den Graphen von $f$ gelegt. Diese Tangente $t_2$ schneidet wiederum die $x$-Achse, und zwar an einer Stelle $x_2$.

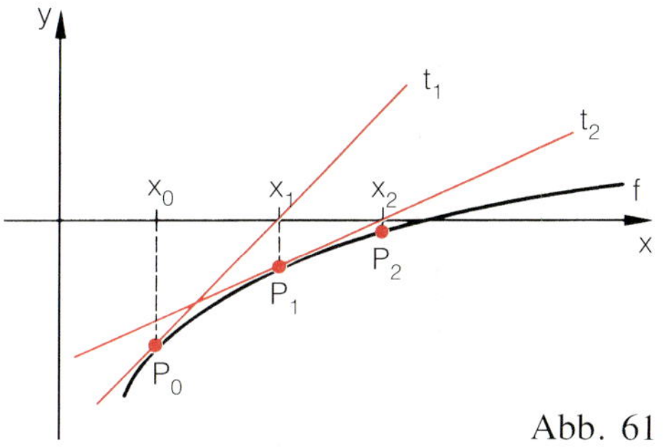

Abb. 61

Dieses Verfahren kann schrittweise fortgesetzt werden. Es entsteht eine Folge $(x_n)$, die (unter gewissen Voraussetzungen) gegen eine Lösung der betrachteten Gleichung konvergiert.

Die beschriebenen geometrischen Überlegungen werden nun rechnerisch für die Gleichung $0 = f(x)$ und eine Näherungslösung $x_0$ nachvollzogen.

1) *Gleichung der Tangente* $t_1$

Ansatz: $y = mx + n$

Berührungspunkt: $P_0(x_0; f(x_0))$

Anstieg der Tangente $t_1$: $m = f'(x_0)$

Absolutglied $n$: $n = f(x_0) - f'(x_0) \cdot x_0$

Gleichung der Tangente $t_1$: $y = f'(x_0) \cdot x + f(x_0) - f'(x_0) \cdot x_0$ bzw.

$y = f'(x_0) \cdot (x - x_0) + f(x_0)$

2) *Schnittstelle von* $t_1$ *mit der* $x$*-Achse*

Aus $0 = f'(x_0) \cdot (x - x_0) + f(x_0)$ folgt $x = x_0 - \dfrac{f(x_0)}{f'(x_0)}$

Wir bezeichnen diese Stelle mit $x_1$.

(65)

An welcher Stelle schneidet die Tangente $t_2$ an den Graphen von $f$ im Punkt $P_1(x_1; f(x_1))$ die $x$-Achse?

Wenn wir das Verfahren fortsetzen, so erhalten wir stets den gleichen Zusammenhang zwischen zwei aufeinanderfolgenden Werten $x_{n+1}$ und $x_n$.

**Newton-Verfahren/ Tangentenmethode**

**Iterationsvorschrift für das Newton-Verfahren**

$$x_{n+1} = x_n - \frac{f(x_n)}{f'(x_n)} \text{ mit Startwert } x_0$$

Das Newton-Verfahren wird gelegentlich auch als Tangentenmethode bezeichnet.

**Beispiel 43**

*Es ist für die Funktion $f$ mit $f(x) = x^3 - 0{,}1x - 2$ (vgl. Auftrag (64)) die Iterationsvorschrift nach dem Newton-Verfahren aufzustellen sowie mit dem Startwert $x_0 = 1$ die Näherungslösung auf 8 Stellen nach dem Komma genau zu ermitteln.*

**Lösung**

Wir bilden die Ableitung: $f'(x) = 3x^2 - 0{,}1$.

Die Iterationsvorschrift lautet dann $x_{n+1} = x_n - \dfrac{x_n^3 - 0{,}1x_n - 2}{3x_n^2 - 0{,}1}$

bzw. vereinfacht: $x_{n+1} = \dfrac{2x_n^3 + 2}{3x_n^2 - 0{,}1}$.

Mit dem Taschenrechner (ggf. Speichertaste benutzen) erhält man:

$$x_1 = 1{,}37931034$$
$$x_2 = 1{,}29260440$$
$$x_3 = 1{,}28640452$$
$$x_4 = 1{,}28637393$$
$$x_5 = 1{,}28637393$$

Das Beispiel 43 läßt bereits die außerordentlich hohe Konvergenzgeschwindigkeit des Newton-Verfahrens erkennen.

(66)

Das Newton-Verfahren konvergiert nicht für beliebige Funktionen $f$ und Startwerte $x_0$. Stellen Sie einen solchen Fall graphisch dar.

*Aufgaben 9 bis 14*

## Aufgaben

1. a) Berechnen Sie sin 0,5 und sin 0,9 mit einem Näherungspolynom vom Grad $n = 7$.
   *b) Schätzen Sie die Genauigkeit mit Hilfe des Restgliedes ab.

2. Berechnen Sie die ersten vier Glieder des Näherungspolynoms nach dem Satz von Taylor für $f$ mit $f(x) = \sqrt{1 + x}$ an der Stelle $x_0 = 0$.

3. In einem Mathematikbuch wird die Näherungsformel
   $\frac{1}{1+x} \approx 1 - x + x^2$ für $|x| \leqq 0{,}3$ angegeben.

   a) Wie groß ist jeweils der relative Fehler bei Verwendung der Näherungsformel für $x = 0{,}1$ bzw. $0{,}2$ bzw. $0{,}3$?

   b) Zeichnen Sie die Graphen von $f$ mit $f(x) = \frac{1}{1+x}$ und $p$ mit $p(x) = 1 - x + x^2$ in ein Koordinatensystem.

   c) Leiten Sie diese Näherungsformel mit Hilfe des Satzes von Taylor her, und geben Sie auch das Restglied an.

4. Stellen Sie die Formel von Taylor für folgende Funktionen $f$ an der Stelle $x_0 = 0$ auf.

   a) $f(x) = \cos x$ b) $f(x) = e^x$

5. Für den Flächeninhalt eines Kreissegments mit dem Zentriwinkel $\alpha$ ($\alpha$ im Bogenmaß) eines Kreises mit dem Radius $r$ findet man in einer Formelsammlung:

$$A = \frac{1}{2} r^2 (\alpha - \sin \alpha)$$

   a) Leiten Sie diese Flächeninhaltsformel her.

   b) Der Flächeninhalt eines Kreissegments kann für kleine Zentriwinkel $\alpha$ mit der Näherungsformel $A \approx \frac{r^2\alpha^3}{12}$ berechnet werden. Leiten Sie diese her.

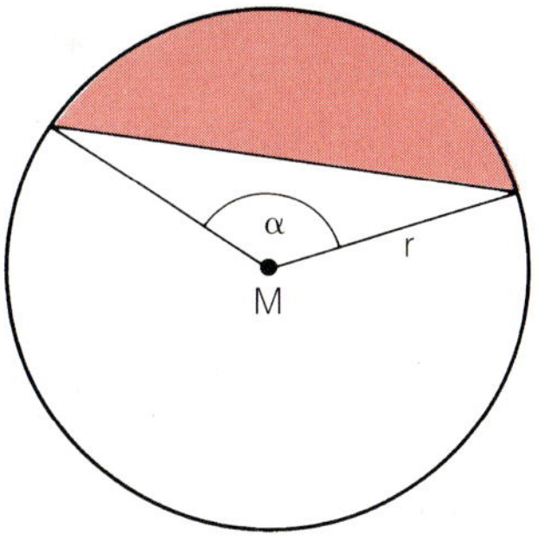


6. Gegeben ist die Funktion $f$ mit $f(x) = x^5 - 2x - 0{,}5$.

   a) Ermitteln Sie graphisch die Nullstellen.
   b) Zeigen Sie, daß die Iterationsansätze

   1) $x = \varphi(x) = \frac{1}{2}(x^5 - 0{,}5)$ für $|x| \leqq 0{,}5$

   2) $x = \varphi(x) = \sqrt[5]{2x + 0{,}5}$ für $0{,}5 \leqq x \leqq 1{,}5$

   die Konvergenzbedingung erfüllen.
   Ermitteln Sie die Nullstellen mit der erreichbaren Taschenrechnergenauigkeit.
   c) Berechnen Sie mit einem weiteren Iterationsansatz die dritte Nullstelle.

7. In der Abbildung sind Iterationsansätze $x = \varphi(x)$ mit einem Startwert $x_0$ graphisch dargestellt. Beurteilen Sie, ob diese auf konvergente Folgen $(x_n)$ führen.

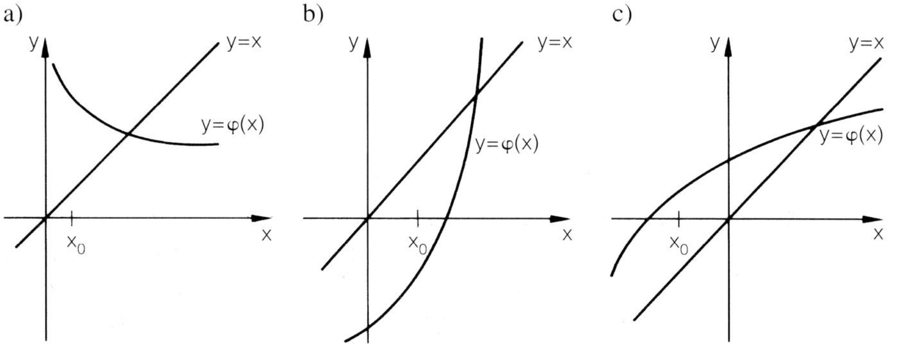


8. Lösen Sie die Gleichung $x + 4 = x^3 + 3x^2$.
(Genauigkeit: acht Stellen nach dem Komma)

9. Die gegebenen Gleichungen haben genau eine Lösung.
Berechnen Sie diese mit dem Newton-Verfahren mit Taschenrechnergenauigkeit.
Hinweis: Wählen Sie geeignete Startwerte.

a) $0 = x^3 - 3x - 5$ b) $\sqrt{x+1} + x^2 = 5$

c) $\sin x = x - 2$ d) $5^x = 3 - x$

10. Ermitteln Sie die Nullstellen der Funktion $f$ mit $f(x) = 2x - x^4 + 4$ sowohl graphisch als auch mit dem Bisektionsverfahren, dem allgemeinen Iterationsverfahren und dem Newton-Verfahren.
Schätzen Sie jeweils den Aufwand sowie Vorzüge und Nachteile der einzelnen Verfahren ein.

*11. Für die Berechnung von $x = \sqrt[3]{a}$ $(a > 0)$ findet man in Lehrbüchern die Iterationsvorschrift $x_{n+1} = \frac{1}{3}(2x_n + \frac{a}{x_n^2})$.
Leiten Sie diese Iterationsvorschrift mit Hilfe des Newton-Verfahrens her.
Hinweis: Formen Sie $x = \sqrt[3]{a}$ geeignet um.

12. Ermitteln Sie die Koordinaten der lokalen Extrempunkte des Graphen von $f$ mit $f(x) = x^4 - 3x^2 - x + 1$.

13. Die Summe aus der dritten Potenz einer Zahl und der dritten Potenz des Reziproken dieser Zahl ist 5. Wie lautet diese Zahl?

14. a) Es ist der Radius $r$ einer Kugel gesucht, die folgende Eigenschaft hat: Der Zahlenwert des Volumens (in $cm^3$) sei gleich dem Zahlenwert des Oberflächeninhalts (in $cm^2$).
b) Bestimmen Sie den Radius $r$ einer Kugel, bei der das Volumen einen um 10 größeren Zahlenwert hat als der Oberflächeninhalt dieser Kugel. (Einheiten wie bei a)

# C Einführung in die Integralrechnung

Ein Körper werde durch eine konstant einwirkende Kraft geradlinig bewegt, wobei Kraft- und Wegrichtung zusammenfallen. Die dabei verrichtete physikalische Arbeit $W$ kann mit der Formel $W = F \cdot s$ berechnet werden. In einem Weg-Kraft-Diagramm läßt sich der Betrag dieser Arbeit als Inhalt einer Rechteckfläche deuten (Abb. 1).

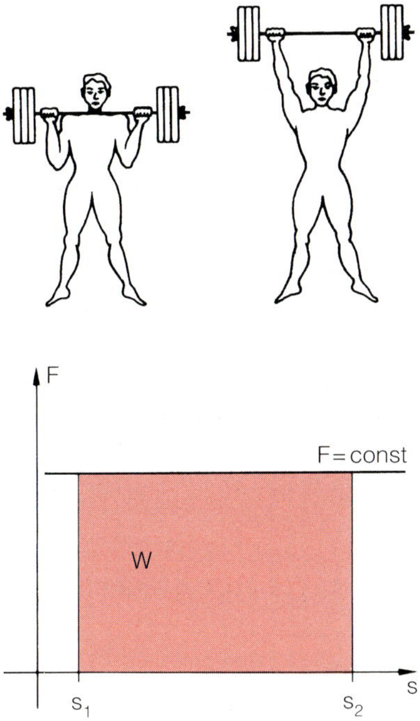


$W = F(s_2 - s_1)$

Abb. 1

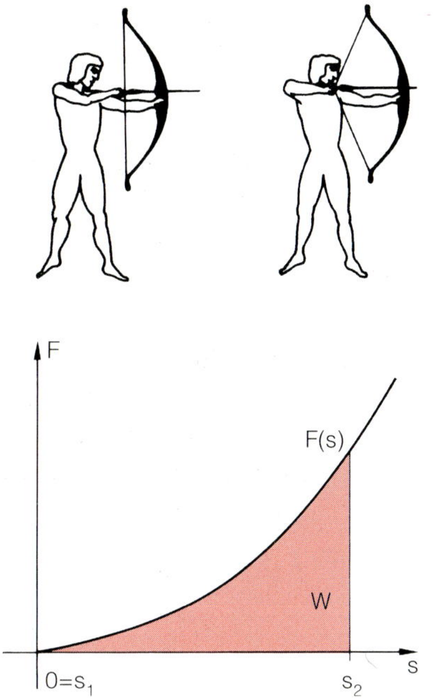


$W = ?$

Abb. 2

Auch wenn der Betrag der in Richtung des Weges wirkenden Kraftkomponente von $F$ veränderlich ist, $F$ aber im Intervall $[s_1; s_2]$ durch eine stetige Funktion $F(s)$ dargestellt werden kann, läßt sich der Betrag der verrichteten Arbeit geometrisch als Inhalt einer Fläche deuten (Abb. 2). Wie kann jedoch in diesem Fall der Inhalt dieser krummlinig begrenzten Fläche berechnet werden?

Eines der Probleme, aus denen historisch die Integralrechnung entstand, ist die Berechnung der Flächeninhalte von krummlinig begrenzten Figuren. Wir werden Verfahren kennenlernen, mit denen man solche Flächeninhalte berechnen kann. Dazu wird der Begriff des **bestimmten Integrals** benötigt. Darüber hinaus ergeben sich weitere Anwendungsmöglichkeiten der Integralrechnung, beispielsweise die Berechnung der Volumina von nicht ebenflächig begrenzten Körpern.

Aus alten Rechenbüchern

Berechnung des Inhalts
von Fässern
(d. i. Visieren);
Titelblatt des 1531
in Nürnberg gedruckten
Visierbüchleins
von Johann Frey

Abb. 3

# C 1 Das bestimmte Integral

## C 1.1 Flächeninhalte krummlinig begrenzter Flächen

①
Ermitteln Sie den Inhalt der in den Abbildungen 4 bis 9 farbig unterlegten Flächen.

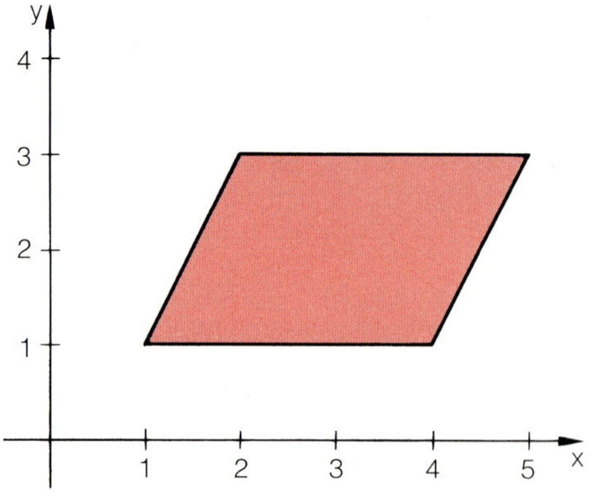


Abb. 4

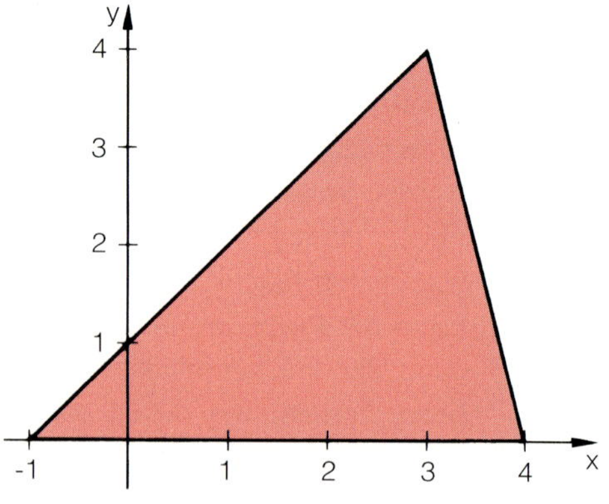


Abb. 5

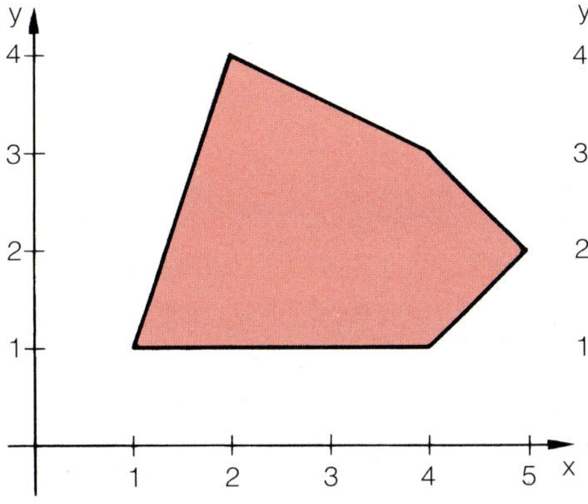


Abb. 6

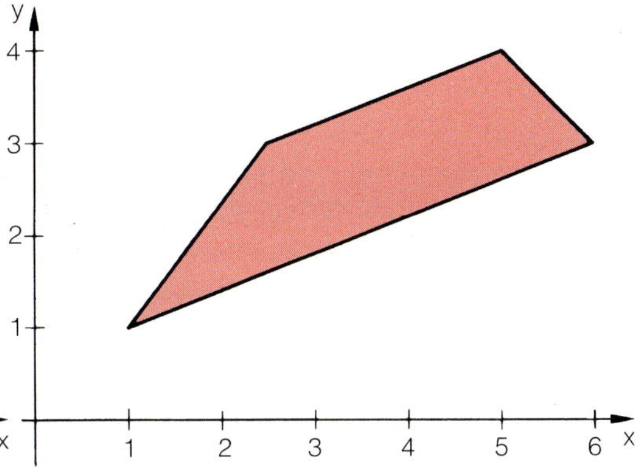


Abb. 7

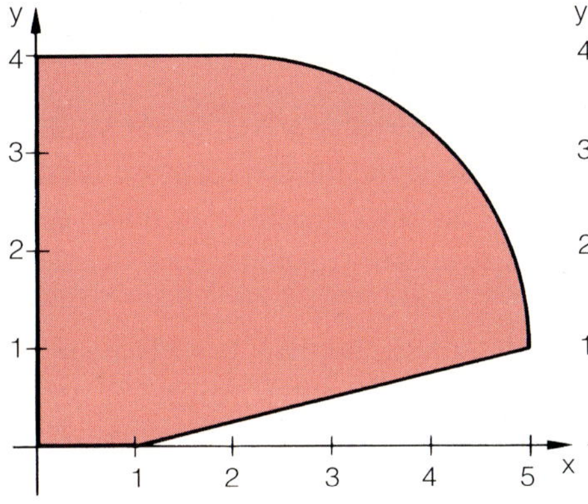


Abb. 8

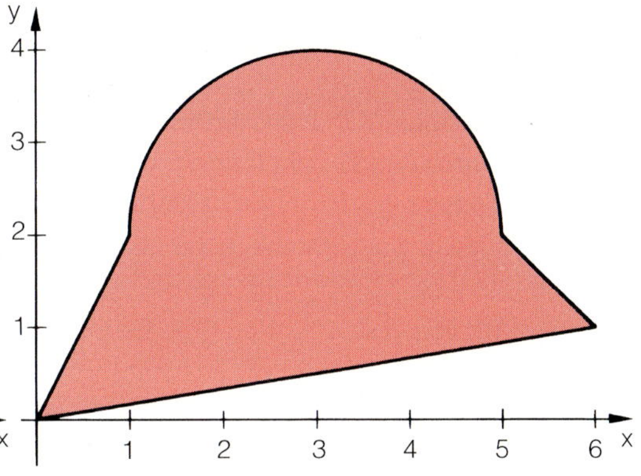


Abb. 9

②
Abbildung 10 zeigt den Umriß eines zu rekultivierenden Braunkohletagebaus im Maßstab 1:100000. Ermitteln Sie eine möglichst große untere Schranke sowie eine möglichst kleine obere Schranke für den Inhalt dieser Fläche.
Wie könnte dieser Flächeninhalt möglichst genau ermittelt werden?

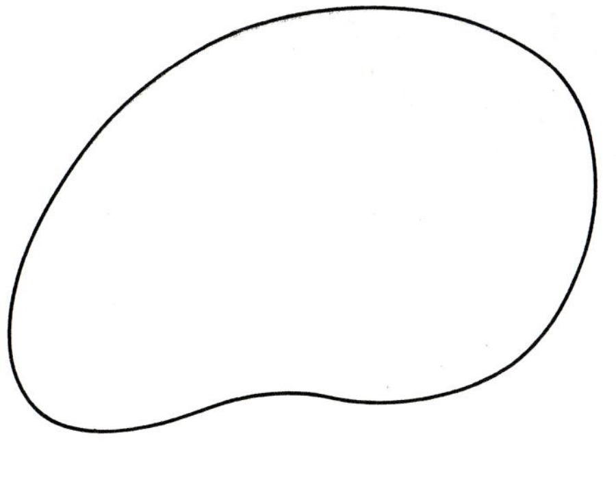

Abb. 10

**Exhaustions-methode von Archimedes**

Bemühungen zur **Berechnung** von krummlinig begrenzten Flächen lassen sich geschichtlich weit zurückverfolgen.[1] Schon vor unserer Zeitrechnung berechnete der griechische Gelehrte Archimedes (287–212) den Flächeninhalt von Parabelsegmenten, indem er diese durch eine Folge von Flächen mit berechenbaren Inhalten »ausschöpfte« (Exhaustionsmethode, Abb. 11).

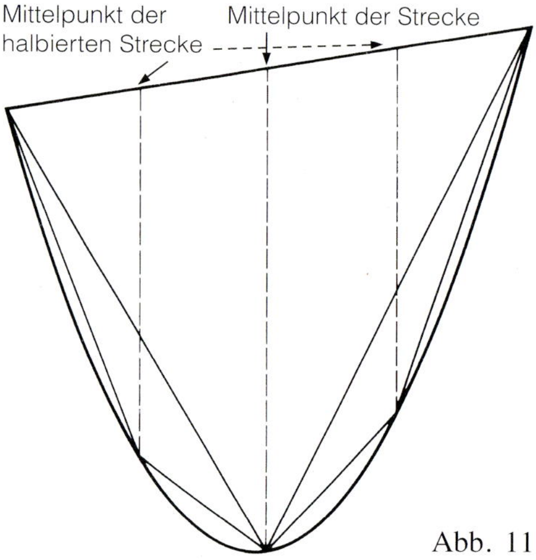


Abb. 11

③

Zeichnen Sie den Graphen der Funktion $f$ mit $f(x) = x^3 + 1$ ($x \geqq 0$) auf Millimeterpapier. Durch den Graphen von $f$, die Koordinatenachsen und die Gerade $x = 1$ wird eine Fläche vollständig begrenzt. Ermitteln Sie einen Näherungswert für den Inhalt dieser Fläche. Geben Sie Schranken für diesen Näherungswert an. (Einheit: cm²)

Im folgenden wollen wir die Grundidee des »Ausschöpfens von Flächen« anwenden. Der im Auftrag ③ gesuchte Flächeninhalt $A$ kann durch Ausfüllen der Fläche mit einbeschriebenen Rechtecken angenähert ermittelt werden (Abb. 12a).

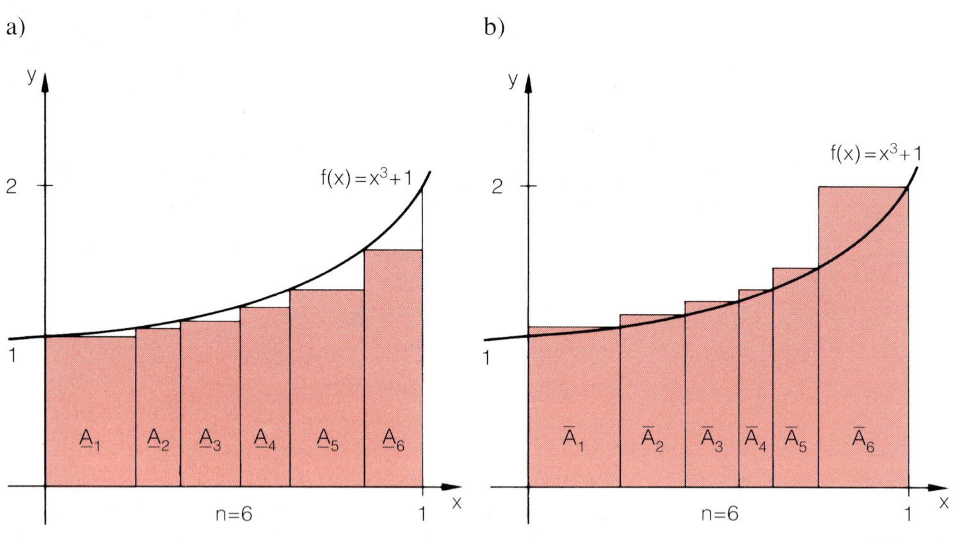


Abb. 12

1 Im Altertum betrachteten die Griechen nur solche Flächen als berechenbar, die sich in ein flächengleiches Quadrat verwandeln lassen. Aus dieser Vorstellung ist der Begriff »Quadratur« abgeleitet. Ein klassisches Problem ist die Quadratur des Kreises, d. h. durch **Konstruktion** nur mit Zirkel und Lineal soll zu einem gegebenen Kreis ein flächengleiches Quadrat konstruiert werden. Dieses Problem ist nicht lösbar.

Die Summe $\underline{S}_n$ ($n \in \mathbb{N}$, $n \geqq 1$) der Inhalte aller so einbeschriebenen $n$ Rechteckflächen ist stets kleiner als der gesuchte Flächeninhalt $A$.
Durch analoge Betrachtungen können der Fläche mit dem Inhalt $A$ auch Rechtecke *umbeschrieben* werden, so daß die Summe $\overline{S}_n$ der Inhalte dieser $n$ Rechteckflächen für jedes $n \in \mathbb{N}$ zwar stets größer als $A$ ist, dem Wert $A$ aber nahe kommt (Abb. 12b).
Offensichtlich werden auf diese Weise die Näherungswerte für den Flächeninhalt $A$ um so besser, je größer die Anzahl der verwendeten Rechtecke (bei immer kleiner werdenden Rechteckbreiten) wird.

- Wie können Näherungswerte für den Flächeninhalt $A$ möglichst effektiv ermittelt werden?
- Wie gelangt man zu dem genauen Wert des Flächeninhalts $A$?

Zur Vereinfachung arbeiten wir mit Rechtecken gleicher Breite, deren eine Seite auf der $x$-Achse liegt und deren andere Seite parallel zur $y$-Achse ist. Auf die Einheiten cm (bzw. $cm^2$) wollen wir in der weiteren Darstellung verzichten; wir operieren nur mit den Zahlenwerten.
Die Länge der auf der $x$-Achse liegenden Seite soll $\Delta x = \frac{1}{n}$ ($n \in \mathbb{N}$, $n \geqq 1$) betragen. Die Länge der parallel zur $y$-Achse liegenden Seite ist bei dieser Funktion gleich dem kleinsten (bzw. größten) Funktionswert im entsprechenden Intervall (Abb. 13).

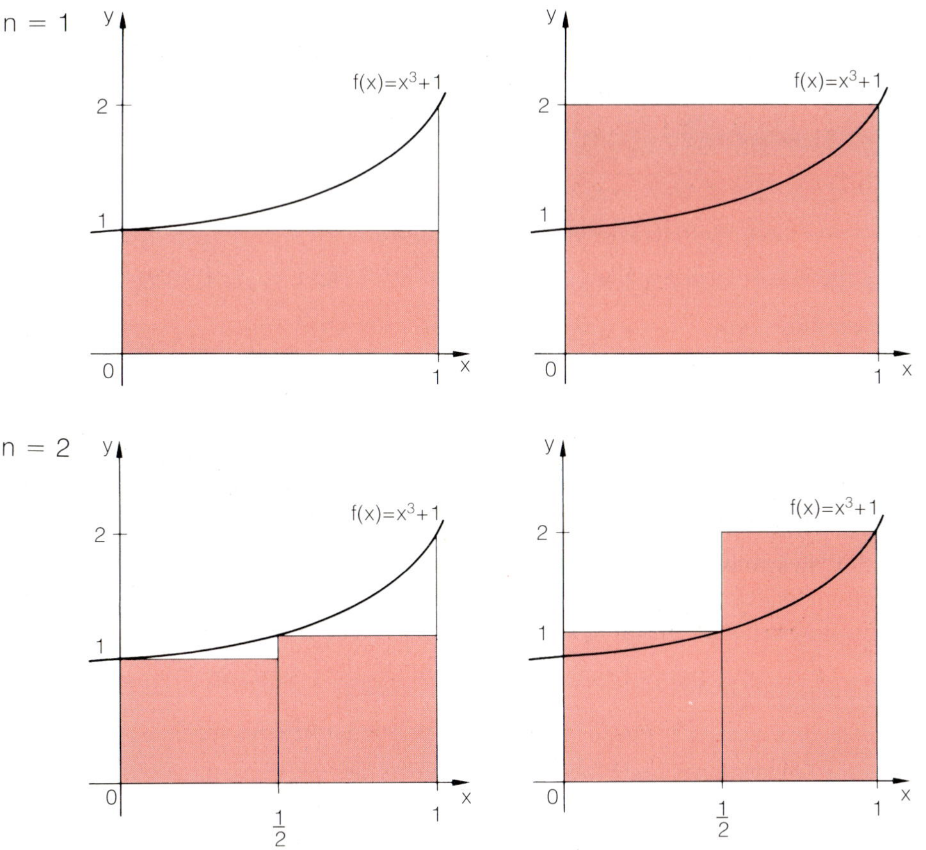

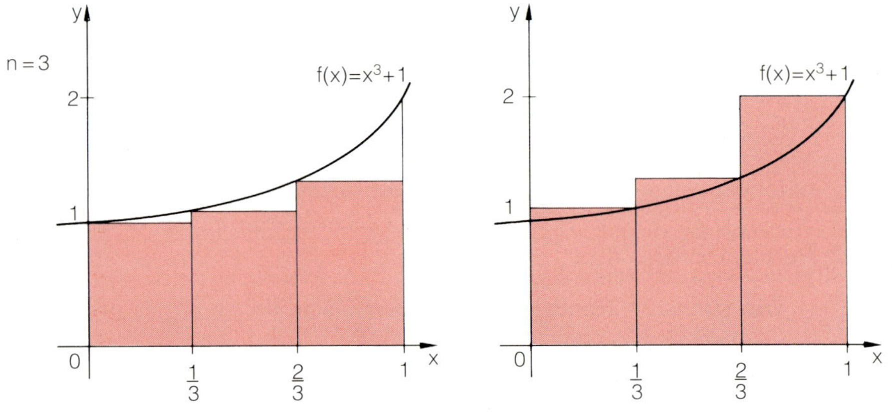


Abb. 13

**Ermitteln von Unter- und Obersummen**

Untersummen $\underline{S}_n$:

$$\underline{S}_1 = 1 \cdot f(0) = 1 \cdot 1 = 1$$

$$\underline{S}_2 = \frac{1}{2} \cdot f(0) + \frac{1}{2} \cdot f\left(\frac{1}{2}\right) = \frac{1}{2}\left(1+\frac{9}{8}\right) = \frac{17}{16} = 1{,}0625$$

$$\underline{S}_3 = \frac{1}{3} \cdot f(0) + \frac{1}{3} \cdot f\left(\frac{1}{3}\right) + \frac{1}{3} \cdot f\left(\frac{2}{3}\right) = \frac{1}{3}\left(1+\frac{28}{27}+\frac{35}{27}\right) = \frac{10}{9} = 1{,}\bar{1}$$

Obersummen $\overline{S}_n$:

$$\overline{S}_1 = 1 \cdot f(1) = 1 \cdot 2 = 2$$

$$\overline{S}_2 = \frac{1}{2} \cdot f\left(\frac{1}{2}\right) + \frac{1}{2} \cdot f(1) = \frac{1}{2}\left(\frac{9}{8}+2\right) = \frac{25}{16} = 1{,}5625$$

$$\overline{S}_3 = \frac{1}{3} \cdot f\left(\frac{1}{3}\right) + \frac{1}{3} \cdot f\left(\frac{2}{3}\right) + \frac{1}{3} \cdot f(1) = \frac{1}{3}\left(\frac{28}{27}+\frac{35}{27}+2\right) = \frac{13}{9} = 1{,}\bar{4}$$

Auf diese Weise entstehen zwei Zahlenfolgen:

$$(\underline{S}_n) = (1;\ 1{,}0625;\ 1{,}\bar{1};\ \dots) \qquad (\overline{S}_n) = (2;\ 1{,}5625;\ 1{,}\bar{4};\ \dots)$$

④

a) Berechnen Sie für $n = 4$ und $n = 5$ die Folgenglieder von $(\underline{S}_n)$ und $(\overline{S}_n)$.

b) Welche Aussagen lassen sich bezüglich der Eigenschaften Monotonie und Beschränktheit der Folgen $(\underline{S}_n)$ und $(\overline{S}_n)$ treffen?

**Erkenntnisse:**

- Für jedes $n \in I\!N$, $n \geqq 1$ gilt in diesem Beispiel $\underline{S}_n < A < \overline{S}_n$, wobei $A$ der Inhalt der zu berechnenden Fläche ist.
- Mit wachsendem $n$ nähern sich die Glieder der Folgen $(\underline{S}_n)$ und $(\overline{S}_n)$ dem Wert $A$ immer mehr an.
- Der gesuchte Flächeninhalt $A$ kann vermutlich als gemeinsamer Grenzwert der Zahlenfolgen $(\underline{S}_n)$ und $(\overline{S}_n)$ bestimmt werden.

*Aufgaben 1–3*

# C 1.2 Definition des bestimmten Integrals

## Der Begriff des bestimmten Integrals

Wir betrachten eine in einem abgeschlossenen Intervall $[a; b]$ **stetige** Funktion $f$ (s. Abb. 14). Sie besitzt in jedem abgeschlossenen Teilintervall von $[a; b]$ einen kleinsten und einen größten Funktionswert (s. Satz 4, S. 56). Wir bezeichnen den kleinsten Funktionswert im $k$-ten Teilintervall mit $f(\underline{x}_k)$, den größten mit $f(\overline{x}_k)$.

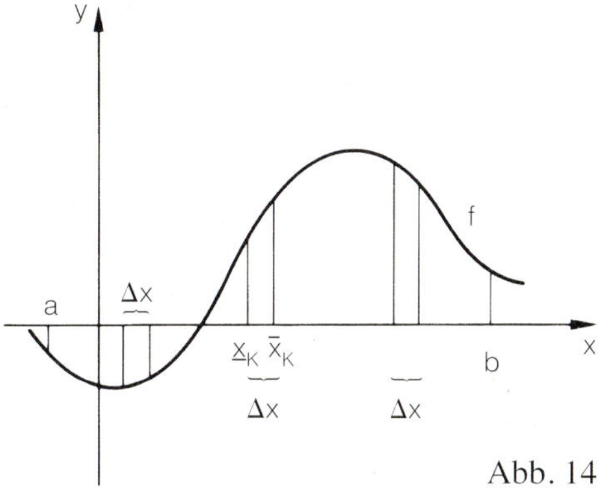


Abb. 14

Für jede natürliche Zahl $n \geqq 1$ denken wir uns nun folgendes schrittweise ausgeführt:

1) Zerlegen des Intervalls $[a; b]$ in $n$ gleich lange Teilintervalle der Länge $\Delta x = \frac{b-a}{n}$

2) Bilden der Produkte $f(\underline{x}_k) \cdot \Delta x$ und $f(\overline{x}_k) \cdot \Delta x$ für jedes Teilintervall

3) Ermitteln der Summen $\underline{S}_n = \sum_{k=1}^{n} f(\underline{x}_k) \cdot \Delta x$ und $\overline{S}_n = \sum_{k=1}^{n} f(\overline{x}_k) \cdot \Delta x$

Durch dieses Vorgehen wird jeder natürlichen Zahl $n \geqq 1$ jeweils genau eine reelle Zahl $\underline{S}_n$ bzw. $\overline{S}_n$ zugeordnet. Man erhält zwei Folgen $(\underline{S}_n)$ und $(\overline{S}_n)$, für die gezeigt werden kann, daß folgendes gilt:

**genschaften der Folgen $(\underline{S}_n)$ und $(\overline{S}_n)$**

- $(\underline{S}_n)$ ist monoton wachsend und nach oben beschränkt.
- $(\overline{S}_n)$ ist monoton fallend und nach unten beschränkt.

Beide Folgen sind konvergent (s. Satz 7, S. 79). Die Grenzwerte beider Folgen stimmen überein.

**Bestimmtes Integral als Grenzwert**

**Definition 1**
Es sei $f$ eine in einem abgeschlossenen Intervall $[a; b]$ stetige Funktion.
Der gemeinsame Grenzwert der Folgen $(\underline{S}_n) = \sum_{k=1}^{n} f(\underline{x}_k) \cdot \Delta x$ und $(\overline{S}_n) = \sum_{k=1}^{n} f(\overline{x}_k) \cdot \Delta x$ wird **das bestimmte Integral**[1] der Funktion $f$ in $[a; b]$ genannt, in Kurzform $\lim\limits_{n \to \infty} \underline{S}_n = \lim\limits_{n \to \infty} \overline{S}_n = \int_a^b f(x)dx$
(gelesen: »Integral über $f$ von $x$ $dx$ von $a$ bis $b$«).
Die reellen Zahlen $a$ und $b$ heißen Integrationsgrenzen, $f(x)$ heißt Integrand, $x$ Integrationsvariable, $[a; b]$ Integrationsintervall.

1 An der Entwicklung des Integralbegriffs hat Bernhard Riemann (1826–1866) – ein bedeutender deutscher Mathematiker – wesentlichen Anteil.

Das Integralzeichen $\int$, etwa als langgezogenes $S$ zu deuten, soll an die Bildung der Summen $\underline{S}_n$ und $\overline{S}_n$ erinnern.

Die durch das bestimmte Integral $\int\limits_a^b f(x)dx$ eindeutig festgelegte reelle Zahl hängt nur von der gegebenen Funktion $f$ und den Integrationsgrenzen ab. Die Wahl der Integrationsvariablen spielt keine Rolle. Man kann die Integrationsvariable umbenennen. So ist z. B.

$$\int\limits_a^b f(x)dx = \int\limits_a^b f(t)dt = \int\limits_a^b f(v)dv$$

Das bestimmte Integral ist – als gemeinsamer Grenzwert der Folgen $(\underline{S}_n)$ und $(\overline{S}_n)$ – eine reelle Zahl, die positiv, negativ oder gleich Null sein kann.

Zunächst beschäftigen wir uns mit einer für *Anwendungen* wichtigen Deutung dieser Zahl. Auf das *Bestimmen* solcher Grenzwerte wird später eingegangen.

## Geometrische Deutung des bestimmten Integrals

Das Bilden des bestimmten Integrals erinnert an das »Ausschöpfen« einer Fläche durch Rechtecke.

⑤

a) Skizzieren Sie den Graphen der Funktion $f\colon x \mapsto -x + 2$ im Intervall $[-2; 4]$.

b) Welche der folgenden bestimmten Integrale können geometrisch gedeutet werden als Inhalt einer Fläche, die vom Graphen von $f$, der $x$-Achse und den Geraden $x = a$ und $x = b$ begrenzt wird?

(1) $\int\limits_2^4 (-x + 2)dx$ (2) $\int\limits_0^2 (-x + 2)dx$ (3) $\int\limits_0^4 (-x + 2)dx$ (4) $\int\limits_{-2}^1 (-x + 2)dx$

**Bestimmtes Integral und Flächeninhalt**

Ist $f$ eine in $[a; b]$ definierte stetige Funktion[1] mit $f(x) \geqq 0$ für alle $x \in [a; b]$, dann ist $\int\limits_a^b f(x)\,dx$ eine positive Zahl, die dem Inhalt $A$ der Fläche entspricht, die vom Graphen von $f$, der $x$-Achse und den Geraden $x = a$ und $x = b$ begrenzt wird:

$$A = \int\limits_a^b f(x)dx$$

1 Ausgenommen die konstante Funktion $f(x) = 0$

**Beispiel 1**

a) Die Inhalte $A_1, A_2, A_3$ der in Abbildung 15 farbig unterlegten Flächen können mit Hilfe bestimmter Integrale ausgedrückt werden.

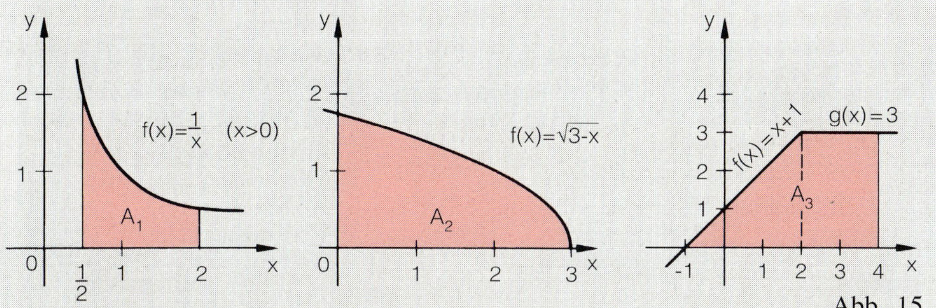


Abb. 15

$$A_1 = \int_{\frac{1}{2}}^{2} \frac{1}{x}\,dx \qquad A_2 = \int_{0}^{3} \sqrt{3-x}\,dx \qquad A_3 = \int_{-1}^{2} (x+1)\,dx + \int_{2}^{4} 3dx$$

b) Die reelle Zahl $\int_1^3 (\frac{3}{2}x - 1)dx$ läßt sich geometrisch als Inhalt $A$ der Fläche deuten, die vom Graphen von $f\colon x \mapsto \frac{3}{2}x - 1$, der $x$-Achse und den Geraden $x = 1$ und $x = 3$ begrenzt wird (Trapezfläche).

c) Die reelle Zahl $\int_{-2}^{-1} (x^2 - 2)\,dx$ kann nicht als Flächeninhalt gedeutet werden, da nicht für alle $x \in [-2; -1]$ die Bedingung $f(x) \geqq 0$ erfüllt ist.

*Aufgaben 4–5*

## Begriffserweiterungen und Eigenschaften des bestimmten Integrals

Bei der Definition des bestimmten Integrals $\int_a^b f(x)\,dx$ wurde von der Voraussetzung $a < b$ ausgegangen. Zusätzlich wird festgelegt:

**Definition 2**

(1) $\int_a^a f(x)dx = 0$ (2) $\int_b^a f(x)dx = -\int_a^b f(x)dx$

⑥

a) Begründen Sie unter Beachtung der Definition 1, daß die Festlegungen (1) und (2) sinnvoll sind.

b) Ermitteln Sie $\int_5^2 x\,dx$.

⑦

a) Berechnen Sie den Flächeninhalt $A$ der farbig unterlegten Fläche in Abbildung 16a) elementar. Geben Sie den Inhalt $A$ auch mit Hilfe bestimmter Integrale an.

b) Geben Sie den Inhalt $A$ der gesamten farbig unterlegten Fläche in Abbildung 16b) mit Hilfe der Inhalte $A_1$ und $A_2$ an. Verwenden Sie dazu bestimmte Integrale.

c) Ermitteln Sie $\int_{-2}^3 x\,dx$.

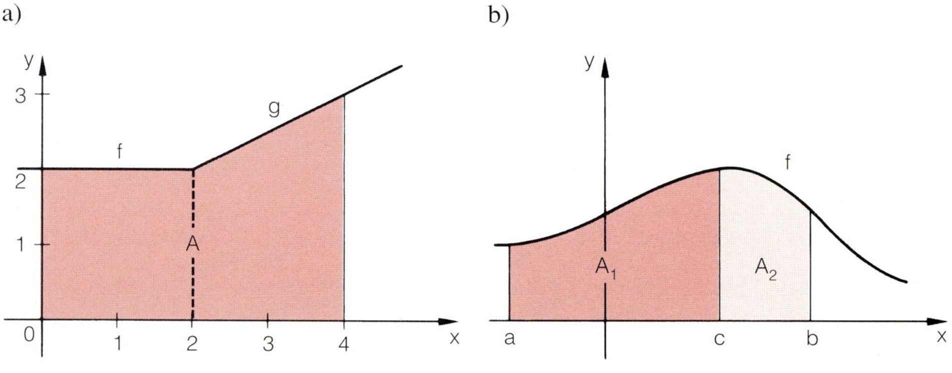


Abb. 16

Aus der Definition 1 des bestimmten Integrals folgt

**Satz 1: Additivität des bestimmten Integrals**

Es sei $f$ eine in $[a;\ b]$ stetige Funktion und $c \in [a;\ b]$.

Dann gilt $\int_a^b f(x)dx = \int_a^c f(x)dx + \int_c^b f(x)dx$

⑧

Wenden Sie Satz 1 auf $[a;\ b]$ mit $a < c < d < b$ an.

**Beispiel 2**

*Es ist zu zeigen, daß gilt*

$$\int_1^3 x(1-x)dx + \int_3^4 \frac{x^2-x^3}{x}dx + \int_4^1 (x-x^2)dx = 0$$

**Lösung:**
Wegen Satz 1 und Definition 2 gilt

$$\int_1^3 x(1-x)\,dx + \int_3^4 \frac{x^2-x^3}{x}\,dx + \int_4^1 (x-x^2)\,dx$$

$$= \int_1^3 (x-x^2)\,dx + \int_3^4 (x-x^2)\,dx - \int_1^4 (x-x^2)\,dx$$

$$= \int_1^4 (x-x^2)\,dx - \int_1^4 (x-x^2)\,dx = 0$$

*Aufgabe 6*

## C 1.3 Berechnung bestimmter Integrale mit Hilfe der Definition

Wir wenden uns jetzt der Aufgabe zu, bestimmte Integrale zu berechnen.
Der Einfachheit halber werden Funktionen ausgewählt, die in $[a; b]$ streng monoton sind. Bei solchen Funktionen wird stets an den Randstellen jedes abgeschlossenen Teilintervalls das Maximum $f(\overline{x}_k)$ bzw. das Minimum $f(\underline{x}_k)$ angenommen.

**Beispiel 3**

*Als eine untere Schranke für das bestimmte Integral* $\int_0^{\frac{\pi}{2}} \sin x\,dx$ *ist* $\underline{S}_{10}$ *zu berechnen und als eine obere Schranke* $\overline{S}_{10}$.

**Lösung:**

$$\underline{S}_{10} = \frac{\pi}{20}\left(\sin 0 + \sin\frac{\pi}{20} + \sin\frac{\pi}{10} + \sin\frac{3}{20}\pi + \sin\frac{\pi}{5} + \sin\frac{\pi}{4} + \sin\frac{3}{10}\pi + \sin\frac{7}{20}\pi + \sin\frac{2}{5}\pi + \sin\frac{9}{20}\pi\right)$$

$$\approx \frac{\pi}{20} \cdot 5{,}8531024 \approx 0{,}91940$$

$$\overline{S}_{10} = \frac{\pi}{20}\left(\sin\frac{\pi}{20} + \sin\frac{\pi}{10} + \sin\frac{3}{20}\pi + \sin\frac{\pi}{5} + \sin\frac{\pi}{4} + \sin\frac{3}{10}\pi + \sin\frac{7}{20}\pi + \sin\frac{3}{5}\pi + \sin\frac{9}{20}\pi + \sin\frac{\pi}{2}\right)$$

$$\approx \frac{\pi}{20} \cdot 6{,}8531024 \approx 1{,}0764828$$

Ergebnis: $$0{,}91 < \int_0^{\frac{\pi}{2}} \sin x\,dx < 1{,}08$$

**Beispiel 4**

*a) Als Näherungswerte für das Integral* $\int_0^3 x^2\,dx$ *sind die Summen* $\underline{S}_{30}$ und $\overline{S}_{30}$ *zu berechnen.*

*b) Es ist der genaue Wert des Integrals* $\int_0^3 x^2\,dx$ *zu ermitteln.*

**Lösung:**

a) Die Berechnung der Summen ergibt:

$$\underline{S}_{30} = \frac{3}{30^3}\left(3^2 + 6^2 + 9^2 + \ldots + 87^2\right) = \frac{3}{30^3} \cdot 76999 \approx 8,555$$

$$\overline{S}_{30} = \frac{3}{30^3}\left(3^2 + 6^2 + 9^2 + \ldots + 90^2\right) = \frac{3}{30^3} \cdot 85095 \approx 9,455$$

Ergebnis: $8,5 < \int_0^3 x^2\,dx < 9,5$

b) Zur Berechnung des genauen Wertes von $\int_0^3 x^2\,dx$ gehen wir wie folgt vor:

– Zerlegen des Intervalls [0; 3] in $n$ gleich lange Intervalle der Länge $\Delta x = \frac{3}{n}$

Für das $k$-te Teilintervall $[\underline{x}_k;\ \overline{x}_k]$ gilt

$$\overline{x}_k = k \cdot \Delta x = k \cdot \frac{3}{n} \text{ und } f\left(\overline{x}_k\right) = \overline{x}_k^{\,2} = \left(k \cdot \frac{3}{n}\right)^2$$

– Bilden der Obersummen $\overline{S}_n$:

$$\overline{S}_n = \sum_{k=1}^{n} f\left(\overline{x}_k\right) \cdot \Delta x = \sum_{k=1}^{n}\left(k \cdot \frac{3}{n}\right)^2 \cdot \frac{3}{n} = \frac{27}{n^3}\sum_{k=1}^{n} k^2$$

$$= \frac{27}{n^3} \cdot \frac{1}{6}n(n+1)(2n+1) = \frac{9}{2}\left(2+\frac{3}{n}+\frac{1}{n^2}\right)$$

– Ermitteln des Grenzwertes der Folge $\left(\overline{S}_n\right)$: $\lim\limits_{n\to\infty} \overline{S}_n = 9.$

Analog ergibt sich $\lim\limits_{n\to\infty} \underline{S}_n = 9.$

Ergebnis: $\int_0^3 x^2\,dx = 9.$

**Erkenntnisse:**

Das Ermitteln von Untersummen $\underline{S}_n$ bzw. Obersummen $\overline{S}_n$ eignet sich für Überschlags- oder Kontrollzwecke. (Weitergehende Betrachtungen zum näherungsweisen Berechnen bestimmter Integrale erfolgen im Abschnitt 3.3).

Das Berechnen von bestimmten Integralen mit Hilfe der Definition 1 kann schon für »einfache« Beispiele sehr aufwendig sein.

*Aufgaben 7–11*

## Aufgaben

1. Berechnen Sie den Inhalt der Fläche, die von dem Graphen der Funktion $f$ mit $f(x) = -\frac{3}{2}x + 3$ und den Koordinatenachsen vollständig begrenzt wird.

2. Von dem Graphen der Funktion $f$ mit $f(x) = x^2 + 1$, den Koordinatenachsen und der Geraden $x = 1$ wird eine Fläche vollständig begrenzt.
Ermitteln Sie für $n = 1, 2, 3, 4$ die Summen $\underline{S}_n$ und $\overline{S}_n$, und berechnen Sie $|\underline{S}_n - \overline{S}_n|$.

3. Gegeben sei ein Kreis mit dem Radius $r = 1$. Die Fläche dieses Kreises soll durch eine Folge von ein- bzw. umbeschriebenen regelmäßigen $n$-Ecken »ausgeschöpft« werden. Ermitteln Sie dazu je eine Bildungsvorschrift für die Folgen $(\underline{S}_n)$ und $(\overline{S}_n)$, und berechnen Sie für $n = 3, 4, 5, 6, 12, 24, 48, 200, 1000, 5000, 10000$ die zugehörigen Folgenglieder (Taschenrechnergenauigkeit).

4. Drücken Sie die Inhalte der farbig unterlegten Flächen mit Hilfe von bestimmten Integralen aus.

a)

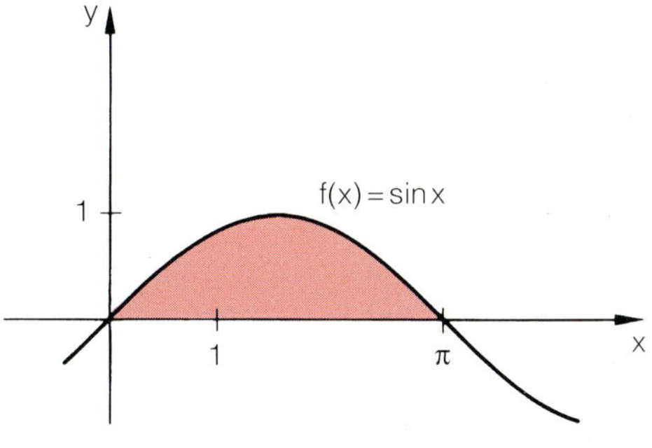


b)

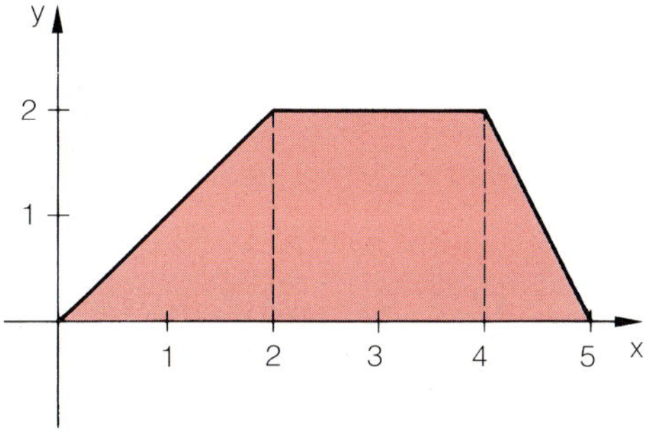


5. Welche der folgenden bestimmten Integrale können als Inhalt einer Fläche gedeutet werden?

a) $\int_{-1}^{5} (-2x+1)\,dx$ b) $\int_{5}^{-2} x^2\,dx$ c) $\int_{0}^{0} x\,dx$ d) $\int_{1}^{10} \lg x\,dx$

e) $\int_{\frac{\pi}{2}}^{\pi} \cos x\,dx$ f) $\int_{-1}^{2} \frac{1}{x+2}\,dx$ g) $\int_{-2}^{0} e^{-x}\,dx$ h) $\int_{-1}^{0} \sqrt{1-2x}\,dx$

6. Ermitteln Sie möglichst vorteilhaft

a) $\int_{1}^{3} 2\,dx$ b) $\int_{-1}^{2} (x+1)\,dx$

c) $\int_{0}^{2} x\,dx + \int_{2}^{3} x\,dx + \int_{3}^{4} x\,dx$ d) $\int_{1}^{3} (x^2-3x+1)\,dx + \int_{3}^{1} (x^2-3x+1)\,dx$

7. Berechnen Sie näherungsweise (auf eine Dezimalstelle genau) durch Ermitteln von $\underline{S}_{10}$ und $\overline{S}_{10}$.

a) $\int_0^2 (x^2+1)dx$  b) $\int_{-2}^{-1} \frac{1}{x}dx$  c) $\int_0^1 \tan x\,dx$  d) $\int_1^3 \ln x\,dx$

8. Weisen Sie nach, daß in Beispiel 4b die Folge $(\underline{S}_n)$ gegen 9 konvergiert.

9. Berechnen Sie das bestimmte Integral $\int_{-1}^{3} (\frac{1}{2}x - 1)dx$ mit Hilfe der Definition 1.

10. Berechnen Sie den Inhalt der Fläche, die von dem Graphen der Funktion $f$ mit $f(x) = -x^2 + 2$ und der $x$-Achse begrenzt wird. Verwenden Sie Definition 1. Rechnen Sie möglichst vorteilhaft.
Ermitteln Sie zur Kontrolle $\underline{S}_{30}$ und $\overline{S}_{30}$.

*11. Bestätigen Sie die im Beispiel 4 vorgenommene Berechnung von $\int_0^3 x^2\,dx$, indem Sie eine andere Intervallzerlegung vornehmen.
(Hinweis: Halbieren Sie die jeweils entstehenden Teilintervalle.)

# C 2 Stammfunktionen

## C 2.1 Das bestimmte Integral bei veränderlicher oberer Integrationsgrenze

Bisher haben wir für unterschiedliche Funktionen und wechselnde Integrationsgrenzen jeweils das bestimmte Integral zu ermitteln versucht, wobei wir uns auf dessen Definition stützten. Um ein rationelleres Verfahren zur Berechnung bestimmter Integrale zu finden, wollen wir jetzt eine neue Überlegung anstellen.
Wählen wir als Beispiel die Funktion $f(x) = 2x$ und halten die untere Integrationsgrenze fest, sie sei a = 0 (Abb. 17a).
Lassen wir jetzt die obere Integrationsgrenze b etwa das Intervall von 0 bis 5 durchlaufen, so ist anschaulich klar, daß zu jedem Wert von b ∈ [0; 5] ein eindeutig bestimmter Wert von $\int_0^b 2x\,dx$ gehört – nämlich gerade der Flächeninhalt des Dreiecks mit den Eckpunktkoordinaten [0; 0], [b; 0], [b; 2b]. Man erhält also eine *Funktion*.
Bevor wir sie näher untersuchen, wollen wir – wie es üblich ist – die unabhängige Variable der Funktion mit $x$ bezeichnen. Damit es nun aber keine Verwechslung mit der Integrationsvariablen gibt, müssen wir diese noch umbenennen. Sie soll jetzt $t$ heißen. (Die Bezeichnung ist bekanntlich beliebig.)

Uns interessiert also die Funktion $I(x) = \int_0^x 2t\,dt$. Sie beschreibt, wie der Flächeninhalt des betrachteten Dreiecks wächst, wenn $x$ das Intervall [0; 5] durchläuft (Abb. 17b). Für jeden Wert von $x$ gibt $I(x)$ den Inhalt der Dreiecksfläche an – bezogen auf den Anfangswert 0.

⑨
Berechnen Sie $\quad I(x) = \int_0^x 2t\,dt \quad$ für $x = 0;\ \frac{1}{2};\ 1;\ 2;\ 3;\ 4;\ 5.$

Das Ermitteln der Werte entsprechend Auftrag ⑨ führt zu der Erkenntnis, daß $I(x) = x^2$ gilt, denn für jedes $x$ mit $0 < x \leqq 5$ ist der gesuchte Flächeninhalt gleich $\frac{x \cdot 2x}{2}$ (nach der Flächeninhaltsformel für Dreiecke), also $I(x) = x^2$.
(Für $x = 0$ ist $I(x) = 0$, wie man sofort sieht.)

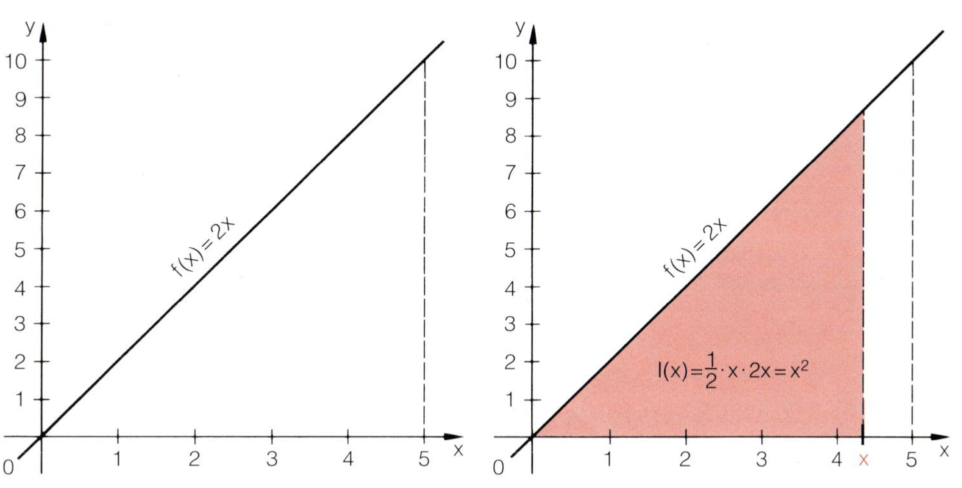


Abb. 17

Zwischen der Funktion $I$ und der gegebenen Funktion $f$ besteht eine für die weiteren Betrachtungen sehr wichtige Beziehung, es gilt nämlich

$$I'(x) = f(x).$$

**Integral als Funktion**

Ein solcher Zusammenhang kann für *jede* stetige Funktion $f$ nachgewiesen werden.

**Satz 2**
Ist $f$ eine in $[a; b]$ stetige Funktion, dann gilt für die Funktion $I$ mit der Gleichung $I(x) = \int_a^x f(t)dt$ mit $a \leqq x \leqq b$ :

$$I'(x) = f(x).$$

**Beweis**

1. Ermitteln und Abschätzen des Differenzenquotienten

$$D(h) = \frac{I(x+h) - I(x)}{h} = \frac{\int_a^{x+h} f(t)dt - \int_a^{x} f(t)dt}{h}$$

$$= \frac{1}{h} \int_x^{x+h} f(t)dt \quad \text{wegen} \int_a^{x} f(t)dt + \int_x^{x+h} f(t)dt = \int_a^{x+h} f(t)dt$$

Für $h > 0$ gilt $f(\underline{x}) \cdot h \leqq \int_x^{x+h} f(t)dt \leqq f(\overline{x}) \cdot h$ ,

wobei $f(\underline{x})$ das Minimum und $f(\overline{x})$ das Maximum von $f$ in $[x; x+h]$ ist (vgl. Abb. 18).[1]

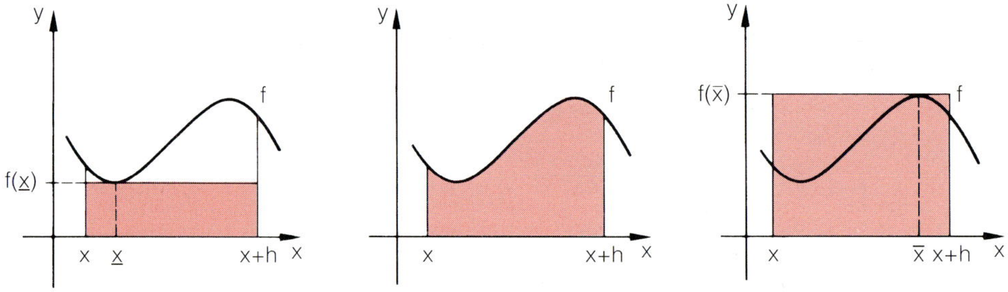


Abb. 18

Daraus folgt

$$f(\underline{x}) \leqq \frac{1}{h} \int_x^{x+h} f(t)dt \leqq f(\overline{x}) \qquad (*)$$

2. Berechnen des Grenzwertes von D(h) für $h \to 0$

Aus der Ungleichung (*) folgt

$$\lim_{h \to 0} f(\underline{x}) \leqq \lim_{h \to 0} \frac{1}{h} \int_x^{x+h} f(t)dt \leqq \lim_{h \to 0} f(\overline{x}).$$

Wegen $\overline{x} = x + r \cdot h$ und $\underline{x} = x + s \cdot h$ mit $0 \leqq r;\ s \leqq 1$ gilt:

$$\lim_{h \to 0} f(\overline{x}) = \lim_{h \to 0} f(x + r \cdot h) = f(x) \quad \text{und} \quad \lim_{h \to 0} f(\underline{x}) = \lim_{h \to 0} f(x + s \cdot h) = f(x).$$

Daraus folgt

$$f(x) \leqq \lim_{h \to 0} \frac{1}{h} \int_x^{x+h} f(t)dt \leqq f(x)$$

und somit erhält man

$$\lim_{h \to 0} D(h) = \lim_{h \to 0} \frac{1}{h} \int_x^{x+h} f(t)dt = f(x), \quad \text{also } I'(x) = f(x) .$$

1 Für $h < 0$ sind entsprechende Überlegungen anzustellen.

**Bedeutung von Satz 2:**
Mit der Beziehung $I' = f$ wird ein Zusammenhang zwischen der Integral- und der Differentialrechnung sichtbar, den wir im folgenden weiter untersuchen wollen. Insbesondere soll es um die Frage gehen, ob bzw. wie man von der *bekannten* Funktion $I'$ (die ja gleich dem Integranden $f$ ist) auf die zunächst *nicht* bekannte Funktion $I$ schließen kann, die eine einfache Berechnung des bestimmten Integrals ermöglichen könnte.

Wir beschäftigen uns im folgenden mit der Existenz, den Eigenschaften und dem Ermitteln solcher Funktionen.

## C 2.2 Umkehrung der Differentiation

**Ermitteln von f aus f′**

Kann man aus einer gegebenen Ableitungsfunktion $f'$ die »ursprüngliche« Funktion $f$ ermitteln? Wenn ja, wie?

(10)
a) Bilden Sie die 1. Ableitung der Funktionen $f_1\colon x \mapsto 3x^2 + 4x + 5$ und $f_2\colon x \mapsto 3x^2 + 4x - 7$.

b) Von Funktionen $f$, $g$ und $h$ sind ihre Ableitungsfunktionen gegeben:

(1) $f'(x) = 2x + 1$ (2) $g'(x) = -3$ (3) $h'(x) = \frac{1}{x^2} - x$.

Ermitteln Sie $f$, $g$ und $h$. Sind diese Funktionen durch ihre Ableitungsfunktionen eindeutig bestimmt?

**Definition 3**

Eine differenzierbare Funktion $F$ heißt **Stammfunktion** zu einer Funktion $f$, wenn im gemeinsamen Definitionsbereich gilt $F' = f$.

**Beispiel 5**

*Es ist nachzuweisen, daß* $F\colon x \mapsto (1 - 2x)(3x - 5)$ *eine Stammfunktion von* $f\colon x \mapsto -12x + 13$ ist.

**Lösung:**
Aus $F(x) = -6x^2 + 13x - 5$ folgt
$F'(x) = -12x + 13 = f(x)$

(11)
Geben Sie drei Stammfunktionen für die Funktion $f$ mit $f(x) = x^2 + 3x$ an. Wie erhält man weitere?

**Erkenntnis:**

Ist $F$ eine Stammfunktion von $f$, dann ist jede Funktion mit $y = F(x) + c$ ($c \in I\!R$) eine Stammfunktion von $f$, denn es gilt $(F(x) + c)' = F'(x) + 0 = f(x)$.

Das heißt:

Hat eine Funktion $f$ eine Stammfunktion $F$, so gibt es unendlich viele solcher Stammfunktionen.

**Beispiel 6**

Die zur Funktion $f$ mit $f(x) = \frac{1}{2}x + 3$ gehörigen Stammfunktionen lassen sich in der Form $F(x) = \frac{1}{4}x^2 + 3x + c$ mit $c \in I\!R$ darstellen, denn es gilt

$F'(x) = (\frac{1}{4}x^2 + 3x + c)' = \frac{1}{2}x + 3 = f(x)$.

Andere Stammfunktionen von $f$ gibt es nicht.

**Satz 3**

Sind $F$ und $G$ zwei Stammfunktionen von $f$, dann gilt $F(x) = G(x) + c$, wobei $c$ eine Konstante ist.

**Beweis:**

Nach Voraussetzung sind $F$ und $G$ Stammfunktionen von $f$, also gilt $F'(x) = f(x)$ und $G'(x) = f(x)$. Daraus folgt $[F(x) - G(x)]' = F'(x) - G'(x) = f(x) - f(x) = 0$, d. h. die Differenzfunktion $F - G$ muß eine konstante Funktion sein. Deshalb gilt $F(x) - G(x) = c$ bzw. $F(x) = G(x) + c$.

**Beispiel 7**

*Es ist zu zeigen, daß die Funktionen* $F\colon x \mapsto x\,(2x - 3) + 5$ *und*
$G\colon x \mapsto \frac{1}{3}\,(2x + 3)\,(2x - 6)$
*Stammfunktionen von* $f\colon x \mapsto 4x - 3$ *sind.*

**Lösung:**

Es gilt $F'(x) = [x(2x - 3) + 5]' = (2x^2 - 3x + 5)' = 4x - 3 = f(x)$ und
$G'(x) = [\frac{1}{2}\,(2x + 3)\,(2x - 6)]' = (2x^2 - 3x - 9)' = 4x - 3 = f(x)$.

⑫

Ermitteln Sie je eine Stammfunktion $F$ von $f$.

a) $f\colon x \mapsto 1 - \cos x$ b) $f\colon x \mapsto \frac{2}{3x^2} + x$

c) $f\colon t \mapsto t \cdot \sqrt{t} - 2t + 3$ d) $f\colon x \mapsto \frac{1}{x}$

**Unbestimmtes Integral**

Zur Bezeichnung von Stammfunktionen wird häufig auch die Integralschreibweise ohne Angabe von Grenzen verwendet. Man schreibt $\int f(x)dx = F(x) + c \quad (c \in I\!R)$ und spricht von einem *unbestimmten Integral*.[1]

⑬

a) Geben Sie drei Stammfunktionen $F_1$, $F_2$ und $F_3$ der Funktion $f$ mit $f(x) = 2x$ an.

b) Skizzieren Sie die Graphen der Funktionen $F_1$, $F_2$ und $F_3$.

c) Interpretieren Sie die Menge aller Stammfunktionen von $f$ geometrisch.

*Aufgaben 1–7*

## C 2.3 Regeln für das Ermitteln von Stammfunktionen

⑭

Gegeben sind die Funktionen

$f: x \mapsto 2x^2 - 3x + 1, \qquad g: x \mapsto \frac{x^3 - 2}{x^2} \qquad$ und $\qquad h: x \mapsto k\sqrt{x} - \sin x \quad (k \in I\!R).$

a) Bilden Sie jeweils die 1. Ableitung.

b) Ermitteln Sie jeweils die Menge aller Stammfunktionen.

Um das Finden von Stammfunktionen zu erleichtern, suchen wir wie beim Differenzieren von gegebenen Funktionen nach Regeln.

⑮

Ermitteln Sie jeweils zu den gegebenen Funktionen $f$ und $g$ eine Stammfunktion $F$ und $G$.

a)

| $f$ | $\frac{1}{2}x$ | $-2x$ | $3x$ | $\sqrt{5}x$ | ... | $kx \quad (k \in I\!R, k \neq 0)$ |
|---|---|---|---|---|---|---|
| $F$ | | | | | .... | |

b)

| $g$ | $x$ | $x^2$ | $x^3$ | ... | $x^n \quad (n \in I\!N, n \geqq 1)$ |
|---|---|---|---|---|---|
| $G$ | | | | ... | |

Versuchen Sie zu a) bzw. b) *Regeln* für das Finden von Stammfunktionen zu formulieren.

1 Das Ermitteln einer Stammfunktion $F$ (bzw. der Menge aller Stammfunktionen) zu einer gegebenen Funktion $f$ wird auch *Integration* der Funktion $f$ genannt.

**Satz 4**

Es seien $f$ und $g$ stetige Funktionen. Dann gilt

Faktorregel (1) $\int k f(x)dx = k \int f(x)dx \quad (k \in \mathbb{R})$

Summenregel (2) $\int (f(x) + g(x))dx = \int f(x)dx + \int g(x)dx$

Für jede Potenzfunktion $f\colon x \mapsto x^r$ mit $r \in \mathbb{R}$, $r \neq -1$ gilt

Potenzregel (3) $\int x^r dx = \frac{x^{r+1}}{r+1} + c \quad (c \in \mathbb{R})$

**Beweis zu (1):**

$F$ sei eine Stammfunktion von $f$, also $F' = f$. Dann gilt für jedes $k \in \mathbb{R}$:
$\int k \cdot f(x)\,dx = k \cdot F(x) + c$, denn $[k \cdot F(x) + c]' = k \cdot F'(x) = k \cdot f(x)$, und
$k \cdot \int f(x)\,dx = k \cdot [F(x) + c] = k \cdot F(x) + c^*$ mit $c^* = k \cdot c$, denn $[k \cdot F(x) + c^*]' = k \cdot f(x)$.

⑯

Beweisen Sie die Regeln (2) und (3) aus Satz 4.

**Beispiel 8**

*Mit Hilfe der Regeln (1) bis (3) aus Satz 4 ist die Menge aller Stammfunktionen von $f$ zu ermitteln.*

a) $f(x) = 3x^3 - 2x^2$ b) $f(t) = \frac{2}{3\sqrt{t}} - 1$ c) $f(x) = \frac{4x^4 - x(2x^2 + x) - 3}{2x^2}$

*Das Ergebnis ist zu kontrollieren.*

**Lösungen:**

a) $\int (3x^3 - 2x^2)dx = 3 \cdot \frac{x^4}{4} - 2 \cdot \frac{x^3}{3} + c = \frac{3}{4}x^4 - \frac{2}{3}x^3 + c$

Probe: $\left(\frac{3}{4}x^4 - \frac{2}{3}x^3 + c\right)' = \frac{3}{4} \cdot 4x^3 - \frac{2}{3} \cdot 3x^2 + 0 = 3x^3 - 2x^2$

b) $\int \left(\frac{2}{3\sqrt{t}} - 1\right)dt = \int \left(\frac{2}{3}t^{-\frac{1}{2}} - 1\right)dt = \frac{2}{3} \cdot \frac{t^{\frac{1}{2}}}{\frac{1}{2}} - t + c = \frac{4}{3}\sqrt{t} - t + c$

Probe: $\left(\frac{4}{3}t^{\frac{1}{2}} - t + c\right)' = \frac{2}{3}t^{-\frac{1}{2}} - 1 = \frac{2}{3\sqrt{t}} - 1$

c) $\int \frac{4x^4 - x(2x^2 + x) - 3}{2x^2}dx = \int \frac{4x^4 - 2x^3 - x^2 - 3}{2x^2}dx$

$= \int \left(2x^2 - x - \frac{1}{2} - \frac{3}{2}x^{-2}\right)dx = \frac{2}{3}x^3 - \frac{1}{2}x^2 - \frac{1}{2}x + \frac{3}{2x} + c$

Probe: $\left(\frac{2}{3}x^3 - \frac{1}{2}x^2 - \frac{1}{2}x + \frac{3}{2}x^{-1} + c\right)' = 2x^2 - x - \frac{1}{2} - \frac{3}{2}x^{-2}$

**Beispiel 9**

*Es ist nachzuweisen, daß* $F_1(x) = \frac{3}{4}x^2\,(1 - \frac{5}{12}x) - 5$ *eine Stammfunktion von f mit* $f(x) = \frac{1}{2}x\,(3 - \frac{15}{8}x)$ *ist.*

**1. Lösungsweg:**

Wir gehen von $F_1$ aus und zeigen, daß gilt $F_1{}'(x) = f(x)$.

$$F_1{}'(x) = \left[\frac{3}{4}x^2\left(1-\frac{5}{12}x\right)-5\right]' = \left(\frac{3}{4}x^2-\frac{5}{16}x^3-5\right)'$$

$$= \frac{3}{2}x - \frac{15}{16}x^2 = \frac{1}{2}x\left(3-\frac{15}{8}x\right) = f(x)$$

**2. Lösungsweg:**

Wir gehen von $f$ aus und ermitteln eine beliebige Stammfunktion von $f$.

$$\int f(x)dx = \int\left[\frac{1}{2}x\left(3-\frac{15}{8}x\right)\right]dx = \int\left(\frac{3}{2}x-\frac{15}{16}x^2\right)dx$$

$$= \frac{3}{4}x^2 - \frac{15}{48}x^3 + c = \frac{3}{4}x^2\left(1-\frac{5}{12}x\right) + c = F(x)$$

Für $c = -5$ erhalten wir aus $F(x)$ die Stammfunktion

$$F_1(x) = \frac{3}{4}x^2\left(1-\frac{5}{12}x\right) - 5.$$

*Aufgaben 8–17*

## Aufgaben

1. Ermitteln Sie für die folgenden durch ihre Funktionsgleichungen gegebenen Funktionen je eine Stammfunktion, und kontrollieren Sie Ihre Ergebnisse:

   a) $f(x) = -\frac{1}{2}$ b) $f(t) = \frac{t}{2} - \frac{2}{t^2}$ c) $f(x) = (1 - x)(2 + x)$

   d) $g(a) = 3a + 2$ e) $v(t) = at$ f) $f(x) = \sqrt{2x}$

   g) $f(z) = -3z^{-3}$ h) $f(x) = ax^2 + bx + c$ i) $f(x) = \frac{3x^2 - 4x}{3x}$

2. Stellen Sie je zwei Stammfunktionen der gegebenen Funktionen graphisch dar.

   a) $f\colon x \mapsto 2x$ b) $g\colon x \mapsto 3x^2$

   c) $h\colon x \mapsto 2x - 2$ d) $f\colon t \mapsto \frac{1}{\sqrt{t}}$

3. Ermitteln Sie alle Stammfunktionen von $f$.

a) $f(x) = 3a^2 - 2$ b) $f(x) = 2$ c) $f(r) = \pi r^2$ d) $f(x) = x + \sin x$

4. Ermitteln Sie

a) $\int \frac{1}{t}\, dx$ b) $\int (-2ax + b)\, dx$ c) $\int (2a - x)\, dx$ d) $\int (1 - t^2)\, dt$

Führen Sie eine Kontrolle durch.

5. Zeigen Sie, daß $F$ eine Stammfunktion von $f$ ist.

a) $F\colon x \mapsto \frac{1}{2}x^2 - \frac{4}{3}x + 3$; $f\colon x \mapsto \frac{3x^2 - 4x}{3x}$

b) $F\colon x \mapsto \frac{1}{2x} - 3x + 5$; $f\colon x \mapsto -\frac{1}{2}x^{-2} - 3$

c) $F\colon t \mapsto \sin t - \cos t$: $f\colon t \mapsto \sin t + \cos t$

6. Ermitteln Sie die Gleichung derjenigen Stammfunktion von

a) $f\colon x \mapsto 2x - \frac{1}{2}$, die an der Stelle $-1$ den Funktionswert $\frac{5}{2}$ hat;

b) $g\colon x \mapsto ax^2 - \frac{1}{2}x + 1$, die an der Stelle 2 den Funktionswert 1 hat.

7. Ermitteln Sie die Gleichung der Funktion $f$ aus

a) $\int f(a)\, da = -a^2 + c$ b) $\int f(t)\, dt = t - \frac{2}{t^2} + c$

c) $\int f(z)\, dz = z + c$ d) $\int f(x)\, dx = \sqrt{x} - x + c$

8. Ermitteln Sie alle Stammfunktionen.

a) $\int \left(\frac{3}{2}x^2 + 5\right) dx$ b) $\int 3x\, dx$ c) $\int \left(t^2 - \frac{3}{2t^3}\right) dt$

d) $\int (1-2x)^2\, dx$ e) $\int \left(\sqrt{x} - \frac{1}{\sqrt{x}}\right) dx$ f) $\int (a-2)^3\, da$

9. Berechnen Sie die folgenden unbestimmten Integrale:

a) $\int (1-2x)(3x-5)\, dx$ b) $\int (\frac{x}{5} - a)\, dx$ c) $\int (x^4 - \frac{3}{2}ax^2 + 2 - \frac{3}{x^2})\, dx$

d) $\int (ax^{-3} - \frac{1}{bx^2})\, dx$ e) $\int (\frac{1}{2} - 3e^x)\, dx$ f) $\int (x - 2\sin x + \frac{1}{2}\cos x)\, dx$

10. Berechnen Sie die folgenden unbestimmten Integrale:

a) $\int (a - \frac{1}{2}x + \frac{3}{x^2})\, dx$ b) $\int (a - \frac{1}{2}x + \frac{3}{x^2})\, da$ c) $\int (\frac{a}{x^{2n}} - \frac{b^2}{2x^3})\, dx$

11. a) Ist $F(x) = \frac{3}{8}x^4 + \frac{3}{8}x^3 + x^2 - \frac{3}{2}x$ eine Stammfunktion

von $f(x) = \left(2x - \frac{3}{2}\right)\left(1 - \frac{3}{4}x^2\right)$ ?

b) Ermitteln Sie zwei Funktionen $f$ und $g$, für die gilt $f'(x) = g'(x) = 6x^3 - \frac{3}{x^4}$.

12. Welche Stammfunktionen

a) von $f\colon x \mapsto -2x$ haben nur negative Funktionswerte;

b) von $g\colon x \mapsto 1 + 2x$ haben nur nichtnegative Funktionswerte?

13. Welche Zusammenhänge bestehen zwischen den Funktionen

a) $s$ mit $s(t) = \frac{1}{2}gt^2$ und $v$ mit $v(t) = gt$;

b) $U\colon r \mapsto 2\pi r$ und $A\colon r \mapsto \pi r^2$ ?

14. Gegeben ist die Funktion $f$ mit $f(x) = x^2 - 3x$.

a) Welche Stammfunktion $F_1$ hat an der Stelle $x_0 = 1$ den Funktionswert $-2$ ?

b) Welchen Anstieg hat $F_1$ an der Stelle $x_0 = 1$ ?

c) Die Tangente in $P_1(-1;\, y_1)$ an den Graphen von $F_1$ und die Koordinatenachsen begrenzen vollständig ein Dreieck.
Wie groß ist der Flächeninhalt dieses Dreiecks?

15. Ermitteln Sie eine Stammfunktion $F$ von $f$, für die gilt:

a) $f(x) = 2x^2 - 3x + 2$; $F(-1) = -3$

b) $f(a) = a\sqrt{2a}$; $F(\frac{1}{2}) = 1$

c) $f(x) = \frac{3}{x^2} - \frac{1}{2}x$; $F(-\frac{1}{3}) = 9$

d) $f(t) = 1 - \cos t$; $F(\frac{3}{2}\pi) = \frac{3}{2}\pi$

16. Für genau einen Wert von $a$ ($a \in I\!R$) ist $F$ eine Stammfunktion von $f$. Ermitteln Sie $a$.

a) $F\colon x \mapsto ax^3 - 2x^2 + 3x$; $\quad f\colon x \mapsto (x-2)^2 - 1$

b) $F\colon x \mapsto ax^2 - 4ax + 3$; $\quad f\colon x \mapsto \frac{x^3 - 2x^2}{3x^2}$

c) $F\colon x \mapsto \frac{1}{x} - \frac{6}{x^2}$ $\quad f\colon x \mapsto \frac{12 + ax}{x^3}$

17. Gegeben ist die Funktion $f$ mit

$$f(x) = \begin{cases} (x-1)^2 + 2 & \text{für } x \geqq 1 \\ -(x-1)^2 + 2 & \text{für } x < 1 \end{cases}$$

Ermitteln Sie eine Stammfunktion von $f$.

# C 3 Bestimmtes Integral und Stammfunktionen

## C 3.1 Der Hauptsatz der Differential- und Integralrechnung

Wir wenden uns nun erneut dem Problem der Berechnung bestimmter Integrale $\int_a^b f(x)dx$ zu und knüpfen dazu an die Betrachtungen im Abschnitt 2.1 an.

⑰

Wie wir uns erinnern, gilt $\int_0^x 2t\,dt = I(x) = x^2$ (vgl. ⑨). Daraus folgt z.B.:

$$\int_0^{\frac{1}{2}} 2x\,dx = I\left(\frac{1}{2}\right) = \frac{1}{4}, \quad \int_0^2 2x\,dx = I(2) = 4 \quad \text{und} \int_0^5 2x\,dx = I(5) = 25.$$

a) Berechnen Sie unter Verwendung dieser Funktionswerte die bestimmten Integrale $\int_{\frac{1}{2}}^2 2x\,dx$ und $\int_2^5 2x\,dx$.

b) Wie erhält man $\int_a^b 2x\,dx$ mit Hilfe von $I$?

c) Ermitteln Sie eine von $I$ verschiedene Stammfunktion $F$ von $f$: $x \mapsto 2x$. Untersuchen Sie, ob Sie mit Hilfe von $F$ zu den gleichen Ergebnissen wie in a) gelangen.

Die Kenntnis einer beliebigen Stammfunktion $F$ von $f$ ermöglicht die Berechnung bestimmter Integrale.

**Satz 5: Hauptsatz der Differential- und Integralrechnung**
Ist $f$ eine in $[a; b]$ stetige Funktion und $F$ eine Stammfunktion von $f$, so ist

$$\int_a^b f(x)\,dx = F(b) - F(a)$$

**Beweis:**
$F$ sei eine Stammfunktion von $f$.
$I$ mit $I(x) = \int_a^x f(t)\,dt$ ist nach Satz 2 ebenfalls eine Stammfunktion von $f$. Deshalb gibt es wegen Satz 3 eine Zahl $c_1 \in I\!R$ derart, daß gilt

$$I(x) = F(x) + c_1 \text{ bzw. } \int_a^x f(t)dt = F(x) + c_1$$

Aus dieser Gleichung erhält man für $x = a$:

$$\int_a^a f(t)dt = 0 = F(a) + c_1 \text{ und somit } c_1 = -F(a).$$

Analog ergibt sich für $x = b$:

$$\int_a^b f(t)\,dt = F(b) + c_1, \text{ und wegen } c_1 = -F(a) \text{ folgt}$$

$$\int_a^b f(t)\,dt = F(b) - F(a) \text{ bzw. nach Umbenennung der Variablen}$$

$$\int_a^b f(x)\,dx = F(b) - F(a).$$

Die Sätze 5 und 2 stehen in unmittelbarem Zusammenhang und sind von fundamentaler Bedeutung.
Durch Satz 2 ist die Existenz (wenigstens) einer Stammfunktion $F$ zu einer stetigen Funktion $f$ gesichert. Satz 5 zeigt, wie man ein bestimmtes Integral einer stetigen Funktion berechnen kann, wenn eine Stammfunktion $F$ von $f$ bekannt ist. Die Berechnung eines bestimmten Integrals wird damit auf das Aufsuchen einer Stammfunktion zurückgeführt und somit ein Zusammenhang zwischen der Differential- und Integralrechnung hergestellt. Es ist das Verdienst von Isaac Newton und Gottfried Wilhelm Leibniz, die grundlegende Verbindung zwischen Differential- und Integralrechnung gefunden und angewendet zu haben.
Mit dem Hauptsatz erhalten wir ein effektives Mittel zur Berechnung bestimmter Integrale:

**Berechnung bestimmter Integrale**

Ein bestimmtes Integral $\int_a^b f(x)dx$ kann berechnet werden, indem man
- zunächst eine Stammfunktion $F$ von $f$ ermittelt und anschließend
- die Differenz der Funktionswerte $F(b) - F(a)$ berechnet.

Man schreibt:

$$\int_a^b f(x)\,dx = [F(x)]_a^b = F(b) - F(a)$$

**Beispiel 10**

*Das bestimmte Integral ist zu berechnen.*

a) $\displaystyle\int_{-\frac{1}{2}}^{5} (2x+1)\,dx$  b) $\displaystyle\int_{-1}^{3} \left(\frac{2}{x^2} - \frac{3}{2x^3}\right)dx$

**Lösung:**

a) $$\int_{-\frac{1}{2}}^{5} (2x+1)\,dx = \left[x^2+x\right]_{-\frac{1}{2}}^{5} = \left(5^2+5\right) - \left(\left(-\frac{1}{2}\right)^2 - \frac{1}{2}\right) = \frac{121}{4}$$

b) $\int_{-1}^{3}\left(\frac{2}{x^2}-\frac{3}{2x^3}\right)dx = \int_{-1}^{3}\left(2x^{-2}-\frac{3}{2}x^{-3}\right)dx$

$= \left[-\frac{2}{x}+\frac{3}{4x^2}\right]_{-1}^{3} = \left(-\frac{2}{3}+\frac{1}{12}\right)-\left(2+\frac{3}{4}\right) = -\frac{10}{3}$

⑱

Berechnen Sie $\int_0^3 x^2\,dx$, und vergleichen Sie mit Beispiel 4.

**Beispiel 11**

a) *Es ist diejenige positive reelle Zahl a zu errechnen, für die*

$\int_1^a (1-x^2)\,dx = -\frac{2}{3}$ *gilt.*

b) *Für welche Zahlen $k \in \mathbb{R}$ gilt die Gleichung*

$\int_{-1}^{3}\left(\frac{k}{2}x+k^2\right)dx = -2?$

**Lösung:**

a) Aus $\int_1^a (1-x^2)\,dx = \left[x-\frac{x^3}{3}\right]_1^a = a-\frac{a^3}{3}-\left(1-\frac{1}{3}\right) = -\frac{2}{3}$

folgt $a-\frac{a^3}{3} = 0$ bzw. $a(3-a^2) = 0$

mit den Lösungen $a_1 = 0$, $a_2 = \sqrt{3}$, $a_3 = -\sqrt{3}$.

Ergebnis: Die reelle Zahl $a = \sqrt{3}$ erfüllt die geforderten Bedingungen.

b) Aus $\int_{-1}^{3}\left(\frac{k}{2}x+k^2\right)dx = \left[\frac{k}{4}x^2+k^2x\right]_{-1}^{3} = -2$ folgt die Gleichung

$k^2+\frac{k}{2}+\frac{1}{2} = 0.$

Sie besitzt keine Lösung.

Ergebnis: Es gibt keine reelle Zahl, die die gegebene Gleichung erfüllt.

⑲

Interpretieren Sie das Ergebnis von Beispiel 11 b geometrisch.

*Aufgaben 1–3*

## C 3.2 Integrationsregeln

(20)
Zeigen Sie, daß die in Definition 2 (Abschnitt C 1.2) getroffenen Festlegungen nicht im Widerspruch zum Hauptsatz der Differential- und Integralrechnung stehen.

Die Festlegungen (1) und (2) in Definition 2 können als erste Regeln für das Rechnen mit bestimmten Integralen aufgefaßt werden. Weitere Regeln folgen unmittelbar aus Satz 4. Sie wurden in Abschnitt C 3.1 bereits verwendet.

(21)
Formulieren Sie diese Regeln unter Verwendung bestimmter Integrale.

### Integration spezieller Funktionen

(22)
Ermitteln Sie für weitere häufig verwendete spezielle Funktionen eine Stammfunktion. Nutzen Sie dazu Ihnen bekannte Differentiationsregeln, und ergänzen Sie die Tabelle.

undintegrale

| $f(x)$ | $x^r$ ($r \in \mathbb{R}$; $r \neq -1$) | $\frac{1}{x}$ | $\sin x$ | $\cos x$ | $\frac{1}{\cos^2 x} = 1 + \tan^2 x$ | $e^x$ | $a^x$ ($a \in \mathbb{R}$, $a > 0$, $a \neq 1$) |
|---|---|---|---|---|---|---|---|
| $F(x)$ | $\frac{x^{r+1}}{r+1}$ | | | | | | |

**Beispiel 12**

a) $\int_1^3 \frac{x^2-2x}{x^2}\,dx = \int_1^3 \left(1-\frac{2}{x}\right)dx = \left[x-2\ln|x|\right]_1^3 = 3 - 2\ln 3 - (1-2\ln 1)$

$= 2(1-\ln 3) \approx -0{,}197$[1]

b) $\int_0^\pi (\sin x - \cos x)\,dx = [-\cos x - \sin x]_0^\pi = -\cos\pi - \sin\pi - (-\cos 0 - \sin 0) = 2$

c) $\int_{-2}^0 \left(\frac{1}{3}e^x - 1\right)dx = \left[\frac{1}{3}e^x - x\right]_{-2}^0 = -\frac{1}{3e^2} - \frac{5}{3} \approx -1{,}712$

*Aufgaben 4–6*

1 Die Angabe von Näherungswerten soll eine zahlenmäßige Vorstellung des Ergebnisses erleichtern. Die dabei gewählte Genauigkeit erfolgte willkürlich.

## Integration verketteter Funktionen, deren innere Funktion eine lineare Funktion ist

(23)

Gegeben sind die Funktionen $f$, $g$ und $h$ mit

(1) $f(x) = (3x - 2)^5$ (2) $g(x) = e^{1-2x}$ (3) $h(x) = \sin \frac{1}{2} x$.

a) Ermitteln Sie die 1. Ableitung dieser Funktionen.

b) Versuchen Sie zu den Funktionen $f$, $g$ und $h$ je eine Stammfunktion $F$, $G$ und $H$ zu finden. Welche Regelmäßigkeit kann man vermuten?

Allgemein gilt für alle verketteten Funktionen $f\,[v(x)]$, deren innere Funktion $v$ eine lineare Funktion mit $v(x) = mx + n$ ist:

$$\int f(mx + n)\,dx = \frac{1}{m} \cdot F(mx + n) + c$$

Dabei ist $F$ eine Stammfunktion der äußeren Funktion $f$.
Probe: Wegen der Kettenregel gilt

$$\left[\frac{1}{m} \cdot F(mx + n) + c\right]' = \frac{1}{m} \cdot f(mx + n) \cdot m = f(mx + n)$$

Daraus folgt für die Berechnung des bestimmten Integrals

**Integrationsregel**

$$\int_a^b f(mx+n)\,dx = \left[\frac{1}{m} \cdot F(mx+n)\right]_a^b$$ [1]

**Beispiel 13**

a) $$\int_{-1}^{0} \sqrt{1-3x}\,dx = \int_{-1}^{0} (1-3x)^{\frac{1}{2}}\,dx = \left[\frac{1}{-3} \cdot \frac{(1-3x)^{\frac{3}{2}}}{\frac{3}{2}}\right]_{-1}^{0}$$

$$= \left[-\frac{2}{9}\sqrt{(1-3x)^3}\right]_{-1}^{0} = -\frac{2}{9}(1-8) = \frac{14}{9}$$

b) $$\int_{-\frac{1}{3}}^{\frac{1}{2}} \frac{3}{2x+1}\,dx = \left[3 \cdot \frac{1}{2} \ln|2x+1|\right]_{-\frac{1}{3}}^{\frac{1}{2}} = \frac{3}{2}\left(\ln 2 - \ln\frac{1}{3}\right)$$

$$= \frac{3}{2}(\ln 2 + \ln 3) = \frac{3}{2}\ln 6$$

*Aufgaben 7–11*

1 Diese Integrationsregel ist ein Spezialfall der *Substitutionsregel*, die man durch Umkehrung der Kettenregel erhalten kann.

## C 3.3 Numerische Verfahren der Integration

**Ein mit dem Hauptsatz nicht berechenbares Integral**

Mit Hilfe des Hauptsatzes der Differential- und Integralrechnung können Integrale $\int_a^b f(x)dx$ berechnet werden, bei denen sich eine Stammfunktion $F$ von $f$ ermitteln läßt. Das ist aber nicht für jede Funktion möglich. So ist beispielsweise die Funktion $f\colon x \mapsto \frac{\sin x}{x}$ im Intervall $[1; \pi]$ stetig und folglich existiert das bestimmte Integral $\int_1^\pi \frac{\sin x}{x} dx$ (Abb. 19).

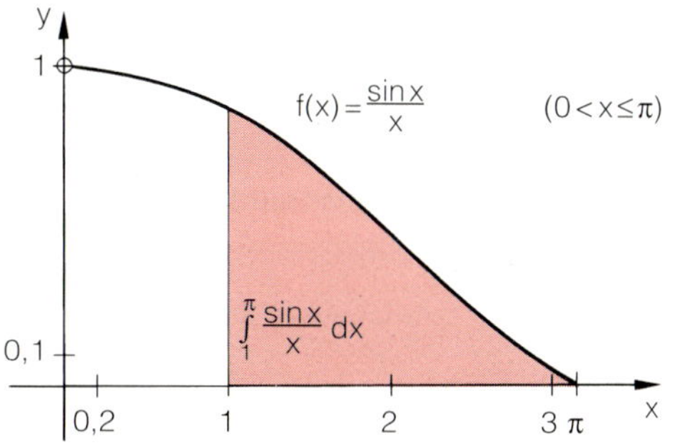

Abb. 19

Zu dieser Funktion läßt sich aber keine Stammfunktion angeben. Deshalb ist $\int_1^\pi \frac{\sin x}{x} dx$ mit dem Hauptsatz nicht berechenbar.

Des weiteren gibt es viele Funktionen, bei denen das Finden einer Stammfunktion zwar möglich, jedoch sehr aufwendig ist. In manchen Fällen sind von einer Funktion nur ihr Graph oder lediglich Wertepaare in Form einer Wertetafel – ohne Kenntnis der zugehörigen Funktionsgleichung – bekannt.
Für derartige Funktionen können aber bestimmte Integrale mit Hilfe von **numerischen Verfahren** zumindest näherungsweise ermittelt werden.

### Die Rechteckmethode

In den Beispielen 3 und 4a des Abschnittes C 1.3 wurden bereits mit Hilfe der Beziehung

$$\underline{S}_n \leqq \int_a^b f(x)dx \leqq \overline{S}_n$$

Näherungswerte für bestimmte Integrale ermittelt. Dabei wurde in jedem Teilintervall die gegebene monotone Funktion $f$ durch die konstanten Funktionen $f_1(x) = f(\underline{x})$ bzw. $f_2(x) = f(\overline{x})$ ersetzt. Dadurch wird der Fläche zwischen dem Graphen von $f$ und der $x$-Achse über jedem Teilintervall der Länge $\Delta x$ ein Rechteck einbeschrieben oder ein Rechteck umbeschrieben (Abb. 20).

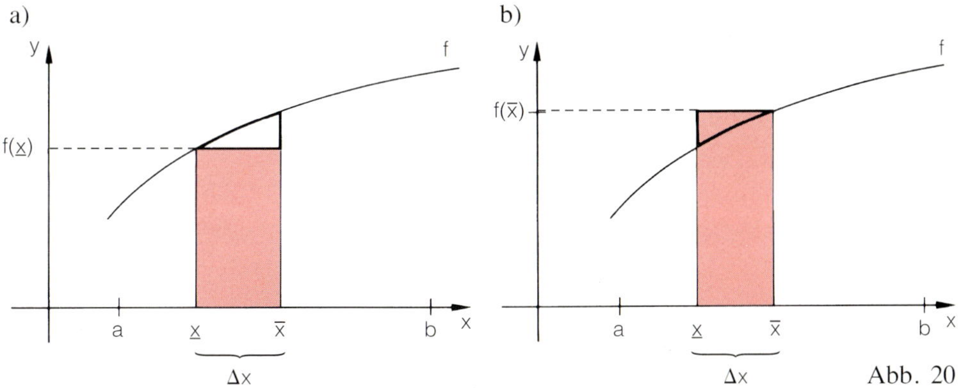

Abb. 20

Hierbei sind $f(\underline{x})$ das Minimum und $f(\overline{x})$ das Maximum der Funktion $f$ in jedem Teilintervall, die bei *monotonen* Funktionen stets an den *Randstellen* eines abgeschlossenen Intervalls auftreten.

Die Summen $\underline{S}_n = \sum_{i=1}^{n} \Delta x \cdot f(\underline{x}_i)$ bzw. $\overline{S}_n = \sum_{i=1}^{n} \Delta x \cdot f(\overline{x}_i)$ sind dann Näherungswerte für das bestimmte Integral $\int_a^b f(x)\,dx$.

**Annähern durch Rechtecke**

Wir betrachten jetzt eine *beliebige* in einem Intervall $[a; b]$ stetige Funktion $f$, die in $[a; b]$ nicht monoton sein muß.
Das Intervall $[a; b]$ werde in $n$ gleich lange Teilintervalle der Länge $\Delta x = \frac{b-a}{n}$ zerlegt (Abb. 21).

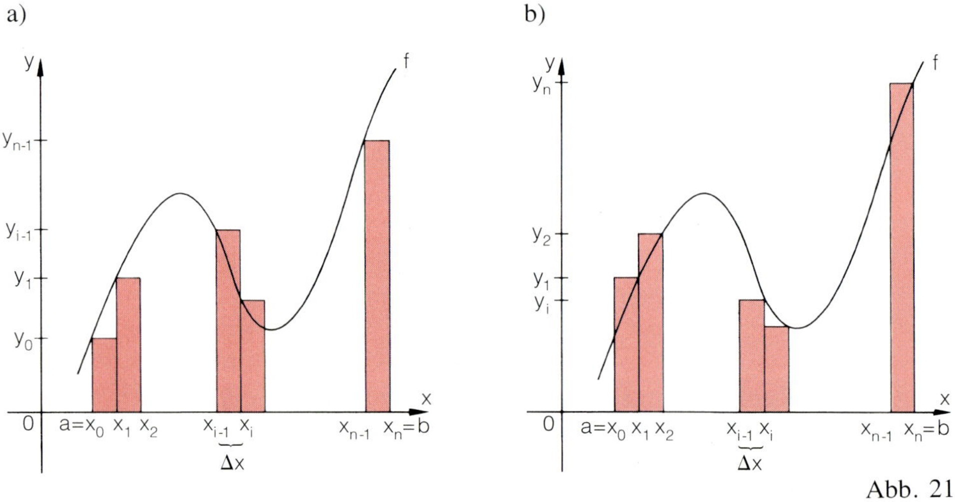


Abb. 21

Näherungswerte für das bestimmte Integral $\int_a^b f(x)\,dx$ lassen sich dann offensichtlich auch mit Hilfe der Summe

$$S_A = \sum_{i=0}^{n-1} y_i\,\Delta x = y_0 \cdot \Delta x + y_1 \cdot \Delta x + \ldots + y_{n-1} \cdot \Delta x \qquad \text{(Abb. 21a)}$$

oder

$$S_E = \sum_{i=1}^{n} y_i\,\Delta x = y_1 \cdot \Delta x + y_2 \cdot \Delta x + \ldots + y_n \cdot \Delta x \qquad \text{(Abb. 21b)}$$

ermitteln. Es gilt:

$$(1)\ \int_a^b f(x)dx \approx \Delta x\,(y_0 + y_1 + y_2 + \ldots + y_{n-1})$$

$$(2)\ \int_a^b f(x)\,dx \approx \Delta x\,(y_1 + y_2 + y_3 + \ldots + y_n)$$

Die Näherungsformeln (1) und (2) werden auch **Rechtecksformeln** genannt.
Die erreichbare Genauigkeit erhöht sich mit wachsendem $n$; dies bedingt allerdings dann einen entsprechend größeren Rechenaufwand.

(24)
Untersuchen Sie mit Hilfe anschaulich-geometrischer Betrachtungen, welchen Einfluß es auf die mit Hilfe der Formeln (1) oder (2) erzielten Ergebnisse hat, wenn $f$ in $[a;\, b]$ *monoton* ist.

**Fehler-abschätzung**

Der beim Anwenden der Rechtecksformeln auftretende **Fehler** $d = \left| \int_a^b f(x)\,dx - S_A \right|$ bzw.
$d = \left| \int_a^b f(x)\,dx - S_E \right|$ kann mit Hilfe der Ungleichung $d \leqq \dfrac{M_1\,(b-a)^2}{2n}$ abgeschätzt werden.

Dabei ist $M_1$ der größte Wert, den der Betrag von $f'(x)$ im Intervall $[a;\, b]$ annimmt.

**Beispiel 14**

*a) Es ist* $\int_1^2 \frac{e^x}{2x}\,dx$ *für* $n = 5$ *mit Hilfe der Rechtecksformeln näherungsweise zu berechnen.*

*b) Der beim Anwenden der Formeln (1) oder (2) auftretende Fehler ist abzuschätzen.*

*c) In wie viele Teilintervalle gleicher Länge ist das Intervall [1; 2] zu zerlegen, damit der auftretende Fehler nicht größer als 0,01 wird?*

**Lösung:**

a) Man erhält nach Formel (1):

$$\int_1^2 \frac{e^x}{2x}\,dx \approx \frac{1}{5}\left(\frac{e}{2} + \frac{5}{12}e^{1,2} + \frac{5}{14}e^{1,4} + \frac{5}{16}e^{1,6} + \frac{5}{18}e^{1,8}\right) \approx 1{,}484$$

und nach Formel (2):

$$\int_1^2 \frac{e^x}{2x}\,dx \approx \frac{1}{5}\left(\frac{5}{12}e^{1,2} + \frac{5}{14}e^{1,4} + \frac{5}{16}e^{1,6} + \frac{5}{18}e^{1,8} + \frac{1}{4}e^{2}\right) \approx 1{,}581$$

b) Aus $f(x) = \dfrac{e^x}{2x}$ folgt $f'(x) = \dfrac{e^x\,(x-1)}{2x^2}$

mit $M_1 = |f'(2)| = 0{,}9236325.$

Damit erhält man $d \leqq \dfrac{0{,}923625(2-1)^2}{10} = 0{,}0923625.$

Der auftretende Fehler ist also sowohl nach (1) als auch nach (2) kleiner als 0,1. Man erhält somit die Ergebnisse 1,48 ± 0,1 bzw. 1,58 ± 0,1. Faßt man beide Informationen zusammen, so ergibt sich:

$$\int_1^2 \frac{e^x}{2x}\,dx = 1{,}53 \pm 0{,}05.$$

c) Aus $\dfrac{0{,}9236325\cdot(2-1)^2}{2n} \leqq 0{,}01$ folgt $n \geqq 47$, das heißt, das Intervall $[1;2]$ ist in mindestens 47 Teilintervalle zu zerlegen.

*Aufgaben 12–15*

## Die Trapezmethode

**Annähern durch Trapeze**

Es gibt mehrere Verfahren der numerischen Integration, die sich vor allem im Rechenaufwand und in der dabei ereichbaren Genauigkeit unterscheiden. Eine im Vergleich zur Rechteckmethode höhere Genauigkeit erhält man durch folgendes Vorgehen:
In jedem Teilintervall $[x_{i-1}; x_i]$ werden die Punkte $P_{i-1}(x_{i-1}; y_{i-1})$ und $P_i(x_i; y_i)$ durch eine Strecke verbunden. Der Graph von $f$ wird somit in $[a; b]$ durch einen Streckenzug ersetzt. Dadurch entstehen Trapeze, die die Fläche unter dem Graphen von $f$ annähern (Abb. 22).

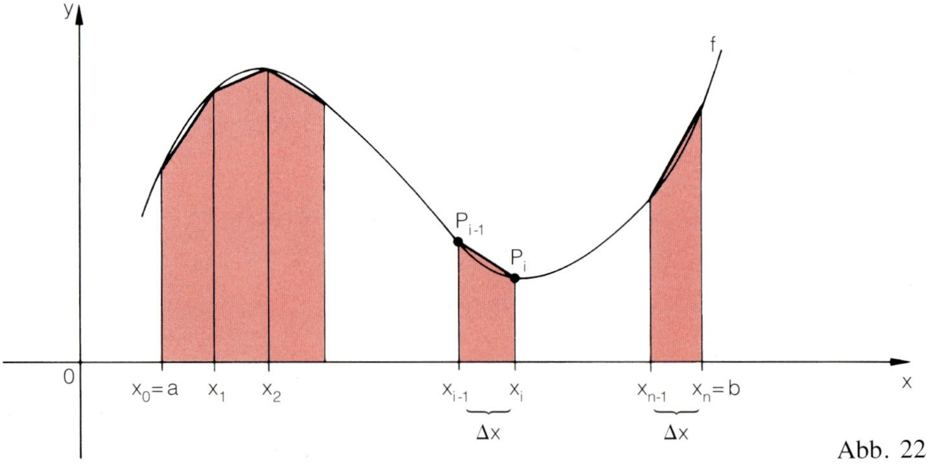


Abb. 22

(25)
Berechnen Sie den Flächeninhalt der Trapeze über den Intervallen $[x_0; x_1]$ und $[x_{i-1}; x_i]$.

Wegen der Formel zur Berechnung von Trapezflächeninhalten gilt

$$\int_a^b f(x)\,dx \approx \frac{y_0+y_1}{2}\cdot\Delta x + \frac{y_1+y_2}{2}\cdot\Delta x + \ldots + \frac{y_{n-1}+y_n}{2}\cdot\Delta x = S_T$$

bzw. nach äquivalenter Umformung:

$$(3)\quad \int_a^b f(x)\,dx \approx \Delta x\left(\frac{1}{2}y_0 + y_1 + y_2 + \ldots + \frac{1}{2}y_n\right) \text{ mit } \Delta x = \frac{b-a}{n}$$

**Fehlerabschätzung**

Die Näherungsformel (3) wird auch **Trapezformel** genannt.

Der beim Anwenden dieser Formel auftretende **Fehler** $d = \left|\int_a^b f(x)\,dx - S_T\right|$

kann mit der Ungleichung $d \leqq \frac{M_2\,(b-a)^3}{12n^2}$ abgeschätzt werden.

Dabei ist $M_2$ der größte Wert, den der Betrag von $f''(x)$ im Intervall $[a; b]$ annimmt.

**Beispiel 15**

*Es ist* $\int_0^2 \frac{1}{\sqrt{1+x^3}}\,dx$ *für* $n=5$ *und* $n=10$ *mit Hilfe der Trapezformel näherungsweise zu berechnen.*

**Lösung:**

Man erhält nach der Formel (3) für $n = 5$:

$$\int_0^2 \frac{1}{\sqrt{1+x^3}}\,dx \approx \frac{2}{5}\left(\frac{1}{2}\cdot 1 + \frac{1}{\sqrt{1+0{,}4^3}} + \frac{1}{\sqrt{1+0{,}8^3}} + \frac{1}{\sqrt{1+1{,}2^3}} + \frac{1}{\sqrt{1+1{,}6^3}} + \frac{1}{2}\cdot\frac{1}{\sqrt{1+2^3}}\right) \approx 1{,}399$$

Für $n = 10$ ergibt sich:

$$\int_0^2 \frac{1}{\sqrt{1+x^3}}\,dx \approx \frac{1}{5}\left(\frac{1}{2}\cdot 1 + \frac{1}{\sqrt{1+0{,}2^3}} + \frac{1}{\sqrt{1+0{,}4^3}} + \frac{1}{\sqrt{1+0{,}6^3}} + \frac{1}{\sqrt{1+0{,}8^3}} + \frac{1}{\sqrt{1+1^3}} + \frac{1}{\sqrt{1+1{,}2^3}} + \frac{1}{\sqrt{1+1{,}4^3}} + \frac{1}{\sqrt{1+1{,}6^3}} + \frac{1}{\sqrt{1+1{,}8^3}} + \frac{1}{2}\cdot\frac{1}{\sqrt{1+2^3}}\right) \approx 1{,}401$$

**Weitere Näherungsverfahren**

Hinweis auf weitere Verfahren der numerischen Integration:

- Nach dem Rechteckverfahren erhält man häufig bessere Näherungswerte, wenn man die Summe $S_M = \sum_{i=1}^{n} \Delta x \cdot f(m_i)$ bildet, wobei $f(m_i)$ die Funktionswerte der Intervallmitten $m_i = \frac{1}{2}(x_i - x_{i-1})$ in jedem Teilintervall $[x_{i-1}; x_i]$ sind **(Allgemeine Rechteckmethode)**.
- Besonders gute Näherungswerte kann man dadurch gewinnen, daß der Graph der zu integrierenden Funktion abschnittsweise – über je zwei gleich lange Teilintervalle – durch quadratische Parabeln angenähert wird (**Simpsonmethode**).

*Aufgaben 12–15*

## Ein Computer-Programm

Die numerische Integration erfolgt in der Praxis mit Hilfe von Computern.
Für das Rechteckverfahren nach Formel (1) könnte man beispielsweise folgendes BASIC-Programm verwenden:

**BASIC-Programm für Rechteckformel**

```
10 REM Rechteckformel
20 DEF FNY (X) = SIN(X)/X: REM . . . F-gleichung aktualisieren
30 INPUT "Linkes Intervallende:"; A
40 INPUT "Rechtes Intervallende:"; B
50 INPUT "Anzahl der Teilintervalle:"; N
60 DX = (B–A)/N
70 S = Ø
80 FOR N = Ø TO N–1
90    S = S + FNY(A + N*DX)
100 NEXT N
110 S = S*DX
120 PRINT "Naeherungswert:"; S
130 END
```

In der folgenden Tabelle sind Näherungswerte für die bestimmten Integrale

$$A: \int_0^3 x^2\,dx \qquad B: \int_1^{\pi} \frac{\sin x}{x}\,dx \qquad C: \int_1^2 \frac{e^x}{2x}\,dx$$

nach der Rechteckformel (1) und der Trapezformel gegenübergestellt ($\pi = 3{,}14159$).

| | | A | B | C |
|---|---|---|---|---|
| $n = 2$ | R | 3,375 | 1,354836 | 1,426519 |
| | T | 10,125 | 0,9043146 | 1,548549 |
| $n = 10$ | R | 7,695001 | 0,9958928 | 1,505921 |
| | T | 9,045001 | 0,9057887 | 1,530328 |
| $n = 100$ | R | 8,865449 | 0,9148638 | 1,527125 |
| | T | 9,000449 | 0,9058535 | 1,529566 |
| $n = 1000$ | R | 8,986503 | 0,9067548 | 1,529314 |
| | T | 9,000003 | 0,9058538 | 1,529558 |

(26)

a) Interpretieren Sie diese Werte in Abhängigkeit von $n$ und dem gewählten Verfahren.

b) Vergleichen Sie die Ergebnisse von Beispiel 14 mit dem Beispiel C dieser Tabelle.

*Aufgabe 16*

## Aufgaben

1. Berechnen Sie

a) $\int_{-3}^{0} 2\,dt$ b) $\int_{-2}^{-1} \left(-x^2+x+1\right)dx$ c) $\int_{-2}^{1} \left(x^3-2x\right)dx$ d) $\int_{\frac{1}{2}}^{3} \left(\frac{2}{3}x^2-\sqrt{x}\right)dx$

2. Berechnen Sie die bestimmten Integrale

a) $\int_{-1}^{0} ax^2\,dx$ b) $\int_{-1}^{0} ax^2\,da$ c) $\int_{0,3}^{0,7} \left(1-x^2\right)dt$ d) $\int_{-\pi}^{\pi} \sin \pi\,dx$

3. Ermitteln Sie möglichst vorteilhaft

a) $\int_{-1,3}^{2,7} \left(1-x^2\right)dx + \int_{-1,3}^{2,7} \left(x^2+1\right)dx$ b) $\int_{-2}^{1} \left(\frac{3}{4}x^2+2x-1\right)dx - \int_{-2}^{1} \left(\frac{1}{2}x^2-3x-1\right)dx$

c) $\int_{0}^{1} \left(x^2-3x\right)da + \int_{0}^{1} \left(a^2-3a\right)dx$ d) $\int_{-\frac{1}{2}}^{0} \left(\frac{1}{3}t^2-2t+1\right)dt + \int_{-\frac{1}{2}}^{0} (1+2t)\,dt$

4. Berechnen Sie

a) $\int\limits_{-0,3}^{1,7} da$ b) $\int\limits_{-1}^{1} y(1-y)(2y+1)\,dy$ c) $\int\limits_{1}^{3} \left(\frac{2}{x^3}-\frac{1}{x^2}\right) dx$

d) $\int\limits_{1}^{4} \frac{2x^2-3\sqrt{x}}{5x}\,dx$ e) $\int\limits_{-\pi}^{\frac{\pi}{2}} (2\sin x-\cos x)\,dx$ f) $\int\limits_{\frac{1}{2}}^{\frac{5}{2}} \frac{2x^2-2}{x+1}\,dx$

5. Berechnen Sie die bestimmten Integrale

a) $\int\limits_{-2}^{-1} \left(\frac{2}{x}-x-1\right) dx$ b) $\int\limits_{-1}^{0} \left(3e^x+1\right) dx$ c) $\int\limits_{-1}^{2} \frac{2^x}{\ln 2}\,dx$

d) $\int\limits_{1}^{3} \frac{x-1}{x}\,dx - \int\limits_{3}^{5} \left(1-\frac{1}{x}\right) dx$ e) $\int\limits_{0}^{2\pi} \left(\frac{1}{3}\cos x-\frac{1}{2}\sin x\right) dx$

6. Für welche $a \in I\!R$ gilt

a) $\int\limits_{-2}^{a} \left(2x-3x^2\right) dx = -12;$ b) $\int\limits_{4}^{a} \left(2-\frac{1}{\sqrt{x}}\right) dx = 8?$

7. Ermitteln Sie zur Funktion $f$ eine Stammfunktion.

a) $f(x) = (1-2x)^3$ b) $f(t) = \frac{2}{\sqrt{3t}} - \frac{1}{t}$ c) $f(x) = \frac{1}{2}\sin 2x$

d) $f(t) = 1 - \cos(2t+\pi)$ e) $f(t) = e^{1-t}$ f) $f(x) = \frac{2}{3-4x}$

8. Berechnen Sie

a) $\int\limits_{\frac{1}{3}}^{1} (3x-1)^4\,dx$ b) $\int\limits_{-\frac{3}{2}}^{0} \sqrt{1-2x}\,dx$ c) $\int\limits_{1}^{2} \frac{2}{(2x+1)^3}\,dx$ d) $\int\limits_{-2}^{1} (-2t+3)^5\,dt$

e) $\int\limits_{1}^{2} \sqrt{3a-2}\,da$ f) $\int\limits_{-\frac{3}{2}}^{-\frac{1}{2}} \frac{3}{(0,5-x)^4}\,dx$ g) $\int\limits_{-\frac{\pi}{2}}^{\frac{\pi}{2}} \cos(2x+\pi)\,dx$ h) $\int\limits_{0}^{2\pi} \sin\frac{1}{3}x\,dx$

i) $\int\limits_{-2}^{1} \frac{1}{2-x}\,dx$ j) $\int\limits_{0}^{1} e^{2-3x}\,dx$ k) $\int\limits_{1}^{2} 3^{2x}\,dx$ l) $\int\limits_{1,2}^{2,5} \frac{dt}{3t+2}\,dt$

9. Weisen Sie nach, daß $F$ eine Stammfunktion von $f$ ist.

a) $F(x) = \frac{2}{x+2} + 4\ln(x+2)$ mit $x > 2$; $f(x) = \frac{4x+6}{(x+2)^2}$

b) $F(x) = 0{,}5x^2 \cdot e^{-0{,}4x} + 3$; $f(x) = e^{-0{,}4x}\left(x-0{,}2x^2\right)$

10. Für welche $a \in I\!R$ gilt

a) $\int_1^a \frac{1}{2x}\,dx = \frac{1}{2}\ln 2$; b) $\int_\pi^a \sin\frac{1}{2}x\,dx = 2$?

11. Ermitteln Sie die Stammfunktion $F$ von $f$, die an der Stelle $a$ den Funktionswert $b$ hat.

a) $f\colon x \mapsto \sqrt[3]{1-2x}$; $a = 0$; $b = 1$ b) $f\colon x \mapsto e^{1-\frac{1}{2}x}$; $a = 2$; $b = 2$

12. a) Ermitteln Sie einen Näherungswert für das Integral $\int_1^2 \frac{dx}{2x+3}$, und vergleichen Sie mit dem exakten Wert. Verwenden Sie die Regeln (1), (2) und (3) für $n = 10$.

b) Berechnen Sie den relativen Fehler, der bei Anwendung der jeweiligen Regel auftritt.

13. Ermitteln Sie mit Hilfe der Regeln (1)–(3) für $n = 10$ jeweils einen Näherungswert für das gegebene Integral. Vergleichen Sie diese Näherungswerte – falls möglich – mit dem exakten Wert.

a) $\int_1^3 \frac{1}{\sqrt{1+x^3}}\,dx$ b) $\int_0^2 \sqrt{\sin x}\,dx$ c) $\int_0^3 e^{2x+1}\,dx$ d) $\int_1^4 \frac{dx}{(1-2x)^2}$

14. Die Messung der Federspannkraft $F$ einer Blattfeder in Abhängigkeit vom Federspannweg $s$ ergab folgende Meßwerte:

| $s$ in cm | 0 | 1 | 2 | 3 | 4 | 5 | 6 |
|---|---|---|---|---|---|---|---|
| $F$ in N | 0 | 8 | 65 | 215 | 514 | 1002 | 1727 |

a) Die Federspannkraft $F$ kann durch eine stetige Funktion $F(s)$ dargestellt werden (s. Abb.). Ermitteln Sie mit Hilfe der Trapezregel einen Näherungswert für die von der Blattfeder im Intervall [0; 6] verrichtete Arbeit $W$.

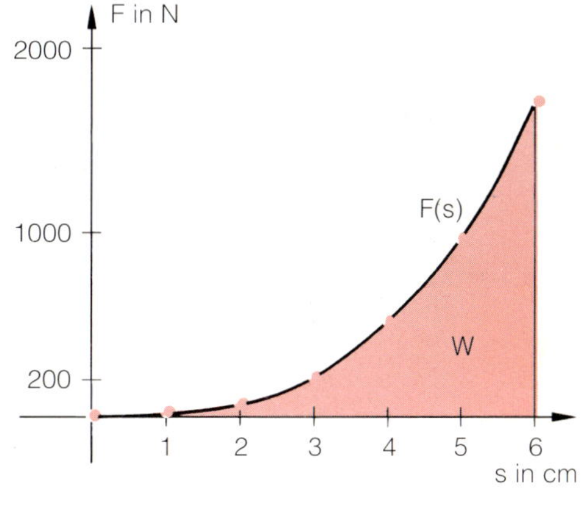


b) Die Federspannkraft $F$ ist der dritten Potenz des Federspannweges $s$ proportional. Ermitteln Sie die Federkonstante $k$, und formulieren Sie den Zusammenhang als Funktionsgleichung.

c) Berechnen Sie die von der Feder in [0; 6] verrichtete Arbeit $W = \int_0^6 F(s)ds$, und vergleichen Sie dieses Ergebnis mit dem in a) ermittelten Näherungswert.

15. Von einer stetigen Funktion $f$ sind folgende geordnete Paare $(x; f(x))$ bekannt:

a)

| $x$ | 0 | 0,5 | 1 | 1,5 | 2 | 2,5 | 3 |
|---|---|---|---|---|---|---|---|
| $f(x)$ | 0 | 0,7 | 1,5 | 1,6 | 1,3 | 1,1 | 1,0 |

Berechnen Sie einen Näherungswert für $\int_0^3 f(x)\,dx$.

b)

| $x$ | −2 | −1,5 | −1 | −0,5 | 0 | 0,5 | 1 |
|---|---|---|---|---|---|---|---|
| $f(x)$ | 0 | 5,6 | 8 | 9,9 | 6 | 3,1 | 0 |

Ermitteln Sie $\int_{-2}^{1} f(x)\,dx$ angenähert.

16. Stellen Sie ein Computer-Programm für die Trapezformel auf.

# C 4 Anwendungen der Integralrechnung

**Anwendungen des Integralbegriffs**

Mit Hilfe von bestimmten Integralen können vielfältige Probleme gelöst werden. Klassische Anwendungen sind Berechnungen von Flächeninhalten krummlinig begrenzter ebener Figuren, von Oberflächeninhalten und Volumina krummflächig begrenzter Körper sowie die Berechnung der Bogenlänge eines Kurvenstücks.
In der Physik wird der Integralbegriff zur Erfassung wichtiger Begriffe wie Arbeit, Schwerpunkt oder Trägheitsmoment benutzt.

## C 4.1 Flächeninhaltsberechnungen

Betrachtet werden solche Flächen, die durch Graphen von stetigen Funktionen und zum Teil auch durch Strecken begrenzt werden (Abb. 23).

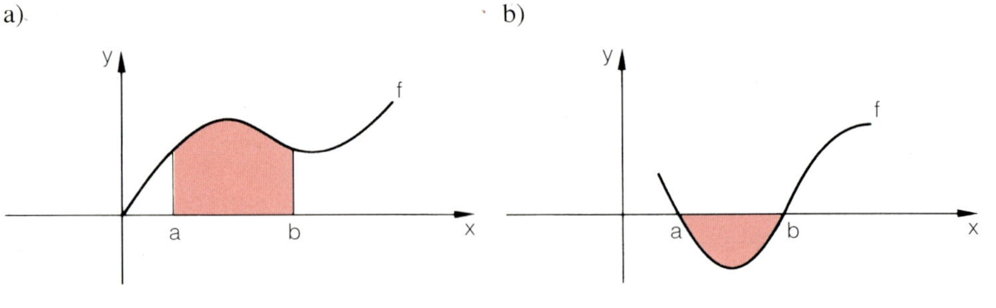

c)

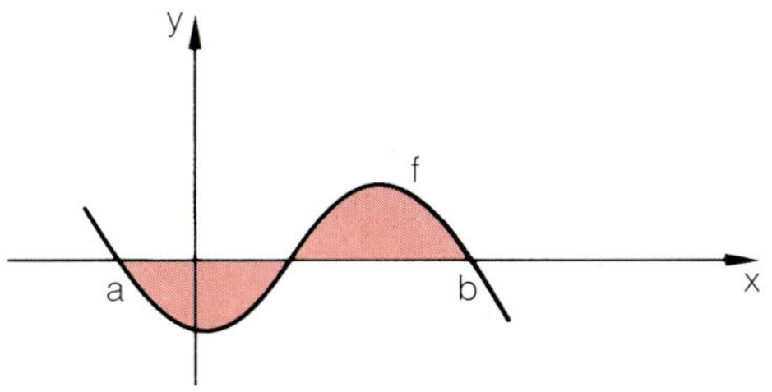


d)

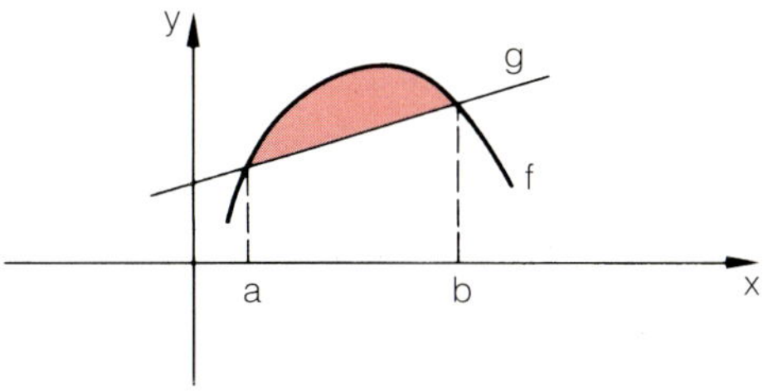


Abb. 23

## Flächen, die oberhalb oder unterhalb der x-Achse liegen

**Flächen oberhalb der x-Achse**

Für den Inhalt $A$ einer ebenen Fläche, die *oberhalb* der $x$-Achse liegt und vom Graphen einer stetigen Funktion $f$, den Geraden $x = a$ und $x = b$ mit $a < b$ sowie der $x$-Achse begrenzt wird, gilt

$$A = \int_a^b f(x)\, dx$$

**Beispiel 16**

*Es ist der Inhalt A der Fläche zu berechnen, die vom Graphen von f mit $f(x) = \sqrt{2-x}$, der Geraden $x = -1$ und der x-Achse eingeschlossen wird (Abb. 24).*

**Lösung:**

Wegen $f(x) \geqq 0$ für alle $x \leqq 2$ gilt

$$A = \int_{-1}^{2} \sqrt{2-x}\, dx = \int_{-1}^{2} (2-x)^{\frac{1}{2}}\, dx$$

$$= \left[-\frac{2}{3}\sqrt{(2-x)^3}\right]_{-1}^{2} = 2\sqrt{3}$$

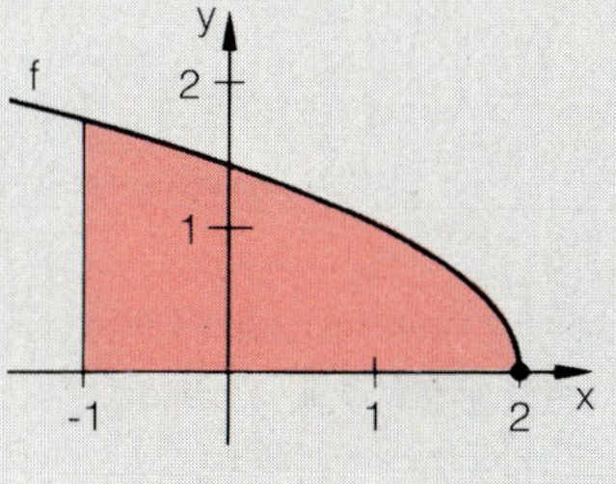


Abb. 24

Ergebnis:

Der gesuchte Flächeninhalt beträgt $2\sqrt{3}$ $FE$[1].

1 Mit $FE$ werden hier Flächeneinheiten bezeichnet; diese Kurzschreibweise wird dann gewählt, wenn die Angabe konkreter Maßeinheiten fehlt.

**Beispiel 17**

*Die Fläche, die vom Graphen von $f$ mit $f(x) = \frac{1}{x}$, der x-Achse und den Geraden $x = 1$ und $x = 9$ begrenzt wird, soll durch eine Parallele zur y-Achse in zwei Teilflächen zerlegt werden, die den gleichen Flächeninhalt haben (Abb. 25). An welcher Stelle $x_H$ ist diese Parallele zu zeichnen?*

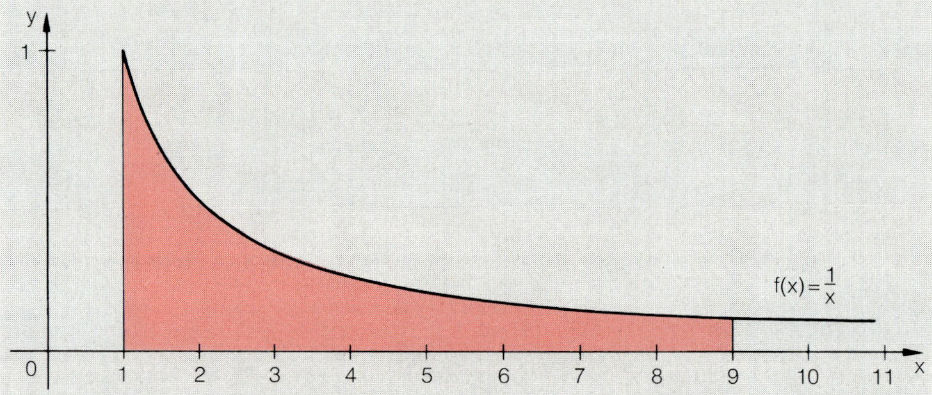


Abb. 25

**Lösung:**

$$A = \int_1^9 \frac{1}{x}\,dx = [\ln x]_1^9 = \ln 9 - \ln 1 = \ln 9$$

Daraus folgt

$$\frac{A}{2} = \int_1^{x_H} \frac{1}{x}\,dx = [\ln x]_1^{x_H} = \ln x_H - \ln 1 = \ln x_H = \frac{1}{2}\ln 9$$

und somit $\ln x_H = \ln 3$ bzw. $x_H = 3$.

Ergebnis:
An der Stelle $x_H = 3$ ist die Parallele zur $y$-Achse zu zeichnen.

(27)
Eine quadratische Parabel wird von einer Geraden senkrecht zur Parabelachse geschnitten (siehe Abb. 26). Weisen Sie nach, daß der Inhalt des Parabelsegments $\frac{4}{3}$ der Fläche des Dreiecks PSP′ beträgt.

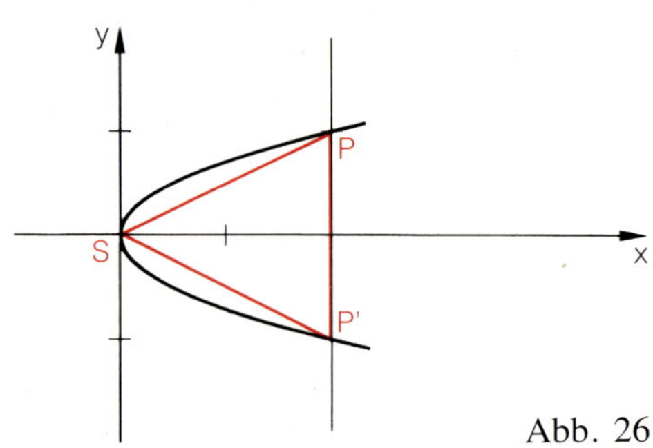


Abb. 26

*Aufgaben 1–7*

**Flächen unterhalb der x-Achse**

(28)
Zeichnen Sie den Graphen von $f$ mit $f(x) = \frac{1}{2}x - 1$ in ein Koordinatensystem, und kennzeichnen Sie die Fläche, die von diesem Graphen und den Koordinatenachsen eingeschlossen wird.

a) Ermitteln Sie den Inhalt dieser Fläche ohne Hilfsmittel der Integralrechnung.

b) Berechnen Sie $\int_0^2 (\frac{1}{2}x - 1)\,dx$, und vergleichen Sie mit dem Ergebnis aus a).

Um den Zusammenhang zwischen den Ergebnissen von (28) a) bzw. b) aufzuklären, erinnern wir uns:
Bei der Zerlegung des Intervalls [a; b] war stets von b > a ausgegangen worden. Daraus folgt, daß $\frac{b-a}{n} = \triangle x$ stets *positiv* ist, das Vorzeichen der Produkte $f(x_k) \cdot \triangle x$ also nur von $f(x_k)$ abhängt. Daraus ergibt sich: Ist $f(x)$ in [a; b] stets *negativ*, dann ist auch $\int_a^b f(x)\,dx$ *negativ*.

(29)
Es sei $f$ eine in $[a; b]$ stetige Funktion, und für alle $x \in [a; b]$ sei $f(x) \leqq 0$.
Erläutern Sie den Zusammenhang zwischen $\int_a^b f(x)\,dx$ und dem Inhalt der Fläche, die vom Graphen von $f$, der x-Achse sowie den Geraden x = a und x = b eingeschlossen wird. Orientieren Sie sich dabei an Abbildung 27.

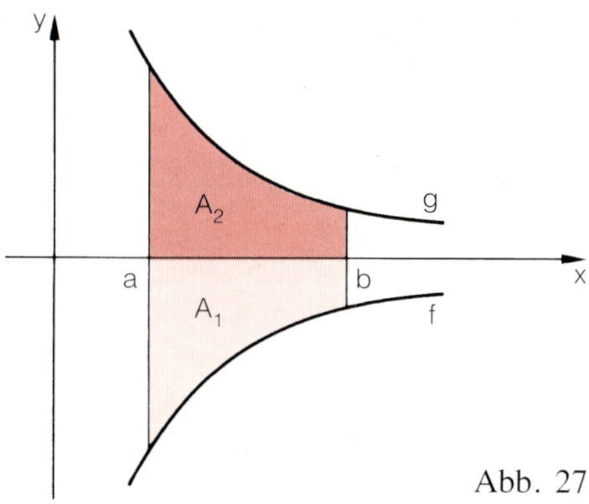

Abb. 27

Für den Inhalt $A$ einer ebenen Fläche, die *unterhalb* der $x$-Achse liegt und vom Graphen einer stetigen Funktion $f$, der $x$-Achse sowie den Geraden $x = a$ und $x = b$ (Abb. 28) begrenzt wird, gilt:

$$A = \left|\int_a^b f(x)\,dx\right|$$

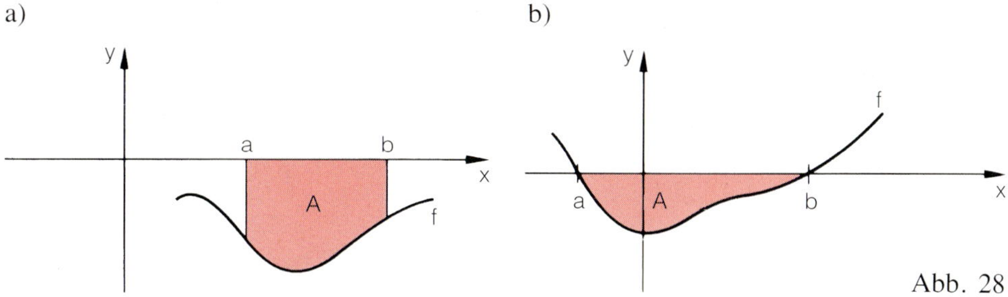

Abb. 28

**Beispiel 18**

*Wie groß ist der Inhalt A der Fläche, die vom Graphen von f mit $f(x) = x^2 - 6x + 7$, der x-Achse und den Geraden $x = 2$ und $x = 3$ eingeschlossen wird?*

**Lösung:**

Die Fläche liegt unterhalb der $x$-Achse (s. Abb. 29).

Deshalb gilt

$$A = \left| \int_2^3 \left(x^2 - 6x + 7\right) dx \right|$$

$$= \left| \left[ \frac{x^3}{3} - 3x^2 + 7x \right]_2^3 \right|$$

$$= \left| (9 - 27 + 21) - \left( \frac{8}{3} - 12 + 14 \right) \right|$$

$$= \left| -\frac{5}{3} \right| = \frac{5}{3}$$

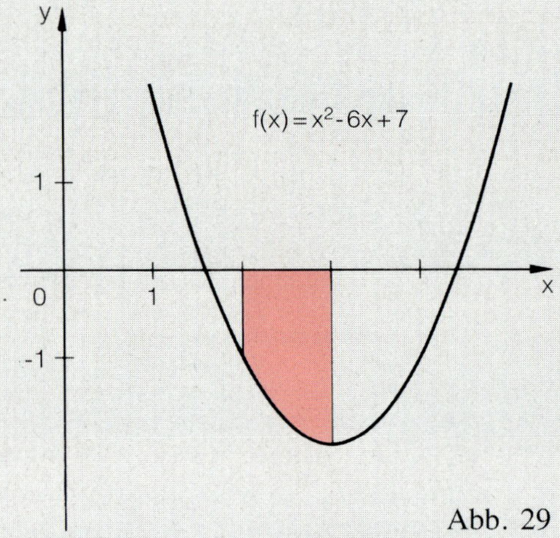


Abb. 29

Ergebnis: Der gesuchte Flächeninhalt beträgt $\frac{5}{3}$ *FE*.

**Beispiel 19**

*Der Graph von f mit $f(x) = x^3$, die x-Achse und die Gerade $x = a$ begrenzen eine Fläche. Für welches $a \in I\!R$, $a < 0$ beträgt der Inhalt dieser Fläche 4 FE ?*

**Lösung:**

Wegen $a < 0$ liegt die Fläche unterhalb der $x$-Achse (Abb. 30).

Deshalb gilt

$$A = \left| \int_a^0 x^3 \, dx \right| = \left| \left[ \frac{x^4}{4} \right]_a^b \right|$$

$$= \left| 0 - \frac{a^4}{4} \right| = \frac{a^4}{4} = 4.$$

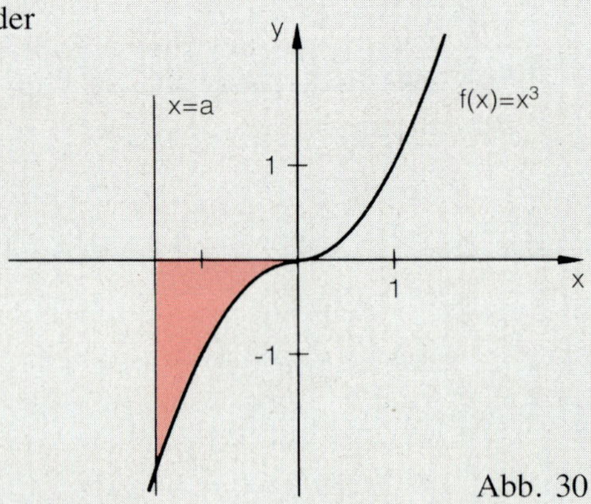


Abb. 30

Daraus folgt $a^4 = 16$ mit $a = \pm 2$, und wegen $a < 0$ ist $a = -2$.

Ergebnis: Die Gerade $x = -2$ begrenzt die Fläche.

**Beispiel 20**

*Durch den Graphen von f: $x \mapsto x^3 - 6x^2 + 5x$ und die x-Achse wird eine Fläche begrenzt. Es sind die Nullstellen von f zu berechnen, der Graph von f zu skizzieren, und der Inhalt A der Fläche ist zu berechnen.*

**Lösung:**

1. Nullstellenberechnung von $f$

   Aus $x^3 - 6x^2 + 5x = x(x^2 - 6x + 5) = 0$ folgt $x_1 = 0$, $x_{2,3} = 3 \pm 2$.

   $f$ hat genau drei Nullstellen: $x_1 = 0$, $x_2 = 1$, $x_3 = 5$.

2. Skizze des Graphen von $f$ (Abb. 31)

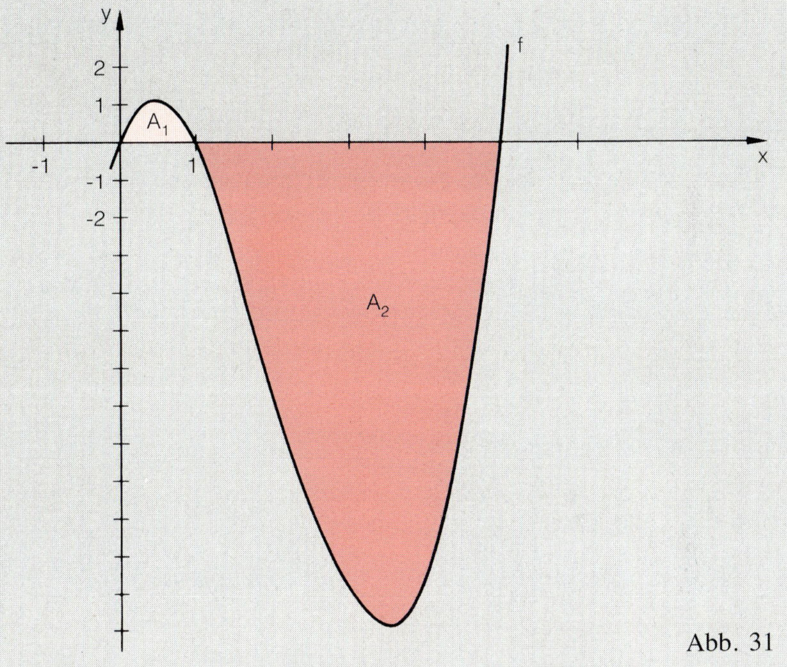


Abb. 31

3. Flächenberechnung

   Der Inhalt A setzt sich aus zwei Teilflächeninhalten $A_1$ und $A_2$ zusammen, und es gilt

$$A_1 = \int_0^1 \left(x^3 - 6x^2 + 5x\right)dx = \left[\frac{x^4}{4} - 2x^3 + \frac{5}{2}x^2\right]_0^1 = \frac{1}{4} - 2 + \frac{5}{2} = \frac{3}{4}$$

$$A_2 = \left|\int_1^5 \left(x^3 - 6x^2 + 5x\right)dx\right| = \left|\left[\frac{x^4}{4} - 2x^3 + \frac{5}{2}x^2\right]_1^5\right| =$$

$$= \left|\left(\frac{625}{4} - 250 + \frac{125}{2}\right) - \left(\frac{1}{4} - 2 + \frac{5}{2}\right)\right| = |-32| = 32$$

Ergebnis: Der gesuchte Flächeninhalt beträgt 32,75 *FE*.

*Allgemeiner Hinweis:*
Bei Aufgabenstellungen, in denen Flächeninhalte zu berechnen sind, die vom Graphen einer stetigen Funktion $f$ und der $x$-Achse begrenzt werden, ist es erforderlich, zunächst die Nullstellen von $f$ zu berechnen und danach zu ermitteln, welche Lage die Fläche oder einzelne Flächenteile bezüglich der $x$-Achse haben.

*Aufgaben 8–12*

## Flächen, die zwischen den Graphen zweier Funktionen liegen

(30)
Gegeben seien die Funktionen $f\colon x \mapsto \sqrt{2x}$ und $g\colon x \mapsto \frac{1}{2}x$.

Durch die Graphen von $f$ und $g$ wird eine Fläche vollständig begrenzt. Wie kann der Inhalt $A$ dieser Fläche ermittelt werden? Berechnen Sie $A$.

**Flächen zwischen den Graphen zweier Funktionen**

Es seien $f$ und $g$ zwei stetige Funktionen mit $f(x) > g(x) > 0$ für alle $x$ zwischen $x_1$ und $x_2$ und $f(x_1) \geqq g(x_1)$, $f(x_2) \geqq g(x_2)$ (Abb. 32).

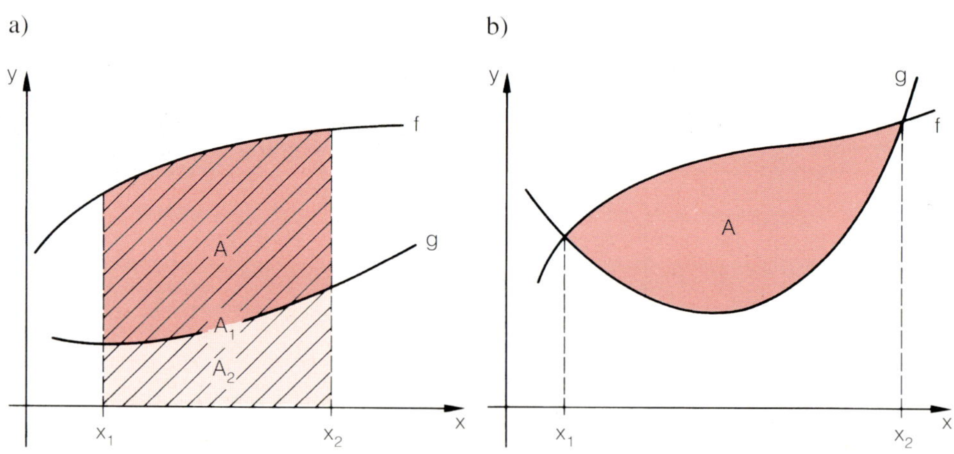


Abb. 32

Dann gilt für den Inhalt der von beiden Funktionen über dem Intervall $[x_1; x_2]$ eingeschlossenen Fläche

$$A = A_1 - A_2 = \int_{x_1}^{x_2} f(x)\,dx - \int_{x_1}^{x_2} g(x)\,dx = \int_{x_1}^{x_2} [f(x) - g(x)]\,dx$$

(31)

a) Geben Sie Möglichkeiten an, wie man den Inhalt $A$ einer zwischen den Graphen von $f$ und $g$ liegenden Fläche berechnen kann, falls die Graphen teilweise oder ganz unterhalb der $x$-Achse verlaufen (Abb. 33).

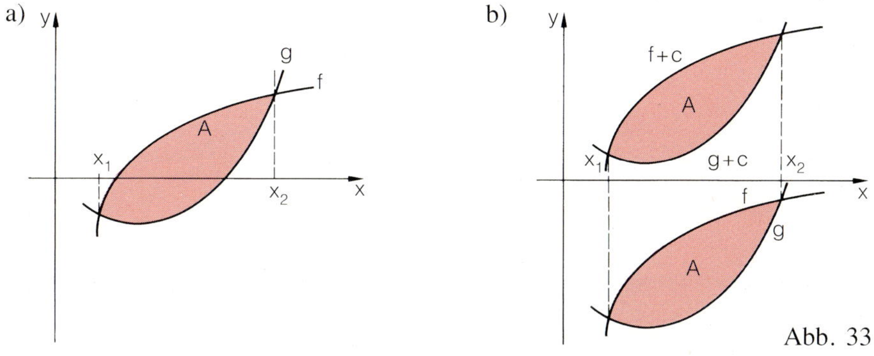


Abb. 33

b) Weisen Sie nach, daß auch in diesem Fall für den Inhalt $A$ gilt $A = \int_{x_1}^{x_2} [f(x) - g(x)]\, dx$.

(32)

Ermitteln Sie einen Ansatz zur Berechnung der Inhalte $A$ der in Abbildung 34 farbig unterlegten Flächen.

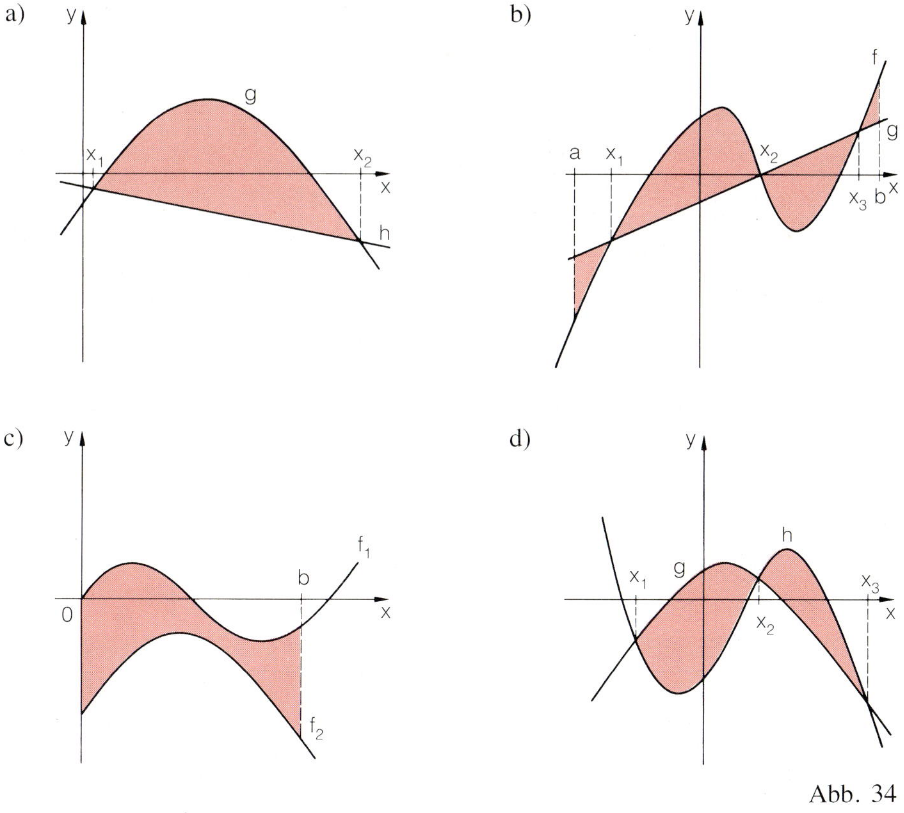


Abb. 34

**Beispiel 21**

*Durch die Graphen von*
*$f$: $x \mapsto -x^2 + 4x - 3$ und*
*$g$: $x \mapsto -x + 1$ wird eine Fläche vollständig begrenzt (Abb. 35). Der Inhalt dieser Fläche ist zu berechnen.*

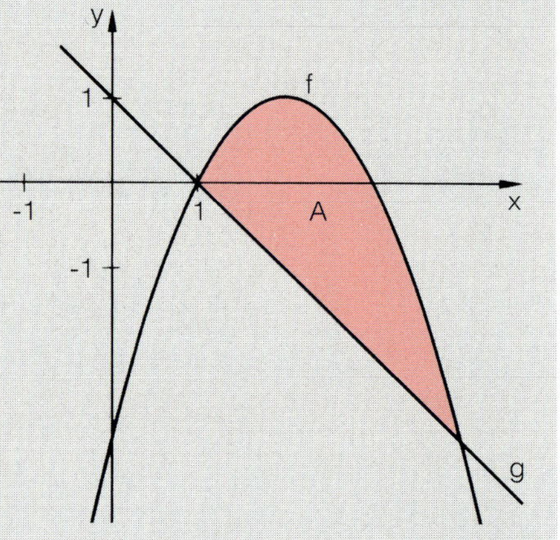


Abb. 35

**Lösung:**

1. Bestimmen der Abszissen der Schnittpunkte der Graphen von $f$ und $g$
   Aus $f(x) = g(x)$ folgt $-x^2 + 4x - 3 = -x + 1$ bzw.
   $x^2 - 5x + 4 = 0$ mit $L = \{1; 4\}$.
   Die Graphen von $f$ und $g$ schneiden sich an den Stellen $x_1 = 1$ und $x_2 = 4$.

2. Berechnen des Flächeninhalts
   Wegen $f(x) \geqq g(x)$ für alle $x \in [1; 4]$ gilt

$$A = \int_1^4 [f(x) - g(x)]dx = \int_1^4 \left[\left(-x^2 + 4x - 3\right) - \left(-x + 1\right)\right]dx$$

$$= \int_1^4 \left(-x^2 + 5x - 4\right)dx = \left[-\frac{x^3}{3} + \frac{5}{2}x^2 - 4x\right]_1^4 = 4{,}5$$

Ergebnis: Der gesuchte Flächeninhalt beträgt 4,5 *FE*.

(33)

Gegeben sind die Funktionen $f$ und $g$ mit $f(x) = x$ und $g(x) = x^2 - 2x$.
Berechnen Sie die Inhalte der in Abbildung 36 farbig unterlegten Flächen.

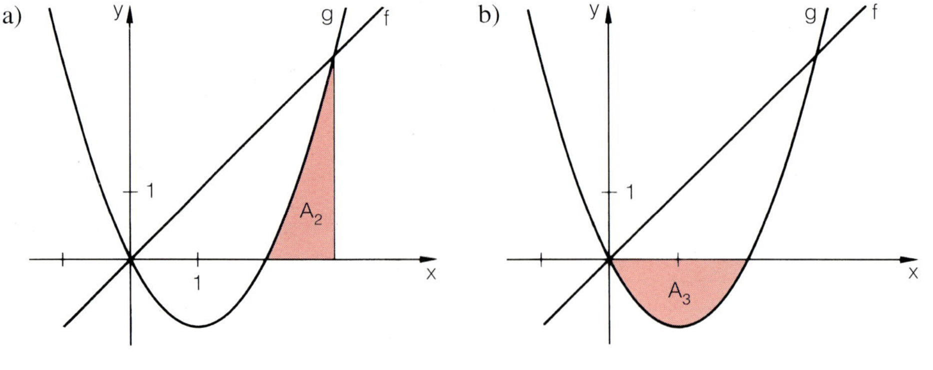

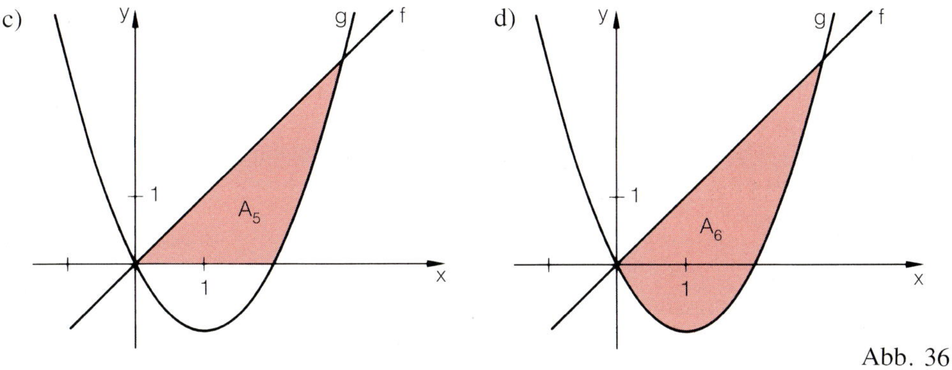


Abb. 36

*Aufgaben 13–17*

## C 4.2 Volumenberechnungen von Rotationskörpern

Viele Gegenstände unserer Umwelt wie z. B. Kühltürme von Kraftwerksanlagen, Fässer, zylinderförmige Maschinenteile, Vasen, Schalen, Gläser u. a. haben die Form von Rotationskörpern.

Rotiert ein endliches Kurvenstück um eine Achse (s. Abb. 37), dann erzeugt dieses Kurvenstück die Mantelfläche eines **Rotationskörpers**.

**Beispiele für Rotationskörper**

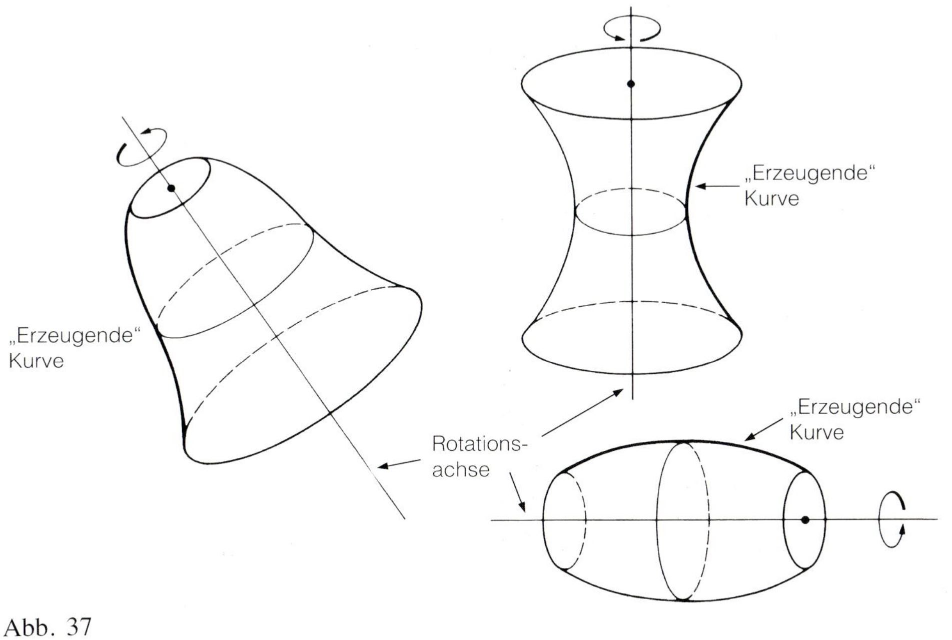


Abb. 37

(34)
Geben Sie weitere Beispiele für Rotationskörper an, und beschreiben Sie die »erzeugenden« Kurven. Welche gemeinsame Eigenschaft haben Rotationskörper?

Durch folgende Überlegungen, die zu den im Abschnitt 1.2 angestellten *völlig analog* sind, ist es möglich, eine Formel zur Volumenberechnung beliebiger Rotationskörper zu gewinnen:

Die »erzeugende« Kurve sei der Graph einer stetigen Funktion $f$ mit der Gleichung $y = f(x)$ in einem abgeschlossenen Intervall $[a; b]$. Des weiteren gelte $f(x) \geqq 0$ für alle $x \in [a; b]$.[1] Als Rotationsachse wird die $x$-Achse in einem kartesischen Koordinatensystem gewählt (Abb. 38).

**»Ausschöpfen« durch Zylinder**

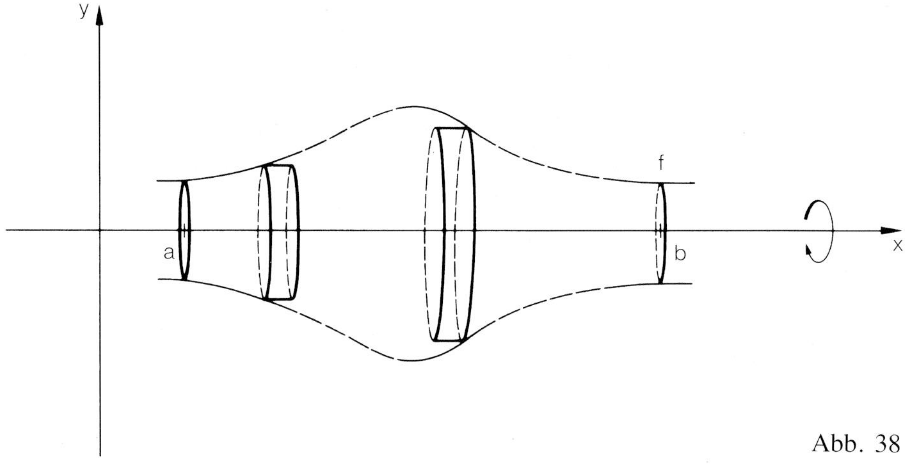

Abb. 38

Das Intervall $[a; b]$ wird in $n$ gleich lange Teilintervalle der Länge $\Delta x = \frac{b-a}{n}$ zerlegt. $f(\underline{x}_k)$ sei das Minimum von $f$ im $k$-ten Teilintervall.
In jedem Teilintervall wird $f$ mit $y = f(x)$ durch die konstante Funktion $y = f(\underline{x}_k)$ ersetzt, deren Graph eine zur $x$-Achse parallele Strecke der Länge $\Delta x$ ist.
Durch Rotation dieser Strecke um die $x$-Achse entsteht jeweils der Mantel eines Zylinders mit dem Radius $r = f(\underline{x}_k)$ und der Höhe $\Delta x$. Das Volumen dieses Zylinders ist $V = \pi \cdot [f(\underline{x}_k)]^2 \cdot \Delta x$.

Die Summe $\underline{S}_n = \sum_{k=1}^{n} \pi \left[f\left(\underline{x}_k\right)\right]^2 \cdot \Delta x$ aller dieser $n$ Zylinder stellt einen Näherungswert für das gesuchte Volumen $V_x$ des Rotationskörpers dar, und es gilt $\underline{S}_n \leqq V_x$.

Jeder natürlichen Zahl $n \geqq 1$ wird so ein Wert $\underline{S}_n$ zugeordnet. Man erhält eine Zahlenfolge $(\underline{S}_n)$, die monoton wächst und nach oben beschränkt ist. Die Folge $(\underline{S}_n)$ ist somit konvergent.
Analog können Zylinder mit dem Radius $r = f(\overline{x}_k)$ und der Höhe $\Delta x$ betrachtet werden.

1 Die konstante Funktion $f(x) = 0$ sei ausgenommen.

Für die Summe $\overline{S}_n = \sum_{k=1}^{n} \pi \cdot \left[f\left(\overline{x}_k\right)\right]^2 \cdot \Delta x$ aller dieser $n$ Zylinder gilt $\overline{S}_n \geqq V_x$.

Es kann gezeigt werden, daß die Folge $\overline{S}_n$ ebenfalls konvergent ist und daß gilt

$$\lim_{n \to \infty} \underline{S}_n = \lim_{n \to \infty} \overline{S}_n = \int_a^b \pi\left[f(x)\right]^2 dx = V_x .$$

Ergebnis:

$$V_x = \pi \cdot \int_a^b \left[f(x)\right]^2 dx = \pi \int_a^b y^2\, dx$$

Durch analoge Betrachtungen gewinnt man eine Volumenformel für den Fall, daß der Graph einer in $[a;\ b]$ eineindeutigen Funktion $f$ mit $f(a) = c$ und $f(b) = d$ um die $y$-Achse rotiert. Dann gilt

$$V_y = \pi \cdot \int_c^d \left[\overline{f}(y)\right]^2 dy = \pi \cdot \int_c^d x^2\, dy$$

Dabei ist $\overline{f}$ mit $x = \overline{f}(y)$ die Umkehrfunktion von $f$.

**Beispiel 22**

*Gegeben sei die Funktion $f$ mit $f(x) = x^2 + 1$ im Intervall* $[0;\ 2]$. *Der Graph von $f$ möge sowohl um die x-Achse als auch um die y-Achse rotieren (Abb. 39).*
*In welchem Verhältnis stehen die Volumina der so entstehenden Rotationskörper?*

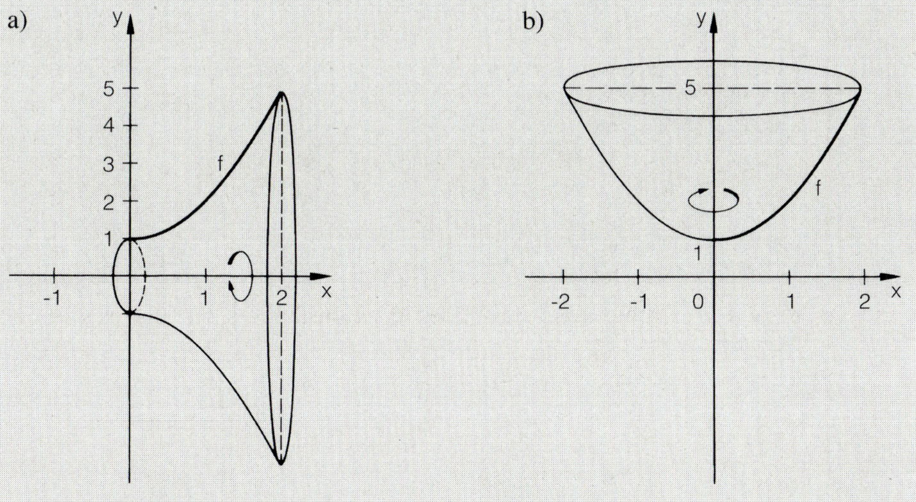


Abb. 39

**Lösung:**

$$V_x = \pi \cdot \int_0^2 \left(x^2+1\right)^2 dx = \pi \int_0^2 \left(x^4+2x^2+1\right) dx = \pi \left[\frac{x^5}{5} + \frac{2}{3}x^3 + x\right]_0^2$$

$$= \pi\left(\frac{32}{5} + \frac{16}{3} + 2\right) = \frac{206}{15}\pi$$

$f$ ist in [0; 2] eine eineindeutige Funktion.

Sie hat dort die Umkehrfunktion $\overline{f}$ mit $x = \overline{f}(y) = \sqrt{y-1}$.

Weiterhin ist $f(0) = 1 = c$ und $f(2) = 5 = d$.

Dann gilt $V_y = \pi \cdot \int_1^5 (y-1)dy = \pi \left[\frac{y^2}{2} - y\right]_1^5 = \pi\left[\left(\frac{25}{2} - 5\right) - \left(\frac{1}{2} - 1\right)\right] = 8\pi.$

Ergebnis:
Die Volumina der Rotationskörper stehen im Verhältnis $V_x : V_y = 103:60$.

Mit Hilfe der Integralrechnung können auch bekannte Volumenformeln hergeleitet werden.

*Aufgaben 18–26*

## C 4.3 Physikalische Arbeit

(35)
Um welche Bewegungsarten handelt es sich bei folgenden physikalischen Vorgängen?

a) Geradliniges Verschieben eines Körpers von $s_1$ nach $s_2$ bei gleichbleibender Kraft (vgl. Abb. 1, S. 205).
b) Spannen des Bogens eines Sportschützen (vgl. Abb. 2, S. 205).

Wir wenden uns der Berechnung der physikalischen Arbeit bei geradlinigen Bewegungen zu. Es wird vorausgesetzt, daß Kraft- und Wegrichtung übereinstimmen.

1. **Die Kraft ist längs des Weges *s* konstant**[1]
   Ein Körper soll unter dem Einfluß einer konstanten Kraft $F$ längs eines Weges $s$ gleichförmig von $s_1$ nach $s_2$ bewegt werden (Abb. 40).
   Der Zahlenwert der dabei verrichteten physikalischen Arbeit W kann geometrisch als Inhalt eines Rechtecks gedeutet werden; es gilt:

   $W = F(s_2 - s_1)$ bzw. $W = F \cdot s$ mit $s_2 - s_1 = s$

1 Hinweis: Mit »Kraft $F$« bzw. »Weg $s$« werden die Beträge der vektoriellen Größen $\vec{F}$ und $\vec{s}$ bezeichnet. Es gilt $W = F\, s \cos\alpha$ für $\alpha = \sphericalangle(\vec{F}, \vec{s}) \neq 0$ bzw. $W = \vec{F} \circ \vec{s}$.

Geradlinige
leichförmige
Bewegung

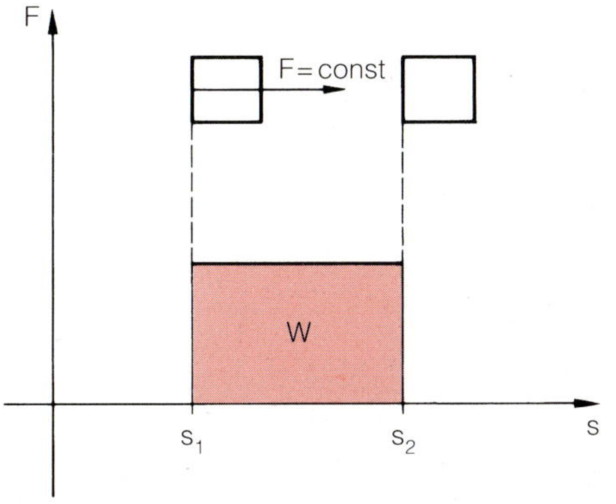


Abb. 40

(36)
Im Training wird von einem Sportler in der Gewichtsklasse Mittelgewicht beim Stoßen die Scheibenhantel mit einer Masse von 370 kg aus der Schulterlage in die Strecklage gebracht. Dabei wird ein Höhenunterschied von 70 cm überwunden.
Wie groß ist die dabei zu verrichtende physikalische Arbeit?

2. **Die Kraft *F* ist längs des Weges *s* veränderlich**

Geradlinige
gleichmäßig
eschleunigte
Bewegung

Ein Körper werde durch eine veränderliche Kraft $F$ längs eines Weges $s$ von $s_1$ nach $s_2$ bewegt. Die Kraft ist in Abhängigkeit von der Weglänge $s$ durch eine stetige Funktion $F$ gegeben (Abb. 41).
Die physikalische Arbeit $W$ läßt sich in diesem Fall nicht elementar berechnen. Ihr Zahlenwert kann aber ebenfalls geometrisch als der Inhalt der Fläche gedeutet werden, die vom Graphen von $F$: $s \mapsto F(s)$, der $s$-Achse und den Geraden $s = s_1$ und $s = s_2$ eingeschlossen wird (Abb. 41). Deshalb ist es naheliegend, festzulegen:

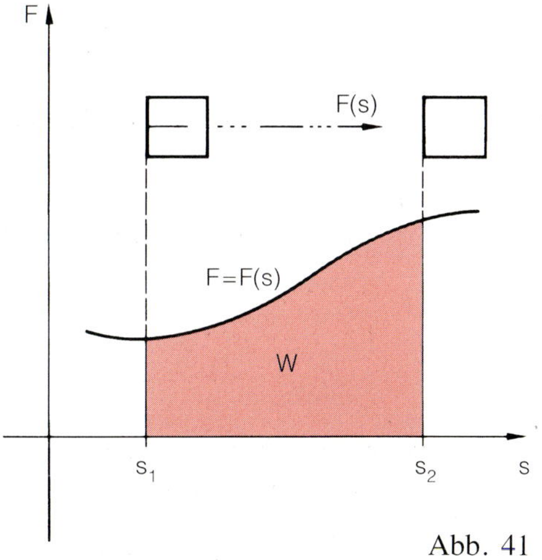


Abb. 41

Arbeit als
Wegintegral
der Kraft

Unter dem Zahlenwert der physikalischen Arbeit $W$ versteht man das bestimmte Integral $$\int_{s_1}^{s_2} F(s)ds.$$

(37)
Zeigen Sie, daß diese Festlegung auch für $F = \text{const.}$ gilt.

**Beispiel 23**

*a) Es ist die Arbeit zu ermitteln, die beim Spannen einer Schraubenfeder verrichtet wird. Dabei soll die Feder um die Länge $\Delta s = s_2 - s_1$ gedehnt werden (Abb. 42).*

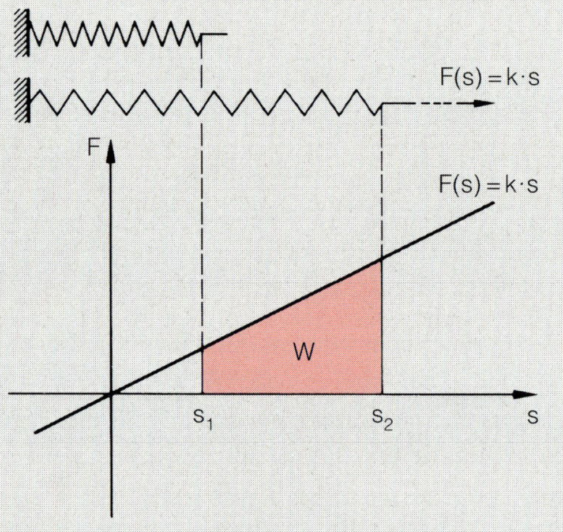


Abb. 42

*b) Eine Schraubenfeder hat die Federkonstante $k = 20{,}0\ N \cdot m^{-1}$. Welche Arbeit ist erforderlich, um sie von $s_1$* auf *$s_2$ zu verlängern?*

| $s_1$ in cm | 0 | 8 | 10 |
|---|---|---|---|
| $s_2$ in cm | 8 | 16 | 20 |

**Lösung:**

a) Beim Spannen einer elastischen Feder gilt $F \sim s$ bzw. $F = k \cdot s$ *(Hookesches Gesetz)* mit der Federkonstante $k$. Die verrichtete Arbeit kann geometrisch als Flächeninhalt eines Trapezes gedeutet werden. Es gilt

$$W = \frac{1}{2}(k \cdot s_2 + k \cdot s_1)(s_2 - s_1) = \frac{1}{2}k({s_2}^2 - {s_1}^2).$$

b) $$W_1 = \frac{1}{2} \cdot 20\ N \cdot m^{-1}\ (0{,}08^2 - 0^2)\ m^2 = 0{,}064\ Nm$$

$$W_2 = \frac{1}{2} \cdot 20\ N \cdot m^{-1}\ (0{,}16^2 - 0{,}08^2)\ m^2 = 0{,}192\ Nm$$

$$W_3 = \frac{1}{2} \cdot 20\ N \cdot m^{-1}\ (0{,}2^2 - 0{,}1^2)\ m^2 = 0{,}3\ Nm$$

(38)
Bestätigen Sie das Ergebnis von Beispiel 23 a) mit Hilfe der Integralrechnung.

**Beispiel 24**

*Für die Spannkraft des Bogens eines Sportschützen gilt annähernd die Gleichung $F = k \cdot s^2$ (vgl. auch Abb. 2, S. 205). Dabei sei die Bogenkonstante $k = 3500\,N \cdot m^{-2}$ im Bereiche $0\ cm \leqq s \leqq 40\ cm$.*
*Welche mechanische Arbeit ist zu verrichten, wenn der Bogen aus der Ruhelage heraus um 30 cm gespannt wird?*

**Lösung:**

$$W = \int_0^{0,3} k \cdot s^2\, ds = \left[ k \cdot \frac{s^3}{3} \right]_0^{0,3} = 31,5$$

Ergebnis:
Die zu verrichtende Spannarbeit beträgt 31,5 *Nm*.

*Aufgaben 27–35*

## Aufgaben

1. Der Graph der Funktion $f$, die $x$-Achse und die Geraden $x = a$ und $x = b$ begrenzen eine Fläche oberhalb der $x$-Achse. Berechnen Sie jeweils den Inhalt $A$ dieser Fläche für folgende Vorgaben.

   a) $f(x) = x^2 + 3x;\quad a = 0;\ b = 5$
   b) $f(x) = 2e^{1-x};\quad a = -3;\ b = 2$
   c) $f(x) = x^3 - 4x^2;\ a = 1;\ b = 3$
   d) $f(x) = \sqrt{1-2x};\ a = -4;\ b = 0$

2. Durch den Graphen der Funktion $f$ mit $f(x) = -x^2 + 12$ und die $x$-Achse wird eine Fläche vollständig begrenzt.

   a) Berechnen Sie den Inhalt $A$ dieser Fläche.
   b) In diese Fläche soll ein Rechteck einbeschrieben werden, von dessen Seiten eine auf der $x$-Achse liegt und dessen Flächeninhalt möglichst groß ist. Berechnen Sie die Seitenlängen und den Inhalt $A_1$ dieses Rechtecks.

3. Gegeben sei die Funktion $f$ mit $f(x) = e^{-\frac{1}{3}x}$

   a) Skizzieren Sie den Graphen von $f$ im Intervall $[-5; 4]$.
   b) Der Punkt $P_1(x_1; y_1)$ $(x_1 > 0)$ sei ein Punkt des Graphen von $f$. Zeigen Sie, daß für den Inhalt $A$ der Fläche, die vom Graphen von $f$, den Koordinatenachsen und der Geraden $x = x_1$ begrenzt wird, gilt: $A = 3 \cdot (1 - y_1)$.

4. $A_H$ sei der Flächeninhalt eines Halbkreises mit dem Radius $r = 1$. $A_s$ sei der Inhalt der Fläche, die vom Graphen von $f$ mit $f(x) = \sin x$ und der $x$-Achse im Bereich zweier aufeinanderfolgender Nullstellen von $f$ eingeschlossen wird.
Weisen Sie nach, daß gilt: $A_H : A_s = \pi : 2$.

5. Gegeben ist eine Schar von Funktionen $f_a$ durch $f_a(x) = -\frac{1}{3}x^3 + 2ax^2$ ($x \in \mathbb{R}$; $a \in \mathbb{R}$, $a > 0$).

   a) Skizzieren Sie für $a = \frac{1}{2}$ den Graphen von $f_a$.

   b) Berechnen Sie den Inhalt $A$ der Fläche, die für $a = \frac{2}{3}$ vom Graphen von $f_a$ und der $x$-Achse vollständig begrenzt wird.

   c) Für welches $a$ beträgt der Inhalt der Fläche, die vom Graphen von $f_a$ und der $x$-Achse vollständig begrenzt wird, 36 *FE* ?

6. Gegeben ist die Funktion $f$ mit $f(x) = 10e^{-x}$

   a) Skizzieren Sie den Graphen von $f$ in $[0; 4]$.
   b) Berechnen Sie den Inhalt $A$ der Fläche, die vom Graphen von $f$, den Koordinatenachsen und der Geraden $x = 2$ begrenzt wird.
   c) Diese Fläche soll durch eine Parallele zur $y$-Achse halbiert werden. An welcher Stelle $x = a$ ist diese Parallele zu zeichnen?

*7. Gegeben ist eine Schar von Funktionen $f_a$ durch $f_a(x) = a + \ln x$ ($a \in \mathbb{R}$).
Ermitteln Sie $a$ so, daß der Graph von $f_a$ den Flächeninhalt des Quadrats mit den Eckpunkten $A(0; 0)$, $B(1; 0)$, $C(1; 1)$, $D(0; 1)$ halbiert.
(Hinweis: Es gilt $\int \ln x \, dx = x \ln x - x + c$).

8. Der Graph der Funktion $f$, die $x$-Achse und die Geraden $x = a$ und $x = b$ begrenzen eine Fläche. Berechnen Sie jeweils den Inhalt $A$ dieser Fläche für folgende Vorgaben:

   a) $f(x) = -x^2 - 4x - 3$; $a = -4$; $b = -3$ b) $f(x) = -\frac{1}{(2x+1)^2}$; $a = 0$; $b = 1$

9. Berechnen Sie den Inhalt $A$ der Fläche, die vom Graphen der Funktion $f: x \mapsto x^3 - x^2 - 2x$ und der $x$-Achse eingeschlossen wird und unterhalb der $x$-Achse liegt.

10. Durch den Graphen der Funktion $f$ und die $x$-Achse wird eine Fläche vollständig begrenzt. Berechnen Sie jeweils den Inhalt $A$ dieser Fläche für folgende Vorgaben:

    a) $f(x) = -4x^2 + 8x$ b) $f(x) = (x-3)^2 - 2$

    c) $f(x) = x^3 + 2x^2 - 3x$ d) $f(x) = \frac{2}{5}x^3 - \frac{1}{10}x^4$

    e) $f(x) = -\frac{1}{9}x^4 + \frac{2}{3}x^2$ f) $f(x) = x^4 + 4x^2 - 12$

    g) $f(x) = \sqrt{x} - x$ h) $f(x) = \sin 2x$ in $[0; \pi]$

11. Durch den Graphen der Funktion $f$ und die Koordinatenachsen wird eine Fläche vollständig begrenzt. Berechnen Sie jeweils den Inhalt $A$ dieser Fläche für folgende Vorgaben:

a) $f(x) = (x+2)^2$ b) $f(x) = x^3 - 8$ c) $f(x) = -x^3 + 3x + 2$

d) $f(x) = -\sqrt{4-x}$ e) $f(x) = e^x - 2$ f) $f(x) = \frac{1}{2-x} - x$

12. Durch die Graphen der Funktionen $f$ und $g$ und die $x$-Achse wird eine Fläche vollständig begrenzt. Skizzieren Sie beide Graphen und berechnen Sie jeweils den Inhalt $A$ dieser Fläche für folgende Vorgaben:

a) $f\colon x \mapsto x^3$ $g\colon x \mapsto -x - 2$

b) $f\colon x \mapsto \frac{1}{1-x} + 2$ mit $x > 1$ $g\colon x \mapsto -x + 3$

c) $f\colon x \mapsto \sqrt{2x-1}$ $g\colon x \mapsto \frac{3}{2}x - \frac{9}{2}$

13. Durch die Graphen der Funktionen $f$ und $g$ wird eine Fläche vollständig eingeschlossen. Berechnen Sie jeweils den Inhalt $A$ dieser Fläche für folgende Vorgaben:

a) $f(x) = \frac{1}{4}x^2$ $g(x) = -\frac{1}{2}x^2 + \frac{3}{2}x + 6$

b) $f(x) = \sqrt{2x}$ $g(x) = \frac{1}{2}x^2$

c) $f(x) = \frac{x-3}{2x}$ $g(x) = \frac{3}{2}x - \frac{9}{2}$

d) $f(x) = x^3$ $g(x) = -x^2 + 2x$

14. Durch die Graphen der Funktionen $f$ und $g$ und die Geraden $x = a$ und $x = b$ wird eine Fläche begrenzt. Skizzieren Sie die Graphen von $f$ und $g$ und berechnen Sie jeweils den Inhalt $A$ der Fläche für folgende Vorgaben:

a) $f(x) = x^3$ $g(x) = -x^2 + 6x - 10$; $a = 1$; $b = 2$

b) $f(x) = \frac{1}{x}$ $g(x) = 1$; $a = \frac{1}{2}$; $b = 3$

c) $f(x) = e^x$ $g(x) = -x^2 - 1$; $a = -1$; $b = 1$

d) $f(x) = \cos\frac{1}{2}x$ $g(x) = x - 1$; $a = -\pi$; $b = 0$

15. Zeichnen Sie den Graphen der folgenden Funktion $f$, und ermitteln Sie den Inhalt der Fläche, die von diesem Graphen sowie der $x$-Achse begrenzt wird.

Für $f$ gilt:

$$f(x) = \begin{cases} 2 \cdot \sqrt{x-1} & \text{für } 1 \leqq x \leqq 5 \\ -(x-7)^2 + 8 & \text{für } x > 5 \end{cases}$$

16. Gegeben sind zwei Scharen von Funktionen $f_a$ und $g_a$ durch $f_a(x) = x^2 - 9a$ und $g_a(x) = (1 - a)x^2$ mit $a \in I\!R$ und $0 \leqq a \leqq 1$.
   a) Skizzieren Sie für $a = \frac{1}{2}$ die Graphen der Funktionen $f_a$ und $g_a$. Berechnen Sie den von beiden Graphen und der $x$-Achse eingeschlossenen Flächeninhalt $A$.
   b) Berechnen Sie den von den Graphen der Funktionen $f_a$ und $g_a$ und der $x$-Achse eingeschlossenen Flächeninhalt $A(a)$ in Abhängigkeit von $a$.
   c) Für welchen Wert von $a$ wird $A(a)$ maximal?

17. Gegeben sind Funktionen $f_a$ mit $f_a(x) = -x^3 + ax$ ($a \in I\!R$, $a \neq 0$).
   a) Skizzieren Sie für $a = 3$ den Graphen von $f_3$ mit $f_3(x) = -x^3 + 3x$.
   Berechnen Sie den Inhalt $A_1$ der Fläche, die vom Graphen von $f_3$ und der $x$-Achse vollständig begrenzt wird.
   *b) Die Normale (Senkrechte zur Tangente) $g_3$ im Wendepunkt von $f_3$ schneidet den Graphen von $f_1$ in genau drei Punkten.
   Berechnen Sie den Inhalt $A_2$ der Fläche, die von den Graphen der Funktionen $f_3$ und $g_3$ eingeschlossen wird.
   *c) Für welchen Wert von $a$ wird die von den Graphen der Funktionen $f_a$ und $g_a$ eingeschlossene Fläche minimal?
   Berechnen Sie diese minimale Fläche.

18. Welches Volumen haben die Körper, die bei Rotation des Graphen von $f$ mit $f(x) = \frac{1}{36}x^2$ in $[0;\ 12]$ um die $x$-Achse und die $y$-Achse entstehen?

19. Durch den Graphen von $f$ mit $f(x) = \frac{1}{4}\sqrt{x}\,(4 - x)$, die $x$-Achse und die Gerade $x = 5$ wird eine Fläche begrenzt.
   a) Skizzieren Sie den Graphen von $f$ im Intervall $[0;\ 5]$.
   b) Berechnen Sie den Inhalt $A$ dieser Fläche.
   c) Welches Volumen hat der Körper, der bei Rotation dieser Fläche um die $x$-Achse entsteht?

20. Durch den Graphen der Funktion $f\colon x \mapsto \frac{1}{2}\sqrt{25 - x^2}$ und die $x$-Achse wird eine Fläche begrenzt. Durch Rotation dieser Fläche um die $x$-Achse entsteht ein Ellipsoid. Durch den Graphen der Funktion $g\colon x \mapsto \sqrt{\frac{4}{3}x}$ um die $x$-Achse wird eine weitere Fläche begrenzt. Durch Rotation dieser Fläche um die $x$-Achse wird das Ellipsoid parabolisch ausgehöhlt. Welches Volumen hat der Restkörper?

21. Durch den Graphen von $f$ mit $f(x) = 0{,}1\,x \cdot \sqrt{10 - x}$ und die $x$-Achse wird eine Fläche vollständig begrenzt.
   a) Durch Rotation dieser Fläche um die $x$-Achse entsteht ein Stromlinienkörper. Wie groß ist dessen Volumen?
   b) Die Tangenten in den Kurvenpunkten $P_1(0;\ y_1)$ und $P_2(10;\ y_2)$ an den Graphen von $f$ schneiden sich im Punkt $P_3(x_3;\ y_3)$.
   Berechnen Sie die Innenwinkel und den Flächeninhalt des Dreiecks $P_1\ P_2\ P_3$.

22. Der Innenraum eines Gefäßes hat die Gestalt eines Rotationsparaboloids (s. Abb.).

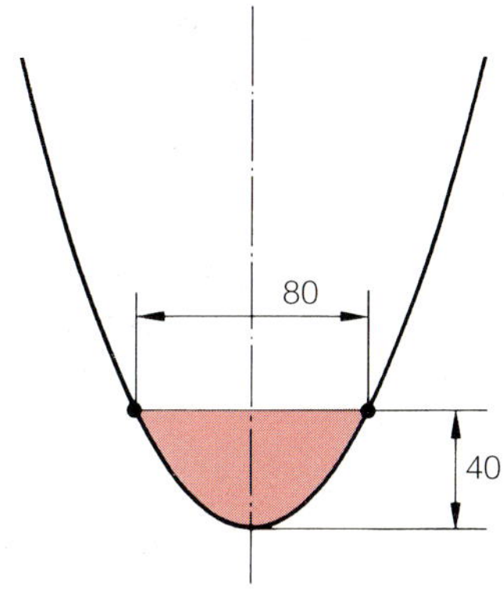


a) Wieviel Liter Flüssigkeit befinden sich im Gefäß, das 40 mm hoch gefüllt ist.
b) Wie hoch steht die Flüssigkeit im Gefäß bei Verdopplung der Flüssigkeitsmenge?
c) Wieviel Flüssigkeit kann das Gefäß maximal aufnehmen bei einer Gesamthöhe $h = 100$ mm?

23. Die Abbildung zeigt den Achsenschnitt eines Körpers mit parabelförmigem Rumpf und einer kegelförmigen Spitze. Der Rumpf entsteht durch Rotation der Fläche um die $x$-Achse, die vom Graphen von $f$ mit $f(x) = \sqrt{\frac{1}{3}x + \frac{1}{4}}$, den Koordinatenachsen und der Gerade $x = 5$ eingeschlossen wird.

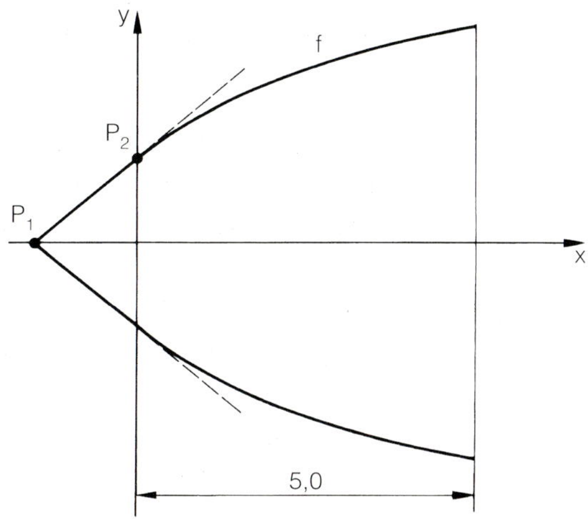


a) Welches Volumen hat der Rumpf?
b) Ermitteln Sie das Volumen des Kegels. Die Gerade durch $P_1$ und $P_2$ ist Tangente an den Graphen von $f$ im Punkt $P_2$.

*24. Ein Rotationsparaboloid soll die gleiche Grundfläche und Höhe wie ein gegebener Kreiszylinder haben.
Beweisen Sie, daß sich die Volumina beider Körper wie 1:2 verhalten.

25. Leiten Sie mit Hilfe der Integralrechnung folgende Volumenformeln her:

a) $V = \frac{\pi}{3} r^2 h$; Kreiskegel
b) $V = \frac{\pi}{3} h\,(r_1^2 + r_2^2 + r_1 r_2)$; Kreiskegelstumpf
c) $V = \frac{4}{3} \pi r^3$; Kugel

Hinweis zu c): Die Funktion $f$ mit $f(x) = \sqrt{r^2 - x^2}$ mit $-r \leqq x \leqq r$ ist die Gleichung eines Halbkreises mit dem Mittelpunkt $M\ (0;0)$ und dem Radius $r$ (s. Abb.).

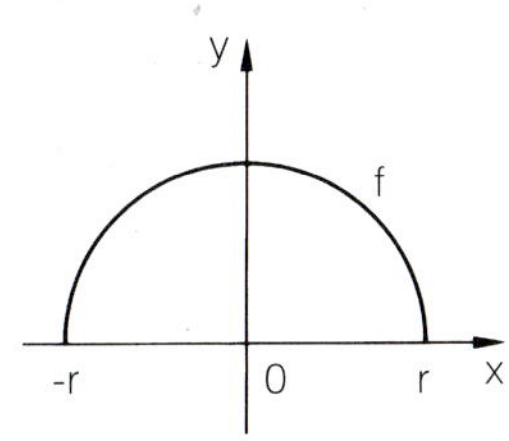

26. Durch die Graphen der Potenzfunktionen $f$ mit $f(x) = x^n$, die Koordinatenachsen und die Gerade $x = 1$ werden Flächen begrenzt. Durch Rotation dieser Flächen um die $x$-Achse entstehen Rotationskörper.
 a) Berechnen Sie das Volumen dieser Rotationskörper für $n = 1, 2, 3, 4$.
 b) Die so ermittelten Volumina bilden eine Zahlenfolge $(V_n)$. Ermitteln Sie eine Bildungsvorschrift für das $n$-te Glied dieser Folge. Ist die Folge $(V_n)$ konvergent?

27. Bei einer Blattfeder ist die Federspannkraft $F_s$ der dritten Potenz des Federspannweges $s$ proportional. Eine Messung ergab folgende Meßwerte:

| $s$ in cm | 0 | 2 | 3 | 5 | 7 |
|---|---|---|---|---|---|
| $F_s$ in $N$ | 0 | 55 | 190 | 876 | 2400 |

 a) Wie groß ist die Federkonstante $k$?
 b) Welche Arbeit ist zu verrichten, um die Feder aus der Ruhelage heraus um 3 cm (5 cm) zu spannen?

28. Für die Zugkraft $F$ einer Schraubenfeder gilt die Gleichung $F = k \cdot s$ mit der Federkonstanten $k = 0{,}4\ N \cdot \text{cm}^{-1}$. Die Feder wurde aus der Ruhelage um 2 cm gedehnt.
 a) Berechnen Sie die verrichtete Arbeit.
 b) Welche Arbeit ist erforderlich, um die Feder um weitere 2 cm zu dehnen?
 c) Um wieviel Zentimeter ist die Feder über die Stelle $s = 4$ cm hinaus verlängert worden, wenn eine Arbeit von 16,8 $N$ cm verrichtet wurde?

29. In einem Fitneßzentrum wird von einem Jugendlichen dreimal wöchentlich eine Schraubenfeder mit der Federkonstanten $k = 10\ N \cdot \text{cm}^{-1}$ gedehnt und zwar täglich 150mal um jeweils 40 cm. Welche Arbeit verrichtet er dabei wöchentlich?

30. Längs eines Weges $s$ wirkt eine Kraft $F$ mit $F(s) = s^2 - \frac{1}{3}s$ auf einen Körper ($F$ in Newton, $s$ in Metern). Welche Arbeit wird dabei verrichtet, wenn der Körper von $s_1 = 3$ m bis $s_2 = 6$ m bewegt wird?

31. Nach dem Gravitationsgesetz von Newton gilt für die Anziehungskraft $F$ zweier homogener kugelförmiger Körper $K_1$ und $K_2$ mit den Massen $m_1$ und $m_2$

$$F(r) = k \cdot \frac{m_1 \cdot m_2}{r^2}$$

Dabei ist $k = 6{,}67 \cdot 10^{-10}\ N m^2\ \text{kg}^{-2}$ die Gravitationskonstante und $r$ der Abstand der Mittelpunkte beider Körper (s. Abb.).

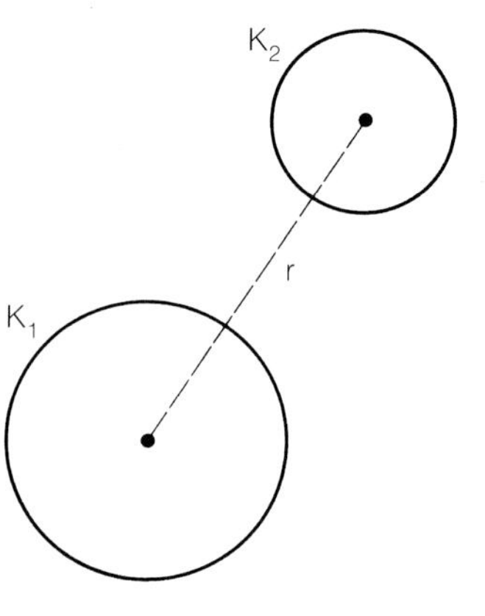

a) Welche Arbeit ist erforderlich, um einen Hubschrauber mit der Masse $m = 10^3$ kg von der Erdoberfläche aus auf eine Höhe von 200 m zu bringen?
Für den Erdradius gilt $R = 6{,}37 \cdot 10^6$ m, für die Erdmasse $m_1 = 5{,}98 \cdot 10^{24}$ kg.

b) Welche Arbeit muß verrichtet werden, um den Hubschrauber aus dieser Höhe auf eine Höhe von 1 km über der Erdoberfläche zu bringen?

c) Mit einer Ariane-Trägerrakete soll ein Forschungssatellit mit der Masse m = 200 kg in eine 250 km hohe Erstumlaufbahn gebracht werden. Welche Arbeit muß dazu aufgebracht werden, wenn die für die Beförderung der Trägerrakete notwendige Arbeit nicht berücksichtigt wird?

32. Durch einen linearen Druckanstieg von $p_1 = 0{,}1$ MPa auf $p_2 = 0{,}7$ MPa verringert sich das Volumen einer in einem Behälter eingeschlossenen Luftmenge von $V_1 = 12\ \text{dm}^3$ auf $V_2 = 2\ \text{dm}^3$.
Wie groß ist die dabei verrichtete Volumenarbeit?

33. Nach dem Gesetz von Boyle-Mariotte für ideale Gase gilt, daß das Produkt aus dem Druck $p$ und dem Volumen $V$ bei konstanter Temperatur unverändert bleibt, also $p \cdot V = \text{konstant} = k$ (s. Abb.).
Für die Berechnung der Expansionsarbeit eines Gases gilt bei veränderlichem Druck

$$W = \int_{V_1}^{V_2} p(V)dV = k \cdot \int_{V_1}^{V_2} \frac{dV}{V}$$

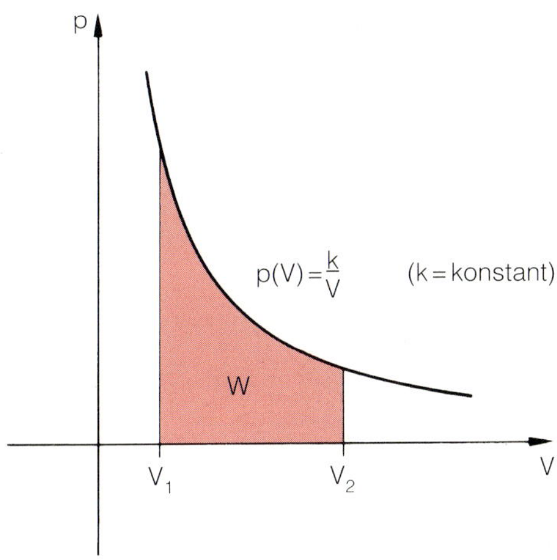


Eine abgeschlossene Luftmasse dehnt sich bei gleichbleibender Temperatur vom Anfangsvolumen $V_a = 2\ \text{dm}^3$ auf das Endvolumen $V_e = 10\ \text{dm}^3$ aus. Der Anfangsdruck beträgt 1 MPa.
Wie groß ist die bei der Expansion verrichtete Arbeit?

*34. Aus dem Gravitationsgesetz von Newton folgt, daß die Arbeit

$$W = \int_{r_1}^{r_2} k \cdot \frac{m_1 \cdot m_2}{r^2} dr = k \cdot m_1 \cdot m_2 \left( \frac{1}{r_1} - \frac{1}{r_2} \right)$$

erforderlich ist, um einen Körper $K_2$ mit der Masse $m_2$ von der Erdoberfläche (der Stelle $r_1 = R$) zur Stelle $r_2$ zu befördern (s. Abb.).

Dabei gilt für die Gravitationskonstante $k = 6{,}67 \cdot 10^{-10}\, Nm^2\,\mathrm{kg}^{-2}$, für die Erdmasse $m_1 = 5{,}98 \cdot 10^{24}$ kg und für den Erdradius $R = r_1 = 6{,}37 \cdot 10^6$ m.

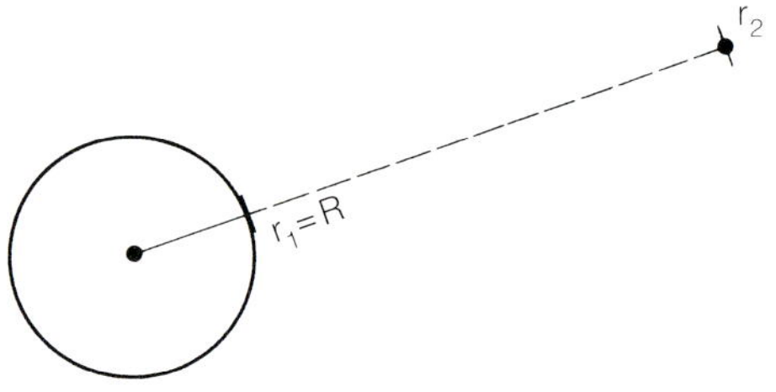


a) Welche Arbeit ist erforderlich, um einen Körper $K_2$ mit der Masse $m_2$ völlig aus dem Anziehungsbereich der Erde zu bringen (sog. »Schuß in das Weltall«)?

b) Mit welcher Mindestgeschwindigkeit $v_0$ muß dazu der Körper $K_2$ von der Erdoberfläche abgeschossen werden (sog. »Fluchtgeschwindigkeit«)?

*35. Gegeben ist die Funktion $f$ mit $f(x) = \frac{1}{x}$.

Der zum Intervall $[1; k]$ (mit $1 < k$) gehörige Graph dieser Funktion rotiere um die $x$-Achse. Er erzeugt dann einen Körper, dessen Mantelfläche Teil eines sog. Hyperboloids ist (s. Abb.).

a) Berechnen Sie den jeweiligen Querschnitt des Körpers (rot markiert) für $k = 10; 100; 1000; 10\,000$.

b) Berechnen Sie das jeweilige Volumen des Körpers für die gleichen Werte von $k$.

c) Versuchen Sie, eine Aussage über den Querschnitt bzw. über das Volumen für den Fall $k \to \infty$ zu treffen.
(Existiert ein Grenzwert? Wenn ja, welchen Wert hat er?)

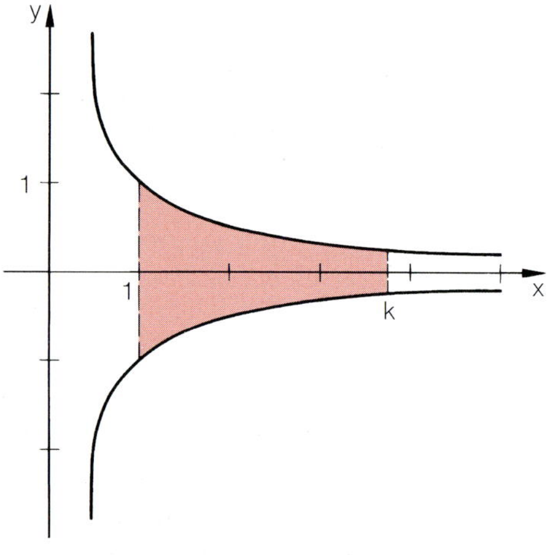

# D Komplexe Zahlen (Ergänzungsthema)

## D 1 Aus der Geschichte der komplexen Zahlen

Fragt man nach einem Rechteck, dessen Umfang 20 cm und dessen Flächeninhalt 40 $cm^2$ betragen sollen, so gelangt man bei einem Lösungsversuch zu der Gleichung $x^2 - 10x + 40 = 0$ ($x$ soll dabei der Zahlenwert einer der beiden Seitenlängen sein). Die Diskriminante dieser Gleichung ist negativ, die Gleichung besitzt keine Lösung, d. h. es gibt das geforderte Rechteck nicht.
Auf dieselbe Gleichung kam Geronimo Cardano (ein italienischer Mathematiker des 16. Jahrhunderts) bei der Aufgabe, die Zahl 10 so in zwei Summanden zu zerlegen, daß deren Produkt 40 ergibt. Cardano löste die Gleichung nach dem üblichen, damals schon bekannten Verfahren und gab als Lösung an:

$$x_1 = 5 + \sqrt{-15}; \quad x_2 = 5 - \sqrt{-15}.$$

Diese für $x_1$ bzw. $x_2$ angegebenen »Werte« haben eigentlich keinen Sinn, denn die Quadratwurzel aus negativen Zahlen ist nicht erklärt.
Wenn man aber so rechnet, als wäre $\sqrt{-15}$ eine ganz »normale« Zahl, dann findet man bei der Probe mit Hilfe des Satzes von Vieta:

$$x_1 + x_2 = 5 + \sqrt{-15} + 5 - \sqrt{-15} = 10$$

$$x_1 \cdot x_2 = (5 + \sqrt{-15}) \cdot (5 - \sqrt{-15}) = 5^2 - (\sqrt{-15})^2 = 25 - (-15) = 40.$$

Das heißt, $x_1$ und $x_2$ »erfüllen« die in der Aufgabe gestellten Bedingungen.
Die Tatsache, daß beim formalen »Rechnen« mit Quadratwurzeln aus negativen Zahlen »richtige« Ergebnisse gefunden werden können, war Mathematikern jener Zeit schon bekannt, sie konnten diese für sie rätselhafte Erscheinung aber noch nicht in die mathematische Theorie einordnen. Deshalb nannten sie jene Zahlen **imaginär,** d. h. »eingebildet«, »unwirklich«.

**Imaginäre Zahlen**

Das Wesen der sog. imaginären Zahlen konnte von den Mathematikern erst schrittweise geklärt werden. Besondere Verdienste erwarben sich dabei L. Euler im 18., W. R. Hamilton (ein irischer Mathematiker) und C. F. Gauß im 19. Jahrhundert. Das Ergebnis war schließlich ein neuer Zahlenbereich, der Bereich der sog. **komplexen Zahlen.**
Heute ist die Theorie der komplexen Zahlen ein umfangreiches Teilgebiet der Mathematik. Sie entstand zwar aus rein innermathematischen Fragestellungen, fand inzwischen aber vielfältige Anwendungen, z. B. bei der Beschreibung von Wechselstromkreisen, bei Problemen des Strömungsverhaltens in Flüssigkeiten und Gasen, in der Quantentheorie und der Theorie der Elementarteilchen.

# D 2 Erste Vorstellungen von dem neuen Zahlenbereich

①

Lösen Sie folgende Gleichungen, und versuchen Sie, eine Probe durch formales Einsetzen und Ausrechnen auch dann zu realisieren, wenn in den Lösungen »imaginäre Zahlen« auftreten.

a) $x^2 - 2x + 10 = 0$ b) $(x - 3) \cdot (x^2 - 4x + 5) = 0$

c) $x^2 + 6x + 9 = 0$ d) $(x^2 + 4x + 4) \cdot (x^2 + 8x + 20) = 0$

Aus der Bearbeitung des Auftrags ① sowie aus unserem Wissen über die reellen Zahlen und über Teilbereiche derselben (z. B. $\mathbb{Q}$, $\mathbb{Z}$, $\mathbb{N}$) können bereits einige grobe Vorstellungen von dem neu zu schaffenden Zahlenbereich gewonnen werden:

a) Die Elemente des neuen Bereichs werden im allgemeinen aus zwei »Komponenten« bestehen – einer reellen Zahl und einem imaginären Teil.

b) Da beim »üblichen Rechnen« mit den Elementen des neuen Bereichs auch *reelle* Zahlen als Ergebnisse auftreten können, werden diese im neuen Bereich vermutlich als *Teilbereich* enthalten sein.

c) Wenn die reellen Zahlen im neuen Bereich als Teilbereich enthalten sein sollen, dann müßten die von den reellen Zahlen her bekannten Rechengesetze auch im neuen Bereich gelten. Die »imaginären Zahlen« ließen sich dann alle als »Produkte« der Form $b \cdot \sqrt{-1}$ schreiben, denn es wären z. B. folgende »Umformungen« möglich:

$$\sqrt{-9} = \sqrt{9 \cdot (-1)} = \sqrt{9} \cdot \sqrt{-1} = 3 \cdot \sqrt{-1}$$

$$\sqrt{-4} = \sqrt{4 \cdot (-1)} = \sqrt{4} \cdot \sqrt{-1} = 2 \cdot \sqrt{-1}$$

$$\sqrt{-8} = \sqrt{8 \cdot (-1)} = \sqrt{8} \cdot \sqrt{-1}$$

Die Elemente des neuen Bereichs könnten somit alle in der Form $a + b \cdot \sqrt{-1}$ geschrieben werden, wobei $a$ und $b$ *reelle* Zahlen wären.

d) Die Frage nach einer *geometrischen Darstellbarkeit* der neuen Zahlen legt folgende Überlegung nahe: Wenn jede dieser Zahlen in der Form $a + b \cdot \sqrt{-1}$ geschrieben werden kann, dann ist sie durch das geordnete Paar $(a; b)$ von *reellen* Zahlen eindeutig festgelegt. Man kann $(a; b)$ als Koordinaten eines Punktes in einem cartesischen Koordinatensystem auffassen und der Zahl $a + b \cdot \sqrt{-1}$ somit den Punkt mit den Koordinaten $(a; b)$ zuordnen (siehe Abb. 1).
So gehört zu jeder Zahl $a + b \cdot \sqrt{-1}$ genau ein Punkt und umgekehrt.

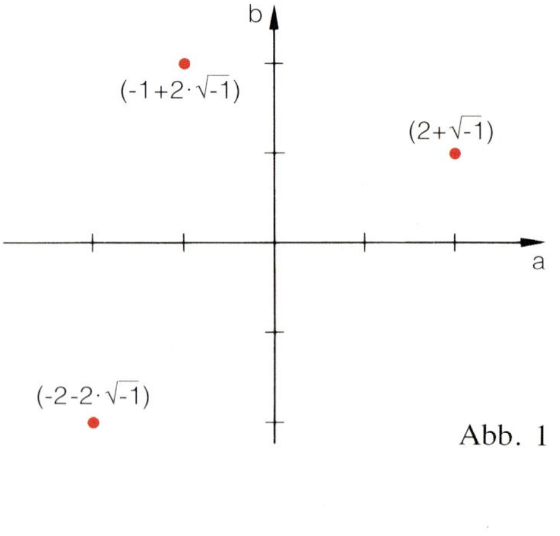


Abb. 1

*Aufgaben 1–2*

# D 3 Konstruktion des Bereiches ℂ der komplexen Zahlen

Wir betrachten alle geordneten Paare reeller Zahlen $(a; b)$ und wollen jedes solche Paar als eine *komplexe Zahl* auffassen. Damit das gerechtfertigt ist, müssen wir zeigen, wie man mit diesen Zahlen so *rechnen* kann, daß im Prinzip die gleichen *Rechengesetze* gelten wie für die reellen Zahlen.

**Definition 1: Addition komplexer Zahlen**[1]

$$(a; b) + (c; d) = (a + c; b + d)$$

Rechnen mit komplexen Zahlen

②
Begründen Sie, daß die so definierte Addition von Zahlenpaaren kommutativ und assoziativ ist.

Die *Subtraktion* komplexer Zahlen wird als Umkehroperation zur Addition erklärt. Daraus ergibt sich:

$$(a; b) - (c; d) = (a - c; b - d)$$

**Definition 2: Multiplikation komplexer Zahlen**

$$(a; b) \cdot (c; d) = (a \cdot c - b \cdot d;\quad a \cdot d + b \cdot c)$$

Mit dieser Festlegung wird das bisherige »Multiplizieren« mit »Termen« der Form $a + b \cdot \sqrt{-1}$ nachgebildet.

③
a) Beweisen Sie, daß die so erklärte Multiplikation komplexer Zahlen kommutativ und assoziativ ist.
b) Zeigen Sie, daß Addition und Multiplikation durch das Distributivgesetz miteinander verbunden sind.

Die Division komplexer Zahlen wird als Umkehroperation zur Multiplikation erklärt. Sie ist stets eindeutig ausführbar, sofern der Divisor nicht das Paar $(0; 0)$ ist.

1 Die Rechenoperationen für Zahlen*paare* sind nicht identisch mit den Rechenoperationen für reelle Zahlen. Man müßte deshalb eigentlich andere Symbole verwenden, etwa ⊕, ⊖ usw. Da aber kaum Verwechslungen auftreten können, verwendet man die üblichen Rechenzeichen.

Betrachten wir jetzt einmal alle Paare der Form $(a; 0)$. Wenn man (nur) mit ihnen rechnet, erhält man stets wieder ein Paar dieser Form. Mehr noch: wenn das Produkt der reellen Zahlen $a$, $b$ gleich $c$ ist, dann ist das Produkt der Paare $(a; 0)$ und $(b; 0)$ gleich $(c; 0)$ – und umgekehrt. Gleiches gilt für die anderen Rechenoperationen.

Es ist also *gleichgültig*, ob man mit den reellen Zahlen $a$, $b$ rechnet oder mit den Paaren $(a; 0)$ und $(b; 0)$. Die Paare der Form $(a; 0)$ *entsprechen* den reellen Zahlen, man kann in diesem Sinne $(a; 0) = a$ setzen. Die reellen Zahlen bilden somit einen *Teilbereich* der komplexen Zahlen: $\mathbb{R} \subseteq \mathbb{C}$. Eine andere Teilmenge der komplexen Zahlen bilden die Paare der Form $(0; b)$. Wie sich zeigt, kann man sie alle als Produkt einer reellen Zahl mit dem Paar $(0; 1)$ darstellen:

Da $(b; 0) \cdot (0; 1) = (b \cdot 0 - 0 \cdot 1; b \cdot 1 + 0 \cdot 0) = (0; b)$ ist und man für $(b; 0)$ einfach $b$ schreiben kann, gilt $(0; b) = b \cdot (0; 1)$. Das bedeutet, daß man *alle* Paare der Form $(0; b)$ mit Hilfe des *einen* Paares $(0; 1)$ darstellen kann. Dies rechtfertigt, für das Paar $(0; 1)$ ein spezielles Symbol zu benutzen. Man verwendete dafür den Buchstaben $i$. Seine Wahl geht auf Euler zurück, der damit an die Redeweise »imaginäre Zahlen« anknüpfte. Nach den eben getroffenen Verabredungen können wir jedes Paar $(a; b)$ in der Form $(a; 0) + (0; b)$ oder kürzer in der Schreibweise $\mathbf{a + b \cdot i}$ darstellen. Man bezeichnet dabei $a$ als **Realteil,** $b$ als **Imaginärteil** der komplexen Zahl.

**Imaginäre Einheit i**

Das *Rechnen* mit so gegebenen komplexen Zahlen erfolgt im Prinzip nach den für die Paardarstellung festgelegten Definitionen. Es erscheint wie ein Rechnen mit Summen.

**Paardarstellung**

*Addition:* $(3 + 4i) + (8 - 7i) = 11 - 3i$

*Subtraktion:* $(4 - i) - (3 + 2i) = 1 - 3i$

*Multiplikation:* $(2 + 3i) \cdot (4 + 5i) = 2 \cdot 4 + 2 \cdot 5i + 4 \cdot 3i + 3 \cdot 5 \cdot i^2$
$= 8 + 22i + 15 \cdot i^2$

Das Ergebnis der Multiplikation hat noch nicht die Form $a + bi$, es enthält noch $i^2$. Wir wollen $i^2$ »ausrechnen«:

$$i = (0; 1)$$
$$i^2 = (0; 1) \cdot (0; 1) = (0 \cdot 0 - 1 \cdot 1; \quad 0 \cdot 1 + 1 \cdot 0) = (-1; 0) = -1$$

$$i^2 = -1$$

Man kann bei der Multiplikationsaufgabe also weiterrechnen und erhält als Ergebnis die komplexe Zahl $-7 + 22i$.

Eine direkte Bildungsvorschrift für die *Division* komplexer Zahlen haben wir noch nicht kennengelernt. Sie müßte angeben, wie sich in der Gleichung

$(a + bi) : (c + di) = x + yi$

die (reellen) Zahlen $x$ und $y$ aus den (reellen) Zahlen $a$, $b$, $c$, $d$ berechnen lassen.

Diese Vorschrift läßt sich ermitteln, sie ist aber relativ kompliziert. Einfacher ist es, wenn man wie folgt vorgeht: Es soll $(28 + 24i) : (6 - 2i)$ berechnet werden. Man setzt diesen Quotienten gleich $a + bi$.

Da die Division die *Umkehrung der Multiplikation* sein soll, muß

$(a + bi) \cdot (6 - 2i) = 28 + 24i$ gelten.

Daraus folgt nach Definition der Multiplikation:

$(a + bi) \cdot (6 - 2i) = 6a + 2b + (-2a + 6b) \cdot i$, also $6a + 2b = 28$ und $-2a + 6b = 24$.

Die Lösung dieses Gleichungssystems lautet: $a = 3$, $b = 5$. Einsetzen und Ausrechnen zeigt die Richtigkeit von

$$(3 + 5i) \cdot (6 - 2i) = 28 + 24i,$$

also gilt

$$(28 + 24i) : (6 - 2i) = 3 + 5i.$$

Erinnern wir uns an den Ausgangspunkt: Wir waren beim Lösen quadratischer Gleichungen auf Wurzeln aus negativen Radikanden gestoßen und hatten mit ihnen »gerechnet«, obwohl es ja keine reelle Zahl gibt, deren Quadrat negativ ist.
Jetzt können wir feststellen: Im Bereich der *komplexen* Zahlen *gibt es* Elemente, deren Quadrat eine *negative reelle* Zahl ist.

$i^2 = -1$;   $(2i)^2 = -4$;   $(\sqrt{3} \cdot i)^2 = -3$ usw.

*Aufgaben 3–5*

## D 4 Geometrische Darstellung der komplexen Zahlen

Bei der Zuordnung der neuen Zahlen zu den Punkten einer Ebene (und umgekehrt) spricht man von der **komplexen Zahlenebene,** auch **Gaußsche Zahlenebene** genannt. Die Koordinatenachsen bezeichnet man als **reelle** bzw. **imaginäre** Achse (Abb. 2).
Zuweilen werden komplexe Zahlen auch als *Pfeile* dargestellt, deren Anfangspunkt der Nullpunkt des Koordinatensystems ist (s. Abb. 3).

**Pfeildarstellung**

Die Addition zweier komplexer Zahlen kann dann geometrisch wie die Addition zweier durch die Pfeile dargestellter Vektoren realisiert werden (s. Abb. 3).

**Addition geometrisch**

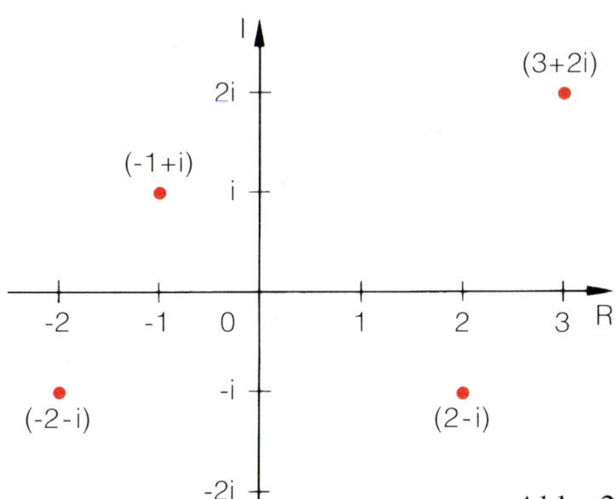


Abb. 2

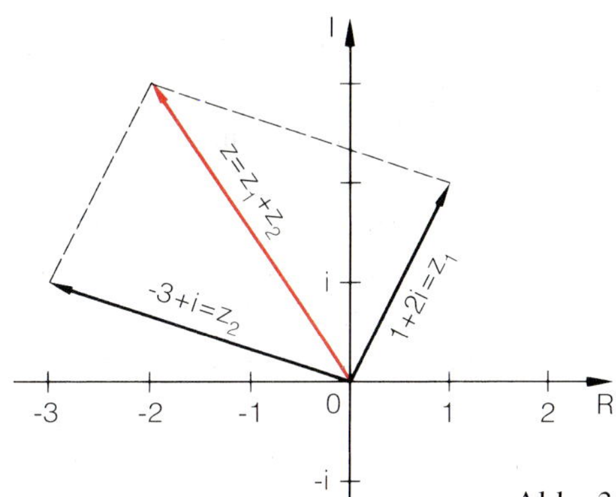


Abb. 3

**Betrag einer komplexen Zahl**

Den *Abstand* einer komplexen Zahl $z = a + bi$ vom Nullpunkt des Koordinatensystems bezeichnet man als ihren **Betrag** $|z|$.

Nach dem Satz des Pythagoras gilt: $|z| = |a + bi| = \sqrt{a^2 + b^2}$.

$|z|$ ist eine reelle, nichtnegative Zahl.

Von den *reellen* Zahlen wissen wir: $a < b$ genau dann, wenn $a$ auf der Zahlengeraden *links* von $b$ liegt.
Die *komplexen* Zahlen sind den Punkten einer *Ebene* zugeordnet. Kann man die Punkte einer Ebene ordnen?
Von einer »richtigen« Ordnung, für die wir einmal das Zeichen $\olessthan$ und die Sprechweise »liegt vor« verwenden wollen, müßte man folgendes verlangen:

1. Für je zwei Punkte $P_1$, $P_2$ muß entweder $P_1 \olessthan P_2$ oder $P_2 \olessthan P_1$ oder $P_1 = P_2$ gelten. (Linearität)
2. Für je drei Punkte muß gelten: wenn $P_1 \olessthan P_2$ und $P_2 \olessthan P_3$, so $P_1 \olessthan P_3$. (Transitivität)
3. Für keinen Punkt gilt: $P \olessthan P$. (Irreflexivität)

Beim Ordnen einer *Zahlenmenge* verlangt man aber außer 1. bis 3. noch mehr, nämlich die »Verträglichkeit« der Ordnung mit den Rechenoperationen. Insbesondere sollen *Monotoniegesetze* gelten, z. B.:

4. Wenn $a \olessthan b$ und $0 \olessthan c$, so $a \cdot c \olessthan b \cdot c$.
5. Wenn $a \olessthan b$ und $c \olessthan 0$, so $b \cdot c \olessthan a \cdot c$.

Für die komplexen Zahlen ergibt sich daraus die Notwendigkeit, daß im Teilbereich der reellen Zahlen die bestehende Ordnung erhalten bleiben müßte.

**Satz 1**
Es gibt keine Ordnung der komplexen Zahlen, die mit den Rechenoperationen verträglich ist.

**Beweis:**
Angenommen, wir hätten die komplexen Zahlen so geordnet, daß die Forderungen 1. bis 5. erfüllt sind. Dann müßte für die Zahlen 0 und $i$ nach 1. entweder $0 \olessthan i$ oder $i \olessthan 0$ oder $0 = i$ gelten. Die Gleichheit scheidet aus: $(0,0) \neq (0,1)$.

a) Angenommen, es gilt $0 \olessthan i$. Dann folgt daraus nach 4. – Multiplikation mit $i$ – die Ungleichung $0 \olessthan -1$, also ein Widerspruch zur Ordnung der reellen Zahlen.
b) Angenommen, es gilt $i \olessthan 0$. Daraus folgt durch Multiplikation mit $(-1)$ nach 5. die Ungleichung $0 \olessthan -i$.
Multipliziert man nun $i \olessthan 0$ mit $(-i)$, so folgt nach 4. die Ungleichung $1 \olessthan 0$, die ebenfalls der Ordnung der reellen Zahlen widerspricht.

Die Annahme, es gäbe eine Ordnung der komplexen Zahlen, die mit den Rechenoperationen verträglich ist, ist damit widerlegt.

*Aufgaben 6–7*

# D 5 Trigonometrische Darstellung der komplexen Zahlen

Aus Abbildung 4 ist unmittelbar ersichtlich, daß für $z = a + bi$ folgendes gilt:

$a = |z| \cdot \cos \varphi; \quad b = |z| \cdot \sin \varphi$

Die komplexe Zahl $z$ läßt sich also auch in der Form
$z = |z| \cdot \cos \varphi + |z| \cdot i \cdot \sin \varphi$ oder
$z = |z| \cdot (\cos \varphi + i \cdot \sin \varphi)$
darstellen.

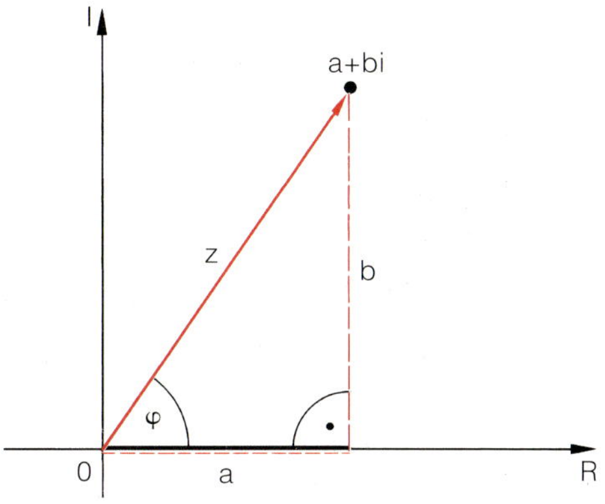


Abb. 4

Da $|z|$ gleich dem Radius $r$ des Kreises um 0 ist, auf dem $z$ liegt, verwendet man auch die Schreibweise

**Trigonometrische Darstellung**

$$z = r \cdot (\cos \varphi + i \cdot \sin \varphi).$$

Die komplexe Zahl $z$ ist damit durch ihren *Betrag* $r$ sowie durch den Winkel $\varphi$ bestimmt, den der zu $z$ gehörige Pfeil mit der positiven Richtung der reellen Achse einschließt. Man bezeichnet $\varphi$ als das *Argument* von $z$. (Dabei wird $0 \leqq \varphi < 2\,\pi$ vorausgesetzt.)
Die Zahl $z = 0$ besitzt den Betrag 0. Ihr ist *kein* Argument zugeordnet.

**Beispiel 1**
*Gegeben ist $z = 3 + 4i$, gesucht ist die trigonometrische Darstellung von $z$.*
*($\varphi$ ist auf drei Stellen nach dem Komma anzugeben.)*

**Lösung:**
$|z| = \sqrt{3^2 + 4^2}; \; |z| = 5$
Aus $a = |z| \cdot \cos \varphi$ und $b = |z| \cdot \sin \varphi$ folgt

$\cos \varphi = \frac{3}{5}$ bzw. $\sin \varphi = \frac{4}{5}; \quad \varphi = 0{,}927$

Ergebnis: $z = 5 \cdot (\cos 0{,}927 + i \cdot \sin 0{,}927)$

**Beispiel 2**
*Gegeben ist $z = 3 \cdot (\cos \frac{\pi}{6} + i \cdot \sin \frac{\pi}{6})$, gesucht ist die Darstellung $a + bi$.*

**Lösung:**
$a = 3 \cdot \cos \frac{\pi}{6} = 3 \cdot 0{,}5 \cdot \sqrt{3} \qquad b = 3 \cdot \sin \frac{\pi}{6} = 3 \cdot 0{,}5$

Ergebnis: $z = 1{,}5 \cdot \sqrt{3} + 1{,}5 \cdot i$

④

Wandeln Sie in die jeweils andere Darstellung um.

a) $z = -3 + 0{,}5i$ b) $z = 2 \cdot (\cos \frac{3}{2}\pi + i \cdot \sin \frac{3}{2}\pi)$

Bei der *Multiplikation* zweier komplexer Zahlen in trigonometrischer Darstellung ergibt sich entsprechend der Definition dieser Rechenoperation folgendes:

Sei $z_1 = r_1 \cdot \cos \varphi_1 + r_1 \cdot i \cdot \sin \varphi_1$ und $z_2 = r_2 \cdot \cos \varphi_2 + r_2 \cdot i \cdot \sin \varphi_2$.

Für den *Realteil* des Produktes $z_1 \cdot z_2$ erhält man

$$R(z_1 \cdot z_2) = r_1 \cdot r_2 \cdot (\cos \varphi_1 \cdot \cos \varphi_2 - \sin \varphi_1 \cdot \sin \varphi_2).$$

für den *Imaginärteil* von $z_1 \cdot z_2$ erhält man

$$I(z_1 \cdot z_2) = r_1 \cdot r_2 \cdot (\cos \varphi_1 \cdot \sin \varphi_2 + \sin \varphi_1 \cdot \cos \varphi_2).$$

Nach den Additionstheoremen für die Sinus- bzw. Kosinusfunktion folgt daraus:

$R(z_1 \cdot z_2) = r_1 \cdot r_2 \cdot \cos(\varphi_1 + \varphi_2)$; $I(z_1 \cdot z_2) = r_1 \cdot r_2 \cdot \sin(\varphi_1 + \varphi_2)$

**Satz 2**

Für die Multiplikation zweier komplexer Zahlen

$z_1 = r_1 \cdot (\cos \varphi_1 + \mathrm{i} \cdot \sin \varphi_1)$ und $z_2 = r_2 \cdot (\cos \varphi_2 + \mathrm{i} \cdot \sin \varphi_2)$ gilt:

$z_1 \cdot z_2 = r_1 \cdot r_2 \cdot [\cos(\varphi_1 + \varphi_2) + \mathrm{i} \cdot \sin(\varphi_1 + \varphi_2)]$.

Das heißt: Bei der *Multiplikation* komplexer Zahlen werden ihre *Beträge multipliziert* und ihre *Argumente addiert*.

⑤

Berechnen Sie $1{,}5 \cdot (\cos \frac{\pi}{4} + i \cdot \sin \frac{\pi}{4})^2$.

⑥

Begründen Sie folgende geometrische Konstruktion zur Ermittlung von $z = z_1 \cdot z_2$ für $z_1 = 2 + 2i$ und $z_2 = -1 + 2{,}5 \cdot i$ (Abb. 5).

1. Man markiert die zu den Zahlen $z_1$ bzw. $z_2$ gehörigen Punkte in der komplexen Zahlenebene und bezeichnet sie entsprechend mit $Z_1$ und $Z_2$. Der zur Zahl 1 gehörende Punkt werde mit $P$ bezeichnet.
2. Man dreht den Punkt $Z_2$ in positivem Drehsinn um 0 mit dem Drehwinkel $\varphi_1$. Das Bild von $Z_2$ sei $Z_2'$.
3. Man zeichnet den Strahl $OZ_2'$.
4. Man trägt im Punkt $Z_2$ den Winkel $OPZ_1$ so an die Strecke $\overline{OZ_2}$ an, daß seine Orientierung erhalten bleibt. Der freie Schenkel des angetragenen Winkels schneidet den Strahl $\overline{OZ_2}'$ im Punkt $Z$.

Behauptung: Für die zu $Z$ gehörende Zahl $z$ gilt: $z = z_1 \cdot z_2$.

Hinweise: a) Vergleichen Sie die Dreiecke $OPZ_1$ und $OZ_2Z$.
b) Wie groß ist das zu $z$ gehörende Argument $\varphi$?

**Multiplikation-geometrisch**

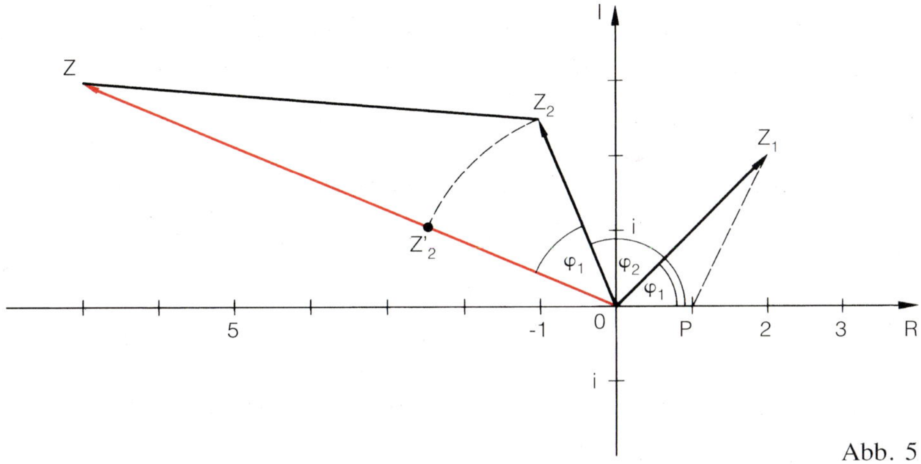


Abb. 5

Wird beim Multiplizieren das Argument $\varphi$ des Produktes gleich $2\pi$ oder größer, so daß man es in der Form $\varphi = \varphi_0 + k \cdot 2\pi$ (mit $0 \leqq \varphi_0 < 2\pi$) schreiben kann ($k \in \mathbb{N}$), dann verwendet man im Ergebnis in der Regel nur den Wert $\varphi_0$, da $\sin(\varphi_0 + k \cdot 2\pi) = \sin \varphi_0$ und $\cos(\varphi_0 + k \cdot 2\pi) = \cos \varphi_0$ gilt.

**Satz 3**
Für die **Division zweier komplexer Zahlen**
$z_1 = r_1 \cdot (\cos \varphi_1 + i \cdot \sin \varphi_1)$ und $z_2 = r_2 \cdot (\cos \varphi_2 + i \cdot \sin \varphi_2)$ gilt:

$$z_1 : z_2 = \frac{r_1}{r_2} \cdot [\cos(\varphi_1 - \varphi_2) + i \cdot \sin(\varphi_1 - \varphi_2)]$$

Falls $\varphi_1 - \varphi_2 < 0$ ist, kann man diesen Winkel als durch *Rechtsdrehung* (mathematisch negativer Drehsinn) entstanden interpretieren oder ihn durch Addition von $2\pi$ in einen positiven Winkel mit gleichen Kosinus- bzw. Sinuswerten überführen.

**Beispiel 3**

*Gegeben:* $z_1 = 3 \cdot \left(\cos\frac{\pi}{3} + i \sin\frac{\pi}{3}\right)$; $z_2 = 0{,}5 \cdot \left(\cos\frac{4}{3}\pi + i \sin\frac{4}{3}\pi\right)$
*Gesucht ist* $z_1 : z_2$.

**Lösung:**

$$z_1 : z_2 = \frac{3}{0{,}5} \cdot \left[\cos\left(\frac{\pi}{3} - \frac{4}{3}\pi\right) + i \cdot \sin\left(\frac{\pi}{3} - \frac{4}{3}\pi\right)\right]$$
$$= 6 \cdot (\cos \pi + i \cdot \sin \pi) = -6.$$

*Aufgabe 8*

# D 6 Gleichungen im Bereich der komplexen Zahlen

Im Bereich der reellen Zahlen hat eine quadratische Gleichung entweder *zwei* Lösungen oder *eine* oder *keine* Lösung. Letzteres ist zum Beispiel der Fall bei $x^2 + 1 = 0$ bzw. $x^2 = -1$.

Wie wir inzwischen wissen (vgl. Abschnitt 3), *gibt es* im Bereich der *komplexen Zahlen mindestens eine Lösung* der Gleichung $z^2 + 1 = 0$, nämlich $z = i$. Da $i^2 = -1$ ist, *erfüllt* $i$ die Gleichung $z^2 + 1 = 0$.

**Lösen von Gleichungen**

Man kann diese Lösung auch durch Rückgang auf die trigonometrische Darstellung komplexer Zahlen und die dafür geltende Multiplikationsregel finden:

Für $z$ benutzt man die Darstellung $r \cdot (\cos \varphi + i \cdot \sin \varphi)$.
Daraus folgt $z^2 = r^2 \cdot (\cos 2\varphi + i \cdot \sin 2\varphi)$.
Die komplexe Zahl $-1$ schreibt man in der Form

$$1 \cdot (\cos \pi + i \cdot \sin \pi).$$

Aus der Gleichung $z^2 = -1$ wird dann

$$r^2 \cdot (\cos 2\varphi + i \cdot \sin 2\varphi) = 1 \cdot (\cos \pi + i \cdot \sin \pi).$$

Daraus folgt: $r^2 = 1$, d. h. $r = 1$, und $2\varphi = \pi$, d. h. $\varphi = \frac{\pi}{2}$.

Man erhält damit $z = 1 \cdot (\cos \frac{\pi}{2} + i \cdot \sin \frac{\pi}{2}) = i$.

Ist $i$ die *einzige* Lösung von $z^2 + 1 = 0$?

⑦
Beweisen Sie: Für jede komplexe Zahl $z$ gilt $z^2 = (-z)^2$.

Der nach Auftrag ⑦ bewiesene Satz läßt vermuten, daß neben $i$ auch $-i$ eine Lösung der Gleichung $z^2 + 1 = 0$ ist. Die Durchführung der Probe bestätigt das auch.
Gibt es außer $i$ und $-i$ noch *weitere* Lösungen der Gleichung $z^2 + 1 = 0$?
Angenommen, $z_0$ ist eine weitere Lösung, d. h. ${z_0}^2 = -1 = i^2$. Dann muß ${z_0}^2 - i^2 = 0$ gelten, d. h. $(z_0 + i) \cdot (z_0 - i) = 0$. Das Produkt ist genau dann Null, wenn wenigstens ein Faktor Null ist, d. h. $z_0 = i$ oder $z_0 = -i$.
Das bedeutet, daß $z_0$ doch keine »neue« Lösung ist, die Gleichung $z^2 + 1 = 0$ besitzt *genau zwei* Lösungen.
Hätte man die Lösung $-i$ auch durch »Winkelhalbierung« aus der trigonometrischen Darstellung von $-1$ finden können?
Wir erinnern uns, daß bei der Multiplikation zweier komplexer Zahlen $z_1$, $z_2$ deren *Argumente* $\varphi_1$ und $\varphi_2$ *addiert* werden. Dabei kann die Summe *größer* als $2\pi$ werden.
Die Zahl $-1 = \cos \pi + i \cdot \sin \pi$ kann also nicht nur durch Quadrieren von $i = \cos \frac{\pi}{2} + i \cdot \sin \frac{\pi}{2}$ entstehen, sondern auch als Quadrat von $-\mathrm{i} = \cos \frac{3}{2}\pi + \mathrm{i} \cdot \sin \frac{3}{2}\pi$, denn

$$(\cos \frac{3}{2}\pi + i \cdot \sin \frac{3}{2}\pi)^2 = \cos \frac{6}{2}\pi + i \cdot \sin \frac{6}{2}\pi =$$
$$\cos (\pi + 2\pi) + i \cdot \sin (\pi + 2\pi) = \cos \pi + i \cdot \sin \pi.$$

Man findet die zweite Lösung, wenn man $-1$ nicht nur in der Form $\cos \pi + i \cdot \sin \pi$ darstellt, sondern auch in der Form $\cos 3\pi + i \cdot \sin 3\pi$ – d. h. sozusagen das Argument »um eine volle Umdrehung« vermehrt.

⑧
Erläutern Sie, warum das Hinzufügen weiterer Vielfacher von $2\pi$ im Argument der Zahl $-1$ keine weiteren Lösungen der Gleichung $z^2 = -1$ finden läßt.

⑨
Ermitteln Sie alle Lösungen folgender Gleichungen.

a) $z^2 = i$ b) $z^2 + i = 0$ c) $z^2 = \cos \frac{\pi}{4} + i \cdot \sin \frac{\pi}{4}$

Stellen Sie die Lösungen jeweils in der komplexen Zahlenebene dar.

Wir können festhalten:
Im Bereich der komplexen Zahlen besitzt *jede* Gleichung der Form $z^2 = w$ (mit $w \neq 0$) *genau zwei* Lösungen.

**Anzahl on Lösungen**

Diese Feststellung ist aber nur ein Spezialfall eines wesentlich allgemeineren Satzes, der hier ohne Beweis mitgeteilt werden soll:

**Satz 4**
Im Bereich $\mathbb{C}$ der komplexen Zahlen besitzt jede Gleichung der Form

$$a_n \cdot z^n + a_{n-1} \cdot z^{n-1} + \ldots + a_1 \cdot z + a_0 = 0 \text{ (mit } a_n \neq 0)$$

genau $n$ Lösungen $z_1, z_2, \ldots, z_n$.
(Dabei werden *gleiche* $z_i$ entsprechend ihrer Vielfachheit gezählt.)

Man bezeichnet diesen Satz häufig als **Fundamentalsatz der Algebra**.

**Beispiel 4**
Die Gleichung $z^4 - 6z^3 + 10z^2 - 6z + 9 = 0$, die für $z \in \mathbb{R}$ nur die (doppelt zu zählende) Lösung $z_{1,2} = 3$ besitzt, hat für $z \in \mathbb{C}$ die *vier* Lösungen $z_1 = 3$, $z_2 = 3$, $z_3 = i$, $z_4 = -i$.

Es gilt nämlich

$$z^4 - 6z^3 + 10z^2 - 6z + 9 = (z - 3)(z - 3)(z - i)(z + i).$$

*Aufgaben 9–13*

# D 7 Ausblick auf komplexe Funktionen

Wir wollen den Funktionsbegriff auf komplexe Zahlen anwenden, also Abbildungen untersuchen, die jeder komplexen Zahl $z$ aus einem gegebenen Definitionsbereich genau eine komplexe Zahl $w$ als Funktionswert zuordnen. Man schreibt dafür $w = f(z)$.

Welche *Eigenschaften* können solche Funktionen haben?

Bei *reellen* Funktionen sucht man zum Beispiel nach Intervallen, in denen die Funktion *monoton wachsend* bzw. *fallend* ist, sowie nach *Maxima* oder *Minima*. Für *komplexe* Funktionen können *diese* Fragen gar nicht aufgeworfen werden, da es im Bereich der komplexen Zahlen keine Ordnungsrelation gibt (vgl. Abschnitt 4).
Ein anderer Untersuchungsaspekt bei den *reellen* Funktionen ist die Frage nach ihren *Definitions- und Wertebereichen*, auch nach Bildern unterschiedlicher Teilmengen eines Definitionsbereichs. *Solche* Fragen sind auch für *komplexe* Funktionen von Interesse. Um die Zusammenhänge übersichtlich darstellen zu können, verwendet man nicht selten *zwei* Ebenen – eine (die $z$-Ebene) für den Definitionsbereich, eine zweite (die $w$-Ebene) für den Wertebereich.

**Lineare Funktionen**

### Die Funktion $w = f(z) = az + b$ $(a, b, z \in \mathbb{C};\ a \neq 0)$

Diese Funktion ist für alle Werte von $z$ definiert. Betrachten wir zunächst den Fall $b = 0$, d. h. $w = f(z) = a \cdot z$.

Wie wir aus Abschnitt 5 wissen, bedeutet die Multiplikation von $z$ mit $a$, daß die Argumente von $z$ und $a$ zueinander *addiert* und ihre Beträge miteinander *multipliziert* werden. Geometrisch gesehen wird demnach der zu $z$ gehörige Punkt $Z$ um den Nullpunkt der $z$-Ebene *gedreht*, und zwar um das Argument $\varphi(a)$, und anschließend wird der Bildpunkt $Z'$ durch Streckung mit dem Faktor $r(a)$ auf den zum Funktionswert $w$ gehörigen Punkt $W$ abgebildet (Abb. 6).

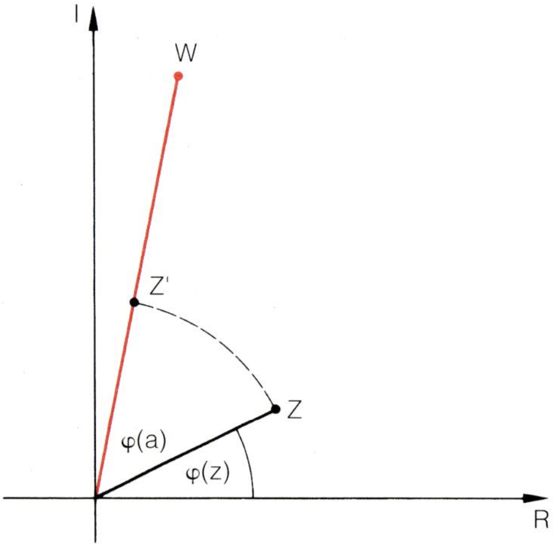


Abb. 6

Die durch $f(z) = az + b$ mit $b \neq 0$ gegebene Abbildung bedeutet geometrisch, daß auf den der Zahl $z$ entsprechenden Punkt $Z$ zunächst eine Drehung, dann eine Streckung und zuletzt eine Verschiebung angewendet wird.

(10)

Gegeben sei die Funktion $w = f(z) = 1{,}5 \cdot i \cdot z + (1 - 2i)$.

a) Ergänzen Sie folgende Wertetabelle, und stellen Sie die $z$- und $w$-Werte in der Gaußschen Zahlenebene dar.

| $z$ | $1$ | $-1$ | $i$ | $-i$ | $1 + i$ | $-2i$ | $-3 - i$ |
|---|---|---|---|---|---|---|---|
| $w$ | | | | | | | |

b) Versuchen Sie, das Bild des durch $|z| = 1$ gegebenen »Einheitskreises« bei der Abbildung $f$ zu ermitteln und in der Gaußschen Zahlenebene zu zeichnen.

## Die Funktion $w = f(z) = z^2$ $(z \in \mathbb{C})$

Wie wir wissen, ist
$$z^2 = [r \cdot (\cos \varphi + i \cdot \sin \varphi)]^2 = r^2 \cdot (\cos 2\varphi + i \cdot \sin 2\varphi).$$

**Quadratische Funktion**

Um die Funktion $w = z^2$ genauer kennenzulernen, kann man zunächst bestimmte *Teilmengen* ihres Definitionsbereiches betrachten.

1. Wir beginnen einmal mit $D_1 = \mathbb{R}$, suchen also das Bild der reellen Achse der $z$-Ebene. Da für *reelle* Zahlen $z$ bekanntlich $z^2 \geqq 0$ gilt, wird die reelle Achse der $z$-Ebene auf den nicht negativen Teil der reellen Achse der $w$-Ebene abgebildet. Dabei wird jeder Bildpunkt (außer $w = 0$) »doppelt belegt« (z. B. ist $w = 4$ Bild sowohl von $z = 2$ als auch von $z = -2$).

**Bilder von Punktmengen**

2. Was ist das Bild des ersten Viertels des »Einheitskreises« der $z$-Ebene, also das Bild von $D_2 = \{ z ; r = 1 \text{ und } 0 \leqq \varphi \leqq \frac{\pi}{2} \}$?

   Da für jedes $z$ aus $D_2$ $r = 1$ gilt, haben auch alle zugeordneten Werte $w = z^2$ den Betrag 1, liegen also alle auf dem »Einheitskreis« der $w$-Ebene. Das Argument wird beim Quadrieren allerdings verdoppelt. Als Bildmenge von $D_2$ erhält man also die »obere Hälfte« des Einheitskreises der $w$-Ebene (s. Abb. 7).

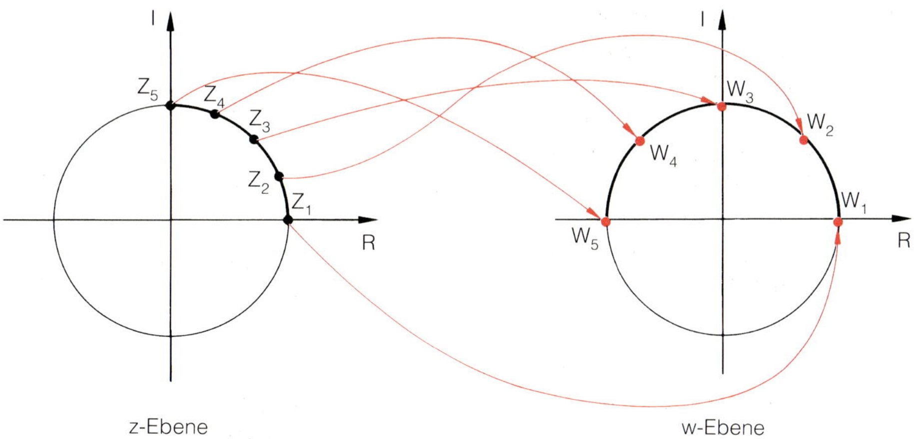


Abb. 7

⑪

Ermitteln Sie die durch $f(z) = z^2$ bestimmten Bildmengen folgender weiterer Teilmengen $D_n$ des Definitionsbereiches, und stellen Sie die Bildmengen $f(D_n)$ in der $w$-Ebene dar.

3. $D_3 = \{z\,;\, 0 \leqq r \leqq 1 \text{ und } \frac{\pi}{2} \leqq \varphi \leqq \pi\}$

   ($D_3$ ist das »zweite Viertel« der Einheits-kreis*fläche*; s. Abb. 8)

4. $D_4 = \{z\,;\, z = q \cdot i;\, q \leqq 0\}$
   $D_4$ ist die »untere Hälfte« der imaginären Achse.)

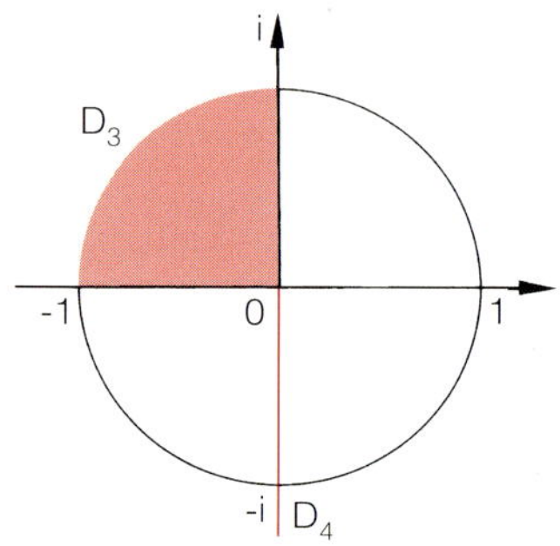


Abb. 8

Die Untersuchung der Mengen $D_1$ bis $D_4$ läßt erkennen: Durch $w = z^2$ wird die $z$-Ebene auf die volle $w$-Ebene abgebildet, wobei jeder Wert von $w$ (mit Ausnahme von $w = 0$) *zweimal* als Bildpunkt erscheint. Die $w$-Ebene wird sozusagen »doppelt belegt«, nur $w = 0$ tritt nur *einmal* auf, und zwar als Bild von $z = 0$.

⑫

Untersuchen Sie, ob durch die Funktion $w = z^2$ eine Strecke in der $z$-Ebene stets auf eine Strecke in der $w$-Ebene abgebildet wird.

*Hinweis:*
Betrachten Sie etwa die Strecke $\overline{Z_1Z_2}$ mit $z_1 = 1 + 4i$
und $z_2 = 4 + i$ sowie einzelne Zwischenpunkte, z. B.
$z_3 = 2 + 3i$, $z_4 = 3 + 2i$, $z_5 = 2{,}5 + 2{,}5i$.
Berechnen Sie $w_1$ bis $w_5$, und stellen Sie die Werte in der $w$-Ebene dar.

**Die Funktion $\mathbf{w = f(z) = \frac{1}{z}}$ $\quad$ ($\mathbf{z \in \mathbb{C},\ z \neq 0}$)**

Aus den Darstellungen $1 = \cos 0 + i \cdot \sin 0$ und
$z = r \cdot (\cos \varphi + i \cdot \sin \varphi)$ sowie der Divisionsregel ergibt sich:

$$w = \frac{1}{z} = \frac{1}{r} \cdot (\cos(-\varphi) + i \cdot \sin(-\varphi)) = \frac{1}{r} \cdot [(\cos(2\pi - \varphi) + i \cdot \sin(2\pi - \varphi)]$$

⑬

Erläutern Sie anhand der beiden Beispiele in Abbildung 9, auf welche Weise die durch $w = \frac{1}{z}$ festgelegte Zuordnung geometrisch veranschaulicht werden kann.

a) $z_1 = 2{,}5 \cdot \left(\cos\frac{3\pi}{8} + i \cdot \sin\frac{3\pi}{8}\right)$ $\qquad$ $\tilde{z}_1 = 0{,}4 \cdot \left(\cos\frac{3\pi}{8} + i \cdot \sin\frac{3\pi}{8}\right)$

$$w_1 = 0{,}4 \cdot \left[\cos\left(-\frac{3\pi}{8}\right) + i \cdot \sin\left(-\frac{3\pi}{8}\right)\right] = 0{,}4 \cdot \left(\cos\frac{13}{8}\pi + i \cdot \sin\frac{13}{8}\pi\right)$$

$$\text{b)}\ z_2 = \frac{3}{5} \cdot \left(\cos\frac{4}{3}\pi + i \cdot \sin\frac{4}{3}\pi\right)$$

$$\tilde{z}_2 = \frac{5}{3} \cdot \left(\cos\frac{4}{3}\pi + i \cdot \sin\frac{4}{3}\pi\right)$$

$$w_2 = \frac{5}{3} \cdot \left[\left(\cos\left(-\frac{4}{3}\pi\right) + i \cdot \sin\left(-\frac{4}{3}\pi\right)\right)\right]$$

$$= \frac{5}{3} \cdot \left(\cos\frac{2}{3}\pi + i \cdot \sin\frac{2}{3}\pi\right)$$

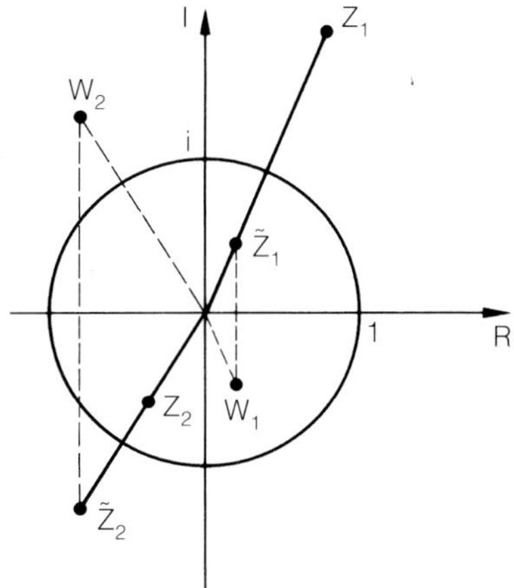


Abb. 9

Den ersten Schritt (von $Z$ nach $\tilde{Z}$) bezeichnet man als *Spiegelung* oder *Inversion am Einheitskreis*, der zweite Schritt (von $\tilde{Z}$ zu $W$) ist eine *Spiegelung an der reellen Achse*. Um die Funktion $w = \frac{1}{z}$ noch genauer kennenzulernen, empfiehlt es sich wieder, verschiedene Teilmengen des Definitionsbereiches zu betrachten.

⑭
Ermitteln Sie die durch $w = \frac{1}{z}$ bestimmten Bildmengen folgender Teilmengen $D_n$ des Definitionsbereiches, und stellen Sie diese geometrisch dar.

a) $D_1 = \mathbb{R}$ (außer $z = 0$)　　b) $D_2 = \{z\,;\ z = r \cdot i \text{ mit } r < 1\}$

c) $D_3 = \{z\,;\ 0 < |z| < 1\}$　　d) $D_4 = \{z\,;\ 1 < |z|\}$

Man erkennt u. a.: Das Innere des Einheitskreises (außer $z = 0$) wird auf das Äußere abgebildet und umgekehrt. Dabei ist das Bild der »oberen Hälfte« des Einheitskreises die »untere Hälfte« der $w$-Ebene, vermindert um die untere Hälfte des Einheitskreises der $w$-Ebene, und so weiter.
Generell gilt: wenn $f(z) = w$, dann $f(w) = z$.
Um die Einschränkung $z \neq 0$ zu beseitigen und dadurch auch weniger Ausnahmen formulieren zu müssen, ist es üblich, dem Punkt $z = 0$ durch die Funktion $f(z) = \frac{1}{z}$ einen sog. »unendlich fernen« Punkt zuzuordnen und diesen mit dem Symbol $\infty$ zu bezeichnen. Man schreibt dann: $f(0) = \frac{1}{0} = \infty$, und umgekehrt wird $f(\infty) = \frac{1}{\infty} = 0$ gesetzt.

⑮
Versuchen Sie, für die Funktion $f(z) = \frac{1}{z}$ folgende Fragen zu beantworten und die Antworten zu begründen.

a) Ist das Bild einer Geraden stets eine Gerade?
b) Was ist das Bild einer Tangente an den Einheitskreis?

*Aufgabe 14*

**Aufgaben**

1. Berechnen Sie nach den von den reellen Zahlen her bekannten Regeln und unter Beachtung der Annahme, daß $\sqrt{-1} \cdot \sqrt{-1} = -1$ gelten soll, folgende Terme:

   a) $\left(7-3\cdot\sqrt{-1}\right)+\left(-6+8\cdot\sqrt{-1}\right)$  b) $\left(-4+1{,}5\cdot\sqrt{-1}\right)\cdot\left(1-2\cdot\sqrt{-1}\right)$

   c) $\left(0{,}5+\sqrt{-1}\right)-\left(1{,}5+\sqrt{-1}\right)$  d) $\left(2-3\cdot\sqrt{-1}\right)\cdot\left(2+3\cdot\sqrt{-1}\right)$

*2. Versuchen Sie, folgende Divisionsaufgabe zu lösen:

$$\left(4-3\cdot\sqrt{-1}\right):\left(2+\sqrt{-1}\right)$$

Hinweis: Für das Ergebnis $\left(a+b\cdot\sqrt{-1}\right)$ muß

$\left(2+\sqrt{-1}\right)\cdot\left(a+b\cdot\sqrt{-1}\right)=\left(4-3\cdot\sqrt{-1}\right)$ gelten!

3. Berechnen Sie:

   a) $(8-i)+(3+4i)$  b) $(6+2i)-(12-3i)$  c) $(1+2i)\cdot(7-i)$

   d) $(3-i):(1-i)$  e) $(-2+i)\cdot i$  f) $(\sqrt{2}+\sqrt{3}\cdot i)\cdot(\sqrt{2}-\sqrt{3}\cdot i)$

4. Beweisen Sie:
Ein Produkt komplexer Zahlen ist genau dann gleich Null, wenn wenigstens ein Faktor Null ist. (Hinweis: Unter der *komplexen* Zahl Null ist $(0+0\cdot i)$ zu verstehen. Sie entspricht der reellen Zahl 0.)

5. Lösen Sie folgende Gleichungen:

   a) $(0{,}5+2i)-(a+bi)=1{,}5-i$  b) $(3+4i)\cdot(a+bi)=i$

   c) $(a+bi)^2=-9$  d) $(a+bi)^2=-9i$

6. Berechnen Sie die Abstände zwischen folgenden komplexen Zahlen $z_1$ und $z_2$:

| | a) | b) | c) | d) | e) | f) |
|---|---|---|---|---|---|---|
| $z_1$ | $1+2i$ | $4i$ | $8$ | $-i$ | $6-3i$ | $-5$ |
| $z_2$ | $3-i$ | $-3$ | $-i$ | $-1$ | $2i$ | $7+5i$ |

7. In der Menge der komplexen Zahlen sei in folgender Weise eine Ordnung definiert: $a+bi<c+di$ genau dann, wenn $a<c$ ist *oder* $a=c$ und $b<d$ gilt.

   a) Ordnen Sie nach dieser Definition folgende komplexe Zahlen, beginnen Sie mit der kleinsten: $-3+2i$, $4-i$, $5i$, $0$, $-3$, $2+4i$, $6$, $2-2i$, $i$, $-1$.

   b) Weisen Sie nach, daß bei der so definierten Ordnung das Monotoniegesetz der Multiplikation nicht gilt.

8. Berechnen Sie.

Stellen Sie gegebene und errechnete Zahlen in der komplexen Zahlenebene dar.

a) $z_1 = 2 \cdot \left(\cos\frac{\pi}{6} + i \cdot \sin\frac{\pi}{6}\right)$; $z_2 = 1{,}5 \cdot \left(\cos\frac{\pi}{3} + i \cdot \sin\frac{\pi}{3}\right)$; $z_1 \cdot z_2 = ?$

b) $\left(\cos\frac{\pi}{4} + i \cdot \sin\frac{\pi}{4}\right)^3$ c) $(2 \cdot i)^3$ d) $1 : i$

e) $z_1 = 6 \cdot \left(\cos\frac{\pi}{3} + i \cdot \sin\frac{\pi}{3}\right)$; $z_2 = 2 \cdot \left(\cos\frac{\pi}{6} + i \cdot \sin\frac{\pi}{6}\right)$; $z_1 \cdot z_2 = ?$

9. Lösen Sie folgende Gleichungen.

a) $z^2 = 0{,}5 \cdot i$ b) $z^2 = -\frac{1}{9}$ c) $z^2 = 4 - 3i$

10. Geben Sie nach Möglichkeit jeweils eine Gleichung der Form $z^2 = w$ an, die folgende Lösungen besitzen soll:

a) $z_1 = 1 + i, \quad z_2 = -1 - i;$ b) $z_1 = -2 + 3i, \quad z_2 = 2 - 3i;$

c) $z_1 = \cos\frac{3}{4}\pi + i \cdot \sin\frac{3}{4}\pi, \quad z_2 = \cos\frac{3}{2}\pi + i \cdot \sin\frac{3}{2}\pi.$

11. Begründen Sie folgende Gleichung mit Hilfe Ihrer Kenntnisse über die Multiplikation komplexer Zahlen:

$$z^n = [r \cdot (\cos \pi + i \cdot \sin \varphi)]^n = r^n \cdot (\cos n\varphi + i \cdot \sin n\varphi)$$
$$(r \in \mathbb{R}, r \geqq 0; n \in \mathbb{N})$$

(Es handelt sich hier um eine der sog. *Moivreschen Formeln*. Abraham de Moivre war ein französischer Mathematiker, der im 17./18. Jahrhundert lebte.)

12. Versuchen Sie, alle Lösungen folgender Gleichungen zu ermitteln und sie jeweils in der komplexen Zahlenebene darzustellen.

a) $z^3 = i$ b) $z^3 = -1$ c) $z^3 = 1$ d) $z^3 = -i$

e) $z^4 = 1$ f) $z^5 = 1$ g) $z^6 = 1$ h) $z^7 = 1$

13. Geben Sie alle Lösungen an.

a) $z^3 = \cos\frac{\pi}{4} + i \cdot \sin\frac{\pi}{4}$ b) $z^7 = \cos\frac{7}{4}\pi + i \cdot \sin\frac{7}{4}\pi$

14. Gegeben sei in der $z$-Ebene das Quadrat $z_1, z_2, z_3, z_4$ mit

$z_1 = 1 + i, \quad z_2 = 4 + i, \quad z_3 = 4 + 4i, \quad z_4 = 1 + 4i.$

Ermitteln Sie (zumindest angenähert) jeweils das Bild dieses Quadrates bei den Abbildungen

a) $f(z) = z + (1 - i);$ b) $f(z) = (-1 + i) \cdot z;$ c) $f(z) = z^2.$

Stellen Sie die Bilder in der $w$-Ebene dar.

# Stichwortverzeichnis

# Bildquellenverzeichnis

S. 5: Susanne Detterbeck, München – S. 7, Abb. 1; S. 22, Abb. 16: aus: Franke/Zeller, *Das physikalische Rüstzeug des Ingenieurs,* Fachbuchverlag Leipzig GmbH, 1977 – S. 25: Robert Armstrong/ZEFA, Düsseldorf – S. 40: aus: Puchnatschow/Popow, *Mathematik ohne Formeln,* Urania-Verlagsgesellschaft mbH, Leipzig – S. 111, Abb. 1, Abb. 2: Bildstelle, Deutsches Museum, München – S. 112, Abb. 7: dpa-Bildarchiv, München – S. 146, Abb. 25: E. M. Bordis, Bavaria Bildagentur, Gauting – S. 194, Abb. 57: S. Detterbeck, München; der Graphic Rechner fx-7700 GB war eine Leihgabe der Fa. Casio Computer Co. GmbH, Deutschland – S. 206, Abb. 3: Handschriften-Abteilung, Bayerische Staatsbibliothek, München.

# Verzeichnis mathematischer Symbole

## Mengen und Zahlen

| | |
|---|---|
| $\mathbb{N}$ | Menge der natürlichen Zahlen |
| $\mathbb{Z}$ | Menge der ganzen Zahlen |
| $\mathbb{Q}$ | Menge der rationalen Zahlen |
| $\mathbb{R}$ | Menge der reellen Zahlen |
| $\mathbb{C}$ | Menge der komplexen Zahlen |
| $i$ | imaginäre Einheit $\left(\sqrt{-1}\right)$ |
| $x \in \mathrm{M}$ | $x$ ist Element der Menge M |
| $x \notin \mathrm{M}$ | $x$ ist nicht Element der Menge M |
| $\mathrm{A} \subseteq \mathrm{B}$ | A ist Teilmenge von B |
| $\{a_1,\ a_2,\ a_3\}$ | Menge mit den Elementen $a_1,\ a_2,\ a_3$ |
| $\{x;\ \ldots\}$ | Menge aller $x$, für die gilt: … |
| $[a;\ b]$ | abgeschlossenes Intervall mit den Endpunkten $a$ und $b$ |
| $]a;\ b[$ | offenes Intervall mit den Endpunkten $a$ und $b$ |
| $[a;\ b[$<br>$]a;\ b]$ | halboffenes Intervall mit den Endpunkten $a$ und $b$ |
| $[a;\ \infty[$<br>$]-\infty;\ a]$<br>$]a;\ \infty[$<br>$]-\infty;\ a[$ | uneigentliche Intervalle |
| $]a-\varepsilon;\ a+\varepsilon[$ | $\varepsilon$ - Umgebung von $a$ |